高职高专园林工程技术专业规划教材

园林植物配置与造景

（第2版）

■ 主 编 董晓华

■ 副主编 张淑梅 吴艳华 曹 达

YUANLIN ZHIWU PEIZHI YU ZAOJING

中国建材工业出版社

图书在版编目（CIP）数据

园林植物配置与造景 / 董晓华主编 . --2 版 . -- 北京：中国建材工业出版社，2019.8（2024.1 重印）
高职高专园林工程技术专业规划教材
ISBN 978-7-5160-2563-5

Ⅰ．①园… Ⅱ．①董… Ⅲ．①园林植物－景观设计－园林设计－高等职业教育－教材 Ⅳ．① TU986.2

中国版本图书馆 CIP 数据核字（2019）第 099036 号

内 容 简 介

本教材主要以园林企业岗位需求为目标，培养学生城市园林绿地的植物配置与造景能力。本教材主要包括园林植物配置与造景基础、园林植物配置的生态学原理、园林植物配置与造景的艺术法则、园林植物的观赏特征与造景功能、各类园林植物的配置与应用、城市环境的植物配置与造景、园林环境的植物配置与造景以及园林植物配置与造景案例分析 8 项内容，并附习题一份，重点介绍各类园林植物的配置方法、城市环境以及园林环境的植物配置与造景的方法和技巧。

本教材可作为高职高专院校、本科院校职业技术学院、五年制高职、成人教育园林相关专业的教材，也可作为从事园林相关工作人员的参考用书。

园林植物配置与造景（第 2 版）
Yuanlin Zhiwu Peizhi yu Zaojing
董晓华　主编

出版发行　　中国建材工业出版社
地　　　址：北京市海淀区三里河路 11 号
邮政编码：100831
经　　销：全国各地新华书店
印　　刷：北京天恒嘉业印刷有限公司
开　　本：787mm×1092mm　1/16
印　　张：13.75
字　　数：400 千字
版　　次：2019 年 8 月第 2 版
印　　次：2024 年 1 月第 5 次
定　　价：**68.00 元**

第2版前言

　　随着社会的发展，人们对环境质量的要求越来越高，园林作为生态环境建设的主要内容，人们更加重视其生态效益和艺术效果，生态园林的理念就是在此情况下提出并得到发展的。而生态园林的核心便是植物造景，因此植物造景已经成为现代园林的标志之一。

　　随着园林行业发展的需要，高职园林相关专业对园林植物配置与造景课程建设也越来越重视，因此对课程教材也提出了较高的要求。本教材就是依据我国高职院校课程开设实际情况和社会对本行业领域岗位知识技能要求编写的。

　　本教材在借鉴国内外关于植物配置与造景最先进知识和最优秀成果的前提下，顺应高职教育改革发展的要求，做到先进、科学、实用。本教材特点如下：

　　一、教材内容简明扼要，重点突出，实用性强。以培养学生园林植物配置与造景技能为目的安排教学内容，内容以"必须、够用"为标准，避免不必要的重复，比如本教材重点介绍了园路、山体、水体、园林建筑的植物配置与造景方法，而公园、居住区、单位绿地都是由这些要素组成的，因此，各类绿地的造景就不一一讲解，而只在案例中体现，锻炼学生的综合应用能力。

　　二、教材适用于基于工作过程的理实一体化教学需要，每个项目开篇都有"知识点"和"技能点"，结尾都有"思考与练习"和"技能训练"，学生可以根据目标要求有目的地学习。在结构和内容安排上，采用具有高职特色的项目教学法，全书共有八个项目，每个项目又分有若干个任务，使学生可以按照项目要求和任务目标有针对性地进行学习和实践。

　　三、教材针对高职学生的特点，形式灵活多样，表达通俗易懂，把抽象的内容形象化，激发学生的学习兴趣，便于学生理解和掌握。

　　本教材由辽宁农业职业技术学院董晓华担任主编，辽宁农业职业技术学院张淑梅、辽宁农业职业技术学院吴艳华、渤海大学曹达担任副主编，辽宁农业职业技术学院王蜜、南通科技职业学院张伟艳参编。编写人员完成内容如下：董晓华——项目一、项目四、项目七、项目八；张淑梅——项目二；吴艳华——项目三；曹达——项目五；辽宁农业职业技术学院王蜜、南通科技职业学院张伟艳——项目六。全书最后由董晓华统稿，辽宁农业职业技术学院王国东教授担任主审。

　　由于编者的水平和能力有限，疏漏和不足之处，恩请使用本教材的教师、学生和同行提出宝贵意见，以便在今后修订中改正。

编　者
2019 年 1 月

第1版前言

随着社会的发展，人们对于环境质量的要求越来越高，园林作为生态环境建设的主要内容，人们更加重视其生态效益和艺术效果，生态园林的理念就是在此情况下提出并得到发展的。而生态园林的核心便是植物造景，因此植物造景已经成为现代园林的标志之一。

随着园林行业发展的需要，高职园林相关专业对园林植物配置与造景课程建设也越来越重视，因此对课程教材也提出了较高的要求。本书就是依据我国高职院校课程开设实际情况和社会对本行业领域岗位知识技能要求编写的。

本教材在借鉴国内外关于植物配置与造景最先进知识和最优秀成果的前提下，顺应高职教育改革发展的要求，做到先进、科学、实用。本教材特点如下：

一、教材内容简明扼要、重点突出，实用性强。以培养学生园林植物配置与造景技能为目的安排教学内容，内容以"必须、够用"为标准，避免不必要的重复，比如本书重点介绍了园路、山体、水体、园林建筑的植物配置与造景方法，而公园、居住区、单位绿地都是由这些要素组成的，因此，各类绿地的造景就不一一讲解，而只在案例中体现，锻炼学生综合运用的能力。

二、教材适用于基于工作过程的理实一体化教学需要，每个项目开篇都有"知识点"和"技能点"，结尾都有"思考与练习"和"技能训练"，学生可以根据目标要求有目的性地学习。在结构和内容安排上，采用具有高职特色的项目教学法，全书共有六个项目，每个项目又分有若干个任务，使学生可以按照项目要求和任务目标有针对性地进行学习和实践。

三、教材针对高职学生的特点，形式灵活多样，表达通俗易懂，把抽象的内容形象化，激发学生的学习兴趣，便于学生理解掌握。

本教材由辽宁农业职业技术学院董晓华担任主编，由南通农业职业技术学院张伟艳、辽宁农业职业技术学院夏忠强、辽宁农业职业技术学院周际担任副主编。编写人员完成内容如下：董晓华——项目一、项目四；张伟艳——项目二；周际——项目三；威海市公园园林绿化有限公司王金虎、湖北生物科技职业学院杨静——项目五；夏忠强——项目六。全书最后由董晓华统稿，辽宁农业职业技术学院常会宁教授担任主审。

由于编者的水平和能力有限，疏漏和不足之处，恳请使用本教材的教师、学生和同行提出宝贵意见，以便在今后修订中改正。

编者

2013年1月

目　录

CONTENTS

项目一 园林植物配置与造景基础

【内容提要】

20 世纪 90 年代初，我国园林界第一位工程院院士汪菊渊教授提出了"植物造景"的概念。"植物造景"概念的提出，在生态园林建设、经济可持续发展、生物多样性保护等方面具有重要的意义。植物造景在生态、景观、经济及休闲保健等方面都有着显著的效益，因此植物造景工作越来越受到人们的重视。我们在植物造景工作过程中应该遵循科学性、艺术性、功能性、经济性、生态性、文化性等方面的原则要求，以创造更加完美的园林景观，为美丽中国做出贡献。

【知识点】

园林植物配置的概念。

园林植物造景的概念。

园林植物造景功能与效益。

园林植物配置与造景的原则与要求。

【技能点】

能够依照园林植物配置与造景的原则与要求对城市绿地植物配置与造景进行简单评价与分析。

任务一　园林植物配置与造景的概念及其意义

一、园林植物配置的概念

园林植物配置就是按植物生态习性和园林布局要求，合理布置园林中的各种植物，充分发挥它们的生态功能、园林功能及其观赏特性。

　　园林植物配置就是乔木、灌木、藤本及草本植物之间的互相配置，需要考虑植物的种类、数量、形体、色彩、质感、重量、季相以及意境等，完成视觉景观和园林意境的创造，同时满足生态功能的要求，如图1-1所示。

图1-1　园林植物之间合理搭配，创造优美的园林环境

二、园林植物造景的概念

　　20世纪90年代初，我国园林界第一位工程院院士汪菊渊教授提出"植物造景"的概念。他认为，园林不是植物景观的独立营造，植物必须与其他园林要素有机结合共同营造景观。因此，园林植物造景就是在植物配置的基础上，植物与其他园林要素之间的合理搭配，包括建筑、园路、水体、山石等。在配置时，要充分发挥植物本身的形体、线条、色彩等自然美及其意境美，要处理好植物之间以及植物与其他要素之间的平面和立面的构图、色彩的搭配，并满足生态与功能上的要求，如图1-2所示。

图1-2　植物结合地形，配合园林建筑，创造优美景观

园林植物造景主要表现植物的美学特性、空间特性，并体现一定的社会、文化、生态等综合价值。

园林植物造景是提倡以植物材料为主体的园林景观建设，是针对园林中的建筑物、假山等非生态硬质景观较多的现象提出的。"植物造景"概念的提出，对生态园林建设、经济可持续发展、生物多样性保护等方面具有重要的意义。

任务二　园林植物景观的功能与效益

一、生态功能

人们生活在城市当中，来自厂矿企业、日常生活以及交通运输等方面的污染源影响人们的生活质量。从城市生态学角度看，城市园林绿化中一定量的绿色植物，既能维持和改善城市区域范围内的大气碳循环和氧平衡，又能调节城市的温度、湿度，净化空气、水体和土壤，还能促进城市通风、减少风害、降低噪声等。由此可见，城市绿化的生态效益既是多方位的又是极其重要的。

（一）净化空气（改善空气质量）

1. 吸碳放氧

氧是生命系统的必然物质，其平衡能力的大小，对城市地区社会经济发展的可持续性具有潜在影响。植物具有改善城市二氧化碳和氧气平衡的能力。绿色植物通过光合作用吸收二氧化碳并释放氧气，同时，又通过呼吸作用吸收氧气和排出二氧化碳。实验证明，植物通过光合作用所吸收的二氧化碳要比呼吸作用中排出的二氧化碳多 20 倍，因此，植物可以起到消耗空气中的二氧化碳、增加氧气含量的作用。通常情况下大气中的二氧化碳含量为 0.03% 左右，氧气含量为 21%，但在城市空气中的二氧化碳含量有时候可达 0.05% ～ 0.07%，局部地区甚至高达 0.20%。随着空气中二氧化碳含量的增加，氧气含量减少，人们会出现呼吸不适、头昏耳鸣、心悸、血压升高等一系列生理反应。另外，二氧化碳是产生温室效应的气体，它的增加导致城市局部地区的温度升高，产生热岛效应；若地形不利，还会形成城市上空逆温层，从而加剧对城市空气的污染。如果有足够的植物进行光合作用，吸收大量的二氧化碳，放出大量氧气，促进城市生态良性循环，不但可以维持空气中氧气和二氧化碳的平衡，而且会使环境得到改善。

2. 吸收有毒气体

植物对有害气体有一定的吸收和净化作用。二氧化硫、氟化氢、氯气等是城市主要有毒气体，很多植物对这些有毒气体有一定的吸收作用。利用绿地吸收有毒气体，减轻有毒气体的危害，是城市环境保护的一项重要措施。不同树种吸收有毒气体的能力不同，松林一般每天可从 $1m^3$ 空气中吸收 20mg 二氧化硫；每公顷柳杉林每年可吸收 720kg 二氧化硫；每公顷垂柳在生长季节每月可吸收 10kg 二氧化硫。研究表明，臭椿对二氧化硫的吸收能力特别强，超过一般树种的 20 倍。另外，夹竹桃、罗汉松、大叶黄杨、银杏等都有很强的吸收二氧化硫的作用。

吸收氯气较强的树种有银柳、旱柳、赤杨、臭椿、水曲柳、花曲柳、悬铃木、柽柳、女贞、卫矛、忍冬等。氟化氢对人体的毒害要比二氧化硫大 20 倍，吸收氟化氢能力较强的树种主要有梧桐、大叶黄杨、桦树、垂柳等；吸氟能力较强的树种主要有女贞、泡桐、刺槐、大叶黄杨等。另外，不同树种对空气中的苯、臭氧等其他毒气都有一定的吸收作用。

3. 吸尘作用

城市空气中含有大量的尘埃、油烟、炭粒等。据统计，每烧一吨煤，就产生 11kg 的煤粉尘，许多工业城市每年每平方千米降尘量平均为 500 ～ 1000t。这些粉尘对人体健康都非常不利。树木对粉尘有明显的阻挡、过滤和吸附作用。一方面，由于枝冠茂密，具有强大的降低风速的作用，可以使大粒粉尘降落；另一方面，由于叶片表面不平，有绒毛、黏性分泌物，使得空气中的粉尘经过时被大量吸附。地被植物还可以防止灰尘的再起，从而减少了人类疾病的来源。

4. 杀菌作用

植物净化空气还表现在，绿色植物具有杀菌作用。城市空气中悬浮着的各种细菌达百种之多，其中许多是病原菌。植物能够减少尘埃，从而减少含菌量。更主要的是，植物能够分泌杀菌素，杀死病菌，因此绿地具有一定的减菌作用。许多植物，如桉树、悬铃木、臭椿等都能分泌杀菌素，有很好的杀菌能力。

（二）调节温度

植物的蒸腾作用需要吸收大量的热量，从而降低周围空气的温度。

在夏季，人在树荫下和在阳光下直射的感觉差异是很大的。这种感觉到的差异不仅仅是 3 ～ 5℃的气温差异，而主要是太阳辐射温度造成的。阳光照射到树林上，有 20% ～ 25% 被叶片反射，有 35% ～ 75% 被树冠所吸收，有 5% ～ 40% 透过树冠投射到林下。也就是说，茂盛的树冠能挡住 50% ～ 90% 的太阳辐射。不同树种的遮阴能力不同，遮阴力越强，降低辐射能的效果越显著。行道树中，以银杏、刺槐、悬铃木、枫杨的遮阴降温效果最好。

（三）调节湿度

由于植物的蒸腾作用，能使周围空气的湿度增高。一株中等大小的杨树，在夏季白天每小时可由叶部蒸腾 25kg 水至空气中，一天即达 0.5t，如果在某个地方种 1000 株杨树，相当于每天在该处洒 500t 水。通常大片绿地调节湿度的范围可以达到绿地周围相当于树高 10 ～ 20 倍的距离，甚至扩大到半径 500m 的邻近地区。每公顷树林，夏天每日蒸腾量 40.0 ～ 60.0t，比同面积裸露土地的蒸发量高 20 倍，所以它能提高空气的湿度。据测定，公园的湿度比其他绿化少的地区湿度高 27%。人们感觉舒适的相对空气湿度为 30% ～ 60%，而园林植物通过叶片蒸发大量水分，使空气湿度增加，大大改善了城市小气候，让人们在生理上具有舒适感。

（四）净化水体

城市水体主要受工矿废水、居民生活污水和降水径流的污染而影响环境卫生和人们的身体健康。许多水生植物，如芦苇能吸收酚、氯化物，减少水中悬浮物、氯化物；水葱、田蓟、水生薄荷等能杀菌；水葫芦能从污水里吸取汞、银、金、铅等重金属物质。树木可以吸收水中的溶解质，减少水中的含菌量。据测定，在通过 30 ～ 40m 宽的林带后，每升水中所含细菌的数量减少 1/2。

（五）净化土壤

植物的地下根系能吸收、转化、降解土壤当中大量的有害物质，从而具有净化土壤的作用。有的植物根系分泌物能杀死土壤当中的大肠杆菌。有植物根系分布的土壤，好气性细菌要增加几百倍甚至几千倍，所以能使土壤当中的有机物迅速无机化，从而净化土壤，增加土壤肥力。另外，含有好气性细菌的土壤还能吸收空气中的一氧化碳。

（六）保持水土

绿地有致密的地表覆盖层和地下树、草根层，因而具有良好的固土作用。据报道，草类覆盖区的泥土流失量仅为裸露地区的 1/4；每亩绿地的蓄水平均比裸露土地多 20m³。

（七）涵养水源

绿色植物有着很大的蓄水能力，尤其是森林，被称为"海绵体"和"绿色水库"，能大量减少流入大海的无效水，增加地表有效水的积蓄。另外，在雨季，由于植被吸纳和阻滞了大量降水，减少和滞后降水进入江河，削减和滞后洪峰，减少了洪水径流；过了雨季，植物再放出大量涵养的水，为生产和生活提供水源。因此，植物特别是森林能涵养水源，有着巨大的经济效益。

（八）通风、防风

绿化林带能够降低风速。据测定，一个高 9m 的复层树林屏障，在其迎风面 90m、背风面 270m 范围内，风速都有不同程度的减小。另外，据前苏联学者研究，由林边空地向林内深入 30 ～ 50m 处，风速可减至原速度的 30% ～ 40%；深入 120 ～ 200m 处，则完全平静。如果用常绿林带在垂直冬季的寒风方向种植防风林，可以大大地降低冬季寒风和风沙对市区的危害。

如绿带与该地区夏季的主导风向一致，则可将该城市郊区的气流引入城市中心地区，在炎炎夏日为城市创造良好的通风条件。

（九）降低噪声

城市中的噪声主要来自交通和工厂，它影响人们正常的工作、生活和休息，严重时会使人产生头昏、头痛、神经衰弱、消化不良、高血压等病症。而绿色树木对声波有散射、吸收作用，阔叶乔木树冠，约能吸收到达树叶上噪声的 26%，其余 74% 被反射和扩散。40m 宽的林带可以降低噪声 10～15dB。公路两旁各留 15m 造林，以乔灌木搭配种植，可以降低一半的交通噪声。加强城市绿化，合理布置绿化带，对减弱城市噪声能起到良好的作用。

（十）维持生物多样性

植物多样性是营造生物多样性的基础，通过植物营建食物链，进一步建立生物链，多样稳定的植物群落系统为建立稳定的生物链打下了基础，从而形成丰富而稳定的生物多样系统。

二、景观功能

（一）美化功能

利用园林植物的形态和色彩以及经过加工修剪的形态进行配置与造景，创造出形形色色的园林植物景观，给人以美的享受。同时，利用植物与其他造园要素有机结合，创造出更加丰富的景观，供人们观赏、休闲、娱乐。在城市中，大量的硬质楼房形成了轮廓挺直的建筑群体，而园林植物则为柔和的软质景观，若两者配合得当，便能丰富城市建筑群体的轮廓线，形成街景，成为美丽的城市景观，如图 1-3 所示。

图 1-3　园林植物配合城市建筑形成美丽街景

（二）创造意境

园林植物景观不仅能给人以直接的感官享受，还可以创造意境，赋予植物一定寓意，通过比拟与联想，托物言志，抒发情感，给人以更加深刻和悠远的美感。

三、创造休闲、保健场所

城市园林绿地，特别是公园、小游园及其他附属绿地，通过园林植物造景，创造出各种园林休闲空间，满足人们观赏、游戏、散步、健身的需要。人们可自由选择自己喜爱的活动内容，使紧张工作后的人们在此得到放松，如图 1-4 所示。

图 1-4　绿地成为人们休闲的好去处

除了普通的休闲功能之外，许多植物还具有医疗保健功能。例如，发自树体的挥发性物质对支气管哮喘、吸尘所引起的肺炎等有一定的治疗效果；森林中的溪流、瀑布蒸发产生的水汽与植物光合作用产生的氧气加上太阳紫外线的作用，可产生大量负离子，被称为"空气维他命"，对身体健康十分有益。另外，还有很多芳香类植物产生的挥发性物质，可以调节神经和情绪，对人的身心健康都十分有益，所以，国际上流行"森林浴"和"园艺疗法"。通过绿色植物创建保健场所，成为人们疗病、保健的理想选择。

在植物造景过程中，可以结合植物的保健功能，创建科学、美观、实用，并具有健康功能的休闲场所。

四、经济效益

植物造景创造优美的城市景观，具有广泛的、巨大的经济效益，包括直接经济效益和间接经济效益。

直接经济效益是指植物产品，包括植物的器官可以食用、药用或者可以生产油料、香料、燃料、木材等；另外，直接经济价值还体现在园林绿化门票、服务等直接经济收入上。

植物景观的最主要效益是间接经济效益。间接经济效益是指园林植物所形成的良性生态环境效益和社会效益，主要包括园林绿地涵养水源、保持水土、净化空气、防止水土流失、鸟类保护、旅游保健、拉动其他产业的发展等方面的价值。更深远的价值甚至还体现在拉动社会文明的进步等。因此间接经济效益往往比直接经济效益深远和重大得多。随着社会的进步，人们越来越重视创造绿地的间接经济效益。

任务三　园林植物配置与造景的基本原则与要求

一、科学性原则

（一）因地制宜，适地适树

为创造良好的园林植物景观，必须使园林植物正常生长，如果植物生长不良，就不能充分发挥植物应有的景观功能和生态功能。因此要因地制宜，适地适树，使植物本身的生态习性与栽植地点的生态条件统一。在进行种植设计时，对所种植植物的生态习性及栽种地的生态环境都要全面了解，了解土壤、气候以及植物的生态习性，才能做出合理的种植设计。例如，盐碱地就要种植耐盐碱的植物，北方地区耐盐碱树种主要有柽柳、杜梨、沙枣、火炬树等。

在设计种植园林植物时，要尽量选用乡土树种，适当选用已经引种驯化成功的外来树种，忌不合适宜地选用不适合本地区的外来树种，特别是不同海拔和不同温度带的植物滥用，使植物生长不良或者死亡，不但形成不了预期的理想景观，还会造成经济上的浪费。如图1-5所示，这是北方某城市的主干道，已经建成近20年，可是作为行道树的悬铃木却越长越萎缩，甚至死亡很多，达不到行道树的景观功能和生态功能要求。而国槐、臭椿等优良的本土行道树种类在整个城市中应用还不到40%，以悬铃木为主的外来树种应用超过60%，使整个城市街道绿地达不到预期的景观效果，生态效益就更不理想了。

图 1-5　生长不良的行道树

（二）合理设置种植密度

树木种植的密度是否合适将直接影响功能的发挥。从长远考虑，应根据成年树木的树冠大小来确定种植距离。在种植设计时，应选用大苗、壮苗。如选用小苗，先期可进行计划密植，到一定时期后，再进行疏植，以达到合理的植物生长密度。另外，在进行植物搭配和确定密度时，要兼顾速生树与慢生树、常绿树与落叶树之间的比例，以保证在一定的时间植物群落之间的稳定性。

（三）丰富生物多样性，创造稳定的植物群落

根据生态学上"种类多样导致群落稳定性"原理，要使生态园林稳定、协调发展，维持城市的生态平衡，就必须充实生物的多样性。城市绿化中可选择优良乡土树种为骨干树种，积极引入易于栽培的新品种，驯化观赏价值较高的野生物种，丰富园林植物品种，形成色彩丰富、多种多样的景观。

二、艺术性原则

园林植物种植设计时要遵循形式美法则，创造和谐艺术景观。在植物造景上要满足以下几方面要求。

（一）园林植物配置要符合园林布局形式的要求

植物的种植风格与方式要与园林绿地的总体布局形式相一致。比如，如果总体规划形式是规则式，植物配置就要采用规则式布局手法；相反，如果园林布局是自然式，植物配置也要采用与之协调的自然式配置手法。

（二）合理设计园林植物的季相景观

园林植物季相景观的变化，能给游人以明显的气候变化感受，体现园林的时令变化，表现出园林植物特有的艺术效果。如春季山花烂漫；夏季荷花映日、石榴花开；秋季硕果满园，层林尽染；冬季梅花傲雪等。园林植物的季相景观需在设计时总体规划，也不能出现满园都是一个模式。根据不同的园林景观，呈现不同的景观特色，精心搭配园林植物，合理利用季相景观。因为季相景观是随季节变化而产生的暂时性景色，具有周期性，时间的延续是短暂的、突发性的，不能只考虑季相中的景色，也要考虑季相后的景色。如樱花开时花色烂漫，但花谢后却很平常，要做好与其他植物的搭配。在园林中，可按地段的不同分段配置，使每个区域或地段突出一个季节植物景观主题，在统一中求变化。在重点地区，游人集中的地方，应四季有景观，做好不同季相植物之间的搭配。

（三）要充分发挥园林植物的观赏特性

园林植物的观赏特性是多方面的，园林植物个体的形、色、香、姿以及意境等都是丰富多彩的。在园林植物搭配时，要充分发挥园林植物个体的观赏特点，突出其观赏特性，创造富有特色、丰富多彩的园林景观。

（四）注重植物的群体景观设计

园林植物的种植设计不仅要表现个体植物的观赏特性，还需考虑植物群体景观。乔、灌、草、花合理搭配，形成多姿多彩、层次丰富的植物景观。如不同树形巧妙配合，形成良好的林冠线和林缘线。

（五）注重与其他园林要素配合

在植物配置时还要考虑植物与其他园林要素的搭配，处理好植物同山、水、建筑、道路等园林要素之间的关系，使之成为一个有机整体。

三、功能性原则

不同的园林绿地具有不同的性能和功能，园林植物必须满足绿地的性质和功能的要求，完成统一的园林景观。比如，街道绿化主要解决街道的遮阴和组织交通问题，同时美化市容，因此在植物造景时要满足这一功能要求；综合性公园具有多种功能，为给游人提供各种不同的游憩活动空间，需要设置一定的大草坪等开阔空间，还要有遮阴的乔木，有艳丽的花朵，成片的灌木和密林、疏林，满足安静休息的需要等；在校园的绿化设计中，除考虑生态、观赏效果外，还要创造一定的校园氛围；而纪念性园林则应注意纪念意境的创造；医院、疗养院要为病人提供安静修养的环境，注意卫生防护和噪声隔离。因此，园林植物的种植设计要针对不同类型的绿地选择好植物种类以及合适的植物造景方式，满足园林绿地性质和功能上的要求。

四、经济性原则

进行植物配置时，一定要遵循经济性原则。在节约成本、方便管理的基础上，以最少的投入获得最大的生态效益和社会效益，改善城市环境，提高城市居民生活环境质量服务。例如，可以保留园林绿地原有树种，慎重使用大树造景，合理使用珍贵树种，大量用乡土树种。另外，也要考虑植物栽植后的养护和管理费用。

园林植物的经济价值十分可观，在节约的同时，可以考虑创造合理的直接经济效益。比如，可以结合景观绿地，合理安排苗木生产，杭州花圃就是很好的例子；还可以结合景观绿地实现其他产品生产，比如玫瑰园可以结合玫瑰香料生产，防护林地可以结合完成林木生产等。

五、生态性原则

生态问题已经成为当前城市景观规划中的一个焦点问题，生态园林的概念也越来越受到人们的重视。植物景观除了供人们欣赏外，更重要的是创造适合人类生存的生态环境。园林植物造景一定要充分发挥园林植物的生态效益，满足绿地的生态功能要求，在不影响景观功能的同时，最大限度地实现生态功能。比如，创造多层次绿化、立体绿化、屋顶花园等。

六、文化性原则

植物景观一般都有一定的文化含义。成功的植物景观除了创造一定的生态景观和视觉景观以外，往往赋予一定的文化内涵。

弘扬园林植物景观文化，首先，在微观上要做到，在植物选择上不能单纯考虑视觉效果，还需要考虑植物的文化性格，如松、竹、梅、红豆树、并蒂莲等。了解植物的文化性格，利用植物的文化含义进行造景，能创造韵味深远的园林植物景观。

其次，植物景观是保持和塑造城市风情、文脉和特色的重要方面。一个城市总体植物景观的塑造要把民俗风情、传统文化、宗教以及历史等融合进去，使植物景观具有明显的地域性和文化性特征，产生可识别性和特色性。如荷兰的郁金香文化、日本的樱花文化、北京的香山红叶，这样的植物景观文化意境成为一个城市乃至一个国家的标志。切忌城市绿化没有文化底蕴、没有特色、没有标志，形成千城一面的形式。

🎓 **思考与练习**

1. 名词解释：园林植物配置、园林植物造景。
2. 植物景观有哪些方面的效益？

3. 结合实例分析园林植物造景应有哪些原则和要求？

⊗ 技能训练　植物造景状况调查

一、训练目的

了解园林植物的生态功能、美化功能和经济功能。结合实际掌握植物造景的原则和要求。

二、方法与要求

1. 选取某一城市绿地（最好是公园），对其植物造景状况进行调查和分析。

2. 调查该绿地植物的种类、数量以及生长状况。

3. 结合当地自然条件对该绿地植物的生态功能、美化功能和经济功能应用进行分析。

4. 通过功能分析，对该绿地植物造景水平进行评价。

5. 撰写一份分析报告。

项目二　园林植物配置的生态学原理

【内容提要】

　　园林植物是生长在一定环境条件下的，各环境因子对植物的生长发育都会产生一定的影响。在长期的生长适应过程中,植物都具有了相对固定的生物学特性和生长习性，我们在做植物配置的时候要遵循植物的这些习性，使植物在最适合它的环境条件下生长。除此之外，还应充分考虑物种的生态位特征，合理选配植物种类，避免种间直接竞争，形成结构合理、功能健全、种群稳定的复层群落结构。

【知识点】

各生态因子对植物生长发育的作用和影响。

不同温度、光照、水分条件下适宜生长的主要园林植物。

生态位概念及对于构建生态园林的重要意义。

【技能点】

能够根据不同环境条件选择适宜生长的园林植物。

能够运用生态因子和生态位的相关知识指导园林植物的配置。

任务一　环境因子与植物配置的关系

　　园林植物与其他事物一样，不能脱离环境而单独存在。环境中的温度、水分、光照、土壤、空气等因子对园林植物的生长和发育产生重要的生态作用。研究各生态因子对植物生长发育的影响是植物配置的前提和基础,在此基础上,考虑功能和艺术性的需要，合理配置植物，才能创造出稳定而优美的生态园林景观。

一、光照对植物的影响及其与植物配置的关系

（一）光照对植物的影响

光是绿色植物的生存条件之一，绿色植物正是通过光合作用将光能转化为化学能，光为地球上的生物提供了生命活动的能源。光对园林植物的影响主要表现在光照强度、光照长度和光质三个方面。

1. 光照强度对植物的影响

植物对光照强度的要求，通常用光补偿点和光饱和点来表示。光补偿点又叫收支平衡点，就是光合作用所产生的碳水化合物与呼吸作用所消耗的碳水化合物达到动态平衡时的光照强度。在这种情况下，植物不会积累干物质，即光强降低到一定限度时，植物的净光合作用等于零。测试出每种植物的光补偿点，就可以了解其生长发育的需光度，从而预测植物的生长发育状况及观赏效果。在补偿点以上，随着光照的增强，光合强度逐渐提高，并超过呼吸强度，开始在植物体内积累干物质，但是达到一定值后，再增加光照强度，光合强度却不再增加，这种现象叫光饱和现象，这时的光照强度叫光饱和点。在自然界的植物群落组成中，可以看到乔木层、灌木层、地被层，各层植物所处的光照条件都不同，这是植物长期适应的结果，也形成了植物对光照的不同习性。根据植物对光照强度的要求，习惯上将植物分成以下三类：

（1）阳性植物　阳性植物要求较强光照，不耐阴，在全光照下生长良好，否则枝条纤细，叶片黄瘦，花小而淡，开花不良。在自然植物群落中，大多为上层乔木，如落叶松、水杉、臭椿、乌桕、泡桐、木棉、橡皮树、银杏、紫薇、木麻黄、椰子、杨柳、棕榈等，以及一部分灌木和多数一、二年生草本植物等，如图2-1所示。

图 2-1　水杉（阳性树种）作为群落的上层

（2）阴性植物　阴性植物多原产于热带雨林或高山阴坡及林下，一般需光度为全日照的 5% ～ 20%，不能忍耐过强光照。在自然植物群落中常处于中、下层，或生长在潮湿背阴处，如蕨类、一叶兰、人参、三七、秋海棠等，如图 2-2 所示。

图 2-2　在潮湿背阴处阴性植物生长良好

（3）中性植物（耐阴植物）　中性植物在充足的阳光下生长最好，但也有不同程度的耐阴能力，在全光照高温干旱时生长受抑制，如七叶树、五角枫、樱花、八仙花、山茶、杜鹃等。

中性植物的开花时间也因光照强弱而发生变化，有的要在光照强时开花，如郁金香、酢浆草等；有的需要在光照弱时才开花，如牵牛花、月见草和紫茉莉等。在自然状况下，植物的花期是相对固定的，如果人为地调节光照来改变植物的受光时间，则可控制花期以满足人们造景的需要。光照强弱还会影响植物茎叶及开花的颜色，冬季在室内生长的植物，茎叶皆是鲜嫩的淡绿色，春季移至直射光下，则产生紫红或棕色色素。

2. 日照时间长短对植物的影响

光周期是一天内白昼和黑夜交替的时数。有些植物开花等现象的发生取决于光周期的长短及其变换，植物对光周期的这种反应称为光周期效应，这种现象称为光周期现象。按植物对日照时间长短需求的不同把植物分为三类：

（1）长日照植物　在开花以前需要有一段时间每日的光照时数大于 14 小时临界时

数的植物称为长日照植物。如果满足不了这个条件，则植物将仍然处于营养生长阶段而不能开花。反之，日照越长开花越早。如唐菖蒲就是典型的长日照植物。

（2）短日照植物　在开花前需要有一段时期每日的光照时数少于12小时临界时数的植物称为短日照植物。日照时数越短则开花越早，但每日的光照时数不得短于维持生长发育所需的光合作用时间。如一品红和菊花就是典型的短日照植物。

（3）中间性植物　对光照与黑暗的长短没有严格的要求，只要发育成熟，无论长日照条件或短日照条件下均能开花。大多数植物属于此类，如月季、扶桑、天竺葵、美人蕉等。

大多数长日照植物发源于高纬度地区而短日照植物发源于低纬度地区，中间性植物则各地带均有分布。日照的长短对植物的营养生长和休眠也有重要的作用。一般而言，延长光照时数会促进植物的生长或延长生长期，缩短光照时数则会促进植物进入休眠或缩短生长期。将短日照植物置于长日照下，常常长得高大；而把长日照植物置于短日照下，则节间缩短，甚至呈莲座状。光周期对植物的花色性别也有影响。如苎麻在温州生长是雌雄同株，在14小时的长日照下则仅形成雄花，而在8小时的短日照下则形成雌花。

3. 光质对植物的影响

光是太阳的辐射能以电磁波的形式投射到地球的辐射线。其中对植物起重要作用的部分主要是可见光，但紫外线和红外线部分对植物也有作用。一般而言，植物在全光范围，即在白光下才能正常生长发育，但是白光中的不同波长对植物的作用是不完全相同的。如青、蓝、紫光对植物的加长生长有抑制作用，对幼芽的形成、细胞的分化有重要作用，它们还能抑制植物体内某些生长激素的形成，因而抑制了茎的伸长，并产生向光性；它们还能促进花青素的形成，能使花朵色彩更加艳丽，色叶树种的叶色更加鲜艳。

（二）光照与植物配置的关系

1. 划分植物的耐阴等级，为植物配置提供依据

在植物配置时，只有通过对各种植物的耐阴程度进行了解，才能在顺应自然的基础上进行科学配置，组成既美观又稳定的人工群落。目前，根据经验来判断植物的耐阴性是植物配置的惯用手段，但极不精确，因此很有必要把园林中的常用植物在不同光照强度下进行一次生长发育、光合强度及光补偿点的测定，并根据数据来划分其耐阴等级。同时，要注意植物的耐阴性是相对的，其喜光程度与纬度、气候、土壤、年龄等条件有密切关系。

2. 园林植物耐阴性在植物配置与造景中的应用

在植物配置与造景时，只有了解了其耐阴幅度，才能在顺应自然的基础上科学地配置。比如，杜鹃宜植于林缘、孤立树的树冠正投影边缘或上层乔木枝下高较高、枝

叶稀疏、密度不大的地方；山茶花植于白玉兰树下，则花、叶均茂；垂丝海棠植于桂花丛中、香樟树下及建筑物北面均开花茂盛。

3. 调节花期

在园林实践中，也有通过调节光照来控制花期以满足造景需要的。例如，一品红为短日照植物，正常花期在 12 月中、下旬，为了使其在国庆节开花，一般在 8 月上旬就开始进行遮光处理，每天见光 8 ～ 10 小时，可以用来在国庆布置花坛、美化街道以及各种场合造景。

二、温度对植物的影响及其与植物配置的关系

（一）温度对植物的影响

温度的变化直接影响着植物的光合作用、呼吸作用、蒸腾作用等生理作用。每种植物的生长都有最低、最适、最高温度，称为温度的三基点。一般植物生长的温度范围为 4 ～ 36℃。

1. 温度与植物分布

各种植物的遗传性不同，对温度的适应能力有很大差异，因此温度因子影响了植物的生长发育，从而限制了植物的分布范围。我国南北气温变化大，气候带多样，主要分布的植物景观有：寒温带针叶林景观（图 2-3），温带针阔叶混交林景观，暖温带落叶阔叶林景观，亚热带常绿阔叶林景观，热带季雨林、雨林景观（图 2-4）。

图 2-3　寒温带针叶林景观

图 2-4　热带雨林景观

2. 温度与植物生长发育

植物对昼夜温度变化的适应性称为"温周期"，植物的温周期特性与植物的遗传性和原产地日温变化的特性有关。一般而言，原产于大陆性气候地区的植物，在日变幅为 10 ～ 15℃的条件下生长发育最好；原产于海洋性气候区的植物，在日变幅为 5 ～ 10℃的条件下生长发育最好；一些热带植物能在日变幅很小的条件下生长发育良好。

温度对园林植物开花的影响首先表现在花芽分化方面。例如，水仙花芽分化的最适温度为 13 ～ 14℃。此外，温度对花色也有一定的影响，其原因是花青素的形成与积累受温度的控制，温度适宜时，花色艳丽；反之则暗淡。

3. 园林植物对温度的调节作用

（1）园林植物的遮阴作用　夏季，在有植物遮阴的区域，绿化状况好的绿地中的气温要比没有绿化地区的气温低 3 ～ 5℃，比建筑物下甚至低约 10℃。

（2）园林植物群落对营造局部小气候的作用　夏季，城市由于各种建筑物的吸热作用，气温较高；而绿地内，特别是结构比较复杂的植物群落或片林，由于树冠反射和吸收等作用，使内部气温较低。而冬季，绿地的温度要比没有绿化的地面高出 1℃左右，冬季有林区要比无林区的气温高出 2 ～ 4℃。因此，森林不仅稳定气温和减轻气温变幅，还可以减轻类似日灼和霜冻等危害。

（3）园林植物对热岛效应的消除作用　增加园林绿地面积能减少甚至消除热岛效应。据统计，1 公顷的绿地，在夏季（典型的天气条件下），可以从环境中吸收 81.8MJ的热量，相当于 189 台空调机全天工作的制冷效果。

（二）温度与植物配置的关系

我国地大物博，各地温度和物候差异很大，所以植物景观变化很大。这就造就了各地特色的植物景观。在园林植物配置与造景时，应尽量顺应当地温度条件，应用适合当地温度条件的植物种类，提倡应用乡土树种，控制南树北移、北树南移，或经栽培试验可行后再用。如椰子在海南岛南部生长旺盛，硕果累累，到了北部则果实变小，产量显著降低，在广州不仅不结果实，甚至还有冻害；又如凤凰木原产于热带非洲，在当地生长十分旺盛，花期先于叶开放；引至海南岛南部，花期明显缩短，有花叶同放现象；引至广州，大多变成先叶后花，花的数量明显减少，甚至只有叶片不开花，大大影响了景观效果。

三、水分对植物的影响及其与植物配置的关系

水分是植物体的重要组成成分，无论是植物对营养物质的吸收和运输，还是植物体内进行的一系列生理生化反应，都必须在水分的参与下才能进行。水也是影响植物形态结构、生长发育等的重要生态因子。水分对植物的影响体现在两个方面：一个是空气湿度；另一个是土壤湿度。

（一）空气湿度与植物景观

空气湿度对植物生长起很大的作用。在自然界，云雾缭绕、高海拔的山上，有着千姿百态、万紫千红的观赏植物，它们长在岩壁上、石缝中，或附生于其他植物上。这类植物没有坚实的土壤基础，它们的生存与较高的空气湿度休戚相关。如在高温高湿的热带雨林中，高大的乔木上通常附生有大型的蕨类，它们呈悬挂下垂姿态，抬头远望，犹如空中花园；兰花、秋海棠、龟背竹等喜湿花卉，要求空气相对湿度不低于80%；茉莉、白兰花、扶桑等中湿花卉，要求空气湿度不低于60%。

（二）土壤水分与植物景观

不同的植物种类，由于长期生活在不同水分条件的环境中，形成了对水分需求关系上不同的生态习性和适应性。根据植物对水分的关系，可把植物分为水生、湿生（沼生）、中生、旱生等生态类型。它们在外部形态、内部组织结构、抗旱抗涝能力以及植物景观上都是不同的。

1. 旱生植物景观

旱生植物是在干旱的环境中能长期忍受干旱而正常生长发育的植物类型。本类植物多见于雨量稀少的荒漠地区和干燥的草原上，个别的也可见于城市环境中的屋顶、墙头、危岩陡壁上。根据它们的形态和适应环境的生理特性又可分为少浆植物（或硬叶旱生植物）如柽柳、胡颓子、桂香柳，多浆植物（或肉质植物）如龙舌兰、仙人掌，冷生植物（或干矮植物）如骆驼刺三类。

2. 中生植物景观

中生植物是不能忍受过干和过湿条件的植物。大多数植物属于中生植物。

3. 湿生植物景观

湿生植物适于生长在水分比较充裕的环境下，不能忍受长时间的水分不足，在土

壤短期积水时可以生长，过于干旱时易死亡或生长不良，是抗旱力最弱的陆生植物。根据实际的生态环境又可分为阳性湿生植物，如落羽杉、池杉、水松等，以及阴性湿生植物，如蕨类、海芋和秋海棠等。而红树林是一类特殊的湿生植物群落，其生境与海洋相连，因此只在海滩上生长，如图 2-5 所示。

图 2-5　广西北海红树林

4. 水生植物景观

生长在水中的植物叫水生植物，如挺水植物、浮水植物、沉水植物。园林中有不同类型的水面：河、湖、塘溪、潭、池等，不同水面的水深及面积、形状不一，必须选择相应的植物来美化。

四、土壤对植物的影响及其与植物配置的关系

土壤是园林植物生长的基质，一般栽培园林植物所用土壤应具备良好的团粒结构、疏松、肥沃、排水和保水性能良好，并含有丰富的腐殖质和适宜的酸碱度。

（一）土壤物理性质对植物的影响

土壤物理性质主要是指土壤的机械组成。理想的土壤应是疏松，有机质丰富，保水、保肥力强，有团粒结构的土壤。植物在理想的土壤中才能生长得健壮长寿。而城市土壤的物理性质具有极大的特殊性：

（1）城市内由于人流量大，人踩车压，增加了土壤密度，降低了土壤的透水和保水能力；

（2）土壤被踩紧实后，土壤内孔隙度降低，土壤通气不良，抑制了植物根系的伸长生长；

（3）城市内一些地面用水泥、沥青、铺砖等铺装，封闭性大，留出的树池很小，

也造成土壤透气性差、硬度大；

（4）大部分裸露地面在夏季吸热较强，提高了土壤温度。

所有这些因素都是植物生长的不利因素。

（二）土壤不同酸碱度的植物生态类型

自然界中土壤酸碱度受气候、母岩及土壤中的无机和有机成分、地形地势、地下水和植物等因子所影响。根据我国土壤酸碱性情况，可把土壤酸碱度分为 5 级：pH ＜ 5.0 为强酸性；pH=5.0 ～ 6.5 为酸性；pH=6.5 ～ 7.5 为中性；pH=7.5 ～ 8.5 为碱性；pH ＞ 8.5 为强碱性。

根据园林植物对土壤酸碱度的要求，可以分为以下几类：

（1）酸性土植物　在酸性土壤上生长较好，一般 pH ＜ 6.5，这些植物在中性土或钙质土上不能生长或生长不良，它们多分布在高温多雨地区，如杜鹃、山茶、白兰、含笑、珠兰、茉莉、八仙花、肉桂、棕榈、印度橡胶榕、栀子花、油茶等。

（2）中性土植物　在中性土壤上生长最佳的种类。绝大多数园林植物属于此类。

（3）碱性土植物　在或轻或重的碱性土壤上生长最好的种类，少部分园林植物能忍耐一定的盐碱，称为耐碱土植物，如仙人掌、玫瑰、柽柳、白蜡、木槿、紫穗槐、木麻黄等。

（三）基岩与植物景观

不同的岩石风化后形成不同性质的土壤，不同性质的土壤上有不同的植被，具有不同的植物景观。岩石风化物对土壤性状的影响，主要表现在物理、化学性质上，如土壤厚度、质地、结构、水分、空气、湿度、养分以及酸碱度等。石灰岩主要由碳酸钙组成，属钙质岩类风化物。在风化过程中，碳酸钙可受酸性水溶解，大量随水流失，土壤中缺乏磷和钾，多具石灰质，呈中性或碱性反应，土壤黏实，易干，不适宜针叶树生长，宜喜钙耐旱植物生长，上层乔木则以落叶树占优势。如杭州龙井寺附近及烟霞洞多属石灰岩，乔木树种有珊瑚朴、大叶榉、榔榆、杭州榆、黄连木，灌木树种有南天竹和白瑞香，植物景观常以秋景为佳，秋色叶绚丽夺目。砂岩属硅质岩类风化物，其组成中含大量石英，坚硬、难风化、营养元素贫乏，多构成陡峭的山脊、山坡，在湿润条件下，形成酸性土。流纹岩也难风化，在干旱条件下，多石砾或砂砾质，在温暖湿润条件下呈酸性或强酸性，形成红色黏土或砂质黏土。杭州云栖及黄龙洞就分别为砂岩和流纹岩，植被组成中以常绿树种较多，如青冈栎、米槠、苦槠、浙江楠、紫楠、绵槠、香樟等，也适合马尾松、毛竹生长。

土壤中含有游离碳酸钙的土称钙质土，有些植物在钙质土壤上生长良好，称为"钙质土植物（喜钙植物）"，如南天竹、柏木、臭椿等。

五、空气对植物的影响及其与植物配置的关系

（一）空气对植物的影响

空气对园林植物的影响是多方面的。空气中的二氧化碳和氧都是植物光合作用和呼吸作用的主要原料和物质条件，这两种气体直接影响植物的健康生长与开花状况。如空气中的二氧化碳含量由 0.03% 提高到 0.1%，则会大大提高植物光合作用效率。因此，在植物的养护栽培中有的就应用了二氧化碳发生器。大气中供植物呼气的氧气是足够的，但土壤中由于含水量过高或结构不良等原因，可能使土壤空气的浊化过程加重而更新过程减缓，从而使土壤氧气含量减少，二氧化碳和其他有毒气体含量增高，植物根系因呼吸缺氧抑制根的伸长并影响全株的生长发育，甚至会引起植物窒息死亡。

（二）大气污染对植物的影响

空气污染物浓度超过植物的忍耐限度，会使植物的细胞和组织器官受到伤害，生理功能和生长发育受阻，产量下降，群落组成发生变化，甚至造成植物个体死亡，种群消失。植物受大气污染物伤害一般分为两类：受高浓度大气污染物袭击，短期内叶片上出现坏死斑，称为急性伤害；长期与低浓度污染接触，因而生长受阻，发育不良，出现失绿、早衰等现象，称为慢性伤害。

大气污染物中对植物影响较大的是二氧化硫、氟化物、氧化剂和乙烯。氮氧化物也会伤害植物，但毒性较小。氯、氨和氯化氢等虽会对植物产生毒害，但一般是由于事故性泄漏引起的，危害范围不大。

二氧化硫进入叶片气孔后，遇水变成亚硫酸，进一步形成亚硫酸盐。当二氧化硫浓度高过植物自行解毒能力时（即转成毒性较小的硫酸盐的能力），积累起来的亚硫酸盐可使海绵细胞和栅栏细胞产生质壁分离，然后收缩或崩溃，叶绿素分解，在叶脉间或叶脉与叶缘之间出现点状或块状伤斑，产生失绿漂白或褐色变黄的条斑。但叶脉一般保持绿色不受伤害。受害严重时，叶片萎蔫下垂或卷缩，经日晒失水干枯或脱落。

氟化氢进入叶片后，常在叶片先端和边缘积累，到足够浓度时，使叶肉细胞产生质壁分离而死亡。故氟化氢所引起的伤斑多半集中在叶片的先端和边缘，呈环带状分布，然后逐渐向内发展。严重时叶片枯焦脱落。

氯气对叶肉细胞有很强的杀伤力，很快破坏叶绿素，产生褐色伤斑，严重时全叶漂白脱落。其伤斑与健康组织之间没明显界限。

在园林实践中，一些有害气体直接威胁着园林植物的生长发育。因此，在园林植物配置与造景时，要因地制宜，选择对有害气体有抗性的园林植物。

（三）园林植物对大气污染的抗性

抗污染植物是指具有吸收有害气体、滞留灰尘、杀灭细菌、减弱噪声、保持大气

中氧气和二氧化碳平衡功能的植物。植物对于一定浓度范围内的大气污染物，不仅具有一定程度的抵抗力，还具有相当程度的吸收能力。植物通过其叶片上的气孔和枝条上的皮孔，将大气污染物吸入体内，在体内通过氧化还原过程将其变成无毒物质（即降解作用），或通过根系排出体外，或积累贮藏于某一器官内。植物对大气污染物的这种吸收、降解和积累、排出，实际上起到了对大气污染的净化作用。因此，在城市绿地中可以大量推广使用抗污染植物，用来净化人类赖以生存的大气环境。

在整个生态环境中，各生态因子对园林植物的影响是综合的，也就是说植物是生活在综合的环境因子中，缺乏任一因子，植物均不能正常生长。同时，环境中各生态因子又是相互联系、相互制约的，环境中任何一个单因子的变化必将引起其他因子不同程度的变化，例如光照强度的变化，常会直接引起气温和空气相对湿度的变化，从而引起土壤温度和湿度的变化。

虽然各生态因子都是植物生长发育所必需，缺一不可的，但对某一种植物或者植物的某一个生长发育阶段的影响，往往有 1～2 个因子起着决定性的作用，这种起决定性作用的因子就称为"主导因子"。如热带兰花大多是热带雨林植物，其主导因子是高温高湿；仙人掌是热带草原植物，其主导因子是高温干燥，这两种植物离开高温都要死亡。又如高山杜鹃，在引种到低海拔平地时，空气湿度是存活的主导因子。

因此，在植物造景过程中要科学分析，研究每种植物的生物学特性及其生长习性，根据环境条件的实际，合理进行安排。

任务二　生态位与植物配置的关系

一、生态位的概念

生态位是指一个物种在生态系统中的功能作用以及它在时间和空间中的地位，反映了物种与物种之间、物种与环境之间的关系。

基础生态位是指一个物种理论上所能栖息的最大空间，但实际上很少有一个物种能全部占据基础生态位。

实际生态位是指由于竞争的存在，该物种只能占据基础生态位的一部分，即实际栖息空间要小得多。

二、生态位原理在植物配置中的应用

在城市园林绿地建设中，应充分考虑物种的生态位特征，合理选配植物种类，避

免种间直接竞争，从而形成结构合理、功能健全、种群稳定的复层群落结构，以利种间互相补充，既充分利用环境资源，又能形成优美的景观。根据不同地域环境的特点和人们的要求，建植不同的植物群落类型。如在污染严重的工厂应选择抗性强、对污染物吸收强的植物种类；在医院、疗养院应以具有杀菌和保健功能的种类作为重点；街道绿化要选择易成活，对水、土、肥要求不高、耐修剪、抗烟尘、树干挺直、枝叶茂密、生长迅速而健壮的树种；山上绿化要选择耐旱树种，并有利于山景的衬托；水边绿化要选择耐水湿的植物，要与水景协调等。

在自然界中，有些植物如同水火不相容一样，不能共同生存。一种植物的存在会导致其他植物的生长受到限制甚至死亡，或者两者都受到抑制，这种"相克"的植物严禁一起种植。比如桧柏与梨、海棠种在一起，易使后者患上锈病。当然，也有一些植物种植在一起会互相促进生长，比如朱顶红和夜来香、山茶和葱兰、石榴花和太阳花、泽绣球和月季、一串红和豌豆花。在设计人工植物群落种间组合进行植物配置与造景时，要科学安排，使群落能够稳定可持续发展。

思考与练习

1. 举例说明阳性植物、中性植物、阴性植物。
2. 你所在的学校处于哪一个气候带？此气候带的代表性植物景观为哪一种？主要分布植物为哪些？
3. 水分对植物的影响体现在哪些方面？
4. 城市土壤的物理性质具有哪些特殊性？
5. 根据园林植物对土壤酸碱度的要求把园林植物分为哪些类型？举例说明。
6. 大气污染对植物的影响有哪些方面？
7. 什么是生态位？如何运用生态位原理进行园林植物配置？

技能训练一 调查当地阳性植物种类和阴性植物种类

一、训练目的

掌握根据不同光照强度对植物的分类方法，熟悉当地各分类中主要应用的植物种类。

二、方法与要求

1. 选择当地植物种类较丰富的植物园或公园，根据植物生长环境判断植物对光照的要求，并对其进行分类。

2. 对于因光照条件引起的植物长势不良者要加以记录。

3. 撰写一张表格和一份分析报告。

技能训练二 调查当地需保护措施越冬的室外园林绿化植物

一、训练目的

掌握温度因子对植物生长发育的影响。

二、方法与要求

1. 进入冬季后，选择植被丰富的街头绿地、学校或小区 2 ~ 3 处，调查需采取保护措施越冬的植物种类，查阅植物的原产地或分布范围。

2. 记录采取的越冬保护方法。

3. 撰写一张表格和一份分析报告。

项目三 园林植物配置与造景的艺术法则

【内容提要】

完美的园林植物景观必须是科学性和艺术性的高度统一。因此，在植物造景时，在满足植物生态要求的前提下，还要遵循形式美法则，创造出植物个体与群体的形式美。

【知识点】

园林植物形式美的表现形态。

形式美法则在园林植物造景中的应用。

【技能点】

能够遵循形式美法则的要求进行园林植物配置与造景。

任务一　形式美的表现形态

构成事物的物质材料的自然属性（外在形式）及其组合规律所呈现出来的审美特性就是形式美。从形式美的外形式方面加以描述，其表现形态主要有以下几个方面。

一、线条美

线是构成景物外观的基本元素，园林景物的轮廓和边缘都是由线条构成的，在园林构图中非常重要。自然界中的各种线形具有不同的视觉印象和审美特征。如长条横直线代表广阔宁静，常常给人以平衡的感觉；竖直线给人以上升、挺拔、崇高之感；短直线表示阻断与停顿；虚线产生延续、跳动的感觉；斜线使人联想到山坡、滑梯，意味着危险和运动；而曲线则代表着柔和、流畅、细腻和活泼。园林植物常以优美的线形丰富园林构图形式，如优美的林冠线（图3-1）和林缘线等。

图3-1　优美的林冠线

二、图形美

图形是由各种线条围合而成的平面形。不同的图形给人的心理感受是不同的，比如，斜三角形给人不稳定的感觉，充满动势；正三角形给人以稳定的感觉；圆形给人饱满、圆润的感觉。从总体风格上，图形一般分为规则式和自然式两类。规则式图形是指局部彼此之间的关系以一种有秩序的方式组成的形态，其特征是稳定、有序、有明显的变化规律，有一定的轴线关系和数比关系，给人庄严肃穆、秩序井然之感（图3-2）；不规则图形是指各个局部在性质上都不相同，其特征是自然、流动、不对称、活泼、抽象和随意，表达了人们对大自然的向往。

图3-2　规则式图形秩序井然

三、体形美

体形是指由多种界面围成的空间实体。自然界中植物所呈现的外貌体形是丰富多样的，不同种类的植物有不同的体形美，同一类型的植物在不同的生长条件下也会有多种状态的体形美。不同形体的植物合理搭配，并与其他不同形体的园林要素有机配合，能够创造构图优美的园林景观（图3-3）。

图 3-3　黄山迎客松优美的形体与嶙峋的山形相得益彰

四、色彩美

色彩是造园艺术重要的表现手段之一。色彩具有强烈的生理属性和情感效应，人们往往运用丰富的色彩语言来表达自己特有的理想憧憬、情操内涵和生活情趣，如用冷色调表达宁静、安逸、悠闲的感觉，而用暖色调来表达活泼、运动的情趣。

五、质感美

质感是由构成园林物体的材料所表现出来的。不同的质感给人带来的感觉不一样。如粗糙的质感让人感觉到力量、男性化；细腻的质感让人联想到女性的温柔、优雅。

六、朦胧美

朦胧模糊美产生于自然界，如雨中花、烟云细柳，它是形式美的一种特殊表现形态，让人产生一种虚实相生、扑朔迷离的美感（图3-4）。

图 3-4　烟云细柳给人以虚实相生的美感

任务二　园林植物造景的形式美法则

园林植物都具有一定的形状、大小、色彩和质感，而形状又可抽象为点、线、面、体。园林形式美法则表述了这些点、线、面、体及色彩、质感的普遍组合规律。形式美法则在植物造景上主要有以下几个方面。

一、对比与调和

对比与调和是植物造景艺术的一个重要手法。它是运用景观因素（如体量、色彩等）程度不同的差异，或者是利用人的错觉，取得不同艺术效果的表现形式。差异程度显著的称为对比，在植物造景中采用对比处理，互相衬托，使景色鲜明显著、引人注目，更加鲜明地突出各自的特点，可使景色生动活泼；差异程度较小的表现称为调和，使彼此和谐，互相联系，产生完整的效果。园林景色要在对比中求调和，在调和中求对比，既要突出主题，又要风格协调，使景色丰富多彩。

（一）对比

对比的作用一般是为了突出表现一个景点或景观，使之鲜明显著、引人注目。对比的手法很多，在空间程序安排上有欲扬先抑、欲高先低、欲大先小、以暗求明、以隐求显、以素求艳等。在植物造景应用上主要表现在以下几个方面。

1. 形象的对比

园林布局中构成园林景物的线、面、体和空间常具有各种不同的形状，如长宽、高低、大小等。

在园林景物中应用形状的对比与调和常常是多方面的，如建筑与植物配合在一起，以树木的自然曲线与建筑的直线形成对比，来丰富立面景观（图3-5）。

图3-5　树木的曲线对比衬托建筑的直线条，更加突出建筑

2. 体量的对比

体量的对比包括高矮、长短、大小之间的对比，通过对比能使大者更大，小者更小（图3-6）。但是不同高矮、大小的植物组合，差异不能太悬殊，一般相邻层次的高度差控制在 20% ~ 25%，否则会让人感觉不协调（图3-7）。

图 3-6　通过对比，更显大乔木的高大

图 3-7　体量对比相差悬殊，让人感觉不协调

3. 方向的对比

在园林的形体、空间和立面的处理中，常常运用垂直和水平方向的对比来丰富园林景物的形象。如垂直方向水杉林与横向平阔的水面相互衬托，用挺拔高直的乔木形成的竖向线条与低矮丛生的灌木绿篱形成的水平线条进行对比，从而丰富园林的立面景观（图 3-8）。

图 3-8　挺拔的乔木与水平展开的灌木在方向上形成对比，使空间更加丰富

4. 空间的对比

在空间处理上，开敞空间与闭锁空间也可形成对比。在园林绿地中利用空间的收放与开合，形成敞景与聚景的对比。开朗风景与闭锁风景共存于同一园林中，相互对比，彼此烘托，视线忽远忽近、忽放忽收，可增加空间的对比感、层次感，引人入胜。

5. 明暗的对比

由于光线的强弱造成景物、环境的明暗对比，环境的明暗给人以不同的感受：明给人以开朗活泼的感觉；暗给人以幽静柔和的感觉。在园林绿地布局中，常常布置明朗的空地供人活动，布置幽暗的密林供游人散步休息。在密林中往往要留块空地，叫林间隙地，是典型的明暗对比（图 3-9）。

图 3-9　空间明暗的对比

6.虚实的对比

园林中虚与实的关系是互为存在条件的。没有实景，虚景便失去了物质基础；没有虚景，实景就缺乏了灵气。比如，树木树冠为实，冠下为虚；园林空间中葱茏树木是实，林中草地是虚。实中有虚，虚中有实，使园林空间有层次感和丰富的变化。

7.色彩的对比

色彩的对比与调和包括色相和色度的对比与调和。色相的对比是指相对的两个补色产生对比效果，如红与绿、黄与紫等。

园林中色彩的对比是指在色相与色度上差异明显产生对比的效果。利用色彩的对比关系可引人注目，更加突出主景。如"万绿丛中一点红"，这一点红就是主景。如果建筑为明亮的浅色调，就可用深绿色的树木作背景，加强对比，突出建筑。植物的色彩，一般是比较调和的，因此在种植上多用对比，产生层次。如秋季在艳红的枫林、黄色的银杏树之后，应有深绿色的背景树林作衬托。湖堤上种桃植柳，宜桃树在前，柳树在后，阳春三月，柳绿桃红，以红依绿，以绿衬红，水上水下，兼有虚实之趣。

8.质感的对比

在园林绿地中，植物之间、植物与其他要素之间有粗糙与光洁、厚实与透明之分。不同质地给人不同的感觉，如粗质地给人以雄厚和稳重的感觉，而细质地给人以温柔与活泼的感觉。利用植物材料之间不同质感的对比以及植物与其他要素之间质感的对比，更能突出景观，产生独特的艺术效果（图3-10）。

图 3-10　观赏草的温柔细腻与建筑的粗糙刚硬形成对比

（二）调和

使园林中不同艺术形象和不同功能要求的局部，求得一定的共同性与相互转化，这种构图上的技法称为调和。调和有相似调和与近似调和。

1.相似调和

园林中相似的景物因其在大小、排列或内容上有变化称为相似调和。当一个园景的组成部分重复出现时，如果在相似的基础上变化，也可产生调和统一感。相似调和也称统一调和。园林的主体是植物，尽管各种植物在形态、体量、色泽上千差万别，但总体上它们之间的共性多于差异性，在绿色这个色调上得到了统一。用调和手法取得统一的构图，易达到含蓄与幽雅的美，比起对比强烈的景物来更为安静（图3-11）。

图3-11　相似调和

2. 近似调和

近似的景物重复出现，称为近似调和。如方形与长方形的变化，圆形与椭圆形的变化，相邻色相产生的效果，如红与橙、橙与黄等都是近似调和。植物叶片之间大同小异，本身就是一个近似调和的整体。树林的林冠线与林缘线，一切都统一在曲线之中，给人以调和的美感（图3-12）。

图3-12　近似调和

二、均衡与稳定

由于植物景观由具有一定体量、色彩和质感的种类构成，因此表现出重量感。一般色彩浓重、体量庞大、数量繁多、质地粗厚、枝叶茂密的植物种类给人以重感；色彩素淡、体量小巧、数量简少、质地细柔、枝叶疏朗的植物种类则给人以轻盈的感觉。在进行植物配置时，在平面上表示位置关系适当就是均衡，在立面上表示轻重关系适宜就是稳定。

（一）均衡

均衡是指部分与部分的相对关系，如左与右、前与后的轻重关系等。自然界静止的物体要遵循力学原则，以平衡的状态存在，不平衡的物体或造景会使人产生不稳定和运动的感觉。在园林布局中，要求园林景物的体量关系符合人们在日常生活中形成的平衡安定的概念，所以除少数动势造景外，一般艺术构图都力求均衡。

均衡可分为对称均衡和非对称均衡。

1. 对称均衡

对称布局有明确的轴线，景物在轴线两侧做对称布置。凡是由对称布置所产生的均衡就称为对称均衡。对称均衡会使人们心理上产生严谨性、条理性和稳定感，在园林构图上这种对称布置的手法是用来陪衬主题的，如果处理恰当，能达到主题突出、井然有序的效果。对称布置手法在规则式的园林绿地中采用较多，如纪念性园林、公共建筑的前庭绿化等（图3-13）。但对称均衡布置时，景物常常过于呆板而不亲切，因此对称均衡应该因需而设，切忌没有条件硬凑对称，单纯追求所谓"宏伟气魄"的平立面图案的对称处理。

图3-13　对称均衡

2. 不对称均衡

轴线两侧的元素不完全相同，但在重量感上保持稳定，具有轻松、自由、活泼的变化感，适用于花园、公园、风景区等自然式园林或局部。

如在自然式园路的两旁，一边种植一株体量较大的乔木，另一边植以数量较多而体量较小的灌木，以求得拟对称均衡感和稳定感（图3-14）。

图3-14　园路两侧做不对称均衡栽植

（二）稳定

稳定，是指园林布局在整体上轻重的关系而言。自然界的物体，由于受地心引力的作用，为了维持自身的稳定，靠近地面的部分往往大而重，而在上面的部分则小而轻，如山、土坡等。从这些物理现象中，人们就产生了重心靠下、底面积大可以获得稳定感的概念。

在植物配置上，往往在体量上采用下面大、向上逐渐缩小的方法来取得稳定坚固感。在实践中，在保证上层树冠飘逸的同时，尽量配置中小乔木或灌木，整个林层重心下沉，控制全局相对稳定（图3-15）。

图3-15　大乔木下面布置灌木，给人稳定的感觉

三、节奏与韵律

所谓节奏，就是景物简单地反复连续出现，通过运动产生美感。而韵律则是节奏的深化，是有规律但又自由地抑扬起伏变化，从而产生富于感情色彩的律动感。韵律与节奏是艺术构图多样统一的重要手法之一。

（一）连续韵律

一种或多种事物有秩序地排列延续，各要素之间保持相对稳定的等距关系，构成连续韵律。如等距栽植的行道树等。

（二）交替韵律

即由两种以上组成要素有规律地交替重复出现的连续构图（图3-16）。

图3-16　交替韵律

（三）渐变韵律

指连续出现的要素在某一方面按照一定规律变化，逐渐加大或变小、逐渐加宽或变窄等。如体积大小的逐渐变化、色彩浓淡的逐渐变化等（图3-17）。

（四）旋转韵律

某种要素或线条按照旋转状方式反复连续进行，或向上，或向左右发展，从而得到旋转感很强的韵律特征（图3-18）。

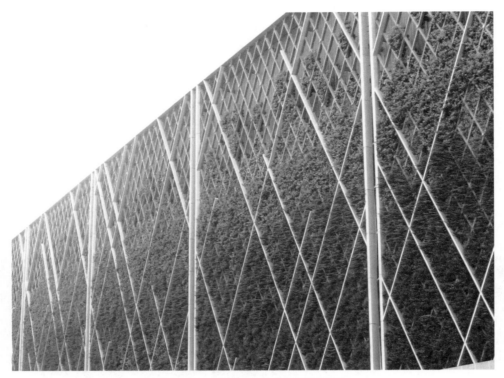

图 3-17　墙面上的种植呈渐变韵律

图 3-18　花柱图案形成旋转韵律

（五）拟态韵律

　　相同元素重复出现，但在细部又有所不同，即构成拟态韵律。即由某一组成因素有规律地纵横交错或多个方向出现重复变化的连续构图。如连续排列的花坛在外形上相同，但花坛内种的花草种类、布置又各不相同（图 3-19）。

图 3-19　形状相同的花坛里面布置的花卉种类和图案各不相同，形成拟态韵律

（六）自由韵律

指某些要素或线条以自然流畅的方式，不规则但有一定规律地婉转流动，反复延续，呈现自然优美的韵律感，比如丛植的树木（图 3-20）。

图 3-20　自由韵律

四、比例与尺度

（一）比例

比例体现的是事物的整体之间、整体与局部之间或局部与局部之间的一种关系。

园林中的景物不是孤立存在的，而是相互配合共同组合成景。因此，不可避免地会在景物的大小、高低等方面相互比较，表现出一定的比例关系。既有景物本身各部分之间的比例关系，也有景物之间、个体与整体之间的比例关系，这些关系难以用精确的数字来表达，而是属于人们感觉和经验上的审美概念。

和谐的比例是完美构图的条件之一，可以使人产生美感（图 3-21）。

图 3-21　和谐的比例给人以美感

（二）尺度

要取得和谐美观的比例，要符合尺度规律。比例是相对的，而尺度涉及具体尺寸。园林绿地构图的尺度是景物与人的身高、使用活动空间的度量关系。人们习惯将人的身高和使用活动所需要的空间作为视觉感知的度量标准。在园林里，如果人工造景尺度超越人们习惯的尺度，可使人感到雄伟壮观（图 3-22）；如果尺度符合一般习惯要求或者较小，则会使人感到小巧紧凑、自然亲切（图 3-23）。

图 3-22　超大尺度

图 3-23　小尺度给人亲切感

　　在植物造景时，除了考虑植物之间的比例尺度外，更要考虑植物与其他要素之间的比例尺度关系，使其大小合适、主次分明、相辅相成，浑然成为整体。

五、多样与统一

　　"多样"是指构成整体的各个部分形式因素的差异性；"统一"是指这种差异性的协调一致。多样统一是客观事物本身所具有的特性。事物本身的形体具有大小、方圆、高低、长短、曲直、正斜等；质具有刚柔、粗细、强弱、润燥、轻重等；势具有疾徐、动静、聚散、抑扬、进退、升沉等。这些对立的因素统一在具体事物上面，形成了和谐。多样统一使人感到既丰富，又单纯；既活泼，又有秩序。在植物配置上，形态、色彩、线条、质感等有一定差异，显示多样性，而它们又要保持一定的相似性或相同点，形成统一。这样，既生动活泼，又和谐统一。

　　在植物造景方面，统一性主要表现为布局形式的统一、植物种类的统一（图 3-24）、线条形体的统一以及联想意境的统一等。盲目的变化多样而不统一，必然杂乱无章，甚至支离破碎，比如过于繁杂的色彩就会让人感觉心烦意乱、无所适从；而若统一而无变化，则呆板单调。比如一个城市或一个园区的基调树种，基调树种种植数量大、遍布面广，成为该城市或园区的总体特色，起到协调统一的作用。

　　与统一相对立的是多样，多样就是统一中求变化，在整体基调中，穿插种植其他植物种类，创造出多样而美丽的立面构图、色彩构图以及季相变化。

　　多样与统一规律包含了对称、均衡、对比、调和、节奏、比例等形式规律，是形式美的构造规律中最高级、最复杂的一种。

图 3-24　不同花色的郁金香

思考与练习

1. 举例说明植物造景的形式美主要表现在哪些方面。

2. 形式美法则表现在哪些方面，如何运用形式美法则进行植物造景设计？

技能训练　植物造景分析

一、训练目的

通过本次实训使学生深入理解园林艺术理论在植物造景中的合理运用，并学会运用园林艺术理论进行园林植物造景。掌握园林植物造景分析与评价方法,提高分析能力、总结能力和表达能力。

二、训练内容与要求

运用所学的园林艺术理论，对所给平面方案（图 3-25）的植物造景方法进行分析及评论。完成评价报告，并进行口头讲解。

图 3-25　昆明世博园蜀风园

1—银杏；2—紫薇；3—桂花；4—贴梗海棠；5—垂丝海棠；6—红梅；7—木芙蓉；8—棕竹；
9—罗汉松；10—红玉兰；11—川茶花；12—龙爪槐；13—红枫；14—红叶李；15—天竺桂；
16—狭叶四照花；17—苏铁；18—攀枝花苏铁；19—石榴；20—罗汉竹；21—观音竹；
22—慈竹；23—垂柳；24—黄槐

项目四 **园林植物的观赏特征**
与造景功能

【内容提要】

　　园林植物是美化环境的重要活材料，通过植物形态、色彩、质感、芳香的气味以及人们赋予其拟人化的园林意境，使植物既有生动的外观，又有丰富的内涵。在景观设计中，可充分利用植物的这些观赏特征，创造出丰富多彩的园林造景形式。

【知识点】

园林植物各方面的观赏特征及其在园林中的应用。
园林植物在园林中的造景功能。

【技能点】

能够结合园林植物的观赏特征应用园林植物进行各种功能造景。

任务一　园林植物的观赏特征与应用

一、园林植物的形态与应用

　　植物的形态是指植物的外形轮廓、体量、形状、质地、结构等特征的综合表现，植物形态的表现对空间划分、构图、组景等十分重要。

（一）树形及其在园林景观中的应用

1. 树形
树形是指树木的大致外轮廓。树形由树冠及树干组成。

　　不同树种的树形都有其自身的特征，主要由遗传因素决定，同时受外界因子和园林养护管理措施的影响。

　　树形在生长过程中呈现一定的变化规律，一般所谓某种树有什么样的树形，大抵指在正常的生长环境下，其成年树的外貌而言。通常各种园林树木的树形可分为下述各种类型，如图 4-1 所示。

图 4-1　各种类型园林树形

　　（1）圆柱形：杜松、钻天杨、铅笔柏等。

　　（2）尖塔形：雪松、云杉、冷杉、南洋杉等。

　　（3）圆锥形：圆柏、水杉等。

　　（4）卵圆形：毛白杨、悬铃木、香椿等。

　　（5）倒卵形：刺槐、千头柏、旱柳、榉树等。

　　（6）圆球形：馒头柳、五角枫、千头椿等。

　　（7）垂枝形：垂柳、垂枝桃、垂枝榆等。

　　（8）曲枝形：龙桑、龙爪槐、龙爪柳、龙枣、龙游梅等。

　　（9）拱枝形：迎春、连翘、锦带花等。

　　（10）盘伞形：老年期油松。

　　（11）匍匐形：铺地柏、沙地柏、平枝枸子等。

　　（12）偃卧形：鹿角桧。

　　（13）棕榈形：棕榈、蒲葵、椰子等。

2. 树形与植物景观设计

不同的树形有不同的表现性质，在园林植物景观设计上有独特的作用，可以让人产生不同的心理感受。根据树形的方向性，可以把植物的姿态分为垂直向上类、水平展开类、垂枝类、无方向类及其他类。

（1）垂直向上类　这类植物一般是指上下方向尺度长的植物，比如圆柱形、笔形、尖塔形、圆锥形等都有比较明显的垂直向上感，常见的有桧柏、塔柏、铅笔柏、钻天杨、新疆杨、水杉、云杉等。这类植物能够引导人的视线直达天空，突出空间的垂直面，强调了空间的垂直感和高度感，具有高洁、权威、庄严、肃穆、崇高和伟大等表现作用，同时给人以傲慢、孤独、寂寞之感（图4-2）。

图4-2　垂直向上类植物强调了群落和空间的垂直感和高度感

（2）水平展开类　这类植物一般是指偃卧形、匍匐形等具有水平伸展方向性的植物。常见的有鹿角桧、铺地柏、沙地柏、平枝栒子等。另外如果一组垂直姿态的植物组合在一起，当长度大于高度时，植物个体的垂直方向性消失，而具有了植物群体的水平方向性，如绿篱、地被，这种群体也具有了水平方向类植物的特征。水平方向类植物有平静、平和、舒展、恒定等表现作用，它的另一面则是疲劳、死亡、空旷和荒凉。这类植物会引导视线向水平方向移动，因此可以增加空间的宽阔感，使构图产生宽阔和延伸的意向。因此，这类植物与垂直向上类植物配置在一起，具有较强的对比效果。此类植物常形成平面效果，因此宜与变化的地形结合应用；也可协调装饰建筑物。水平展开类植物可在构图中重复出现，能产生完整与丰富的绿地效果，如图4-3所示。

图 4-3　水平展开类植物在构图中重复出现，能产生完整与丰富的绿地效果

（3）垂枝类　这类植物具有明显的悬垂或下弯的枝条，如垂柳、照水梅、垂枝碧桃、龙爪槐、迎春、连翘等。与垂直向上类相反，垂枝类植物具有明显的向下的方向性，能将人的视线引向下方，在配置时可以与引导视线向上的植物配合使用，上下呼应。垂枝类植物可以用于水边，柔软下垂的枝条与水面波纹相得益彰，把人的视线引向水面，如图 4-4 所示。

图 4-4　垂柳的枝条把人的视线引向水面

（4）无方向类　大多数树木都没有明显的方向性，如卵形、圆形、馒头形、丛生形等，这类植物统称为无方向类植物。这类植物在引导视线方面既无方向性也无倾向性，因此在构图中随便使用都不会破坏设计的统一性。这类植物具有柔和、平静的特征，可以调和其他外形较强烈的形体，但这类植物创造的景观往往没有重点（图4-5）。球形是典型的无方向类，圆球类植物具有内聚性，具有浑厚、朴实之感，同时，又由于等距放射，同周围任何姿态都能很好地协调。天然的球形植物不多见，园林中应用的大多是人工修剪的球形植物，如水蜡球、刺柏球、小叶黄杨球、红花檵木球等。

图 4-5　无方向感树形园林应用

各种方向的树木在园林中要结合周围环境合理设计应用，创造和谐美观的景观，如图4-6所示。

图 4-6　各种方向感的植物合理搭配

（5）其他类　除以上类型之外，还有一些不规则的、多瘤节的、歪扭的、缠绕螺旋式的及悬崖形和扯旗形的。这些类型的植物具有奇异的外形，在一个环境中不宜多用，以避免杂乱无章的景象，最好作为孤植树，如图4-7所示。

图 4-7　不规则类树形在园林中作焦点树

在树形设计应用中还应该注意以下问题：

（1）树形并不是一成不变的，在一年当中的不同季节和在不同的生长期，树木的姿态是有所变化的，所以，在应用时要对植物不同时期的不同姿态有很好的了解，进行合理搭配。

（2）在一个景观环境中，不应有太多不同的树形，这样会显得杂乱无章。

（3）各种树形的美化效果不是一成不变的，同一个树形在不同的环境中表现的景观效果有时也会发生变化。

（二）叶形

园林植物的叶子形态各异，许多植物的叶子成为这种植物的主要特征和性状的代表，具有很强的观赏性，如马褂木、羊蹄甲、鸡爪槭、鹅掌柴等。

按照叶片大小和形态，将叶形划分为小型叶（如六月雪、米兰等）、中型叶（如杜鹃、牡丹等）和大型叶（如芭蕉、椰子等）。不同的叶形在园林中的应用也不同，棕榈、椰子的大型羽状叶给人洒脱轻快之感；蒲葵、龟背竹大型的掌状叶则具有朴素之感；而合欢细小的羽状复叶则给人以轻盈秀丽的感觉。此外，叶缘的锯齿、缺刻以及叶片表皮上的绒毛、刺凸等附属物的特性，有时也可起到观赏的作用，如图4-8所示。

图 4-8　不同形状和大小的叶子组合在一起，刚柔相济

（三）花形与花相

1. 花形

园林植物的花朵有各式各样的形状和大小，单朵的花又常排聚成大小不同、式样各异的花序。在园林应用中一般认为花瓣数多、重瓣性强、花径大、形体奇特者观赏价值高。同时，由于花器及其附属物的变化，往往也成为观赏的主要特征。例如，金丝桃花朵上长长的金黄色花丝、一品红的苞片等。

2. 花相

花的观赏效果不仅仅取决于单朵花及花序的形状，还与花或花序在植株上的分布有着密切的关系。我们将花或花序着生在树冠上的整体表现形貌，特称为花相。树木的不同花相分述如下：

（1）花相的基本形式

①纯式花相　指在开花时，叶片尚未展开，全树只见花不见叶的一类。主要存在于蔷薇科李属、樱属、梅属，玄参科泡桐属，紫薇科风铃木属，木兰科木兰属，苏木科紫荆属，木犀科连翘属等。常见的树种有连翘、腊梅、木棉、樱花等。

纯式花相植物花期大都在早春，由于没有树叶遮盖，花感强烈，故能突出春花烂漫的场景。设计时可单种成片栽植，花期尤为壮观；可用常绿树作背景，对比强烈；也可单株或几株间或种植，早春时节起到画龙点睛的作用。

②衬式花相　是指在展叶后开花，全树花叶相衬，故曰衬式。除了纯式花相植物外，其他植物都属于衬式花相。

衬式花相花感不如纯式花相，不过有些植物开花在绿叶的衬托下更显美丽。而且花与叶形和叶色的对比可使画面更丰富、更生动，如牡丹、杜鹃等。衬式花相植物花期局限性小，园林应用选择性强。

（2）花相的类型

①独生花相　本类较少，形较奇特，例如苏铁类。园林中可单株或几株成群栽植，起强调作用，可作孤赏树，起点景作用。

②线条花相　花排列于小枝上，形成长形的花枝。由于枝条生长习性之不同，有呈拱状花枝的，有呈直立剑状的，或略短曲如尾状的等。简而言之，本类花相大抵枝条较稀，枝条个性较突出，枝上的花朵成花序的排列也较稀。呈纯式线条花相者有连翘、金钟花等；呈衬式线条花相者有珍珠绣线菊、三桠绣线菊等。

③星散花相　花朵或花序数量较少，且散布于全树冠各部。衬式星散花相的外貌是在绿色的树冠底色上零星散布着一些花朵，有丽而不艳、秀而不媚之效，如珍珠梅、鹅掌楸等。纯式星散花相种类较多，花数少而分布稀疏，花感不烈，但亦疏落有致。若于其后植有绿树背景，则可形成与衬式花相相似的观赏效果。星散花相花朵分散于树冠上，含而不露，给人含蓄、灵透之感，中国古典园林中应用较多，这与古典园林幽静、含蓄的风格特征相吻合。

④团簇花相　花朵或花序形大而多，就全树而言，花感较强烈，但每朵或每个花序的花簇仍能充分表现其特色。呈纯式团簇花相的有玉兰、木兰等；属衬式团簇花相的以大绣球为典型代表。

团簇花相给人以明确、肯定、简洁的感觉，在设计中既可远观也可近赏，是中景树、近景树的良好选材。

⑤覆被花相　花或花序着生于树冠的表层，形成覆伞状。属于本花相的树种，纯式有绒叶泡桐、泡桐等，衬式有广玉兰、七叶树、栾树、紫薇等。衬式覆被花相的树木花期时花和叶子形成两个显出的体块，花的外轮廓影响了整个树体的轮廓，可使树体形态富有张力，花感较为强烈。

⑥密满花相　花或花序密生全树各小枝上，使树冠形成一个整体的大花团，花感最为强烈。例如榆叶梅、毛樱桃、李等；衬式如火棘等。

⑦干生花相　花着生于茎干上，种类不多，多产于热带湿润地区，例如槟榔、枣椰、鱼尾葵、山槟榔、木菠萝、可可等。温带地区的紫荆也属干生花相。这类树种常作行道树等用。

各种花相如图 4-9 所示。

（四）果形

许多园林植物的果实既具有很高的经济价值，又有突出的美化作用。园林中为了观赏的目的而选择观果树种时，大抵注重形与色两个方面。

线条花相　　　　　　　　　　星散花相

覆被花相　　　　　　　　　　团簇花相

密满花相　　　　　　　　　　干生花相

图 4-9　各类花相

一般果实的形状以奇、巨、丰为鉴赏标准。所谓"奇"，是指形状奇异有趣。例如，铜钱树的果实形似铜币；腊肠树的果实好比香肠；秤锤树的果实像秤锤；元宝枫的两个果实合在一起像元宝；佛手的果实似人手，等等。所谓"巨"，是指单体果形较大或果形虽小但形成较大的果穗，前者如柚，后者如接骨木，均可收到引人注目之效。所谓"丰"，是就全树而言，无论单果或果穗均应有一定的丰盛数量。

（五）干形

一些树木的树皮以不同形式开裂、剥落，具有一定的观赏价值，特别是落叶后，成为主要的观赏特色，如悬铃木、白皮松的片状树皮（图 4-10），银杏的纵裂树皮，以及油松的鳞片状树皮等。

另外，树木枝干的扭曲、旋转也具有较高的观赏价值，例如大多数木质藤本的枝干。

图 4-10　斑驳的白皮松树干

（六）根形

树木裸露的根部也有一定的观赏价值。我国自古以来即对此有很高的鉴赏水平，并已将此观赏特点应用于园林美化和树木盆景的培养中，称为"露根美"。并非所有的树木都有显著的露根，一般情况下，树木达老年期以后，均可或多或少地表现出露根美。露根效果比较明显的树种主要有松、榆、梅、榕、腊梅、山茶、银杏等。

另外，有的热带、亚热带树种具有板根以及发达的悬垂状气生根，能形成根枝连地、独木成林的壮丽景观，如榕树（图 4-11）。

二、园林植物的色彩设计

在园林植物造景要素中，色彩是最为引人注目的，给人的感受也最为强烈和深刻。色彩的作用多种多样，色彩也给予环境以性格：冷色环境宁静而素雅，暖色环境喜庆而热烈。植物的色彩主要通过花、叶、果、干等部位的颜色表现出来。

图 4-11　榕树的气生根

（一）叶色

叶色是植株色彩最为突出的元素，因为植物的外表大部分被叶子覆盖，而且在四季变化中叶子的覆盖时间也最长。根据叶色的特点可分为以下几类。

1. 绿色类

绿色虽属叶子的基本颜色，但根据颜色的深浅不同则有嫩绿、浅绿、鲜绿、浓绿、黄绿、褐绿、蓝绿、墨绿、亮绿、暗绿等差别。将不同绿色的树木搭配在一起，能形成美妙的色感，如图 4-12 所示。

图 4-12　不同绿色的树木

2. 春色叶及新叶有色类

树木的叶色常因季节的不同而发生变化。例如，栎树的叶子在早春呈现鲜嫩的黄绿色，夏季呈正绿色，秋季为黄褐色。对春季新发生的嫩叶有显著不同叶色的树种，统称为"春色叶树"。臭椿、五角枫的春叶呈红色，黄连木的春叶呈紫红色等。在南方暖热气候地区，有许多常绿树的新叶不限于在春季发生，而是不论季节，只要发出新叶就会具有美丽色彩而有宛若开花的效果，如铁力木等，这一类统称为"新叶有色类"。

此类树木在发叶时能产生类似开花的效果（图4-13）。

图4-13　春色叶有开花效果

3.秋色叶类

凡在秋季叶色能有显著变化的树种，均称为"秋色叶树"。秋色叶树大体可分为两类，即秋叶呈红色或紫红色的，如鸡爪槭、五角枫、茶条槭、枫香、地锦、盐肤木、柿、黄栌等；秋叶呈黄或黄褐色的，如银杏、白蜡、复叶槭、栾树、悬铃木、水杉、落叶松等，如图4-14所示。

图4-14　秋色叶树种的园林应用

这只是秋叶的一般变化，实际上在红黄之中又可细分为许多类。在园林实践中，由于秋色期较长，故早为人们所重视。例如，在我国北方每于深秋观赏黄栌红叶，而南方则以枫香、乌桕的红叶著称。在欧美的秋色叶中，红槲、桦类等最为夺目。而在日本，则以槭树最为普遍。

4. 常色叶类

有些树种常年呈现非绿色的其他异色，称为"常色叶树"。全年树冠呈紫色的有紫叶小檗、紫叶李、紫叶碧桃、紫叶矮樱等；全年叶均为金黄色的有金叶接骨木、金叶连翘、金叶红瑞木、金叶女贞等，如图4-15所示。

图 4-15　各色常色叶树种应用

5. 双色叶类

有些树种，其叶背与叶表的颜色显著不同，在风中由于叶片翻转能形成特殊的变化效果，这类树种称为"双色叶树"，如银白杨、新疆杨、青紫木等。

6. 斑色叶类

绿叶上具有其他颜色的斑点或花纹的树种称为"斑色叶类"，如花叶复叶槭、变叶木、花叶大叶黄杨等。

（二）花色

园林植物的花朵除了各式各样的形状和大小外，花色更是千变万化，形成绚丽斑斓的园林色彩空间。花色作为最主要的观赏要素，变化极多，无法一一列举，只能归纳为几种基本色系。

1. 红色系

海棠花、榆叶梅、凤凰木、刺桐、扶桑、石榴等。红色系给人活跃、热烈而富有朝气之感，一般寓意着吉祥、喜庆与活力，但是过多使用刺激性强，易使人倦怠，如图 4-16 所示。

图 4-16　红色系地被

2. 黄色系

黄色系是最明亮的颜色，有强烈的光明感，使人感觉明快和纯洁。如腊梅、迎春、连翘、黄刺梅、金丝桃、黄蝉等。淡黄色给人新生、天真的联想；橙黄色温暖而明快，是易被人接受的颜色，橙色还是果实的颜色，因此给人以丰收的联想，如图 4-17 所示。

图 4-17　黄色系花应用于花境

3. 白色系

白色明度高，色彩明亮，给人以纯洁、高雅的感觉。白色系如流苏、刺槐、白玉兰、珍珠梅、太平花、白丁香、梨、白碧桃等。在植物造景中，白花对园林色彩调和起着重要的作用。如果色调偏暗，可以植入白色花卉使色彩明快。如蓝色的矮牵牛可以和白色的矮牵牛搭配使用，使色彩明快起来；为了减轻色彩的对比，白色可以使对立的色彩调和起来，如图 4-18 所示。

图 4-18　白色能使暗淡的蓝色明快

4. 蓝色系

蓝色是极端的冷色，具有沉静和理智的特性。蓝天、大海都是蓝色的，因此蓝色易给人高远、清澈、超脱的感觉。在园林中，开蓝色花的植物适宜用于安静休息区、老人活动区、疗养院等地。如鸢尾、矮牵牛（蓝色）、鼠尾草、八仙花等。

5. 紫色系

紫色优美高雅、雍容华贵，明亮的紫色给人优雅、妩媚的感觉；暗紫色则给人低沉、神秘的感觉。紫色系如紫藤、紫花泡桐、紫丁香、紫荆等。在园林应用中紫色花若配以白色或黄色，则可以使色彩明亮起来，如图 4-19 所示。

园林植物除了具有相对固定的花色外，还有一些品种花色会发生变化，主要有以下两种情况：

（1）同一品种同一植株的不同枝条、同一枝条的不同花朵，乃至同一朵花的不同部位，也可具有不同的颜色。如牡丹中的"二乔"、杜鹃中的"王冠"、月季中的"金背大红"等品种。

图 4-19 紫色的郁金香雍容华贵

（2）有些植物的花在开花期间会产生花色的变化。如金银花初开为白色，后变为黄色；木绣球初花为翠绿色，盛花期为白色，到开花后期就变为蓝紫色；海棠花蕾时呈现红色，开花后则呈淡粉色，故古人诗中说"著雨胭脂点点消，半开时节最妖娆"；海仙花初开时为白色、黄白色或淡玫瑰红色，后变为深红色；木芙蓉中的"醉芙蓉"品种，清晨开白花，中午转桃红，傍晚则变深红，如图 4-20 所示。

图 4-20 木绣球在不同生长期花色不同

（三）果色

果实的色彩有着极其重要的观赏意义，尤其在秋季，成熟果实以其红、橙、黄等暖色点缀于绿色之间，大添异彩。果实的色彩可归纳为以下几个基本色系：

（1）黄色：木瓜、银杏、柑橘类、无花果、杏。

（2）白色：红瑞木、雪果。

（3）蓝紫色：紫珠、葡萄。

（4）黑色：女贞、爬山虎、君迁子、樟。

（5）红色：金银木、多花栒子、珊瑚树、欧洲冬青、山楂、火棘。

除以上基本色彩外，有的果实还具有花纹。此外，由于光泽、透明度等的不同，又有许多细微的变化。在成熟的过程中，不同时期也表现出不同的色泽。

在选用观果树种时，最好选择果实不易脱落而浆汁较少的，以便长期观赏。

（四）枝、干色

枝干具有美丽色彩的树木，称为观枝干树种。此类树木当深秋落叶后尤为引人注目，对创造冬态景观有很重要的意义。常见红色枝条的有红瑞木、野蔷薇、杏、山杏等；古铜色枝的有山桃等；绿色枝的有梧桐、棣棠、迎春等。树干呈暗紫色的有紫竹；呈黄色的有金竹、黄桦等；呈绿色的有竹子、梧桐等；呈白色的有白皮松、白桦等；呈斑驳色彩的有黄金间碧竹、金镶玉竹、木瓜等。这些树种是表现冬季景观的好素材。

（五）园林植物色彩设计

植物的色彩是植物造景重要的内容，植物色彩的配置创作主要根据色彩的美学原则。

1. 暖色系的应用

暖色系主要是指红、橙、黄三色及其相邻色。暖色系象征着热烈欢快，让人激动和兴奋，一般用于庆典场面，如广场花坛、主要入口等（图4-21）；暖色给人温暖的感觉，因此一般用于早春或寒冷地区；但不宜大面积用于高速公路和城市道路用地，以免刺激司机视线。在植物色彩的搭配中红色、橘红色、黄色、粉红色都可以给整个设计增添活力和兴奋点。

图4-21　大量暖色应用于天安门广场，增添了节日的喜庆气氛

2. 冷色系的应用

冷色系主要是指青、蓝及其相邻色。冷色在视觉上有深远的视觉效果，因此在空

间较小的环境可用冷色，以增加空间的深远感。在视觉上冷色比暖色的面积感要小，若想获得与暖色同等大小的面积感觉，就要使冷色面积稍大于暖色。冷色给人以宁静、清凉的感觉，常用于安静舒缓的地方，比如公园的安静休息区、纪念性园林、精神病院等。炎热夏季温度较高的地方应该用冷色植物，给人以清凉的感觉，如图 4-22 所示。

图 4-22　冷色系园林植物使环境显得清新淡雅

3. 类似色的应用

类似色指的是色相比较接近的颜色，如红色与橙色、橙色与黄色、黄色与绿色等；也包括同一色相内深浅程度不同的色彩，如深红与粉红、深黄与淡黄、浅绿与墨绿等。这种色彩组合在色相、明度上都比较接近，很容易取得协调，在植物组合中，能提升层次感和空间感，在心理上产生柔和、宁静的感觉，其视觉效果易于让人接受（图 4-23）。但是类似色组合在一起，久而久之易产生乏味、单调的感觉。

图 4-23　类似色园林植物应用

4. 对比色的应用

对比色色相差别最大，对比效果强烈、醒目，如红色与绿色、黄色与紫色、橙色与蓝色等。对比色彩组合在一起给人感觉鲜明、强烈，利用色彩的对比加强景观的视觉效果，富有感染力，如蓝色的风信子与橙色的郁金香搭配片植；秋天红叶有深绿色松、柏的衬托更加明艳；绿色的树叶可以给红色的花朵作背景，强化鲜艳颜色，如图 4-24 所示。

图 4-24　对比色应用在一起使色彩更加鲜明、刺激

5. 色彩的距离感与应用

明亮色、鲜色和暖色有近前感觉，而暗色、灰色、冷色有退远感觉。园林中可以用色彩的距离感来加强风景的景深和层次。如"花港观鱼"大草坪雪松与樱花的植物群落，用深绿色的雪松为樱花作背景，拉开景深和层次。

6. 色彩的重量感与应用

色彩的重量感取决于色彩的明暗程度，高明度有轻感，低明度感觉沉重。色彩越重感觉越硬，色彩越轻感觉越软。在植物配置中，如以深色植物作基础，浅色枝叶在上面，构图显得稳定，如图 4-25 所示。

图 4-25　深色植物作基础，浅色枝叶在上面，构图显得稳定

三、园林植物的质感

园林植物的质地是园林植物给人的视觉感和触觉感，视觉感和触觉感的不同会给人以不同的感受和联想。质感是人的视觉以及触觉感受，是一种心理反应。

（一）植物质感的类型

植物的质感取决于叶片、枝条的大小、形状、排列形式及其表面的光润度等，主要分为粗质型、中质型、细质型。

1. 粗质型植物

粗质型植物一般具有大叶片、疏松粗壮的枝干和松散的树冠。如鸡蛋花、南洋杉、广玉兰、桃花心木、刺桐、木棉等。粗质型植物有较大的明暗变化，看起来强壮、坚固、刚健，外观上也比细质植物更空旷疏松，当将其植于中粗型及细质型植物丛中时，便会跳跃而出，首先为人所见。因此，粗质型植物可在景观中作为焦点，以吸引观赏者的注意力，如图 4-26 所示。也正因为如此，粗质型植物不宜使用过多，避免喧宾夺主，反而使景观显得零乱无特色（图 4-27）。粗质型植物有较大的明暗变化，产生拉近的感觉，能使景物有趋向观赏者的动感，从而可以使观赏者产生与植物之间视距缩短的感觉，使空间显得狭窄和拥挤。因此，粗质型的植物多用于大面积场地，而慎用于庭院等小面积空间。

图 4-26　粗质型树木在园中成为视线焦点

2. 细质型植物

细质型植物具有许多小叶片、微小脆弱的小枝以及整齐密集而紧凑的树冠。如文竹、天门冬、柽柳、小叶榄仁、黄金叶、珍珠绣线菊等。细质型植物给人的心理感受是柔软、细腻、优雅。

图 4-27　粗质型植物使用过多，景观显得零乱无特色

由于叶小而浓密，有扩大视线距离的作用。因此，可大面积运用细质型的植物来加大空间伸缩感，适于紧凑狭窄的空间，又由于树冠整齐，轮廓清晰，可作为背景材料。细质型植物可作为边界起到修饰作用，也经常修剪成球形放作前景，如图 4-28 所示。

图 4-28　细质型植物作边界，起到很好的修饰作用

3. 中质型植物

中质型植物一般具有中等大小的叶片、枝干，比粗质型植物柔软，树冠介于疏松和紧密之间。多数植物属此类型。如小叶榕、红花檵木、桂花、黄榕等。这类植物给人的感觉是自然、苗壮。景观中常以群组种植的方式作为粗质型与细质型的过渡，配置中数量比例较大。

所以，植物的质感在一定程度上来说是不确定的。在景观设计的过程中，要充分利用植物质感的这种可变性，综合把握整体环境和非植物材料的质感，营造符合主题且具特色的景观。

四、园林植物的气味景观设计

园林植物除了给人视觉上的冲击之外，它的芳香气味更具有独特的审美效应，为园林增添了无穷生机，在园林植物的观赏性状中最具特色。芳香植物是兼有药用植物和天然香料植物共有属性的植物类群，其组织、器官中含有香精油、挥发油或难挥发树胶，具有芳香的气味。我国芳香植物资源十分丰富，已发现的芳香植物共有 70 余科 200 余属 600 ～ 800 种。

芳香植物分为花香类、叶香类、果香及其他类。常用的芳香植物有丁香、香樟、白玉兰、薰衣草、垂丝海棠、紫玉兰、广玉兰、合欢、八仙花、小叶栀子、柠檬马鞭草、月桂、丹桂、金桂、黑松、腊梅、花梅、迷迭香、茶梅等。

（一）芳香植物的园林功能

1. 植物的芳香能杀灭病菌、净化环境。

有些芳香植物能够减少有毒有害气体、吸附灰尘，使空气得到净化。如米兰能吸收空气中的 SO_2；桂花、腊梅能吸收汞蒸气；松柏类树种有利于改善空气中的负离子含量；丁香、紫茉莉、含笑、米兰等不仅对 SO_2、HF 和 Cl_2 中的一种或几种有毒气体具有吸收能力，还能吸收化学烟雾、防尘降噪；紫茉莉分泌的气体 5 秒钟即可杀死白喉、结核菌、痢疾杆菌等病毒。因此，在树种规划时选用一些芳香植物，并结合水景配置，可使空气质量得到极大改善。

2. 植物的芳香还能调节身心，具有治疗疾病和保健功能。

植物气味治疗疾病已为许多国内外专家证实，医学界已发现有 150 多种香气可用来治病。如桂花的香气有解郁、清肺、辟秽之功能；菊花的香气能治头痛、头晕、感冒、眼翳；丁香花的香气对牙痛有镇痛作用；茉莉的芳香对头晕、目眩、鼻塞等症状有明显的缓解作用；郁金香的香气能疏肝利胆；槐花香可以泻热凉血；薰衣草香味具有抗菌消炎的作用；矮紫杉、檀香、沉香等香气可使人心平气和、情绪稳定等。

3. 植物的芳香能够吸引游人和昆虫。

芳香的气味能够指引游人寻香而至，如狮子林燕誉堂洞门上题有"听香"二字，寓意深刻。梅疏影横斜，暗香浮动，踏雪寻梅，靠的就是香气的指引。

另外，植物的香气还能吸引很多昆虫，特别是蝴蝶，能够增加生物多样性，并形成别具特色的园林景观。

4. 植物的芳香有助于园林意境的形成。

许多植物的香味都具有深深的文化底蕴，给园林带来独特的韵味和意境。如梅花，

"遥知不是雪，为有暗香来"；又如"禅客"栀子花，"薰风微处留香雪"；再如夏秋盛开的茉莉，"燕寝香中暑气清，更烦云鬓插琼英"。苏州留园的"闻木犀香轩"，网师园的"小山丛桂轩"，拙政园的"远香堂""荷风四面亭""玉兰堂"，承德避暑山庄的"香远益清""冷香厅"等，都是借用桂花、梅花、荷花、玉兰等的香味来抒发意境和情绪。

（二）芳香植物的园林应用

1. 芳香植物专类园

很多芳香植物本身就是美丽的观赏植物，可以建立专类园。配置时注意乔木、灌木、藤本、草本的合理搭配以及香气、色相、季相的搭配互补，再配以其他园林设计要素，如提供观赏、食用、茶饮、美容、沐浴、按摩等服务，使这类专类园具有生产、旅游、服务、休闲等功能。

2. 香花蝴蝶园

利用植物的芳香特性，集中种植蝴蝶授粉的芳香植物，放养蝴蝶，营造蝴蝶园。蝴蝶是会飞的花朵，不仅能为园林增色，还能帮助香花植物进行授粉。

3. 夜游园

夜晚，随着人们的视觉器官功能的减弱，其他感官就会逐渐变得敏感。很多园林空间夜晚也有大量人活动，这时植物的芳香就成为园林空间最为吸引人的因素了，比如居住区、大专院校、医院住院部以及疗养院等环境，都可以合理布置一定量的芳香植物，满足人们的需要。

4. 服务于特殊人群的芳香绿地

芳香植物相对于特殊环境的特殊人群，往往可以发挥独特的功能。比如，学校专为学生建设的以菊花、薄荷等作为主要配置材料的芳香园，有清神益智的作用；居住区内一般都设有老年活动中心，老年人喜欢太极拳、气功等运动方式，面对某些特定的植物进行呼吸锻炼，具有一定的医疗保健作用。

5. 遮盖不雅环境的难闻气味

由于居民生活的需求，城镇密集区域通常会存在一些不雅环境，常常使用植物来进行遮盖。然而，单是视觉上的屏蔽并不能掩盖难闻的气味，给游览和休憩带来不便。因此，可以考虑在散发不良气味的环境中配置芳香植物。如厕所、垃圾暂存处、化粪池等地，都可散植一些香味浓郁的植物。

（三）芳香植物园林应用需注意的问题

（1）根据园林的功能，选择适合的芳香植物。如在气氛轻松活泼的中心场地或游乐区，宜选择茉莉、百合等使人兴奋的种类；而在安静的休息区，应选择薰衣草、紫罗兰、檀香木、侧柏、莳萝等使人镇静的种类。

（2）控制香味的浓度。露天环境，空气流动快，香气易扩散而达不到预期效果，因此必须通过地形或建筑物形成小环境才能维持一定的香气浓度、达到预期的效果；同时，应注意种植地的主要风向，一般将芳香植物布置在上风向，以便于香味的流动与扩散。对于一些香味特别浓烈的植物，不宜集中大量种植，否则过浓的香味会让人感到不适。

（3）香味的搭配。在一定区域范围内确定 1～2 种芳香植物为主要的香气来源，并控制其他芳香植物的种类和数量，以避免香气混杂。

五、园林植物的意境

植物不仅能令人赏心悦目，还可以进行意境的创作。人们对景象由直觉开始，通过联想而深化展开，从而产生生动优美的园林意境。"意境"是中国古典园林的核心。"意境"中"意"是寄情，"境"是借物，借物抒情、景情交融而产生意境。

人们常借助植物抒发情怀，寓情于景。比如，松、竹、梅"岁寒三友"。在冰天雪地的严冬，自然界里许多生物销声匿迹，唯有松、竹、梅傲霜迎雪，屹然挺立，因此古人称之为"岁寒三友"，推崇其顽强的性格和斗争精神。

松枝傲骨铮铮，柏树庄严肃穆，且都四季常青，历严冬而不衰。松柏是中国园林的主要树种，常以松柏象征坚贞不屈的英雄气概。《荀子》"松柏经隆冬而不凋，蒙霜雪而不变，可谓得其真""岁不寒无以知松柏，事不难无以知君子"。纪念性园林就常用松柏类植物，以表达先人精神长盛不衰的寓意。

竹子坚挺潇洒，节格刚直，它"未出土时便有节，及凌云处尚虚心"。因此，古人常以"玉可碎而不可改其白，竹可焚而不可毁其节"来比喻人的气节。宋代大文豪苏轼居然到了"宁可食无肉，不可居无竹"的境界。

梅花枝干苍劲挺秀，宁折不弯，它在冰中孕蕾，雪里开花，被人们用来象征坚强不屈的意志。"万花敢向雪中出，一树独先天下春"。比如周恩来纪念馆的一品梅就是用梅花的寓意来代表周总理的伟大人格，如图 4-32 所示。

图 4-32　周恩来纪念馆的一品梅

桃李在明媚的阳光下，花繁叶茂，果实累累，因此人们常以"桃李满天下"来比喻名士的门生众多。

荷花"出淤泥而不染，濯清涟而不妖"，被认为是脱离庸俗而具有理想的象征。

花木又常被用来表达爱情和思念之情：红玫瑰表示爱情；红豆树意味着相思和怀念；而青枝碧叶的梧桐则是伉俪情深的象征，古代传说梧为雄，桐为雌，梧桐同长同老，同生同死,因此梧桐在诗文中常表示男女之间至死不渝的爱情。"梧桐相待老，鸳鸯合双死。"

除了植物本身被赋予一定的寓意和情感以外，植物巧妙装饰建筑，能营造出"槐荫当窗，竹影映墙，梧桐匝地"等意境。植物配置还可以与诗情画意结合，形成优美的、韵味深远的园林景观。如拙政园的"听雨轩""留听阁"，是借芭蕉、残荷在风吹雨打时所产生的声响效果而给人以艺术感受；拙政园中的"雪香云蔚"和"远香益清"（远香堂）等则是以桂花、梅花、荷花等的香气而得名。由于植物具有丰富的寓意和立体观赏特征，使得文人居住的园林、庭院充满了诗情画意，声色俱佳。这些都成为中国园林艺术中的精品。

具有历史文化内涵的园林植物作为中国园林艺术中的精品，许多传统的手法和独到之处值得借鉴。但是由于过于追崇植物的寓意，使得古典园林的植物选择比较单一。根据调查，拙政园、留园、网师园、狮子林、环秀山庄、沧浪亭等江南私家名园中，罗汉松、白玉兰、桂花等 11 种植物重复率高达 100%，而重复率在 50% 以上的植物约有 70 种。江南私家园林植物种类不超过 200 种。

随着时代的进步，我们应根据当今社会的发展形势和文化背景，在传统文化的基础上创造出新的、具有当代文化特色的植物景观。除了传统意义上的植物意境外，更加注重生物多样性和生态园林景观，创造现代园林植物景观意境，植物意境的创造形式也更加丰富多彩。如图 4-33 所示，天安门广场东西两侧绿化带工程，将复杂多变的祥云提炼成庄重、简洁、大气的祥云符号，配合古典大气的画框，形成一幅画卷，寓意"安定祥和, 蒸蒸日上"。以大叶黄杨为主色调体现庄重大气，采用金叶女贞镶边，在装饰的同时体现了活力与灵动。

图 4-33　天安门广场两侧绿化带

总之，丰富多彩的园林植物，蕴含着丰富多彩的情感。我们在实际工作中应善于运用植物的象征意义，配置成富有意境的园林景观。

任务二　园林植物的造景功能与应用

植物作为一个园林设计要素，在景观设计中充当重要角色，具有很强的造景作用。园林植物以其特有的姿态、色彩、芳香以及韵味等美感，可形成园林中诸多的造景形式。

一、园林植物的空间功能

园林中以植物为主体，经过艺术布局组成各种适应园林功能要求的空间环境，称为园林植物空间。

（一）空间构成

构成植物空间的形态限定要素有：基面、垂直面、顶面。正是这三种限定要素单独或者共同组成的、具有实体性或暗示性的、形式多样的植物空间。

1. 基面

基面形成了最基本的空间范围的暗示，保持着空间视线与其周边环境的通透与连续。园林植物空间中，常常用草坪、模纹花坛、花坛、低矮的地被植物等作为植物空间的基面。

2. 垂直面

垂直面是园林植物空间形成中最重要的要素，形成了明确的空间范围和强烈的空间围合感，在植物空间形成中的作用明显强于基面。其主要包括：绿篱和绿墙、树墙、树群、丛林、格栅和棚架等多种形式。植物作为垂直面组合园林植物空间时，主要表现在视觉性封闭和物质性封闭两个不同的层面。视觉性封闭是利用植物进行空间的划分和视觉的组织，而物质性封闭表现为利用植物的栽植来形成容许或限制人进出的空间暗示。

3. 顶面

植物同样能限制、改变一个空间的顶平面。植物的枝叶犹如室内空间的顶棚，并影响着垂直面的尺度。当树木树冠相互覆盖、遮蔽阳光时，其顶平面的封闭感最为强烈。而冬季落叶植物则以枝条组成覆盖面，视线通透，封闭感最弱。

（二）植物空间类型与特点

在园林植物景观环境中，空间的基面、垂直面、顶面以各种变化形式相互组合，从而组成各种适应园林功能要求的空间环境。

1. 开敞空间

一般以低矮的灌木和地被植物为主形成的空间，多为开敞空间。在开阔的草地上星散几株大乔木，对人的视线影响不大，也算开敞空间。开敞空间一般多见于开放式绿地，如城市广场、城市公园等绿地中。开敞绿地视线通透、视野辽阔，空间气氛明快、开朗，使人心胸开阔，轻松自由，如图 4-34 所示。

图 4-34　开敞空间明快、开朗

2. 半开敞空间

半开敞空间是指在一定区域范围内，四周不全开敞，而是用植物遮挡了部分视角。半开敞空间有两种表现形式：一是指人的视线透过稀疏的树干可到达远处的空间；二是指空间开敞度小，单方向，一面具有隐蔽性，另一面透视。

半开敞空间的特点是视线时而通透，时而受阻，使园林空间富于变化，如图 4-35 所示。

3. 封闭空间

人的视线在四周和上方均被屏蔽的空间，称为封闭空间。封闭空间的特点是空间相对幽暗，无方向性，私密性与隔离性强，多用于庭院以及其他绿地的小环境空间。由于人的视线受阻，近景的感染力强，因此封闭空间的植物配置相对比较精致。园林植物空间的封闭性体现在空间的植株高度、种植密度和连续性等方面，如图 4-36 所示。

图 4-35　半开敞空间

图 4-36　植物形成封闭空间

4. 覆盖空间

由植物浓密的枝叶相互交接构成覆盖顶面，视线不能向上，只能通向四周的通透空间。高大乔木是形成覆盖空间的良好材料，此类植物树冠庞大，树干占据空间小，能形成很好的覆盖效果。此外，攀缘植物的棚架式造景方式也能够形成有效的覆盖空间。覆盖空间也包括"隧道空间"（绿色走廊）。覆盖空间的特点是空间较凉爽，具有窥视性和归属感，如图 4-37 所示。

图 4-37　乔木形成覆盖空间

5. 纵深空间

两侧从上到下均被植物所挡，形成纵深空间。树冠紧凑的中小乔木形成的树列、竹径、修剪整齐的高篱都可用来形成纵深空间。纵深空间上方和前方较开敞，将人的视线引向空间的端点，极易形成夹景效果。纵深空间的方向感强，这种空间给人以庄严、肃穆、紧张的感觉，如图 4-38 所示。

图 4-38　纵深空间

6. 垂直空间

用植物封闭垂直面，开敞顶平面，中间空旷，形成了一个方向垂直、向上敞开的垂直植物空间。分枝点较低、树冠紧凑的中小乔木形成的树列或修剪整齐的高树篱，都可以构成垂直空间。这类空间只有上面是敞开的，使人翘首仰望，将视线导向空中，能给人以强烈的封闭感、隔离感和归属感。植物材料的高矮、冠的形状和疏密、种植的方式决定了空间围合的程度，如图 4-39 所示。

图 4-39　植物围合形成垂直空间

植物与其他要素有机配合，共同组合成景，创造各种空间，各个空间并不是孤立存在的，而是互相穿插，融合为一体，使游人在不同的空间感受景色的变换，步移景异，如图 4-40 所示，为植物造景形成的各种园林空间。

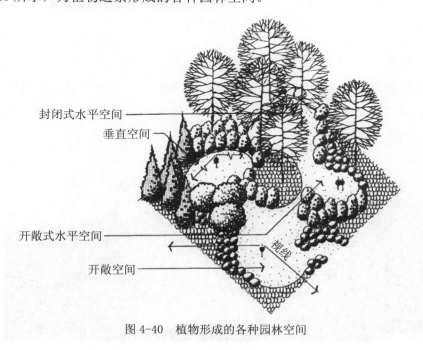

图 4-40　植物形成的各种园林空间

二、园林植物的造景功能

利用植物材料对视线的引导与遮挡，创造一定的视线条件，可增强空间感，提高视觉和空间序列质量，根据视线被挡的程度和方式可以创造各种效果景观。

（一）障景

利用植物控制人的视线，对主体景物进行适当的遮挡，在短时间内实现视觉的大转移。障景有两个方面的作用，一是达到"山重水复疑无路，柳暗花明又一村"的境界，使人产生向往、悬念、入胜的心态，达到欲扬先抑的目的。二是"俗则屏之"，就是把不良的景观进行遮挡，比如垃圾站、厕所等，如图4-41所示。

图4-41　路侧种植作障景

（二）背景

运用园林植物给雕塑、喷泉、建筑以及植物本身等元素作背景，能够更加突出前景和主景。用作背景的植物一般要求密植，范围超过主景。深绿色常绿树多用作背景，效果较好，如图4-42所示。

图4-42　植物作背景

（三）夹景

为了突出轴线端点的景物，在轴线两侧以树丛、树干加以屏障，形成左右遮挡的狭长空间，引导游览，形成夹景，如图 4-43 所示。

图 4-43 植物作夹景

（四）框景

植物作框景是利用树木枝干作边框，有选择地摄取空间优美景色，而隔绝、遮挡不必要的部分，使主题更集中、鲜明的造景手法。框景集自然美、绘画美、建筑美于一体，形成立体的画面，艺术感染力强，是一种有效的强制性观赏方法。植物作框景更显自然、灵活与生动，如图 4-44 所示。

图 4-44 植物作框景

（五）隔景与漏景

不同的植物材料和不同的种植方式可以分隔园林空间和景区。密林或高篱可以形成实隔。而疏林可以使人的视线从一个空间渗透到另一个空间，使其后的景物隐约可见，这种相对遮挡形成漏景，丰富了景观层次，含蓄而富有神秘感，如图4-45所示。

图4-45　植物作漏景

（六）统一作用

1. 联系景物

植物可以将环境中众多在形状、色彩、体量、功能、地位等方面异质性较大的要素联系起来，形成有机整体，如图4-46所示。

图4-46　地被把稀疏的大乔木联系成一个整体

2.加强空间联系

园林植物可以加强相邻空间的连续和流通，园林中不同的园林空间既相互独立，又不能各自孤立，通过园林植物的连续不间断的布局，能使相邻的不同空间相互联系，成为有机整体，从而就能够造就空间之间含蓄而灵活多变的相互掩映与穿插、流通，如图 4-47 所示。

图 4-47　地被把空间联系成一个整体

（七）突出空间的对比

利用园林植物可以突出空间的开与合、收与放、明与暗、虚与实等对比，从而产生多变而感人的艺术效果，使空间富有吸引力。如林木森森的空间显得暗，而一片开阔的草坪则显得明，两者由于对比而使各自的空间特征得到了加强。

（八）强化空间的深度

"景贵乎深，不曲不深"，运用园林植物的色彩、形体、搭配方式等的变化，能营造出园林空间的曲折与深度感。如将曲折的小路、蜿蜒的小溪适当地进行遮挡，能使本来不大的空间显得具有了深度感，如图 4-48 所示。

（九）改观地势

园林中地形的高低起伏，往往使人产生新奇感，同时也增强了空间的变化。利用植物能强调地形的高低和平缓起伏。

1.加强地形起伏

植物的种植能够加强地形起伏，表现在两个方面：一是平地布置高矮不同的植物，使得本来平坦无奇的地面上变得丰富而富有层次；二是在高地布置高的植物，低地布置矮的植物，以增加地形的起伏，如图 4-49 所示。

图 4-48　适当遮挡，加强景深

东立面

南立面

图 4-49　园林植物加强地形起伏

2.缓和地形变化

在园林布局时，有时为了平缓起伏较大的地形，就在低处布置高的植物，高处布置矮的植物。

思考与练习

1. 举例说明园林树形都有哪些类型。

2. 根据树形的方向性，可以把树形分为哪几种类型？这几种类型树形在园林中如何进行应用？

3. 花相的基本形式有哪两种？

4. 举例说明花相的类型有哪些。

5. 分别举例说明园林植物叶形、果形、干形和根形的特点及其在园林中的应用。

6. 举例说明植物的花色类型及其特点。

7. 举例说明植物的果色、枝色和干色都有哪些特色。

8. 如何进行植物的色彩设计？

9. 在植物配置与造景过程中如何进行植物质地的设计？

10. 芳香类植物都有哪些方面的园林应用？在应用过程中应该注意哪些问题？

11. 如何进行园林植物意境的创造？

12. 园林植物可以创造哪些空间？这些空间都有哪些特点？在园林中如何创造和应用这些空间？

13. 园林植物的造景功能主要体现在哪些方面？

技能训练一 不同叶色园林植物的应用调查

一、训练目的

了解园林植物叶色的类型。结合实际掌握各类叶色的园林植物特点及其在园林中的应用。

二、方法与要求

1. 调查统计当地秋色叶、常色叶树种。

2. 列表总结秋色叶和常色叶树种名称、所属科属、形态特性、应用形式。

3. 通过分析总结当地秋色叶和常色叶树种的应用情况，并提出科学合理化建议。

4. 撰写一张表格和一份分析报告。

技能训练二 园林植物空间创造训练

一、训练目的

正确理解园林植物空间创造功能，能够运用园林植物进行各类空间的创造。

二、内容与要求

选择当地某场地作为设计内容。要求学生根据所给场地现状进行分析，结合当地自然条件，完成绿地的空间设计，要求各类空间特点鲜明，相邻空间衔接过渡自然。

三、方法步骤

1. 对给定绿地范围进行调查和分析。
2. 在给定范围内运用园林植物进行各种类型空间的创造。
3. 按照设计要求绘制平面图，并附有植物名录。

项目五　各类园林植物的配置与应用

 【内容提要】

依据园林植物的观赏特性及生物学特性,把园林植物作为景观材料分为乔木、灌木、草本花卉、地被及藤本植物。各类园林植物在园林中都有着各自的应用特点与造景要求。

 【知识点】

乔木、灌木、草本花卉、地被及藤本植物的园林应用。

【技能点】

能够结合实际进行园林树木、园林花卉、地被植物和藤本植物造景。
能够完成各类园林植物的综合造景。

任务一　园林树木的配置与造景

园林树木是环境绿化的主要植物材料,在园林中起着骨干作用。树木主要分为乔木和灌木。

乔木是在植物中体量最大,也是外观视觉效果最明显的植物类型。乔木是种植设计的基础和主体,通常在植物景观配置中占主要角色,尤其是大型园林景观中,乔木景观几乎决定了整个园区的植物景观效果,形成整个园景的植物景观框架,如图5-1所示。

灌木是人体尺度最佳观赏点的群体植物,很多灌木都具有优美的树形和秀丽的花朵,观赏特性较强,常常作为重点点缀使用。同时灌木处于植物群落中的中层和下层,和人们的视线平行,也是和人尺度最接近的植物类型,是植物景观中的观赏重点,因此,灌木是人们步行途中最美的风景线,如图5-2所示。

图 5-1　乔木作为全园的基础和骨架

　　灌木常常作为乔木设计的补充层，可以遮挡住不需要的景色，是最能实现屏障作用的处理方式。

　　在设计时，考虑灌木的这种特征恰到好处地布置灌木的位置。将植物点缀其间，形成凹凸有致，自然过渡的布局方式。

图 5-2　开花灌木成为主要观赏点

　　乔、灌木在配置时要考虑每一株植物的生理特性、形态特征以及观赏特性，结合场地的大小、功能、需求选择合适的植物种类和数量。乔、灌木在园林中的配置形式主要有以下几种。

一、孤植

孤植树是指乔、灌木孤立种植的一种形式，主要表现树木的个体美。孤植树在艺术构图上，是作为局部主景或者是为获取庇荫而设置的。孤植树必须有较为开阔的空间环境，游人可以从多个位置和角度去观赏，一般需要有树高度4倍的观赏视距。孤植树可以栽植在草坪、广场、湖畔、桥头、岛屿、斜坡、园路的尽头或拐弯处、建筑旁等。在设计孤植树时，需要与周围环境相适应，一般要有天空、水面、草地等作背景、衬托，以表现孤植树的形、姿、色、韵等。

孤植树一般要求有较高的观赏价值，树木形体高大、姿态优美、树冠开阔、枝叶茂盛、生长健壮、寿命长、无污染或者是具有特殊的观赏价值等。有时为了增强其雄伟的感觉，可以将两株或三株同种树紧密种植在一起，形成一个单元，远看与单株植物效果相同。常见适宜作孤植树的树种有香樟、榕树、悬铃木、朴树、雪松、银杏、七叶树、广玉兰、金钱松、油松、云杉、白皮松、枫香、白桦、枫杨、乌桕等，如图5-3所示。

图5-3　水畔孤植的大榕树

二、对植

对植是指按一定轴线关系对称或均衡对应种植的两株或具有两株整体效果的两组树木的一种配置形式，其形式有对称和非对称两种。

（1）对称栽植　常用在规则式构图中，是用两株同种树木对称栽植在主体景物的两侧，具有严肃、庄严的效果。对称栽植要求树形、姿态一致，多选用树冠形状比较整齐的树种，如银杏、雪松等，或者选用可进行整形修剪的树种进行人工造型，以便从形体上取得规整对称的效果。如图5-4所示。

（2）非对称栽植　多用在自然式构图中，运用不对称均衡的原理，轴线两边的树木在体形、大小、色彩上有差异，但在轴线的两边需取得均衡。非对称栽植常栽植在出入口两侧、桥头、石级蹬道旁、建筑入口旁等处，与对称栽植相比，更显生动、活泼。非对称栽植形式对树种的要求较为宽松，数量上也可以是两株或更多。如图5-5所示。

图5-4　对称式对植

图5-5　入口两侧作非对称式对植

三、列植

列植是指按一定的株距，沿直线或曲线呈线性的排列种植。列植在设计形式上有单纯列植和混合列植。单纯列植是同一规格的同一种树种简单地重复排列，具有强烈的统一感和方向性，但相对单调、呆板。混合列植是用两种或两种以上的树木进行相间排列，形成有节奏的韵律变化。混合列植因树种的不同，产生色彩、形态、季相等变化，从而丰富植物景观，但是如果树种超过三种，则会显得杂乱无章。

列植需要选择树冠形体整齐、生长均衡的树种。树列的株行距取决于树种的特性，一般乔木 3～8m，灌木 1～5m。

列植一般用于自然式园林局部或规则式园林，如广场、道路两侧、分车绿带、滨河绿带、办公楼前绿化等，行道树是最常见的列植景观，如图 5-6 所示。

图 5-6　澳门莲花广场上的列植景观

四、丛植

丛植通常是由两株到十几株同种或异种乔木、灌木，或乔、灌木组合而成的种植类型，是园林绿地中重点布置的一种种植类型。

丛植是指由多株植物作不规则近距离组合的种植形式。丛植是具有整体效果的植物群体景观，主要反映自然界植物小规模群体的形象美。这种群体形象美又是通过植物个体之间的有机组合与搭配来体现的。

作为树丛，可以是单纯树木的配合，也可以是树木与山石、花卉等相结合，形成丰富景观。树丛可作局部主景，也可作配景、障景、隔景或背景。作为庇荫用的树丛，通常采用树冠开展高大的乔木为宜，一般不与灌木配合。树丛下可以放置自然山石或设置座椅，以增加野趣和供游人休息。丛植主要有以下几种基本形式：

（1）两株配置　两株树配置既要协调，又要有对比，如果两株植物大小、树姿等完全一致，就会显得呆板；如果差异过大，又显得不协调。最好是同一树种，或外观相似的不同树种，要求在大小、树姿、动势等方面有一定的差异。一般要求两树间距要小于较大树冠直径，形成一个整体。在造型上一般选择一倚一直、一仰一俯的不同姿态进行配置，使之互相呼应，顾盼有情，如图 5-7 所示。

图 5-7　两株丛植

（2）三株配置　在三株树配置应用中，要求最好同为一个树种，最多为两个树种，且两树种形态相近。三株树丛植，立面上大小、树姿要有对比；平面上忌成一条直线，也不要成等边三角形和等腰三角形，三株树大小不一，形成两组，最大的一株与最小的一株成为一组，中等大小的一株为一组。两小组在动势上要有呼应，顾盼有情，形成一个不可分割的整体。三株树应成为一个整体，不能太散，也不能太密集，"散则无情，结是病"，如图 5-8 所示。

图 5-8　三株丛植

　　（3）四株配置　四株树木配置在一起，树种最多有两种，且树形相似，在平面上一般呈不等边三角形或不等边四角形，立面及株距的变化基本等同三株丛植形式。四株树栽植不能成一条直线，要分组栽植，可分为两组或三组，呈 3∶1 组合或 2∶1∶1 组合，不宜采用 2∶2 的对等栽植，如图 5-9 所示。

图 5-9　四株丛植

　　（4）五株配置　五株丛植的变化较为丰富，但树种最多为三种，其基本要求与两株、三株配置相同，在数量的分配上有 3∶2、4∶1 和 3∶1∶1 组合形式，其他在平面及立面的造型方面同两株、三株配置，如图 5-10 所示。

图 5-10　五株丛植

树木的配置，株数越多，配置起来越复杂，但是都有一定的规律性：三株是由一株和两株组成，四株是由三株和一株组成，五株则是由一株和四株或三株和两株组成，六株以上依此类推。

五、群植

群植是指由 10～30 株树木组合种植的一种配置形式，所表现的是树木较大规模的群体美。园林中常用以组织空间层次、划分区域、组成主配景，也可起隔离、屏障等作用。

树群可分为单纯树群和混交树群。单纯树群只有一种树木，树群整体统一，气势大，突出个性美。混交树群由多种树木混合组成，是树群设计的主要形式，混交树群层次丰富，接近自然，景观多姿多彩，群落持久稳定。混交树群具有多层结构，通常为四层或五层：乔木层、亚乔木层、大灌木层和小灌木层，还有地被植物，每一部分都要显露出来，形成丰富的立面景观，增加观赏性。

群植设计时，注意常绿、落叶、观花、观叶等树种混交，其平面布局多采用复层混交及小块状混交与点状混交相结合的形式。树木间距有疏有密，任意相邻的三棵树之间多呈不等边三角形布局，尤其是树群边缘，灌木配置更要有变化，以丰富林缘线。混交树群的树木种类不宜过多，一般不超过 10 种，常选用 1～3 种作基调树种，其他树种作搭配。

树群在园林中应用广泛，通常布置在有足够距离的开敞场地上，如宽阔的空地、水中岛屿、大水面的滨岸、山坡上等。树群观赏面前方要留有足够空地，以供游人观赏，如图 5-11 所示。

图 5-11 群植景观

六、林植

林植是指成片、成块种植的大面积树木景观的一种配置形式。为了保护环境、美化城市，在市区的大、中型公园以及郊区的森林公园、休疗养地以及防护林带采用林植设置。

树林从结构上可分为密林和疏林。密林是指郁闭度较高的树林，郁闭度在 0.7～1.0 之间，一般不便于游人活动。密林又分为单纯密林和混交密林。单纯密林具有简洁、壮观的特点，但层次单一，缺少丰富的季相，稳定性较差。混交密林具有多层结构，通常为 3～4 层，类似于树群，但比树群规模要大。

疏林多为单纯乔木林，也可配置一些花灌木，水平郁闭度在 0.6 以下。疏林常与草地结合，一般称草地疏林，是园林中应用最多的一种形式，适于林下野餐、听音乐、游戏、练功、日光浴、阅览等，颇受游人欢迎。也可在疏林草地上面栽植花卉，成为花地疏林，此种疏林要求乔木间距大些，以利于林下花卉植物生长，林下花卉可单一品种，也可多品种进行混交配置，多选用一些观赏价值高的花卉，比如郁金香、风信子等。花地疏林内应设自然式道路，以便游人进入游览。道路密度以 10%～15% 为宜，沿路可设座椅、花架、休息亭等，道路交叉口可设置花丛。在游人密度大，又需要进入疏林活动的情况下，可全部或部分设置林下铺装广场。疏林中树木的间距一般为 10～20m，最小以不小于成年树冠冠径为准，林间需留出足够的空间，以供游人活动。在树种的选择上要求树木生长健壮，树冠疏朗开展，形态优美多变，有较高的观赏价值，并要有一定的落叶树种，如图 5-12 所示。

图 5-12　林下铺装广场供游人活动

七、篱植

绿篱是指用乔木或灌木以密植的形式形成篱垣状的一种植物配置形式。

1.绿篱的类型

（1）绿篱按照高度可分为：绿墙（160cm以上）、高绿篱（120～160cm）、绿篱（50～120cm）、矮绿篱（50cm以下）。

（2）根据其观赏特性的不同又可分为：常绿篱、落叶篱、花篱、果篱、刺篱、蔓篱、编篱等。

2.绿篱的造景功能

（1）防护功能　绿篱可以作为绿地的边界，起到一定的界定作用和防护功能。做防范的边界可以用刺篱、高篱。

（2）屏障视线和分割空间　园林中常用绿篱或绿墙进行分区和屏障视线，分隔不同功能的空间。这种绿篱最好用常绿树组成高于视线的绿墙。如把儿童游戏场、露天剧场、运动场与安静休息区等分隔开来，减少互相干扰。在自然式布局中，有局部规则式的空间，也可用绿墙隔离，使强烈对比、风格不同的布局形式得到缓和，如图5-13所示。

图5-13　绿墙用于分隔空间

（3）作背景　园林中常用常绿树修剪成各种形式的绿墙，作为喷泉、雕像和花境的背景，其高度一般要高于主景，色彩以选用没有反光的暗绿色树种为宜，如图5-14所示。

图 5-14　绿篱作背景

（4）作装饰　有时绿地的边缘采用装饰效果较好的矮篱作边饰，起到装饰绿地的作用。还可采用绿篱作基础栽植，装饰建筑基础，如图 5-15 所示。

图 5-15　绿篱美化建筑基础

（5）图案造景　园林中常用修剪成各种形式的绿篱做图案造景（图 5-16），如模纹。

图 5-16　图案造景

任务二　草本花卉的配置与造景

草本花卉可分为一、二年生草花，多年生草花及宿根花卉。株高一般在 10 ～ 60cm 之间。

草本花卉表现的是植物的群体美，是最柔美、最艳丽的植物类型。草本花卉适用于布置花坛、花池、花境或作地被植物使用。主要作用是烘托气氛、丰富园林景观。

一、花坛

花坛最初的含义是指在具有一定几何轮廓的种植床内，种植不同色彩的花卉或其他植物材料，运用花卉的群体效果来体现图案纹样，或观赏盛花时绚丽景观的一种花卉应用形式。现代花坛式样极为丰富，某些设计形式已远远超过了花坛的最初含义。

花坛表现的是植物的群体美，具有较高的装饰性和观赏价值，在园林构图中常作为主景或配景。

（一）花坛的类型

1. 按花坛的组合形式分类

（1）独立花坛　在园林中，以一个独立整体单元存在，长轴：短轴＜ 3 ∶ 1，形状多样。

多用于公园、小游园、林荫道、广场中央、交叉路口等处。

（2）花坛群 由多个相同或不同形式的单体花坛组成的一个不可分割的构图整体。花坛群应具有统一的底色，以突出其整体感。花坛群还可以结合喷泉和雕塑布置，后者可作为花坛群的构图中心，也可作为装饰，如图 5-17 所示。

图 5-17 花坛群

（3）花坛组 是指在同一环境中设置多个花坛，与花坛群不同之处在于各个单体花坛之间的联系不是非常紧密。如沿路布置的多个带状花坛，建筑物前做基础装饰的数个小花坛等，如图 5-18 所示。

图 5-18 花坛组

2. 根据花坛应用的材料不同分类

（1）花丛花坛 也叫盛花花坛，主要由观花草本植物组成，表现盛花时群体的色彩美或绚丽的图案景观。可由同一种花卉的不同品种或不同花色的多种花卉组成。

（2）模纹花坛 主要由低矮的观叶植物或花、叶兼美的植物组成，表现植物群体组成的精美图案或装饰纹样。

3. 依空间位置分类

（1）平面花坛 花坛表面与地面平行，主要观赏花坛的平面效果，包括沉床花坛或高出地面的花坛，如图 5-19 所示。

图 5-19　独立的平面盛花花坛

（2）斜面花坛 花坛设置在斜坡或阶地上，也可以布置在建筑的台阶两旁或台阶上，花坛表面为斜面，是主要的观赏面，如图 5-20 所示。

图 5-20　斜面模纹花坛

（3）立体花坛　花坛向空间伸展，具有竖向景观，是一种超出花坛原有含义的布置形式。它以四面观为主，包括造型花坛、标牌花坛等形式。

造型花坛是用模纹花坛的手法，运用五色草或小菊等草本植物制成各种造型物，如动物、花篮、建筑等，前面或四周用平面或斜面装饰。造型花坛形同雕塑，观赏效果较好，如图5-21所示。

图5-21　立体花坛

标牌花坛是用植物材料组成竖向牌式花坛，多为一面观赏。

4. 混合花坛

不同类型的花坛，如花丛花坛与模纹花坛结合，平面花坛与立体造型花坛结合，以及花坛与水景、雕塑等结合而形成的综合花坛景观。一般用于大型广场中央、大型公共建筑前以及大型规则式园林的中央等，如图5-22所示。

图5-22　广场上的混合花坛

（二）花坛设计

1. 花坛的设置

（1）花坛布置应从属于环境空间，花坛的设置首先应在风格、体量、形状诸方面与周围环境相协调，其次才是花坛自身的特色。

（2）花坛的体量、大小也应与广场的面积、出入口及周围建筑环境成比例。一般不应超过广场面积的1/3，出入口设置花坛以既美观又不妨碍游人路线为原则，在高度上不可遮住出入口的视线，如图5-23所示。

图 5-23　公园出入口处花坛

2. 花坛植物材料的选择与应用

（1）花丛花坛植物材料的选择　以一、二年生草花及部分宿根花卉和球根花卉为花坛的主要材料，其种类繁多、色彩丰富。

适合作花坛的花卉应株丛紧密、高矮一致、着花繁茂（理想的植物材料在盛花时应完全覆盖枝叶），要求花期较长，开放一致，至少保持一个季节的观赏期。

不同种花卉群体配合时，除考虑花色外，也要考虑花的质感相协调才能获得较好的效果。其常用的植物材料有：一串红、万寿菊、矮牵牛、三色堇、彩叶草、鸡冠花、天竺葵、金盏菊、金鱼草、紫罗兰、百日草、千日红、孔雀草、美女樱、虞美人、翠菊、郁金香、风信子、水仙、美人蕉、大丽花等。

（2）模纹花坛及立体花坛的植物材料选择　模纹花坛和立体花坛都需要较长时间维持图样的清晰和稳定，因此，需要选择枝叶细小、株丛紧密、萌蘖性强、生长缓慢、耐修剪的观叶或花叶兼美的植物。其常用的植物材料有：红叶苋、彩叶草、五色草、紫叶小檗、金叶女贞、小叶黄杨、六月雪、景天、银叶菊、半支莲、香雪球、紫罗兰、三色堇、孔雀草等。

3. 花坛色彩设计

花坛表现的主题是植物群体的色彩美，因此一般要求鲜明、艳丽，特别是盛花花坛。要注意色相的应用，处理好色彩关系，以及与周围环境的关系。如果有台座，花坛的色彩还要与台座的颜色相协调。

（1）对比色应用　这种配色较活泼而明快。深色调的对比较强烈，给人以兴奋感；浅色调的对比配合效果较理想，对比不那么强烈，柔和而又鲜明。如浅紫色＋浅黄色（霍香蓟＋黄早菊）、绿色＋红色（扫帚草＋星红鸡冠）等。

（2）暖色调应用　类似色或暖色调花卉搭配，这种配色鲜艳，热烈而庄重，在大型花坛中常用。如红＋黄（一串红＋万寿菊）。

（3）同色调应用　这种配色不常用，适用于小面积花坛及花坛组，起装饰作用，不宜作主景。

4. 花坛色彩设计中还要注意一些其他问题

（1）一个花坛配色不宜太多。一般花坛2～3种颜色，大型花坛4～5种足矣。配色多而复杂难以表现群体的花色效果，显得杂乱。

（2）在花坛色彩搭配中注意颜色对人的视觉及心理的影响。

（3）花卉色彩不同于调色板上的色彩，需要在实践中对花卉的色彩仔细观察才能正确应用。如天竺葵、一串红、一品红等，虽然同为红色的花卉，在明度上有差别。一品红红色较稳重，一串红较鲜明，而天竺葵较艳丽，后两种花卉直接与黄菊配合，有明快的效果，而一品红与黄菊中加入白色的花卉才会有较好的效果。其他色彩花卉亦如此。

二、花境

花境（flower border）源于英国，是一种古老的花卉应用形式。

关于花境的概念，古今中外有很多定义，综合来解释，主要是指将多年生宿根花卉，球根花卉，一、二年生花卉和灌木等植物材料，组团交错种植，以展示植物个体所特有的自然美以及它们之间组合的群落美的一种花卉应用形式。花境多以带状用于林缘、路缘、水边及建筑前等处，营造一种自然、动态的花卉景观形式。

花境植物种类丰富，可以形成丰富的季相景观。从平面上看，花境是各种植物材料的斑块状混植；从立面上看，花境则体现高低错落、层次丰富的排列，因此，花境是在季相、立面、色彩等方面都富于变化的植物群落形式。

（一）花境的应用类型

1. 按照观赏面分类

（1）单面观赏花境　常以建筑物、矮墙、树丛、绿篱等为背景，前面为低矮的边缘植物，整体上前低后高，供游人一面观赏，为最传统、应用最广泛的花境形式，如

图 5-24 所示。这种花境也有做成对应式的，即设计成左右二列式相对应的两个花境，在设计上作为一组景观统一考虑。

图 5-24　单面混合花境

（2）双面观赏花境　这种花境没有背景，多设置在草坪上、道路间或树丛间，植物布置是中间高两侧低，供两面观赏。

（3）独立花境（岛式花境）　独立花境是四面都可观赏的花境，独立成为主景，一般布置在人群比较集中的区域，如园路交叉口、草坪上等，如图 5-25 所示。

图 5-25　岛式花境

2. 按照植物组成分类

（1）草本花境　植物材料以多年生草本花卉和一、二年生草本花卉为主，是最早出现的花境形式。

（2）混合花境　花境植物材料以宿根花卉为主，配置少量的花灌木、球根花卉和一、二年生草本花卉。这种花境色彩丰富，是应用最广泛的一种形式。

（3）专类植物花境　由一类植物组成的花境。如观赏草花境、百合类花境、鸢尾类花境、菊花花境等。专类花境要考虑应用同一类植物内品种和变种类型多，花期、株形、花色有较丰富变化的植物类型，才能形成良好的观赏效果，如图 5-26 所示。

图 5-26　品种多样的瓜叶菊，色彩斑斓，引人入胜

3. 按照园林应用形式分类

根据花境在园林中的不同应用形式，可以分为林缘花境、路缘花境、墙垣花境、草地花境、滨水花境等。

4. 按照花期分类

依照花期的不同，可以分为早春花境、春夏花境和秋冬花境等。

（二）花境的设计与应用

1. 花境的作用与位置

花境在园林绿地中的应用一般要求有较长的地段，可呈块状、带状、片状等，起到分隔空间和引导游览路线的作用，广泛运用于各类绿地，通常沿建筑基础的墙边、道路两侧、台阶两旁、挡土墙边、斜坡地、林缘、水畔池边、草坪边布置，起到遮挡和装饰的作用，也可与绿篱、花架、游廊结合布置。

2. 花境的植物选择

花境中常用的植物材料包括露地宿根花卉，球根花卉，一、二年生花卉，观赏草及灌木等。一般选择花期长、色彩艳丽、观赏价值高的植物，如芳香植物，花形独特的植物，花、叶、果均美的植物等。

宿根花卉种类繁多，色彩丰富，管理方便，是花境的首选材料，如果再配以适量的球根花卉，就会使花境的色彩更加丰富。其常用的多年生宿根和球根花卉有大花萱草、芍药、玉簪、菊花、射干、鸢尾、百合、卷丹、宿根福禄考、宿根美女樱、唐菖蒲、大丽花、美人蕉、花毛茛、月见草等。

一、二年生花卉花期长，观赏效果好，在花境中占有举足轻重的地位，但是由于一、二年生花卉寿命短，需要的人力、物力和财力都很大，所以一、二年生花卉一般在花境中不作为主要材料使用，而是穿插其间搭配使用，常用的一、二年生花卉品种有波斯菊、蓝花鼠尾草、美女樱、翠菊、雁来红、东方罂粟、矮牵牛、四季海棠、孔雀草、百日草、天竺葵等。

花境中常用的灌木以花期长和花形花相美观或者叶子、果实观赏价值高的植物为主，常用的有月季、蔷薇、牡丹、金丝桃、火棘、贴梗海棠、紫薇、南天竹、红花檵木、紫叶小檗、金叶接骨木等。

除此之外，观赏草类也是花境中很好的植材。

3. 花境的平面设计

花境的宽度，主要与环境空间的大小、植材的高度有关，大致参考尺度可以考虑单面观花境 4～5m，双面观花境 4～6m；花境的宽度超过植材高度 2 倍以上为宜。另外，还要与背景的高低、道路的宽窄成比例，即墙垣高大或道路很宽时，其花境也应宽一些。花境的长度视需要而定，过长者可分段栽植。

平面栽植采用自然团块状混栽方式，即每个品种种植成一个团块，团块之间有明显的轮廓界线，但是不应有缝隙，整个花境由多个团块结合在一起，形成一个整体，作为主调的品种团块可以多次出现。团块小的为 1m² 左右，大的 5m² 左右，多数在 2～3m²。每个团块相接，后者为前者的背景，形成自然野趣状态，如图 5-27 所示。

4. 花境的立面设计

（1）花境高度设计

花境要有较好的立面表达效果。总的原则是将高的植物栽在后面，矮的植物栽在前面，这样有利于欣赏到整个花境景观。但是在实际操作中千万不可按照前高后底呆板地规整排列，这样不仅单调乏味，还容易使视线一下移到花境尽头而不会吸引游人欣赏其中细节。可以考虑在前中景处少量穿插一些稍高的竖线条植物，如假龙头、蛇鞭菊等，或点缀观赏草及小型灌木均可，但是团块都不宜大，这样处理就会打破前端以水平线条植物为主的单调呆板，如图 5-28 所示。

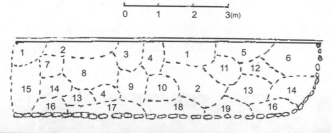

编号	种名	花色	编号	种名	花色
1	蜀葵	各色	11	丝兰	白
2	小菊	黄、紫	12	蛇鞭菊	紫红
3	火炬花	红~橘红	13	紫苑	紫
4	冰岛罂粟	各色	14	大滨菊	白
5	桃叶风铃草	堇紫	15	宿根福禄考	玫红
6	大金鸡菊	黄	16	宿根天人菊	黄~橘红
7	杏叶沙参	蓝紫	17	二月兰	堇紫
8	鸢尾	蓝紫	18	岩生庭荠	堇紫
9	薹草	白	19	生福禄考	红
10	黄菖蒲	黄			

图 5-27　花境的平面设计方案（摘自吴涤新的《花卉应用与设计》）

图 5-28　花境的立面高低错落，别致有序

（2）株形与花序设计

不同的株形也是花境立面的重要表达形式。草本的株形一般可以分为水平型、竖

直型及独特型三大类。水平线条的植物多数株高与冠幅相等，适宜表达水平线条效果，如宿根天人菊、大滨菊等。而竖直型植物株高比冠幅要大2倍以上或是有长长的花序，形成竖直效果，如肉蜀葵、蛇鞭菊等。而像荷包牡丹、花葱、松果菊等植物多呈独特姿态或独特花头，这类植物不呈明显水平线条或竖线条。在花境立面设计上要合理搭配这三类形态的植物，以达到形态丰富、错落有致的立面效果，如图5-29所示。

图5-29 株形与花序

（3）质感设计

花境设计中如果有太多精细质感的植物，花境会显得没有焦点，缺乏骨架；相反，如果有太多粗质地的植物，花境会显得凌乱、不够优雅。因此，花境设计最好粗质地、中等质地以及细质地的植物搭配使用。一般情况多用中等质感的植物搭配较多精细质感的植物，其间穿插种植粗质感的植物，以形成对比，如图5-30所示。

图5-30 花境质感设计

5. 花境的色彩设计

色彩是花境最吸引人视线的第一要素。花境的色彩要与环境相协调，在色彩设计上要有主色、配色和基调色彩。确定主色和基色之后，根据不同的配色方法确定局部区域所要呈现的色彩。花境的色彩主要由植物的花色来体现，除此之外，观叶植物主要展示的是植物的叶色，如红花檵木、变叶木等。在花境设计中，可巧妙地利用不同花色来创造空间或景观效果。如把冷色调占优势的植物群落放在花境后部，在视觉上有加大花境深度、宽度之感；在狭小的环境中用冷色调的植物组成花境，能够扩大空间的尺度感。利用花色可产生冷、暖的心理感觉，花境的夏季景观应使用冷色调的蓝紫色系花卉，使人感到清凉；而早春或秋天则应用暖色的红橙色系花卉组成花境，给人暖意。在安静休憩区设置花境宜多用冷色调花卉；如果为了增加热烈气氛，则可多使用暖色调的花卉，如图 5-31 所示。

图 5-31　花境的色彩

6. 花境的背景设计

单面观的花境需要背景，背景是花境景观的重要组成要素之一，设计精巧的背景不仅可以突出花境的色彩和轮廓，而且能够为花境提供良好的小环境，对花境中的植物起到保护作用。作为背景，在色彩上能够与前面花境形成对比以突出主景。如背景是白色墙体，那么前面花境的植物特别是靠近白墙的植物要选用色彩鲜艳或花色深重的品种来凸显，但若背景是颜色较深的绿篱或树丛等，就要在靠近背景的地方栽种色彩浅淡明亮的植物，避免深重的花色，如图 5-32 所示。

7. 边缘设计

花境边缘不仅确定了花境的种植范围，也便于前面的草坪修剪和园路清扫工作。

图 5-32　高篱作花境的背景

　　高床边缘可用自然的石块、砖头、碎瓦、木条等砌成。平床多用低矮植物镶边。两面观赏的花境两边均需栽植镶边植物，而单面观赏的花境通常在靠近道路的一侧栽植镶边花卉。花境前面的边缘应该是最矮的装缘植物，如酢浆草、矾根、多年生银叶蒿、葱兰、地被石竹等。若花境前面为园路，也可以用草坪带镶边，宽度至少30cm以上。

　　8. 花境的季相设计

　　花境的季相变化是它的特征之一。理想的花境应该四季有景，寒冷地区可以三季有景。花境的季相是通过种植设计实现的，利用花期、花色、叶色及各季节所具有的代表性植物来创造季相景观。如早春的鸢尾、夏日的福禄考、秋天的菊花等。另外，还要注意景观的连续性，以保证各季的观赏效果，使花境成为一个连续开花的群体。

三、花台、花箱、花钵

　　1. 花台

　　花台其实是花坛的特殊种植形式。它是在高出地面40～100cm的空心台座中填土，然后栽种观赏植物的一种花卉应用形式。

　　花台的植床较高，面积一般较小，适合近距离观赏，一般主要表现花卉的色彩、芳香、姿态以及花台的造型美。因此，花台一般选择观赏价值高、小巧玲珑、造型别致或有芳香气味的植物，如芍药、牡丹、月季、杜鹃、八仙花、栀子花、含笑、葱兰、朱顶红、金丝桃（梅）等。

　　花台一般应用于公园、花园、工厂、机关、学校、医院、商场等庭院，与假山、坐凳、墙基结合，做大门旁、窗前、墙基、角隅等处的装饰，如图5-33所示。

图 5-33　起界定与保护作用的花台，线条流畅。其贴面材料与建筑和铺地相呼应，
植物材料更显清新高雅，使周围环境在花台的衬托下更显不俗

2. 花箱、花钵

花箱是一种用于栽培花草树木的箱式容器；花钵是栽花用的器皿，为口大底端小的倒圆台或倒棱台形状，质地多为砂岩、泥、瓷、塑料及木制品。

花箱和花钵容积小，搬运灵活，常用于广场、街道、单位、公园和大型游乐园等，起到点缀空间、美化街景的作用，是城市建设不可缺少的装饰物，如图 5-34、图 5-35 所示。

图 5-34　花箱

图 5-35　花钵

四、花带

将花卉植物成线性布置，形成带状的彩色花卉带，一般布置于道路两侧、河岸、林缘、建筑前等处。花带多采用一、二年生草花，色彩艳丽，形状多以流畅的曲线为主，常以多条色带组合形成层次丰富的多条色彩效果，如图 5-36 所示。

图 5-36　广场中道路旁边以矮牵牛和美女樱组成的彩色花带

五、花丛和花群

在园林中为了加强园林绿地的装饰效果和园林布局的整体性，把树群、草坪、树丛等自然景观相互连接起来，常在它们之间栽种一些成丛或成群的花卉植物，花丛可大可小，小者为丛，集丛成群，大小组合，聚散相宜，位置灵活，极富自然之趣。也可以将花丛或花群布置于道路的转折处，或点缀于小型院落及铺装场地（小路、台阶等地）之中。

花丛和花群既是自然式花卉配置的最基本单位，也是花卉应用很广泛的形式。

花丛和花群不需要砌边，自然式布置，多用宿根花卉以及自播力强的一、二年生草花，置于草地、路边、树林旁等，体现大小、疏密断续变化。其常见应用的有郁金香、鸢尾、美人蕉、鸡冠、紫茉莉等，如图 5-37 所示。

图 5-37　林中花丛

任务三　地被植物的配置与造景

地被植物一直是城市园林中的重要植物材料。它作为绿化空间的底色，以物种间共存和多样性的姿态展示在园林绿地中，在增加地面覆盖、增加绿量、改善城市环境、丰富园林景观等方面具有非常重要的意义。随着人们对生态园林的追求和城市景观复杂性要求的不断提高，地被植物也越来越受到人们更多的青睐和更大的关注，它在园林中应用也得到很快的发展。

一、地被植物的含义与特点

地被植物是指那些最下分枝较贴近地面，株丛紧密、低矮，成片种植后枝叶密集，能较好地覆盖地面，形成一定的景观效果的草本、木本、藤本植物的总称。关于"低矮"的界定，国外学者把高度标定为"from less than an inch about 4 feet"，即在 2.5～1.2m 之间。而种植地被植物的目的，是覆盖地面以形成景观，高度太高，地被植物的枝下高也会相应很高，会影响覆盖地面的效果，因此，大多数学者和园艺工作者则倾向于将植物的高度上限标定为 1m。

由于不同的植物在不同的生长环境下可以达到不同的生长高度，从而形成不同的覆盖效果，因此从某种程度上来说，地被植物应该没有明确的种类划分，除了一些已经被大家所认同的植物外，如地被石竹、大花萱草、鸢尾、二月兰等，其他植物，包括许多低矮的花灌木，只要在当地良好的栽培养护管理条件下，可以达到作为地被植物所应具备的条件，都可以当作地被植物来应用。此外，对坡面、立面有覆盖和装饰作用的植物也可以被视作地被植物。广义的地被植物还包括草坪植物，狭义的地被植物是指除草坪以外的符合上述定义的植物。本文所谈到的地被植物均指狭义上的地被植物。

地被植物个体小、种类繁多、色彩丰富，可营造多种生态景观，具有覆盖能力强、观赏价值高、生长速度快、繁殖简单和可粗放性管理等特点。因此，地被植物已经成为园林绿化的重要组成部分。

二、地被植物的生态效益与景观功能

1. 生态效益

由于地被植物叶面积系数较大，能减少尘埃和细菌传播，在净化空气、降温增湿等方面都有重要作用。此外，地被植物还能保持水土、护坡固堤，减少和抑制杂草生长以及增加绿地的绿量。

2. 景观功能

（1）丰富园林空间层次

地被植物作为植物立面层次的一个重要的组成部分，能增加植物空间层次，是乔、灌木与草坪之间很好的过渡和桥梁，如图 5-38 所示。

图 5-38　地被丰富景观层次

（2）丰富园林色彩

地被植物种类多样，色彩丰富，季相特征明显，能够大大丰富园林空间的色彩，如图 5-39 所示。

图 5-39　地被植物最大限度地丰富了园林色彩

（3）组织空间

成片的地被植物作为一个整体，能将其上的乔木、灌木以及其他造园要素调和成协调的统一景观，使景观更加完整和统一，如图 5-40 所示。

图 5-40　地被把园路两侧的空间联系成一个整体

（4）突出局部景观

地被植物在园林树坛树池中，或林下林缘地做零星配置都具有突出局部景观的作用。

三、地被植物的景观设计与应用

（一）地被植物的选择标准

地被植物在园林中所具有的功能和应用要求，决定了地被植物的选择标准。为了满足生态功能和景观功能的要求，地被植物在品种选择上是十分严格的，一般需要满足以下标准要求：

1. 植株低矮、紧密

无论是草本、木本还是藤本，都要求植株低矮、紧密。灌木需要选择生长缓慢、枝叶稠密、枝条水平生长、分枝力强、覆盖效果好的品种。

2. 观赏效果佳

一般应挑选花色丰富、花期和绿叶期都相对较长的品种，植株的外形、质地、颜色最好有一定特色，具有较高的观赏价值。

3. 适应性、抗性强

地被植物要求适应性强，能适应当地环境条件和种植地的小环境。地被植物还要求有较强的抗旱、耐寒、抗病虫害、抗瘠薄土壤、抗污染等能力。为此，育种专家还专门培养出一些对特殊生长环境有抵抗能力的品种以适应特殊环境的需要，例如，景天类植物具有较强的抗干旱能力，适合用于缺水的干旱地区。

4. 养护管理简单

由于地被植物种植面积一般都较大，所以需要选择耐粗放管理的植物品种，无须精心养护就能正常生长，省时、省工，这样不但节约养护成本，而且不会泛滥成灾。

5. 生命周期长，具有一定的稳定性

地被植物要求能够连续多年生长稳定，且有很强的自然更新能力，种植以后无须经常更换，能长时间覆盖裸露地面，能连续多年持久不衰，即达到一次种植、多年观赏的效果。

（二）地被植物的应用形式

地被植物可以满足不同目的的地面覆盖，合理利用地被植物，选择不同的品种，以不同的配置形式形成各具特色的景观。

1. 大面积开敞景观地被

在城市园林绿地中，有许多开敞的区域，这些开敞空间，可以铺设草坪，也可以采用一些花朵艳丽、色彩多样的地被植物，运用大手笔、大色块的手法大面积栽植形成群落，着力突出地被植物的群体美，形成美丽的群体景观，并烘托其他景观。可以是单一品种、单一色彩的整体景观，也可以是多个品种、多重色彩组合的复合景观，如图5-41所示。

2. 林下耐阴地被

在城市园林绿地中，许多林下空间，特别是密林下面，郁闭度较高，很多植物不易生长。因此，在这些群落的下层，需要选择一些耐阴的地被植物覆盖树下的裸露土壤，减少沃土流失，并能增加植物层次，提高单位面积的生态效益。

图 5-41　大面积开敞景观地被

　　林下地被应用要根据绿地的生态环境、上层乔木的疏密情况以及绿地的性质和景观上的要求来确定植物种类，进行合理的搭配。疏林下面可以考虑采用多种地被混植，使其色彩变幻，四季有景。比如玉簪、冷水花、石蒜等组合栽植，形成色彩斑斓的效果。密林下面一般选择耐阴效果好、生长适应强的品种即可，如麦冬、常春藤、蕨类植物等，如有需要，可在树林边缘加以修饰，如图 5-42 所示。

图 5-42　林下耐阴地被

3. 点缀地被

　　（1）绿地边缘装饰。在园林绿地中，为了加强装饰效果，往往在林缘、路缘、水边及建筑前等处，用地被进行装饰，形成花境或花带，作为绿地边缘的装饰绿化，不仅有点缀主要景观的作用，同时还可以起到景观过渡的作用，如图 5-43 所示。

图 5-43　林缘地被做装饰

（2）树坛、树穴装饰。为了加强景观装饰效果，在一些主要景观区域的树坛或树穴内常常布置一些观赏效果好的耐阴地被。在地被植物的选择和应用上，应与上层乔木的色彩、形体相得益彰，以取得生动效果，如图 5-44 所示。

图 5-44　地被作为点缀突出局部景观

4. 假山、岩石周围

在假山、岩石周围布置地被植物，既活化了岩石、假山，使岩石、假山生动灵活，又显示出清新、典雅的意境。假山、岩石周围布置地被植物数量不多，但是要求精致、自然，达到"虽由人作、宛如天成"的效果，如图 5-45 所示。

图 5-45　假山上布置地被

5. 其他环境

除以上应用方式以外，在城市环境中还可以利用地被植物绿化建筑墙面、屋顶、河道、边坡、裸露山体等特殊空间。这些环境的绿化，不仅美化了环境，增强城市空间的艺术效果，而且还具有较强的生态功能。

屋顶花园一般选择浅根性的草本地被进行绿化，以景天科植物为好，如果荷载达到要求，也可以布置一些小灌木和乔木。

边坡绿化除了采用一些草坪外，还可以采用一些带吸盘的藤本植物，如常春藤、爬山虎、薜荔等。

河道绿化中多选用观赏性强的地被植物，以加强水岸边的效果，如菖蒲、鸢尾、落新妇等。驳岸上可以配置一些藤本植物，如络石、薜荔、扶芳藤、常春藤、爬山虎、五叶地锦等，如图 5-46 所示。

图 5-46　地被美化驳岸

任务四　藤本植物的配置与造景

　　藤本植物也叫攀缘植物，是指自身不能直立生长，需要依附他物或匍匐在地面上才能正常生长的木本或草本植物。藤本植物是最柔软、可以向自然空间随意造型的植物类型。藤本植物通常用作垂直绿化或作为地被。

一、藤本植物的分类

　　根据藤本植物的生长特性和攀缘习性，可以将它们分成以下几类：

　　（1）缠绕类。缠绕类藤本植物是依靠自身缠绕支持物来进行攀缘。此类藤本植物常见的有紫藤、金银花、南蛇藤、木通等。缠绕类植物的攀缘能力一般都较强。

　　（2）卷须类。卷须类植物是依靠卷须进行攀缘，如葡萄、香豌豆等。这类植物的攀缘能力也较强。

　　（3）吸附类。吸附类攀缘植物是依靠吸附作用进行攀缘，这类植物具有气生根或吸盘，两者均可分泌黏胶将自身黏附于他物之上。如爬山虎、五叶地锦、凌霄、扶芳藤、常春藤等。这类植物较适合于墙面和岩石绿化。

　　（4）蔓生类（攀附类）。此类植物没有特殊的攀缘器官，为蔓生的悬垂植物，仅靠细柔而蔓生的枝条攀缘，有的种类枝条具有倒钩刺，在攀缘中起一定的作用，个别种类枝条先端偶尔缠绕。这类植物的攀缘能力较弱，常见的种类有藤本蔷薇、藤本月季、木香、三角花、云实等。

二、藤本植物在园林中的造景应用

1. 棚架式造景

　　棚架式造景是园林中应用最广泛、结构造型最丰富的藤本植物造景方式。棚架是用竹木、金属、石材、钢筋混凝土等材料构成一定的格架，供攀缘植物攀附的园林设施。棚架式造景可作为园林小品在园林中做点景或隔景用，同时还有遮阴和休闲的功能。

　　棚架绿化植物要求有较高的观赏价值，应选择生长旺盛、枝叶茂密的观花或观果的藤本植物材料。可用作棚架的藤本植物主要有紫藤、凌霄、葡萄、藤本月季、丝瓜、葫芦等，如图5-47所示。

2. 附壁式造景

　　附壁式造景可用于各种墙面、假山石、裸岩、挡土墙、大块裸岩、桥梁等设施的绿化。附壁式绿化可以利用攀缘植物去打破墙面相对呆板的线条，还能吸收夏日阳光的强烈反光，又能柔化建筑物外观。在建筑物墙面绿化时，应该注意植物和门窗之间的距离，在其生长过程中，通过修、剪、牵、拉以调整攀缘的方向，能防止枝叶覆盖在门窗上或者攀缘到电缆上。而在山地的风景区、公路两侧的裸岩石壁，我们应该选择适应性较强、耐旱又耐瘠薄的种类，比如爬山虎、葛藤等。

图 5-47 棚架式造景

用作附壁式造景的藤本植物一方面拥有观赏价值，另一方面还能起到防止水土流失以及固土护坡的作用。

附壁式造景多选用吸附类的攀缘植物，应注意植物材料与被绿化物的色彩、形态、质感的协调，如图 5-48 所示。

图 5-48 凌霄与爬山虎混植装饰墙壁

3. 篱垣式造景

篱垣式造景主要用于篱架、栏杆、铁丝网、栅栏、矮墙、花格的绿化。

篱垣式造景对植物材料的攀缘能力要求不是很严，几乎所有的攀缘植物都能用于该类绿化，如图 5-49 所示。

图 5-49　篱垣式造景

4. 悬垂式造景

利用容器种植藤蔓植物，使植物凌空向下悬挂，形成别具特色的垂挂植物景观。可在阳台、墙体、屋顶、高架桥等处利用此类植物进行绿化，形成自然飘逸、柔蔓悬垂的美丽景观，这样的绿化不仅能起到遮阳、降温的作用，还能点缀高层建筑的立面，使楼房和城市景观更加美丽生动。悬垂式造景植物一般以枝叶细小、花朵优美的草本植物为主。如茑萝、矮牵牛、旱金莲、香豌豆、天竺葵等，如图 5-50 所示。

图 5-50　悬垂式造景

5.作地被

藤本植物生长迅速，可形成浓密低矮的覆盖层，是优良的地被植物。

思考与练习

1. 园林树木的造景形式有哪些？如何进行这些形式的树木造景？
2. 花卉植物的造景形式有哪些？如何进行花卉植物的园林造景与应用？
3. 地被植物景观功能有哪些方面？如何进行地被植物的园林造景？
4. 藤本植物都有哪些类型？都有哪些形式的园林造景？

技能训练一　树丛设计

一、训练目的

在掌握树木丛植方法的前提下，能够独立完成给定环境的树丛设计与应用。

二、内容与要求

选择某绿地环境作为树丛应用场地。要求学生根据所给园林环境进行分析，结合当地树种资源，完成该园林环境的树丛设计与应用。

三、方法步骤

1. 对给定园林环境进行分析。
2. 了解该环境所在地树木生长与使用情况，充分考虑树木的生物学特性与生长习性。
3. 确定设计方案，绘制平面图、立面图和效果图，并附有设计说明和植物名录。

技能训练二　花坛设计

一、训练目的

在掌握花坛的类型、特点以及设计要求的前提下，能够独立完成给定环境的花坛设计。

二、内容与要求

选择当地某绿地环境作为花坛布置场地。要求学生根据所给场地现状进行分析，结合当地自然条件，完成该环境内花坛的布置与设计。

三、方法步骤

1. 对给定的绿地环境进行调查和分析。
2. 了解该环境所在地花坛植物的生长与使用情况。
3. 确定设计方案，绘制平面图、立面图和效果图，并附有设计说明和植物名录。

技能训练三　花境设计

一、训练目的

掌握花境的类型和特点，学会不同环境花镜的设计与应用。

二、内容与要求

选择当地某绿地环境作为花镜布置场地，要求学生根据所给场地现状进行分析，结合当地自然条件，完成该环境的花镜布置与设计。

三、方法步骤

1. 对给定的绿地环境进行调查和分析。
2. 了解给定环境所在地适合布置花境的植物种类及其生长情况。
3. 确定设计方案，绘制平面图、立面图和效果图，并附有植物名录。

项目六 城市环境的植物配置与造景

【内容提要】

城市中各种环境在植物景观的装饰下，更加美观和舒适。从微观角度，通过植物与园林环境协调搭配，可以创造优美的园林小环境；从宏观角度，植物造景可以充分发挥园林植物造景的绿化美化特性，为城市增光添辉，增强城市的可识性和城市特色。

【知识点】

城市建筑入口、窗前、墙角、墙体以及建筑基础的植物装饰。

庭院的植物配置与造景。

屋顶花园设计。

城市道路绿地绿化的基本要求。

城市道路绿地的植物造景方法。

【技能点】

城市建筑环境的植物造景设计。

城市道路的整体植物配置与造景。

任务一　城市建筑外环境的植物配置与造景

城市建筑外环境植物种植可以加强建筑本身的艺术美，植物丰富的自然色彩、柔和多变的线条、优美的姿态与风韵等都能增添建筑的美感，使之产生生动活泼的感染力且富有季节变化，体现出一种动态的均衡感。同时，植物释放的氧气和香味也改变了人口密集的城市建筑环境的空气质量，使建筑与周围的环境更为和谐、融洽。建筑物旁的植物通常选用具有一定的姿态、色彩、芳香的树种。城市建筑外环境植物配置主要考虑以下几个场所：建筑出入口、窗前、基础、墙角、墙体、屋顶花园及庭院等。

一、建筑出入口植物配置

建筑的出入口是建筑的主要形象景观，通常要求标志明确、景观效果好。大型建筑的主要出入口一般要求选择株形优美、色彩鲜明，最好有芳香气息的植物类型。配置方法要简洁大方。在一些大型建筑出入口还可以结合建筑前广场统一布置。而次要出入口以及私人住宅入口则应营造亲切宜人的效果，适合近距离观赏，如图 6-1、图 6-2、图 6-3 所示。

图 6-1　大型建筑主要出入口处绿化

图 6-2　主要出入口绿化结合建筑前广场统一布置

图 6-3　建筑次要出入口绿化

二、建筑窗前植物配置与造景

　　窗前植物配置有两个方面的作用：一方面是人们观赏屋外风景的主要视点，另一方面又是美化建筑的一个组成部分。所以，在配置时既要考虑室内居者对景观的需要，又要兼顾室外整体绿化效果。

　　所以，植物配置一般选择株形优美多姿、四季富于变化，最好有香气的植物，比如桂花、丁香、月见草等。在种植设计时，植株要低于或略高于窗台一点，但不能过高，不能遮挡室内观者的视线和有碍室内采光。为保证光线和通风，要求植物和建筑之间有一定距离，一般以 1～3m 为宜，如图 6-4 所示。

图 6-4　建筑窗前密植红玫瑰，花色艳丽，香气优雅

三、建筑墙基的植物配置与造景

建筑墙基的植物配置应与墙面的材质和线条取得一致，一般选择低矮的花灌木和花卉进行配置。建筑墙基植物种植是缓解建筑生硬的边界，也是与自然和谐过渡的重要手段。所以，在设计时要将建筑与植物完美地结合在一起。在种植时，要考虑墙基的材质以及色彩来进行合理搭配。比如墙基质地较粗糙，可选择质地较细腻的植物进行对比配置；若墙基颜色为灰色或白色，可选择色彩丰富的植物（图6-5）；反之，若墙基本身颜色鲜艳，可选择单纯的净色，如白色、绿色等。

图6-5　墙基绿化

另外，在种植时还要考虑对墙基的保护。一般要求在距墙基3m以内不能种植深根性的树木，这个范围可以种植浅根性的灌木或草本。

四、建筑墙角的植物配置与造景

建筑的墙角看起来棱角分明而不近人情。墙角绿化的目的就是软化建筑，用软景突出建筑。建筑的墙角多为直角，这样植物在种植时按照扇形展开，由墙角到外侧，由高到低逐渐展开。如果扇形空间为90°，由于视线范围小，空间狭窄，这样的角落设计主要是为了装饰墙体和掩饰墙角。在植物种植时不必太复杂，层次可简单一些。一般内侧采用装饰墙体的植物，如芭蕉、竹子、棕榈等，外侧可采用花灌木或地被作为第二个层次（图6-6）。如果扇形空间为270°，这样的角落视线范围大，空间开阔，在植物配置时层次可以丰富一些，可以是三个甚至是四到五个层次。靠近墙体可以选择一些大型浅根性的植株用于装饰墙体和作为墙面植物的背景。然后第二层配以小乔木或大灌木加以点缀，如海棠、榆叶梅等。第三层可以选择小型花灌木或者观赏草，这一层色彩丰富，面积相对可以稍大。最外缘可以用地被加以镶边点缀，中间可以点缀置石或其他小品，使景致更加丰富，如图 6-7 所示。

图 6-6 简单的墙角绿化

图 6-7 墙角范围较大，绿化层次丰富

五、建筑墙体的植物配置与造景

建筑墙体是建筑的外围护结构，也是与外界接触最多的部位，墙体的形象在很大程度上决定了建筑的形象。同时，大面积的墙体绿化，所产生的生态效益很可观，因此墙体绿化尤为重要。

墙体绿化主要考虑墙体自身的美感和朝向问题。如果墙体自身美感很强，一般不需要大面积绿化，如要绿化，稍作点缀即可。如果墙体自身美感一般或很差，可以做大面积的绿化。在墙体绿化时，还要考虑墙体的朝向问题，墙体的朝向决定墙体接收阳光的照射程度和所选植物的生态习性。如果是北朝向的墙体可以考虑用常绿和耐阴植物，如果东、南、西其他三个方向，可以考虑选择落叶和喜阳植物。

墙体绿化可以采用藤本植物覆盖墙面，这种形式的植物一旦定植，可以逐渐生长，逐渐覆盖墙面，管理比较容易。一般采用带气生根或吸盘的藤本植物，如爬山虎、五叶地锦、凌霄等，还可以采用一些蔓生类藤本植物，比如蔷薇、木香、三角梅等（图6-8），这类植物往往需要辅助攀爬，而且不适用于很大面积的覆盖。墙体绿化还可以采用立体栽植形式，这种形式的景观效果相对较好，花样也较多，室内外墙体都可以应用，现在比较流行。但是这种形式要求工艺比较复杂，管理起来也相对麻烦一些（图6-9）。园林中有时还可以在靠近墙体部位密植植物，可以打破大面积墙体单调呆板，起到遮挡和修饰墙体的作用（图6-10、图6-11）。

图 6-8　生长非常好的三角梅

图 6-9　生态墙

图 6-10　修竹装饰墙面，平添绿意　　　　　图 6-11　建筑墙体绿化

六、庭院植物配置

庭院通常指私家院落或是建筑群及建筑内部的室外空间（中庭景观），相对而言，庭院的尺度较小，相对隐秘。尤其是私家庭院既要培育亲情、接待亲朋好友，又要借助良好环境培养旺盛精力和陶冶赋予生活乐趣的情操。因此，庭院设计大多以小巧玲珑的造园艺术形式出现，设计追求精致典雅的风格，具有浓郁的观赏特色，如图 6-12 所示。

图 6-12　漂亮的庭院

庭院空间相对较小，因此在植物配置上，尽量做到乔、灌、地被相结合，形成丰富的空间层次。庭园常以园路和水池、河溪分隔空间，植物配置要依路和池的曲度进行，做到有主有次，有障有露，扩大其空间感。用曲折小道配合高大树木，让人产生庭院深深的感觉（图 6-13）；曲折蜿蜒、有收有放的小溪流尽头及小溪旁，可配置遮挡视线的翠竹或花灌木，还可适当点缀山石，以造成小溪流绕石穿林远去的感觉，如图 6-14 所示。

图 6-13　庭院深深

图 6-14　庭院中的小溪

　　庭院中需要阴凉或是需要界定庭院空间的地方，要选干高枝粗、树冠大的树种（图 6-15）。在靠近建筑边界尤其是南向窗户边，则多选栽一些枝态轻盈、叶小而致密的树种，有利于建筑的采光和通风。庭院植物与山石相配，结合微地形，表现出地势起伏、野趣横生的自然韵味。

图 6-15 庭院中的庭阴树

大门对庭园设计有着非同寻常的意义，植物配置除了具有装饰功能外，还应该使人获得稳定感和安全感，常见的绿色屏障既起到与其他庭院的分隔作用，对于家庭成员来说又起到暗示安全感的作用，通过组合一定数量的树木来勾画入口处的主体特征，如图 6-16 所示。

图 6-16 庭院大门

对于大门或墙体，可以进行攀缘绿化，利用蔷薇、金银花、牵牛花等，使院墙变为"花墙"（图 6-17），利用爬山虎等带吸盘的植物，使房屋墙变为"生态墙"，以调节阳光对室内温度的影响。沿着墙体及墙角可以做一些错落有致的植物配置，一般选择花灌木或常绿树以及其他高一些的植物靠墙种植，前面一点可以种植一些低矮植物，形成前后层次，结合置石及其他小品，共同组成精美景观，如图 6-18 所示。

图 6-17　庭院墙体绿化

图 6-18　整形树与各色地被结合置石，靠墙布置形成完美组合

　　因为庭院面积相对较小，一般用于私人观赏和使用，所以植物配置要相对精细一些，可以选择观赏性较强的植物，或者经过修剪形状很精致的植物。一般庭院里的植物种类不要太多，宜求精而忌繁杂，避免给人拥挤感。植物的层次要清楚、形式简洁而美观。注意配置植物的形态，尽量不要采用带刺和有异味的植物，如图 6-19 所示。

图 6-19　庭院中的植物十分精致

七、屋顶花园植物景观设计

屋顶花园建造就是在各类建筑物、构筑物、立交桥等的顶部、阳台、天台、露台上栽植植物并配以其他造园要素，营造人为的绿色空间。在生态问题日益严重的今天，屋顶花园越来越受到重视。

屋顶花园不但降温隔热效果优良，而且能美化环境、净化空气、改善局部小气候，还能丰富城市的俯仰景观，能补偿建筑物占用的绿化地面，大大提高了城市的绿化覆盖率，是一种值得大力推广的屋面形式，如图6-20所示。

图6-20　新加坡屋顶花园

1.屋顶花园环境特点

（1）土壤　屋顶的土层不能超出荷载的标准，一般情况下，不同类型的植物对土层厚度要求如下：草本地被15～30cm，花灌木30～60cm，浅根乔木60～90cm，深根乔木90～150cm。自然土壤不但质量重，而且容易流失，为了解决这一问题，植物的栽培基质一般不直接用地面的自然土壤，而是选用既含各种植物生长所需元素又较轻的人工基质，如蛭石、珍珠岩、泥炭，以及一些代替土壤的混合新介质。现今还研究出一些屋顶绿化的专用土壤，都是不错的选择。

（2）光照　屋顶花园因为在空中，日辐射较多，因此有利于喜光植物生长发育。因此更有利于果实成熟、花叶艳丽、花量繁茂，也更适合景天类沙生植物生长。

（3）温度　由于结构和位置的关系，屋顶花园的温度白天要比地面高，晚上要比地面低，温差较大。过高的温度会使叶片焦灼，根系受损；低温又容易使植物受冷害或冻害。但是温差大可以使果实的有机物质累计增加，使果实糖分增多。

（4）空气　屋顶风比较大，特别是北方地区春季强风和夏季干热风容易使植物干梢落叶。加之白天温度高、光照足，更加强了空气的干燥，对植物生长不利。

2. 屋顶花园建造时应该注意的问题

屋顶花园是在建筑物上建绿地，在技术上有一定的要求，要注意以下几个问题。

（1）注意屋顶荷载承重问题

屋顶的荷载除了原有的基本内容外，还要加上栽培基质以及植物及其他造园要素的质量，做到精确计算，必须在安全荷载范围内。

（2）排水与防渗设计

由于植被下面长期保持湿润，并且有酸、碱、盐的腐蚀作用，会对防水层造成破坏。同时，屋顶植物的根系会侵入防水层，破坏房屋屋面结构，造成渗漏。因此，要做好屋顶的防渗漏设计。目前，随着屋顶花园的流行和发展，一些新型防水材料也开始投入使用，取得很好的效果。

（3）屋顶花园建成后的养护

主要是指花园主体景物的各种草坪、地被、花木的养护管理及屋顶上的水电设施和屋顶防水、排水等工作，较难操作，因此屋顶花园养护一般应由有园林绿化种植管理经验的专职人员来承担。

3. 屋顶花园的植物材料选择

屋顶花园植物材料的选择除了考虑景观功能的要求外，还要考虑特殊的生长环境的限制。

（1）选择浅根性耐瘠薄植物

因为屋顶种植层受荷载等条件限制不可能很厚，所以植物根系的生长范围受到限制，因此要求选择浅根性植物。

（2）耐干旱、耐瘠薄的植物

屋顶种植土层薄，土壤水肥保有量小，水肥主要靠人工供给，容易耗竭。因此，要选择耐干旱和瘠薄植物种类，如景天类。

（3）抗风力植物

由于处于楼顶，风力比较大，因此植物的根系应较发达，固着性好，且树冠不宜过大，树体较矮为宜。

（4）选择既耐热又耐寒的品种

夏季因屋顶没有物体为植物挡光，加之植物受建筑墙体烤晒，因此植物需要经受较强的光照和较高的温度。另外，因为冬季没有物体为植物遮挡、抵御寒风，所以植物又要耐寒。

（5）尽量选用乡土树种

屋顶花园环境条件比较恶劣，乡土树种适应性较强，减少养护管理的负担，且花园的成功率也较高。

除以上要求外，屋顶花园一般面积较小，多数用于人们近距离观赏，所以应选择观赏价值较高的植物。另外，由于屋顶花园场地较小，要考虑选择生长缓慢、耐修剪的品种。北方城市常绿树较少，可以考虑设置一定量的常绿树种。在满足以上要求的前提下，可以按照花园的要求进行合理配置。

4.屋顶花园设计

依据不同的客观情况以及使用者要求，屋顶花园的设计也有所不同。其通常的形式有：

（1）地毯式　这是最简单的屋顶花园形式，主要以低矮地被为主的一种布置形式，除了种植，其他内容较少。其主要为改善生态以及更高层人们俯视用。土层厚度一般在 $10\sim30cm$ 即可，植物一般选择抗旱、抗寒能力强的植物种类。地毯式屋顶绿化目前更普及一些，它就像一个活的"植物毯子"，建造速度快、成本低、质量轻，如图6-21所示。

图6-21　地毯式屋顶花园

（2）花园式　这是真正意义上的屋顶花园，建筑静荷载大于 $500kg/m^2$。这种屋顶花园要为人们提供优美的休闲和活动空间，因此，需要设置不同的功能区域和景观活动设施，由于场地窄小，植物配置既要与主体建筑物及周围大环境保持协调一致，更要注重精美，适合近距离观赏。为了掩饰墙体的生硬，往往沿墙体栽植枝叶繁茂的常绿植物，通过对墙体的遮挡让人有世外桃源的感觉，如图6-22、图6-23和图6-24所示。

图6-22　植物靠墙布置，创造世外桃源的意境

图 6-23　小游园形式的屋顶花园设计方案

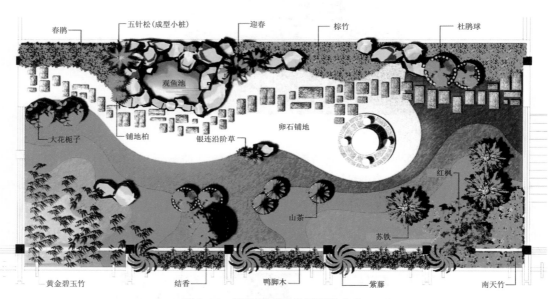

图 6-24　简单的屋顶花园设计方案

任务二　城市道路绿地植物配置与造景

一、城市道路绿地植物造景的基本原则

为发挥道路绿化在改善城市生态环境和丰富城市景观中的作用，避免绿化影响交

通安全，保证绿化植物的生存环境，使道路绿化规划设计规范化，提高道路绿化规划的设计水平，创造优美的绿地景观，在植物配置时应力争做到以下几点。

1. 道路绿化应最大限度地发挥其生态功能

城市道路绿化的主要功能是庇荫、滤尘、减弱噪声、防眩光、改善道路沿线的环境质量和美化城市。以乔木为主，乔木、灌木、地被植物相结合的道路绿化，防护效果最佳，地面覆盖最好，景观层次丰富，能更好地发挥其功能。

2. 为保证道路行车安全，道路绿化应符合行车视线和行车净空的要求

（1）行车视线要求　其一，在道路交叉口视距三角形范围内和弯道内侧的规定范围内种植的树木不得影响驾驶员的视线通透，保证行车安全；其二，在弯道外侧的树木沿边缘整齐连续栽植，预告道路线形变化，诱导驾驶员行车视线（图6-25）。

图6-25　在弯道内侧规定范围内的种植不得影响驾驶员的视线通透

（2）行车净空要求　道路设计规定在各种道路的一定宽度和高度范围内为车辆运行的空间，树木不得进入该空间。具体范围应根据道路交通设计部门提供的数据确定。

3. 道路绿化应考虑街道上附属设施的设置

城市道路用地范围空间有限，在其范围内除安排机动车道、非机动车道和人行道等必不可少的交通用地外，还需安排许多市政公用设施，如公共厕所、候车亭等，都应给予方便合理的位置；人行过街天桥、地下通道出入口、电杆、路灯、各类通风口、垃圾出入口、路椅等地上设施和地下管线、地下构筑物及地下沟道等都应相互配合，同时道路绿化也需安排在这个空间里。绿化树木生长需要有一定的地上、地下生存空间，如得不到满足，树木就不能正常生长发育，直接影响其形态和树龄，影响道路绿化所起的作用。因此，应统一规划，合理安排道路绿化与交通、市政等设施的空间位置，使其各得其所，减少矛盾，如图6-26所示。

图 6-26　道路绿化与附属设施完美结合

4. 道路绿化树种选择要适地适树

城市道路环境是植物生长条件最恶劣的环境，因此适地适树对于城市道路绿化尤为重要。在园林植物种植设计时，要尽量选用抗性强、生长势强的乡土树种，适当选用已经引种驯化成功的外来树种，忌不合适宜地选用不适合本地区的外来树种以保持较稳定的绿化成果。

5. 道路绿化要创造完美的景观

道路绿化要符合美学的要求，处理好区域景观与整体景观的关系。城市道路绿化要与街景中其他元素相互协调，与地形、沿街建筑等紧密结合，使道路在满足交通功能的前提下，与城市自然景色（地形、山峰、湖泊、绿地等）、历史文物（古建筑、古桥梁、塔、传统街巷等）以及现代建筑有机地联系在一起，把道路与环境作为一个景观整体加以考虑并作出一体化的设计，创造有特色、有时代感的城市环境，如图 6-27 所示。

6. 道路绿化要保护道路绿地内的古树名木

古树是指树龄在百年以上的大树。名木是指具有特别历史价值或纪念意义的树木及稀有、珍贵的树种。道路沿线的古树名木可依据《城市绿化条例》和地方法规或规定进行保留和保护。

7. 道路绿化应远近期结合

道路绿化从建设开始到形成较好的绿化效果，需几年甚至十几年的时间。因此，道路绿化规划设计要有发展观点和长远眼光，对各种植物材料的形态、大小、色彩等现状和可能发生的变化都要有充分的了解，以便待各种植物长到鼎盛时期时，达到最佳效果，而且绿化树木不应经常更换、移植。同时，道路绿化建设的近期效果也应重视，使其尽快发挥功能作用。这就要求道路绿化远近期结合，互不影响。

图 6-27 道路绿化创造完美城市景观

二、城市道路绿带植物配置与造景

道路红线范围内的带状绿地称为道路绿带。道路绿带包括分车绿带、行道树绿带和路侧绿带等。

1.分车绿带植物造景

在现代化的城市道路中，分车绿带起着十分重要的作用。它不仅用来分隔来往的车流，而且也为城市增加了一道美丽的风景线。

一般分车带宽度为 4.5～6.0m，最窄的 1.2～1.5m，长的可达 10m，长度 50～100m。

中间分车绿带的主要功能是阻挡相向行驶车辆的眩光，因此其种植高度一般为 0.6～1.5m。在此基础上，可以考虑满足街景的需要，其布置形式有自然式、规则式，充分利用植物的姿态、色彩，可以将常绿与落叶、乔、灌、草、花合理搭配，并配以其他小品等元素。其中，乔木尽量植于分车带靠近中间的部分，树干中心至机动车道路缘石外侧距离不宜小于 0.75m。被人行横道或道路出入口断开的分车绿带，其端部应种植草坪或低矮的花灌木，以免遮挡视线。

两侧分车绿带宽度大于或等于 1.5m 的，应以种植乔木为主，或者乔木、灌木、地被植物相结合。分车绿带宽度小于 1.5m 的，应以种植灌木为主，并应灌木、地被植物相结合。总之，对分车绿带的种植，要针对不同用路者（快车道、慢车道、人行道）的视觉要求来考虑树种与种植方式，如图 6-28 所示。

图 6-28　分车绿带设计

2. 行道树绿带植物造景

行道树的主要功能在于遮阴，同时美化街景，多采用两侧对称种植。行道树绿带的宽度应根据道路的性质、类别和对绿地的功能要求以及立地条件等综合考虑而决定，但不得小于 1.5m。

行道树种植方式有树带式和树池式。

树带式种植是指在树带中铺草或种植地被植物，乔木、灌木、地被植物相结合，形成连续的绿带。一般多用在交通人流不大的情况下，如图 6-29 所示。

图 6-29　树带式栽植

在交通量比较大、行人多而人行道又狭窄的道路上，多采用树池的方式，如图 6-30 所示。

图 6-30　树池式栽植

城市行道树作为城市园林绿化的骨干树种，在创造优美的城市环境和改善城市生态环境方面发挥着十分重要的作用。行道树种植设计应遵循以下原则和要求。

（1）行道树的配置应根据城市和道路区域的实际特点，确定道路的基础树种，在此基础上丰富行道树种类，避免种树过于单一，对美化街景和保持生态平衡都有重要作用。

（2）常绿树与落叶树要有一定比例，在植物选择上力求花期交错、富有季相变化。

（3）行道树一般选择能适宜当地生长环境，移植时成活率高，生长迅速而壮健的树种（最好是乡土树种）。树种要求：①能适应粗放管理，对土壤、水分、肥料要求不高，耐修剪、病虫害少、抗性强。②树干端直，树形端正，树冠优美，冠大阴浓，遮阴效果好。③发叶早，落叶迟。④深根性，无刺，花果无毒，无臭味，无飞毛，少根蘖。⑤适应城市生态环境，树龄长，病虫害少，对烟尘，风害等抗性强。

（4）对行道树苗木胸径的要求：快长树不得小于 5cm，慢长树不宜小于 8cm。

（5）行道树定干高度，应视其功能要求、交通状况、道路的性质和宽度以及行道树距车行道距离和树木分枝角度而定。一般树干分枝角度大的，干高不小于 3.5m；分枝角度小者，不能小于 2m，否则影响交通。

（6）行道树定植株距，应等于树种壮年期冠幅的直径，最小种植株距应为 4m。

（7）行道树应植于人行道上靠近车行道一侧，树干中心至路缘石外侧最小距离宜为 0.75m。

（8）在道路交叉口视距三角形范围内，行道树绿带应采用通透式配置。

3. 路侧绿带植物造景

路侧绿带是构成道路优美景观的可贵地段，应根据相邻用地性质、防护要求和景观要求进行设计。路侧绿化带要兼顾街景和沿街建筑的需要，注意从整体上保持绿带的连续和景观统一，如图 6-31 所示。

图 6-31　优美的路侧景观

路侧绿带宽度大于 8m 时，可设计成开放式绿地，内部铺设游步道和供短暂休憩的设施，方便行人进入游憩，以提高绿地的功能和街景的艺术效果，但绿化用地面积不得小于该段绿带总面积的 70%。路侧绿带与毗邻的其他绿地一起辟为街旁游园时，其设计应符合现行行业标准的规定。

濒临江、河、湖、海等水体的路侧绿地，应结合水面与岸线地形设计成滨水绿带。滨水绿带的绿化应在道路和水面之间留出透景线。

道路护坡绿化应结合工程措施栽植地被植物或攀缘植物。

三、街道小游园绿地植物造景

街道小游园是在城市道路旁供居民短时间休息、游玩、锻炼用的小块绿地，又称街道休息绿地、街道花园。街道小游园设计以绿化为主，可用树丛、树群、花坛、草坪等布置成乔灌木、常绿或落叶树相互搭配的形式，追求层次变化。街道小游园绿地一般面积不大，树木数量不多，应选择适合本地生长的树种，否则本来就不多的树木，如有死亡会影响整体效果。同时，要考虑各树种的造景、遮阴、分隔空间及组织透视线等功能。种植形式可多样统一，要重点考虑装饰出入口、场地周围及道路转折处。此外，街道小游园是街道绿化的延伸部分，与街道绿化密切相关。它的种植设计要求与街道上的种植设计有联系，不要截然分开，还要与周围建筑风格一致。为了减少街道上的噪声及尘土对游园环境的不良影响，最好在临街一侧密植绿篱、灌木，起分隔作用，但要留出几条透视线，以便让行人能在街道上适当看到游园中的景色和从游园中借外景。

　　总之，绿化要与街景相协调，树种选择应以常绿树种和花灌木为主，层次要丰富，要有四季景观的变化。为遮挡不佳的建筑立面和节约用地，其外围多使用藤本植物绿化，充分发挥垂直绿化的作用，如图 6-32 所示。

图 6-32　街道小游园绿化

四、步行街绿地植物造景

　　步行街绿化形式要灵活多样，统一协调，结合步行街的特点，以行道树为主，以花池为辅，适当点缀店铺前的基础绿化、角隅绿化、屋顶、平台绿化等形式，达到装点环境，方便行人的目的。行道树池要加盖美观的池箅子，或布置围树座椅，花池边沿设计成方便行人坐憩的尺度，增加可移动的花钵、花车、花篮等花器，点以时令花卉，常年花开不断。

　　步行街上的植物应该选择那些树冠丰满，树形优美，枝叶可赏性强的树种，不能选择那些丛生、低矮的灌木，如连翘、榆叶梅、蔷薇等，影响行人穿行。步行街街面较窄，高楼林立，应注意耐阴植物的选择。

　　步行街内主要以商业店铺为主，而绿化只是作为其中的点缀，占有很小的比重和很少的面积，多植大乔木以遮阴。但应保持步行街空间视觉的通透，不遮挡商店的橱窗、广告等，如图 6-33 所示。

图 6-33　步行街绿化

五、交通岛绿地植物造景

　　交通岛绿地分为中心岛绿地、导向岛绿地和立体交叉绿地。交通岛起到引导行车方向、渠化交通的作用，交通岛绿化应结合这一功能。通过在交通岛周边合理种植，可以强化交通岛外缘的线形，有利于引导驾驶员的行车视线，特别在雪天、雾天、雨天可弥补交通标线、标志不清晰的不足。交通岛边缘应采用通透式栽植，以保证沿交通岛内侧道路绕行车辆的行驶安全。

　　中心岛绿化是道路绿化的一种特殊形式。原则上只具有观赏作用，是不许游人进入的装饰性绿地。中心岛外侧汇集了多处路口，尤其是在一些放射状道路的交叉口，可能汇集 5 个以上的路口。为了便于绕行车辆的驾驶员准确快速识别各路口，中心岛上不宜过密种植乔木，在各路口之间保持行车视线通透。绿化以草坪、花卉为主，或选用几种不同质感、不同颜色的低矮常绿树、花灌木和草坪组成模纹花坛。图案不要过于繁复、华丽，以免分散驾驶员的注意力及行人驻足欣赏而影响交通，不利于安全；也可布置一些修剪成型的小灌木丛，在中心种植一株或一丛观赏价值较高的乔木加以强化；若交叉口外围有高层建筑时，图案设计还要考虑俯视效果，如图 6-34 所示。

图 6-34　中心岛

在交叉口道路中间应设置交通导向岛。当车辆从不同方向经过导向岛后，会发生顺行交织，因此，导向岛绿化应选用地被植物栽植、花坛或草坪，不遮挡驾驶员视线（图6-35）。

图 6-35　以低矮地被为主的导向岛绿地

立体交叉绿地包括绿岛和立体交叉外围绿地。

绿岛是立体交叉中分隔出来的面积较大的绿地，常有一定的坡度，绿化要解决绿岛的水土流失，需种植草坪等地被植物。绿岛上自然式配置孤植树、树丛、花灌木等形成疏朗开阔的绿化效果，或用宿根花卉、地被植物、低矮的常绿灌木等组成图案。在开敞的绿化空间中，更能显示出树形树态，与道路绿化带形成不同的景观。树丛最好不要种植大量乔木或高篱，容易给人一种压抑感。

桥下宜种植耐阴地被植物，墙面进行垂直绿化。如果绿岛面积很大，在不影响交通安全的前提下，可设计成街旁游园，设置园路、座椅等园林小品和休憩设施等，供人们作短时间休憩。

立体交叉外围绿地在设计时要和周围的建筑物、道路和地下管线等密切配合。在弯道外侧种植成行的乔木，突出匝道附近动态曲线的优美，引导驾驶员的行车方向，使行车有一种舒适、安全之感。

总之，立体交叉绿地要根据各立体交叉的特点进行绿化设计，通过绿化装饰、美化增添立交处的景色，形成地区的标志，并起到道路分界的作用，如图6-36所示。

图 6-36　立体交叉绿地

六、高速公路的绿地植物造景

1. 中央分隔带种植设计

其主要目的是按不同的行驶方向分隔车道，防止车灯眩光干扰，减轻对开车辆接近时司机心理上的危险感，或因行车引起的精神疲劳感，另外还有引导视线、改善景观的作用。宽度一般在 1～3m 之间，中央分隔带的设计一般以常绿灌木的规则式整形设计为主，有时配合落叶花灌木的自由式设计，地表一般用矮草覆盖。树种选择时应重点考虑耐尾气污染、耐粗放管理、生长健壮、慢生、耐修剪的灌木。例如，蜀桧、龙柏、大叶黄杨、小叶黄杨、小叶女贞、榆叶梅、丰花月季、连翘等，如图 6-37 所示。

图 6-37　高速路中央分隔带

2. 边坡的种植设计

边坡是高速公路中对路面起支持保护作用的有一定坡度的区域。除应达到景观美化效果外，还应与工程防护相结合，起到固坡、防止水土流失的作用。因此，在设计选用边坡防护材料时，必须考虑固土性能好、成活率高、生长快、耐干旱、耐瘠薄、耐粗放管理等要求的植物。例如紫穗槐、柽柳、毛白蜡、蔷薇、迎春、连翘等。对于较矮的土质边坡，可结合路基栽植低矮的花灌木、种植草坪或栽植葡匐类植物；较高的土质边坡可用三维网种植草坪；对于石质边坡可用地锦类植物进行垂直绿化。

3. 公路两侧的绿化

公路两侧绿化带是指道路两侧边沟以外的绿化带。沿路两侧绿化带宽度不一，一般要求在 10m 至 30m 之间。其主要作用是：防风固沙、涵养水源，吸收灰尘和废气、减少污染、改善小环境气候，以及增加绿化覆盖率等。常采用栽植花灌木的形式，但在树木光影不影响行车的情况下，也可采用乔灌结合的形式，形成垂直方向上郁闭的植物景观。具体的工程项目，应根据沿线的环境特点进行设计，如路两侧有自然的山林景观、田园景观、湿地景观、水体景观等，可在适当的路段栽植低矮的灌木，视线相对通透，使司乘人员能领略沿路的多样风光，使公路人工景观与自然景观有机结合。

树种选择要求具有多样性、生长年限长、管理粗放等特点。例如，杨树系列、柳树系列、槐树系列、五角枫、银杏、黄栌、火炬、雪松、蜀桧、龙柏、云杉等，如图 6-38 所示。

图 6-38　高速路两侧绿化

4. 服务区的绿化

沿线服务区优美的环境能给司机和乘客以美的享受，减少旅途的疲劳。设计以庭院绿化形式为主，形式开敞，以现代形式结合局部自然式栽植。可采用线条流畅、舒缓的整形绿篱，突出时代气息，局部的自然式植物配置便于服务区的人们近观品味。根据不同服务区的建筑风格，设计并创造出环境幽雅、景观别致的绿化效果，如图 6-39 所示。

图 6-39　高速路服务区绿化

5. 互通区绿化

互通立交区是由公路盘旋交叉所围成的开阔空间，在互通区大环的中心地段，在不影响视距的范围内，设计稳定的树群，可采用常绿与落叶树相结合、乔木与灌木相搭配的形式，既增加绿量，又形成良好的自然群落景观，自然而壮阔，同时可减少人工抚育管理。

🎓 思考与练习

1. 如何运用植物对建筑入口、窗前、墙角、墙体以及建筑基础进行装饰？
2. 怎样进行庭院的植物配置与造景？
3. 怎样进行屋顶花园的植物配置与造景？
4. 城市道路绿地植物造景有哪些要求？
5. 如何进行城市道路绿地绿带设计？
6. 行道树有哪些要求？
7. 高速公路分车带有哪些要求？
8. 高速公路路侧绿化有哪些要求？
9. 高速服务区绿化有哪些要求？

技能训练一　城市建筑环境植物造景训练

一、训练目的

掌握城市建筑周围植物造景方法，正确运用植物造景方法对建筑进行美化。

二、内容与要求

选择结构典型的建筑作为设计对象，要求学生根据对所给定的建筑结构和环境的了解，结合当地自然条件，完成建筑环境种植设计。

三、方法步骤

1. 对给定建筑外环境进行测量。
2. 对给定建筑环境自然条件进行了解和分析。
3. 分别对建筑墙体、基础、出入口、窗前、墙角进行种植设计，并给出各部分的平面图。
4. 要求各部分设计与建筑有机协调成统一整体，并绘出总体效果图和局部效果图，并附有设计说明和植物名录表。

技能训练二　庭院植物造景训练

一、训练目的

掌握庭院的植物造景方法。

二、内容与要求

选择某别墅庭院作为设计对象，要求学生对给定庭院环境及主人情况进行了解，结合当地自然条件和主人要求，对给定庭院环境进行种植设计。

三、方法步骤

1. 对给定建筑外环境进行测量。
2. 对给定建筑环境自然条件进行了解和分析。
3. 对庭院主人进行采访，征求主人意见。
4. 对给定庭院环境进行植物造景，完成初稿，与主人商量修改。
5. 完成最终设计，并给出总体平面图和效果图及部分的效果图。
6. 附有设计说明和植物名录表。

技能训练三　屋顶花园植物造景训练

一、训练目的

掌握屋顶花园植物配置与造景方法。

二、内容与要求

选择某建筑屋顶作为设计对象，要求学生根据对所给定的建筑屋顶结构和环境的了解，结合当地自然条件和屋顶小环境特点，完成建筑屋顶花园种植设计。

三、方法步骤

1. 对给定建筑屋顶进行测量。
2. 对给定建筑屋顶环境自然条件和建筑风格进行了解和分析。
3. 对给定屋顶花园进行种植设计，并绘出总体平面图和效果图，并附有设计说明和植物名录表。

技能训练四　交通岛绿地设计

一、训练目的

掌握城市道路绿地交通岛设计方法。

二、内容与要求

完成给定中心岛环境（图6-40）进行植物配置与造景设计。

三、方法步骤

1. 用A4的绘图纸完成给定中心岛的植物配置与造景设计，运用所学的道路绿化知识，注意植物种类的选择和搭配，考虑比例关系和道路绿化的设计要点，比例自定。

2. 完成设计的总平面图和立面图,并附有植物名录表。

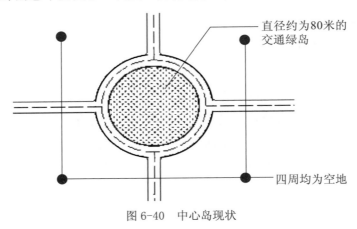

直径约为80米的
交通绿岛

四周均为空地

图 6-40　中心岛现状

技能训练五　城市道路的植物配置与造景训练

一、训练目的

熟悉城市道路绿地各组成部分的特点与种植设计要求。熟练掌握城市道路绿地的植物造景方法。能够独立完成各类城市道路绿地的植物配置与造景。

二、内容与要求

选择当地某段城市道路绿地(三板四带式或四板五带式)作为设计内容,要求学生根据所给场地现状进行分析,结合当地自然条件,完成道路绿地所有内容的植物造景。

三、方法步骤

1. 现场调查。对给定路段进行现场勘查,了解周围的环境条件以及道路的性质、功能、规模和绿地规划设计的要求等。了解当地的自然条件、社会条件。确定绿地的风格形式和内容设施。

2. 收集资料。收集建设绿地的平面图、管线分布图等基础资料。

3. 绘制底图。对收集的基础平面图按照设计比例要求放大,作为规划设计用底图。

4. 确定方案。确定种植设计方案,经过研讨,与建设单位沟通,经过修改,确定最终设计方案。

5. 完成设计。按照设计要求,最终完成设计图纸和设计文本,包括平面图、立面图、效果图和设计说明书、植物名录等。设计可以手绘完成或电脑完成。

【内容提要】

　　园林环境的植物配置与造景就是植物与其他园林要素之间的合理搭配。一方面，各景观要素可以作为植物的造景背景，衬托得植物更加优美，并为植物生长创造更加适宜的小气候条件；另一方面，植物丰富的色彩、优美的姿态与意境通过合理配置能够美化其他园林要素，使植物与其他要素有机地和谐统一于园林环境中，创造出具有一定生态功能的优美景观。

【知识点】

植物景观对园林建筑的作用，不同风格园林建筑的植物配置。
公园大门入口、亭周围、水榭旁、雕塑周围以及座椅附近等处的植物造景要求。
各级各类园路的植物造景。
水生植物的观赏特性和生长习性，各类水面及各类水岸的植物造景。
土山的植物造景方法，假山、置石的植物造景。

【技能点】

园林各类建筑与小品周围的植物造景设计。
园路的植物配置与造景。
各种类型水体的水面及水岸的植物造景与设计。
土山和假山以及置石植物配置与造景。

任务一　园林建筑与小品的植物配置与造景

　　园林建筑是园林景观中最大的人文景观，不仅具有使用功能，更多的是具有作主景、点景等景观功能。园林建筑与自然紧密融合是园林建筑的基本特征，而自然的最主要因素就是植物景观。

一、植物配置对园林建筑的作用

1. 突出园林建筑主题

许多园林建筑与小品都具有一定的文化和精神内涵，依据建筑的主题、意境和特色进行植物配置，使得植物配置对建筑主题起到突出和强调作用，植物的姿、色、香以及名字不仅可以点缀和突出建筑，还可以作为构景的主题。如柳浪闻莺主体建筑前种植大量柳树，体现"柳浪"主题；杭州岳庙"尽忠报国"影壁下种植红色的杜鹃花，是借杜鹃啼血之意，以杜鹃花鲜红浓郁的色彩表达后人对忠魂的敬仰与哀思。

2. 协调园林建筑与环境的关系

建筑与园林中的山、水、道路等其他要素在形式和功能上都有着很大的差异，如果机械地把它们放在一起组景，会生硬而格格不入，而植物作为自然空间中最为灵活、最为生动的因素，能把建筑与其他要素有机生动地组合在一起，从而把园林景象统一在花红柳绿之中，如图 7-1 所示。

图 7-1　植物将水体、建筑很好地协调成一个优美的整体

3. 装饰建筑

建筑的线条一般僵直而生硬，而植物美丽的色彩和柔和多变的线条可以遮挡和缓和建筑线条，丰富建筑色彩。建筑基础和周围其他位置的植物配置从色彩、质地等方面能够装饰园林建筑,使建筑更加生动。园林植物在园林造景中对园林建筑能起到背景、夹景、框景、漏景等作用，使建筑与植物一起组成优美的构图。

4. 赋予建筑以时间和空间的季候感

建筑是形态固定不变的实体，而植物则是富于变化的景观要素，植物的春华秋实、盛衰荣枯能够呈现出生机盎然、变化丰富的景象，使园林建筑环境在春夏秋冬之间随着季相发生变化。利用植物季相变化的特点配置在建筑周围，使固定不变的建筑产生生动活泼、变化多样的季候感。

5. 赋予建筑以寓意和生命力

植物配置充满着诗情画意的意境，在景点命题上体现植物与建筑的巧妙结合，在特定建筑区域栽种特定植物或以突出某种植物为主，形成区域景观特征，可以增强园景的特色和丰富性。如苏州留园中的闻木樨香轩亭，周围遍植桂花，开花时节香气扑鼻，令人神清气爽，植物配置赋予建筑以寓意，意境优雅。园林中建筑四周配置花木，用以构思立意，在营造意境上起着举足轻重的作用。

二、不同风格园林建筑的植物配置

（1）现代园林重视生态园林建设，园林建筑的比重越来越小，但园林建筑的作用并不小。园林建筑造型也灵活多样，它常作为某一景区的风景构图焦点，建筑附近植物的配置也要灵活多样，根据具体环境条件和景观功能要求进行植物配置，如图7-2所示。

图7-2　公园建筑旁绿化

（2）纪念性园林建筑要庄重、稳固，植物配置宜庄严肃穆，常用松、杉、柏、梅、兰、竹等进行配置，多以规则式为主。建筑前可适当布置花卉或彩叶植物，起到装饰以及缓解凝重气氛的作用。如南京中山陵选用大量的龙柏以示革命烈士精神万古长青；广州中山纪念堂两侧，配置两株高大壮观的白玉兰，以象征先烈品格的高洁及革命精神的万古长青，如图7-3、图7-4所示。

图 7-3　中山纪念堂

图 7-4　烈士墓周围植物布置

　　（3）风景区中的寺庙建筑附近植物布置常采用对植、列植或林植等形式。常用白皮松、油松、桧柏、青檀、七叶树、银杏、国槐、海棠、玉兰、牡丹、竹子等烘托脱俗、肃穆的气氛。植物的选择与布置除了要能美化建筑和环境外，还要满足宗教的要求，如图 7-5 所示。

图 7-5　寺庙附近植物配置

三、不同单体的建筑与小品的植物配置

1. 公园大门的植物配置

公园大门是公园的门面，植物配置要能装点和凸显大门及入口的作用，除此之外，植物配置还要能够起到软化入口和大门的几何线条、增加景深、扩大视野、延伸空间的作用。大门的植物配置要与大门及公园的风格相协调，还要与街景相统一，一般多采用艳丽的色彩和别致的造型，如图 7-6 所示。

图 7-6　公园大门口植物配置与街景统一

2. 亭周围的植物配置

亭是在中国园林中应用最广泛的建筑之一，其形式多种多样，选址灵活，或伫立山冈，或依附建筑物，或临水，与植物巧妙配合形成各种生动的画面。亭周围植物配

置的目的在于陪衬和创造观赏近景。植物的选择要与亭的结构、造型和主题相一致。树木在亭四周形成一种不对称的均衡，三株以上应注意错落层次，这样乔木、花卉与亭形成一幅图画。碑亭附近植物配置应简洁，除结合碑文配置意境植物外，一般仅配置一株大树满足庇荫及构图要求；路亭周围可配置多种乔灌木，形成幽静的歇憩环境，但在有佳景可观的方向，要适当留出使人视线远伸赏景的空间（图7-7）；水边亭子植物配置要根据水体大小、形式、倒影的构图要求进行；茶亭旁植物配置要考虑风景透视线。

图7-7　亭子周围的植物配置

3. 水榭旁的植物配置

水榭前植物多选择耐水湿及水生植物，如荷花、睡莲、花叶芦苇、鸢尾等。其他方位可以选择适合岸边生长的植物，如水杉、垂柳、池杉等，以陪衬水榭，成为很好的水边景象，如图7-8所示。

4. 雕塑、景墙的植物配置

雕塑、景墙周围的植物配置应注意同其本身的色彩、形体上对比强烈一些，以突出主体。基础周围可以用鲜花或模纹作装饰，后方可以用高大树木作背景，如图7-9、图7-10所示。

图 7-8　豫园水榭

图 7-9　雕塑周围的植物配置

图 7-10　景墙周围的植物配置

5. 座椅附近植物配置

座椅附近的植物配置要满足欣赏远景、近观时花、夏季庇荫、冬不蔽日的要求。另外，座椅也可以结合花坛、树坛来布置，如图 7-11 所示。

图 7-11　座椅前可观花，夏可庇荫

任务二　园路的植物配置与造景

园路的面积在全园中占有相当大的比率，并遍及各处，是园林空间的骨骼和脉络，因此园路两旁植物配置的优劣直接影响全园的景观，是园林造景的重要因素。园林中的道路除了具有组织交通和集散的功能外，还起到导游的作用，植物配置除了满足生态功能的要求，主要还要满足游人游赏的需要，游人漫步其中，远近各景构成一幅幅连续动态的画面，为游人提供丰富多彩的园林景观。因此，园路的植物配置就显得尤为重要。

一、园路植物造景手法

园路植物造景除了满足生态功能和使用功能要求之外，还要符合艺术构图规律。

1. 主次分明

在园路植物配置中，若仅用一个树种，往往显得单调。为了丰富道路景观，避免单调，路旁往往采用两种或两种以上树种进行搭配。在树种选择和搭配上要考虑主次关系，避免没有主次，杂乱无章。通常主导树种 1～2 种即可，主树多为姿色优美的大乔木，小乔木和灌木为次要树种做陪衬。如果路旁景观中没有乔木，姿态、花色优美的灌木可做主导树。

　　所谓主次分明，并不完全指植物株数的多少，而是指道路的空间感觉。因为不同植物的形态、色彩给游人的空间感觉并不完全是以株数来衡量的，有时候，一株独特的高大乔木给游人的感觉要比 10 株一般的小乔木或更多的灌木更为强烈。同时，这种空间感觉也是随时间的推移而变化的，如图 7-12 所示。

图 7-12　路旁以银杏和红枫为主导树

2. 节奏与韵律

　　园路的植物景观还要讲求连续的动态构图，以 2 或 3 种以上的树种作有规律的交替变幻形成韵律。这种配置方法，常运用于规则式园路中，而自然式园路中韵律的应用更为复杂一些。韵律同样可以应用于色彩的、有秩序的反复和变化。通过植物的季相景观变化进行搭配，还可以产生季相韵律，如采用油松作背景，前景可采用山杏、栾树交替布置，前者春季开花，后者夏季开花。

3. 均衡与对比

（1）均衡

　　自然式园路的植物配置打破了整齐行列的格局，就更要注意两旁植物造型的均衡，以免产生歪曲或孤立的空间感觉。

（2）对比

　　园路植物景观中运用的对比手法主要是树姿的对比以及明暗的对比。树姿对比主要体现在不同树形、不同质感的对比上，比如垂直方向感的植物配以无方向感或水平展开类植物，形成对比。明暗对比是园路景观中常用的一种构图方式，比如深绿色的常绿树前景配以浅色的开花植物，尤其是在路口或拐弯处，光感的变化更加醒目，起到强调作用，如图 7-13 所示。

图 7-13　深绿色树前景配以黄色花产生对比

4. 层次背景

路旁的植物层次设计，可采用前景、中景、背景手法，植物由低到高逐层向外推移，多层结构，扩大空间感，在游人面前展现优美的构图立面。

5. 对景、夹景与透景

为了吸引游人视线，在园路的尽端一般设对景，以增加景深。有时为了强化前端对景，需要将园路两侧的树木密植并高于人的视线，形成夹景。而自然式园路蜿蜒流畅，两侧的景观或远或近在人们的行进中分别不断成为视线的对景，构成连续的动态画面，形成步移景异的效果。而在连续的对景画面中，如果远方有景可观，需要用植物作透景工具，用枝干作框，有选择地摄取另一空间的优美景色作为框景，这样远景与近景、开朗空间与闭锁空间交替展示，为游人呈现一幅幅动态的、不断变换的美丽画面，如图 7-14 所示。

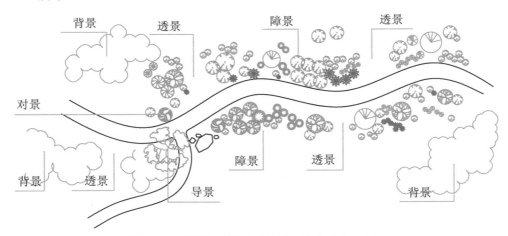

图 7-14　路侧植物通过挡与透，形成对景、夹景

6.转角景（导景）

在道路的拐弯处、转角处或入口，常常栽植较特殊的植物，以起到识别道路、导游及标志的作用。比如可以种植观赏性较好的乔、灌木或色彩鲜艳的花卉。如图 7-14 所示。

7.季相景观

园路的季相十分重要，因为它能给游人以强烈而浓郁的大自然的生态美。春天鲜花怒放，夏天浓荫蔽日，秋天红叶丹丹，冬天则是虬枝古干、枝横如舞。随着道路的导游，将游人带入变换的季相景观之中。

二、各级园路植物配置与造景方法

（一）主路旁的植物配置

园区的主干道绿化常常代表绿地的形象和风格，植物配置应该引人入胜，形成与其定位一致的气势和氛围。要求视线明朗，并向两侧逐渐推进，按照植物体量的大小逐渐往两侧延展，将不同色彩和质感的植物进行合理搭配。可配置高大、姿态优美的乔木作主景树，并搭配小乔木、灌木及花卉地被植物，形成丰富的路侧景观。植物配置上要有利于交通，如图 7-15 所示。

图 7-15　公园主干道旁植物疏密有致，前低后高，步移景异

靠近入口处的主干道要体现景观的气势，往往采用规则式配置，通常是通过量的营造来体现，或是通过构图手法来突出。可用大片色彩明快的地被或花卉，体现入口的热烈和气势。

（二）次路和游步道的植物配置

次路是园中各区内的主要道路，一般宽 2 ~ 3m。小路则供游人漫步在宁静的休息区中，一般宽仅 1 ~ 1.5m。次路和小路由于步行速度较慢，植物景观尤其注重造景细节，对植物的造型注重精雕细琢，两旁的种植可更灵活多样，体现植物多样性及质感和色彩的搭配（图 7-16）。

图 7-16　次路旁植物配置要注意细节

由于路窄，有的只需在路的一旁种植乔、灌木，即可达到既遮阴又赏花的效果（图 7-17）。路旁某些地段可以突出某种植物，形成特殊植物景观，如丁香路、樱花路等（图 7-18）。

图 7-17　窄路可一旁布置遮阴树

图 7-18 樱花路

三、不同类型园路植物配置方法

（1）笔直平坦的园路两旁一般易做规则式列植，往往以一种树种为主，并搭配其他花灌木，丰富路旁色彩，形成节奏明快的韵律，如图 7-19 所示。

图 7-19 笔直平坦园路植物配置

（2）自然式园路植物配置应以自然式风格为主，配置形式要富于变化，植物景观上可以配置孤植树、树丛、花卉、灌丛等，配以水面、山坡、建筑与小品，结合地形变化，

161

形成丰富的路侧景观，做到步移景异。如路旁有微地形起伏，可配复层混交的人工群落，增强自然氛围；路边若有景可赏，可在地形处理和植物配置时留出透视线（图 7-20）。植物配置需结合园路的弯曲进行敞与挡，以加强景深效果（图 7-21）。

图 7-20　路边有水面，植物种植时留出透视线

图 7-21　植物适时进行敞与挡，加强景深效果

在自然式配置时，植物要丰富多彩，但是在树种选择上不可杂乱。在较短的路段范围内，树种以不超过三种为好。选用树种时，要特别注意园路功能要求，并与周围环境相结合，形成有特色的景观。在较长的自然式园路旁，如只用一种树种，往往显得单调。

为形成丰富多彩的路景，可选用多种树木进行配置，但主要树种一到两种为宜。

四、特色园路的植物配置与造景

1. 山路

山路是指山林野趣小路，通常作自然式布置，一般不作规则式布置，少用整形树。山路一般人流稀少，需创造出自然静逸的氛围。两旁植物配置应有层次感并富于变换，时而宁静幽深、曲折掩映，时而草木稀疏、豁然开朗，时而乔木，时而灌木，时而花草，时高时低，错落配置。幽深之处树林要有一定的厚度，形成一定的郁闭度，增加林中感觉。植物景观要与周围的地形、山石、溪流很好地结合，融为一体。无论何种形式，都要使游人产生"山林"意境，增加自然之趣，如图 7-22 所示。

图 7-22　山路林下散植杜鹃，地面和山石上密被苔藓，幽静自然

山路植物配置还应尽量结合原有植被，根据自然地形，因地制宜，合理进行搭配。可以增加常绿乔木的比率，以增强景深感。

2. 竹径

竹径可以创造幽静深邃的园林意境。小路两旁种竹，要有一定的厚度、高度和深度，才能形成竹林幽深的感觉。

竹径一般要有一定的曲度，避免平直，以免给人以单调的感觉。一般情况下，在竹径的一端看不到另一端，给人幽深含蓄的感觉。竹径的长度要适宜，过长让人乏味，过短不能形成曲径通幽的意境。竹径也可以结合布置其他植物，形成"一丛竹、半树柳、夹径芳林"的意境；或者是路的一侧是竹子，另一侧布置其他植物，可以是低矮植物，形成一侧通透的半开敞效果。竹径也要跟地形、建筑、水体很好地配合，形成统一景观，如图 7-23 所示。

图 7-23　杭州的云栖竹径

3. 花径

花径是园林中极富情趣的园林空间。可选择色彩鲜艳的观花或观叶或观果的灌木、草本或藤本植物。开花灌木应选开花丰满、花形美丽、花色鲜艳或有香味、花期较长的植物，如紫薇、腊梅、连翘、棣棠等；除此之外，还可以补充彩色观叶或观果的树种，以弥补花色不足，如南天竹、红枫、火棘等。草本花卉可选择花色和叶色都鲜艳的一、二年生草本花卉或多年生宿根花卉，如鸢尾、萱草、玉簪等。藤本植物最好选开花效果好的草本或木本植物，如藤本月季、三角梅、蔷薇等。根据景观要求可以布置成花境或花带，如图 7-24 所示。

图 7-24　花径通幽

五、园路局部景观植物配置手法

1.路口的植物配置

路口及道路转弯处的植物配置，要有对景、障景、引景、点景的景观功能，起到导游和标志作用，一般安排孤植树、观赏树丛、花丛、置石及其他园林小品等，植物配置在色彩、数量和体量上要做到鲜明、醒目，如图7-25、图7-26所示。

图7-25　路口植物作点景和引景

图7-26　路口植物作对景

2.路缘的植物配置

路缘植物配置大多是起强调、装饰和引导作用，可选择色彩艳丽、质感细腻、植株矮小的地被、花卉或小灌木。对于规则式路缘可采用低矮整齐的篱植或花卉地被镶边；对于自然式路缘可采用自然式交错变换布置，如图7-27所示。

图 7-27　路缘装饰

3. 路面的植物配置

路面绿化可采用石中嵌草和草中嵌石的形式，一般用于游步道。路面绿化不仅可以是区别不同道路的标志，还可以增加绿化面积，降低路面温度，增加天然情趣，如图 7-28 所示。

图 7-28　嵌草铺装

总之，园路作为园林绿地的血脉和与游人接触最多的园林空间，它的绿化对于游人视觉的冲击和整个园林景观的优劣都起着至关重要的作用。在进行园林空间植物配置时，一定要根据不同园路的级别和性质以及园路所在园林景区的特点合理造景，创造一个景观优美、步移景异的园路景观空间。

任务三　园林水体的植物配置与造景

水是园林的灵魂，是构成景观的重要因素，水景在园林艺术中是不可缺少的、最富魅力的一种园林要素。在各种风格的园林中，不仅具有其他景观元素不可比拟的艺术效果，同时，它还具有显著的生态效益。

园林中各类水体，还需要有植物与其组景，水中、水旁园林植物的姿态、色彩及其所形成的倒影与水景相得益彰。水与植物这两种自然界中最有代表性的元素组合在一起，即可形成园林中最具特色、最宜人的景观空间。在园林设计中，重视水体的造景作用、处理好园林植物与水体的景观关系，可以创造出引人入胜的优美景观。

一、水面的植物配置与造景

（一）水面植物类型与特点

根据水生植物的生活方式和形态特征，可以把它们分为以下几类。

1. 挺水型植物

这类植物茎直立挺拔，仅下部或基部沉于水中，上面大部分挺出水面。此类植物一般都植株高大、花色鲜艳，大多有茎和叶的分化，而且类型多样，是水体造景中最重要、应用最广泛的类群之一。挺水植物主要有荷花、菖蒲、玉蝉花、千屈菜、鸢尾、芦苇、香蒲、水烛、慈姑、海寿花、再力花等。

2. 浮叶植物

根附着在底泥或其他基质上、叶片漂浮在水面上的植物。浮叶植物的茎干柔弱，不能直立，且长度大于水深，所以浮叶植物能随水位升降而上下浮动，而且叶片能自由向四周扩张，以获取足够的生长空间。常用的浮叶植物主要有睡莲、王莲等。

3. 浮水（漂浮）植物

浮水植物植株不扎根于泥土中，茎叶漂浮于水面，以观叶为主，观花为辅，与浮叶类植物一样是绿化、美化水体界面的重要类群。浮水植物位置不定，随风浪和水流四处漂浮，随时可以改变水面的景观效果。但漂浮不定在景观营造中常常是一个不利的因素，因此漂浮型水体景观植物在造景过程中需要框定范围，以确保景观的稳定性。常用的浮水植物有凤眼莲、浮萍、满江红等。

4.沉水植物

沉水植物整个植株沉于水中，只在花期将花及少部分茎叶伸出水面。此类植物以观叶为主，在大型园林水体造景方面运用不多。在小型水体，特别是水体浅、水质清澈的水体，该植物群体能营造幽深、神秘、宁静的气氛。沉水植物主要有黑藻、苦草、金鱼藻、黄花狸藻、狐尾藻、水车前、海菜花、茨藻、马来眼子菜、狙草等。

（二）不同规模类型水面植物配置与造景

园林中的水面包括湖面、水池的水面、河流和小溪的水面，大小不同，形态各异，既有自然式的，也有规则式的。水面景观低于人的视线，与水边景观相呼应，加上水中倒影，最宜游人观赏。

1.宽阔水面的植物配置

大的水面空气通畅，视野开阔，在感官上扩大了空间。淡蓝色的水体是一切景物的底色，水上及岸边植物的姿、色在水体的衬托下愈显艳丽婀娜，同时植物又能装饰和丰富水面景观。宽阔水面上的植物配置模式应以营造水生植物群落景观为主，主要考虑远观，植物配置注重整体、连续的效果。植物配置宜以量取胜，给人一种壮观的视觉感受，主要采用单一群落或多种水生植物组合群落模式。水生植物群落具有点缀水面、分隔水面空间的效果，注意不要拥塞，一般不要超过水面面积的1/3。一般可以在分隔的小范围水面片植大面积水生植物群落，作为开阔水面的主景，如荷花群落在盛夏时节能创造出"接天荷叶无穷碧，映日荷花别样红"的壮丽景观（图7-29）。

图 7-29　接天荷叶无穷碧，映日荷花别样红

对于水面的植物配置，应该考虑水体的镜面效果。如果岸边有亭、台、楼、阁、榭及塔等园林建筑，或有优美树姿、色彩艳丽的观花、观叶树种时，需留出足够空旷的水面来展示倒影。水光、水波、水上植物与岸上植物、建筑、山体及霞光、日月、蓝天、白云相映成趣，使得景观亦真亦幻，虚实相生，变幻多彩，如图 7-30 所示。

图 7-30　岸上景物与水中倒影虚实相生，亦真亦幻

很多水生植物的蔓延性是很强的，如果不加以有效控制，就会大面积覆盖水面，影响水面的镜面效果。为了控制蔓延，一般可以定期切割，或者设水生植物栽植床。如果岸边景致较好，需要形成水中倒影，水面也可不布置植物或少量布置。

2. 小水面的植物配置

该类水域一般为池塘或小溪。植物配置宜考虑近观，其配置手法要细腻，注重植物单体的效果。植物的设计要注意面积的大小及和岸边植物的搭配，注意虚实结合。对植物的姿态、色彩和高度有较高的要求。既要考虑植物的个体美，又要考虑群体美及其与岸边环境的协调性（图 7-31）。水中的枯叶应当及时清理，保持水面整洁清爽。

为了丰富水面景观，在有限的水面上设置小岛，让水流在周围穿梭，扩大水流在视线中的冲击。通过小岛分割水体，扩大了水面的视线感觉，如图 7-32 所示。

图 7-31　小水面植物配置精致而细腻

图 7-32　小水面上设小岛

二、水体边缘的植物配置与造景

水体边缘是水面和堤岸的分界线，是软体向硬体的过渡。水体边缘的植物配置既能装饰水面，又能实现从水面到堤岸的过渡，一般宜选择浅水生长的挺水植物，如菖蒲、芦苇、水生鸢尾、千屈菜、水葱、水蓼等，水体的角隅处可安排一些较高的植物作背景，如香蒲、灯芯草、芦苇等。这些植物具有很高的观赏价值，对驳岸也有很好的装饰作用。

注意水边植物应高于水位，以免被水淹没。植物的总体风格要与水景的风格相协调，如图7-33所示。

图7-33 水边植物配置

三、岸边的植物配置与造景

大水面水岸边植物配置一般可采用高大乔木作片林或带状栽植，烘托壮观的水面，乔木要求针叶与阔叶、不同树形进行搭配，形成丰富的植物群落，创造优美的林冠线。同时与多种花灌木、水生植物合理配置，形成形态丰富、色彩斑斓的水边景观。沿岸常常种植耐湿的植物，大到乔木，如水杉、池杉，小到草本植物，如海芋、鸢尾、菖蒲、芦苇等，和湖泊远山近树的倒影相映成趣，如图7-34所示。

图7-34 大水面岸边植物配置

　　小水面岸式一般较精致，与小池水景很协调，且往往一池采用多种岸式，使水景更为添色。岸边植物配置一般采用精巧的体型较小的植物，要求植物的观赏价值较高，色彩和姿态优美，与水面植物相映成趣，如图7-35所示。

图7-35　小水面岸边植物配置宜于精巧

　　土岸边的植物配置应结合地形、道路和岸线布置，有近有远、有疏有密、有断有续，曲曲弯弯，自然有趣。土岸底层可以种植一些耐水的草本植物，作为水面和岸边的过渡。再搭配上或矮小或高大的灌木，如杜鹃、非洲茉莉、桂花、高大的榕树等，使景色富于变化，如图7-36所示。

图7-36　土岸边植物配置

　　自然式石岸可以在其缝隙或空洞中嵌入植物，使植物、水体、岸上景观浑然一体、自然亲切，在中国古典园林中应用较多，如图 7-37 所示。

图 7-37　自然式石岸植物配置

　　规则式驳岸线条生硬、枯燥，植物配置原则是露美、遮丑，在岸边配置合适的植物可使线条柔和多变。岸边可植垂柳和迎春，让细长柔和的枝条下垂至水面，遮挡石岸，同时配以花卉和藤本植物，如变色鸢尾、黄菖蒲、燕子花和地锦等来局部遮挡，增强自然活泼气氛。或以规则式种植与水体驳岸相呼应，如图 7-38 所示。

图 7-38　规则式石岸植物配置打破僵硬与呆板

溪流边的植物配置要根据溪流的急缓加以选择。溪流较急时很难留住水中的植物，但岸边植物能在水中产生舞动摇曳姿态，使溪水景致展现得更加生动活泼。

在溪流的平缓地带，水流速度较缓，可以种植少量的水生植物或在水边、青石上布置苔藓，使水边色彩和景致更加自然和丰富。

溪流边的植物配置还要注意使水体藏于露。通过植物的挡与敞让游人在游赏过程中感觉水体的时隐时现，如图7-39所示。

图 7-39　溪流边植物配置

四、堤、岛的植物配置与造景

较大的水面中多设有堤、岛，水体中设置堤、岛，是划分水面空间的重要手段，堤常与桥相连。堤、岛的植物配置，不仅增添了水面空间的层次，而且丰富了水面空间的色彩，倒影成为主要景观。

（一）堤

堤可将较大水面分隔成不同景色的水区，又能作为通道，引人进入水区观赏水景和远距离观赏岸上景观。堤上需植树，以增加分隔水面的效果。长堤上植物花叶的色彩、水平与垂直的线条，能使景色产生连续的韵律，间植侧柏、合欢、紫藤和紫薇等乔灌木，疏密有致，高低有序，增加层次，具有良好的引导功能。如杭州的苏堤、白堤，北京颐和园的西堤等。堤常与桥相连，故也是重要的游览路线之一。苏堤、白堤除桃红、柳绿、碧草的景色之外，各桥头配置不同植物，长度较长的苏堤上隔一段距离换一些种类，以打破单调和沉闷。北京颐和园西堤以杨、柳为主，玉带桥以浓郁的树林为背景，更衬出自身洁白。

（二）岛

　　岛的类型众多，大小各异，有可游的半岛和湖中岛，还有仅供远眺和观赏的湖中岛。前者人可入内活动，远、近距离均可观赏，多设树林以供游人活动或休息。岛上植物要与岛上建筑相协调，临水边种植密度不能太大，要让人能透过植物去欣赏水面景致。北京北海公园的琼华岛面积 5.9hm^2，位于水面东南，古人以"堆云"和集翠概括岛上景色。"集翠"就是形容岛上的古松翠柏青翠欲滴，如珠玑翡翠的汇集。四季常青的松柏不但将岛上的亭台楼阁掩映其间，并以浓重的色彩烘托岛顶白塔的洁白。全岛植物种类丰富，环岛以柳为主，间植侧柏、刺槐、合欢等，如图 7-40 所示。而仅供远眺的湖心岛游人一般不入内活动，只能远距离欣赏，要求四面皆有景可观。可选择多层次的植物群落形成封闭空间，以树形、叶色造景为主，注意季相的变化和天际线的起伏。

　　在现代园林中，为了扩大水面的感觉，在有限的水面中央设置小岛，让水流在周围穿梭，扩大水流对视觉的冲击效果。

　　在人工水池中也常设立小岛。小岛的体量较小，往往成为水面上视线的焦点。小岛的植物配置尤为重要，可采用一株观赏树或一树丛作为视线观赏的重点。在周围种植丛生的花灌木或多年生草本，甚至可以让植物的枝叶垂入水池中，更显生动自然。如图 7-32 所示。

图 7-40　北海公园的琼华岛

任务四　山体植物配置与造景

一、土山的植物配置

山体是园林最重要的组成要素，作为园林空间的骨架，能够创造和分割空间，其自身的形态风姿又具有很高的审美价值。山石之硬朗和气势需要有柔美丰盛的植物作衬托；而山石之辅助点缀又可以让植物显得更加富有神韵，植物与山石相得益彰地配置更能营造出丰富多彩、充满灵韵的景观。

在进行山体植物造景时，首先必须对自然山体植物分布规律和特征有所体察和了解，掌握其神韵。在具体配置时必须根据山体本身的特征和周围环境精心选择植物种类、形态、高低、大小及不同植物之间的搭配形式，使山石和植物之间达到最自然、最美的境界。

（一）山顶植物配置

为突出山体高度及造型，山脊线附近应植以高大的乔木；山坡、山沟、山麓则应选用相应较为低矮的植物；山顶植以大片花木或色叶树，可形成较好的远视效果；山顶筑有亭、阁，其周围可配以花木丛或色叶树，烘托景物并形成坐观之近景。山顶植物配置的适宜树种有白皮松、油松、黑松、马尾松、侧柏、圆柏、毛白杨、青杨、榆杨、刺槐、臭椿、栾树、火柜树等，如图 7-41 所示。

图 7-41　山顶亭周围的植物配置

（二）山坡、山谷植物配置

山坡植物配置应强调山体的整体性及成片效果，可配以色叶林，花木林，常绿林，常绿、落叶混交林。景观以春季山花烂漫、夏季郁郁葱葱、秋季漫山红叶、冬季苍绿雄浑为好，有明显的季节性，如图7-42所示。

图 7-42　秋季山坡层林尽染

山谷地形曲折幽深，环境阴湿，适于植物生长，植物配置应与山坡浑然一体，强调整体效果。如配置成松云峡、梨花峪、樱桃沟等，风景价值都很好。树种应选择耐湿者，如水杉、侧柏、黄檗、天目琼花、胡枝子、麻叶绣球、蕨类等，如图7-43所示。

图 7-43　山谷环境阴湿，植被茂密，幽静而深远

（三）山麓植物配置

园林中山麓外往往是游人会集的园路和广场，应用植物将山体与园路分开，一般可以低矮小灌木、地被、山石等作为山体到平地的过渡，并与山坡乔木连接，使游人经山麓上山，犹如步入幽静的山林。如以枝叶繁茂、四季常青的油松林为主，其下配以黄荆等花木，就易形成山野情趣，如图7-44所示。

图7-44　成片的野花成为进入山林的前奏

二、石山的植物配置与造景

这里所指的石山主要是指人工堆砌的假石山，其中也包括置石。

石山由于土壤少，植物生长条件差，以及为了表现山石的峥嵘和嶙峋，所以，其上布置植物较少。石山上面布置的植物对形体要求较高，树木姿态要好，植物要求与山石相配，既要能表现起伏峥嵘、野趣横生的自然景色，又要能欣赏山石和花木的姿态之美。通常较大面积的山石总要与植物布置结合起来，使山石滋润丰满。假山上的植物多配置在山体的半山腰或山脚，配置在半山腰的植株体量宜小，蟠曲苍劲，配置在山脚的则相对要高大一些，枝干粗直或横卧，如图7-45所示。

园林中的峰石当作主景处理时，植物作背景或配景。峰石可前植低矮灌木及各色草花，后面可用树木作背景，旁边可植各种花叶扶疏、姿态娟秀的植物作陪衬（图7-46）。如果峰石是四面观的，则可在周围用低矮灌木及各色花卉作陪衬，以衬托峰石的高耸奇特、玲珑清秀。

图 7-45　假山植物配置

图 7-46　特置峰石的植物配置

　　散点的山石与各色花草巧妙搭配，植物疏密有致地栽植在石头周围，精巧而耐人寻味，良好的植物景观也恰当地辅助了石头的点景功能。植物作配景，取得了构图的平衡（图 7-47）；对于用作护坡、挡土、护岸的山石，一般均属次要部位，应予适当掩蔽以突出主景；作石级、坐石等用的山石，一般可配置遮阴乔木，并在不妨碍功能的前提下配以矮小灌木或草本植物。

图 7-47　植被与散置石相得益彰

　　用以布置山石的植物必须根据土层厚度、土壤水分、向阳背阴等条件来加以选择，方能获得预期的效果。

思考与练习

　　1. 植物对园林建筑有哪些作用？

　　2. 不同风格的园林建筑在植物造景上都有哪些要求？

　　3. 如何进行不同风格的园林建筑与小品的植物造景？

　　4. 如何运用园林植物对各级各类园路进行造景？

　　5. 适合水体造景的植物都有哪些？

　　6. 如何运用这些植物对各类水体的水面和水岸进行造景？

　　7. 土山各部分结构都有哪些特点？如何进行造景？

　　8. 如何应用植物对假山进行装饰？

　　9. 如何对置石周围进行植物配置？

技能训练　园林绿地的植物配置与造景训练

一、训练目的

　　掌握园林绿地的植物配置和造景方法与技巧，包括园林建筑、水体、道路以及地形的植物配置与造景方法。

二、内容与要求

完成给定的绿地（图 7-48）的植物配置与造景设计。

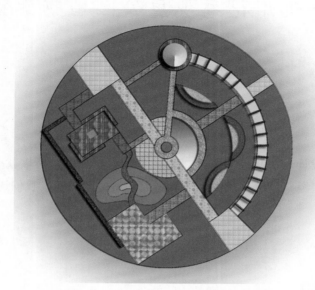

图 7-48　需要完成种植设计的园林绿地

三、方法步骤

1. 仔细研究给定方案的环境特点，对给定环境进行分析。

2. 对给定环境进行种植设计，完成种植设计的总体平面图、效果图，以及建筑周围、水体、园路和微地形的局部种植效果图。

3. 附有设计说明和植物名录表。

项目八 园林植物配置与造景案例分析

——杭州花港观鱼公园植物配置与造景

 【内容提要】

园林植物景观设计是一种艺术创作，因此可以百花齐放，所以就有了丰富多彩的园林景观。但是一些经典的设计案例始终成为人们学习的榜样，我们通过学习与传承，才能升华与提高。

 【知识点】

花港观鱼公园名字的含义。

花港观鱼公园主调树种和基调树种选择与安排。

花港观鱼公园各景区特色。

牡丹亭植物造景特色。

红鱼池水系植物群落造景特色。

【技能点】

能够结合花港观鱼公园植物造景特色与方法，完成园林植物景观的风格与特色设计。

杭州花港观鱼公园位于杭州西湖西南角，三面临水，一面倚山：东连苏堤，西接环湖西路，是一个介于小南湖和西里湖之间的一个半岛，为西湖十景之一。公园因原址有历史景点"花港观鱼"而得名，现已成为总面积超过 $30hm^2$，年游客量达300余万人次的一座著名的文化休闲公园，如图8-1所示。

一、公园景观特色

"花""港""鱼"即是它景观特色的总结。其中，"花"的含义：一为该园之水自花家山流淌而来；二为原址有卢园，以奇花异草而享盛名；三为新建的公园以花卉为主景。"港"是一条流通西里湖和小南湖的河道，位于公园西南部，流经大草坪、小陈庄、丛林和疏林草地，最终注入小南湖。"鱼"是园内最有活力的因素了，早在南宋时期的卢园内就已经是"水洌而深，异鱼种集"了。造园者通过对"花""港""鱼"

三种造园元素进行文化性、科学性和艺术性的有机融合，创造了一个特色鲜明，景观丰富，游览性强，既传统又现代的城市公园的优秀典范，具有宝贵的学习与借鉴意义。

图 8-1　花港观鱼鸟瞰图

二、植物与景观空间设计特点

花港观鱼公园植物造景多运用乡土树种，合理搭配，形成丰富的植物景观和生态群落。现有观赏植物约 200 种，除牡丹以外，以海棠和樱花为主调，以广玉兰为基调树种。全园落叶树和常绿树约各占 1/2；乔木约占 1/3，灌木约占 2/3。全园树木覆盖面积达 80%，给游人游览其中提供了一个很好的荫蔽空间。在植物配置上充分结合原有地形和植被，发挥植物造景的科学性、艺术性和文化性特点，形成别具特色的园林景观，为现代公园的植物设计带来了思想上的启迪和经验的借鉴。

花港观鱼公园的种植设计紧扣主题，充分利用原有地形的特点，合理布局，形成以牡丹和红鱼为主题的总体布局方案。公园综合了风景林、树群、树丛、孤植树、草地等种植形式，汇聚了陆地、湿地和水生等多种植物群落，把全园分成鱼池古迹、大草坪、红鱼池、牡丹园、密林地、花港等 6 个景区，各具鲜明的主题和特色，如图 8-2 所示。

花港观鱼公园主要用植物和地形来分隔和组织空间。在种植设计上，用不同疏密、高低、厚薄、形状和尺度的种植构成一系列既有联系又相互独立的空间，形成了公园的主体或骨架。在地形利用上，形成了从西南向东北倾斜的格局。为了丰富空间类型及为游人提供多种游憩场所，花港观鱼公园特别设置了林中空间、林下空间、密林空间和疏林草地等多种空间形式。在公园靠近西山路的一侧设置了郁蔽丛林，使公园变得更为宁静。在公园的北部设置大草坪，空间开朗。全园密林、疏林、稀树草地和草坪构成了疏密有致、高低错落的植物景观空间。

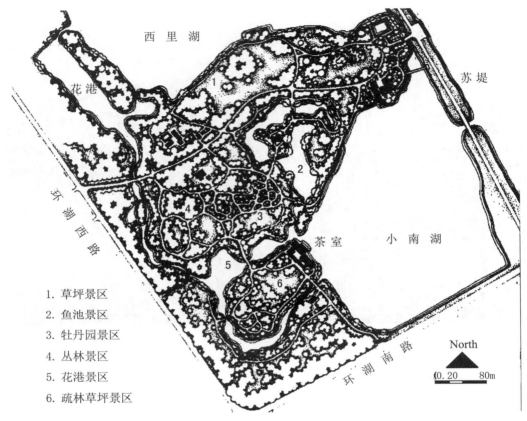

1. 草坪景区
2. 鱼池景区
3. 牡丹园景区
4. 丛林景区
5. 花港景区
6. 疏林草坪景区

图 8-2　花港观鱼公园平面分区图

三、典型植物群落造景分析

花港观鱼公园的植物配置艺术性较高，对园林植物的体形、层次、色彩的对比组合作了细致的处理，公园各园区都有良好的主题和主景，每个园林空间的植物景色也都各具特色。现以牡丹园、大草坪、水系等植物群落为例进行分析。

（一）牡丹园

牡丹园是公园主景之一，也是全园种植构图的中心，面积 1.1hm²，其中栽植牡丹的假山区面积约为 0.7hm²。牡丹园的种植结合土山地形，园路随地形起伏，将园区划分为多个小群落景观（图 8-3）。牡丹亭的园路和花台利用天然的湖石，并用沿阶草作为边缘的镶嵌，自然而富有韵味（图 8-4）。牡丹亭处于最高点，小路隐于其间，远望不见路，保持了牡丹园完整的构图。游人徜徉其中，既可以俯视牡丹的雍容华贵，又犹如置身于一幅立体的国画之中（图 8-5）。

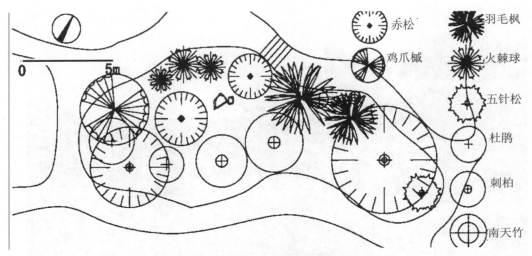

图 8-3　牡丹园小群落植物配置平面图

赤松
鸡爪槭
羽毛枫
火棘球
五针松
杜鹃
刺柏
南天竹

图 8-4　牡丹园小路旁植物配置

　　牡丹园的种植，充分运用了生态学原则。在选址的时候，充分考虑到牡丹要求排水较好，地下水位较低。于是结合原有现状环境，在土山上栽植牡丹。牡丹喜半阴，夏季怕晒，因此在植物配置的时候，西侧种植了麻栋、合欢、香樟、白玉兰、木荷等高大乔木，避免了夏日强烈的太阳西晒。园内又稀疏地种植了白皮松、鸡爪槭等疏枝树种，部分遮挡了直射强光。

图 8-5　牡丹园的东南部最佳观赏面

　　牡丹园主题突出，但不单一，在植物的配置上为组合式的植物群落景观。全园树种达 80 余种，以牡丹为主调，槭树为配调，针叶树为基调，在春季四、五月份形成一片雍容华贵的花的海洋。牡丹园的西北部种植了玉兰、石楠、白皮松等大乔木作为背景，正立面没有运用高大的乔木，结合自然山石，主要栽植的小乔木有鸡爪槭、羽毛枫、白皮松、梅等；修剪的造型树种有枸骨球、黄杨球、蜀桧球、刺柏球等；花灌木有牡丹、杜鹃、芍药、迎春、南天竹等；地被植物有沿阶草、中华常春藤等。大部分树木经过修剪，其冠形、株高、姿态与山石相呼应，营造出了自然的生态植物群落，如图 8-6 所示。

图 8-6　牡丹园植物群落平面图

　　牡丹园为土石山，高度为5m左右，是自然山体缩景的应用。因此，植物的选择以开阔舒张的树形、耐修剪的松柏类植物为主，没有高耸尖塔形的树形和大的乔木。这在形状和尺度上都与整个牡丹园相协调，与整体环境相统一。在植物配置时为了突出景观的古朴、优雅，主要材料的选择注重姿态和风骨，如羽毛枫、鸡爪槭树形优美飘逸，松柏类植物凸显古拙，这与整个牡丹园的构图和国画的意境相协调，与周围点缀的山石也相呼应。牡丹园的开花灌木以品种丰富的牡丹为主，但为了延长牡丹园的观花期，丰富花卉色彩，除了牡丹外，还栽植了芍药、杜鹃等。在此基础上，牡丹园还栽植了很多色叶树种，如鸡爪槭、羽毛枫等，加上一年四季都可观赏的松柏类植物，整个景观季相丰富，变化中有统一，如图8-7所示。

图8-7　牡丹园植物群落景观（摘自苏雪痕《植物景观规划设计》）

（二）大草坪

　　花港观鱼公园大草坪面积约1.8hm²，以疏林草地的雪松大草坪为特色，营造了多样活动空间。草坪周边多栽植大片雪松纯林，以简洁的气势，与东面的鱼池景区在空间上形成开阔与闭塞的对比。以高大挺拔的雪松作为主要植物材料，在草坪上采用四角种植的方式，既明确限定了空间，同时又留出中央充分的观景空间和活动空间，形成围合、半围合的空间形态。留出的东西向的透景线，既拉伸了景观纵向空间感，延长景深，又让游人在行进中感受到视野从闭合到开阔的变化，由西往东骤然看到开阔的湖面，豁然开朗。

　　花港观鱼公园大草坪西南边缘配置了雪松与樱花的植物群落，雪松深绿色的色彩为樱花提供了极佳的背景，凸显樱花的春季景观，色彩单纯，对比强烈，如图8-8所示。

　　大草坪东北部藏山阁景点。藏山阁是一座小型古典园林建筑，结合假山石，小巧精致，与周边植物群落组成一处阁楼佳景。以左边高大的广玉兰及背后茂密的竹丛作背景，右边配合柞木，将建筑合抱在其间，使建筑若隐若现，有藏有露。建筑一层用山石，感觉藏山阁位于山林之巅，清幽雅静。景点灌木选用了杜鹃、绣线菊、南迎春、贴梗海棠，营造出春花烂漫的景致。秋季可观枸骨、无刺枸骨的红色果实，鲜艳可爱。整个群落层次分明，色彩丰富，观花、观叶、观果兼具，植物与建筑相结合，形成该草坪空间的一个焦点，如图 8-9 所示。

图 8-8　大草坪上雪松与樱花群落景观

图 8-9　藏山阁景点

（三）水系植物群落

　　红鱼池位于公园中部南侧，四周用土丘和常绿密林围绕，组成封闭空间，为静赏红鱼提供了良好的环境。在水边主要种植大量的开花乔木，如海棠、樱花、玉兰、梅花、紫薇、碧桃、山茶、紫藤等装点水面，并和水池相互掩映，形成一种若隐若现的视觉效果。临池水边混交栽植了色彩绚丽的花木和水生、湿生花卉，花落时，落英缤纷，体现了"花着鱼身鱼嗽花"的景色。大乔木选用了香樟、广玉兰、大叶榉等树冠开展的树种，起到提供庇荫和降低气温的作用。北为广玉兰密植，将红鱼池的空间与其他区域隔开，中部小岛以柳、枫、松、紫薇、枸骨、樱花等树种根据树形与水石搭配栽植，并辅之美人蕉、菖蒲等，高低错落，丰富有致。东部的密植香樟成林，将红鱼池与里西湖作了自然隔离。

在季相上，红鱼池植物分布以春季景观为主，与西湖的整体格调——桃红柳绿是一致的。水岸两侧落叶树种的配置也很合理，冬季利于采光，夏季遮阴，为这个水系里水生动植物的生长提供合适的外部空间条件，如图8-10、图8-11所示。

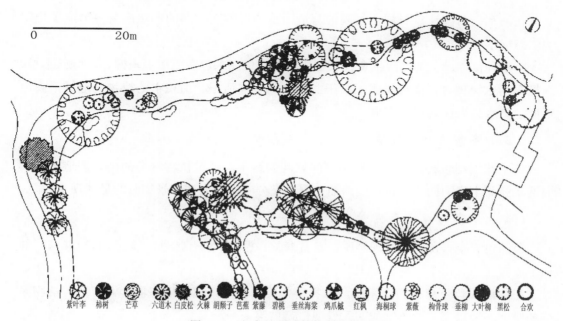

0   20m

紫叶李　柿树　芒草　六道木　白皮松　火棘　胡颓子　芭蕉　紫藤　碧桃　垂丝海棠　鸡爪槭　红枫　海桐球　紫薇　枸骨球　垂柳　大叶柳　黑松　合欢

图8-10　红鱼池景区植物群落平面图

图8-11　红鱼池景区局部水岸植物景观

四、植物景观特色

（一）突出主题

花港观鱼公园的植物种植充分体现出了植物造景的主题性，如牡丹园的设计体现牡丹的特色。全园大量栽植花灌木和草本花卉，水边、路旁随处可见，突出了公园"花"的主题。

（二）自然的生态群落

花港观鱼公园注重对群落景观的营造，植物群落在长期的自然演变中形成了稳定的生态群落。

植物种植遵循了植物的生态性原则。花港观鱼在水边多应用了垂柳、大叶柳、水杉、枫杨等耐水湿树种，而对于雪松、玉兰、含笑等肉质根、怕积水的植物则通过抬高地形或远离水边来使其利于排水。

（三）丰富的空间环境

整个花港观鱼公园注重对植物空间景观的运用，通过植物群落的围合创造出很长的透景线和丰富的曲线变化。园路的布置也充分考虑到人观赏景物时的最佳观赏视距。

（四）丰富的四季景观

公园色彩丰富，四季景观鲜明，春有海棠、樱花；夏有牡丹、睡莲；秋有桂花、红枫；冬有腊梅、山茶、梅花、玉兰。

在花港观鱼公园植物造景中，植物个体美的运用，植物生态群落的营造，植物多变的空间环境以及营造丰富的四季景观值得借鉴。

思考与练习

1. 花港观鱼名字有什么含义？
2. 花港观鱼公园主调树种和基调树种分别是什么？
3. 花港观鱼公园有哪几个景区？各有什么特色？
4. 为了突出和衬托牡丹亭，植物造景都做了哪些安排？
5. 红鱼池水系植物群落组成有什么特色？
6. 花港观鱼公园植物景观有哪些特色？

《园林植物配置与造景》习题

一、单项选择题

1.（　　　）植物与垂直向上类植物配置在一起，具有较强的对比效果。

A. 水平展开类　　　　B. 垂枝类　　　　C. 无方向类　　　　D. 其他类

2. 可以用（　　　）类植物建夜游园。

A. 灌木　　　　B. 乔木　　　　C. 芳香　　　　D. 色叶

3. 可以用（　　　）类植物掩盖不雅环境的难闻气味。

A. 灌木　　　　B. 藤本　　　　C. 地被　　　　D. 芳香

4. 用作背景的植物一般要求（　　　）。

A. 孤植　　　　B. 密植　　　　C. 疏植　　　　D. 丛植

5. 给浅色雕塑作背景通常选用（　　　）效果较好。

A. 彩叶树　　　　B. 深色常绿树　　　　C. 常色叶类树　　　　D. 芳香类植物

6. 下面哪种配置形式适合给喷泉作背景（　　　）？

A. 密植的雪松　　　　　　　　　　B. 疏植的樱花林

C. 三株丛植的悬铃木　　　　　　　　D. 孤植的银杏

7. 为了突出前面端部景观通常采用（　　　）手法。

A. 夹景　　　　B. 框景　　　　C. 漏景　　　　D. 障景

8. "山重水复疑无路，柳暗花明又一村"是（　　　）的效果。

A. 框景　　　　B. 障景　　　　C. 漏景　　　　D. 夹景

9. 为使对面的景物若隐若现，通常采用（　　　）手法。

A. 漏景　　　　B. 障景　　　　C. 框景　　　　D. 夹景

10. "俗则屏之"是（　　　）的目的。

A. 障景　　　　B. 框景　　　　C. 夹景　　　　D. 漏景

11. 人的视线在上方和四周受到屏蔽的空间，称为（　　　）空间。

A. 封闭　　　　B. 覆盖　　　　C. 纵深　　　　D. 垂直

12. 林荫道属于（　　　）空间。

A. 封闭　　　　B. 覆盖　　　　C. 纵深　　　　D. 垂直

13. 花架属于（　　）空间。

A. 封闭　　　　　　　B. 覆盖　　　　　　C. 纵深　　　　　　D. 垂直

14. （　　）空间相对幽暗，无方向性、私密性与隔离感强。

A. 封闭　　　　　　　B. 覆盖　　　　　　C. 纵深　　　　　　D. 垂直

15. （　　）具有强烈的方向性和统一感。

A. 孤植　　　　　　　B. 对植　　　　　　C. 列植　　　　　　D. 丛植

16. （　　）是典型的列植景观。

A. 分车绿带　　　　　B. 路侧绿带　　　　C. 行道树　　　　　D. 交通岛绿地

17. 两株丛植一般要求两株树间距要（　　）较大树冠直径。

A. 小于　　　　　　　B. 大于　　　　　　C. 等于　　　　　　D. 大于等于

18. 自然界中的各种线型具有不同的视觉印象和审美特征。如长条横直线代表（　　），常常给人以平衡的感觉。

A. 广阔、宁静　　　　　　　　　　B. 挺拔、崇高

C. 延续、跳动　　　　　　　　　　D. 柔和、流畅

19. 以下通常用作花丛花坛植物是（　　）。

A. 刺柏、矮牵牛、金山绣线菊　　　B. 矮牵牛、万寿菊、彩叶草

C. 彩叶草、紫叶小檗、地被菊　　　D. 芍药、仙客来、非洲凤仙

20. 以下属于一、二年生草花的是（　　）。

A. 矮牵牛、金叶女贞、紫叶风箱果　B. 万寿菊、孔雀草、藿香蓟

C. 金鱼草、蜀葵、一串红　　　　　D. 银叶菊、金娃娃萱草、鸢尾

21. 以下属于宿根花卉的是（　　）。

A. 矮牵牛、一串红、宿根福禄考　　B. 一串红、万寿菊、地被石竹

C. 紫罗兰、芍药、天竺葵　　　　　D. 美人蕉、玉簪、宿根福禄考

22. 按照观赏面来分，花境可以分为（　　）。

A. 单面观花境、双面观花境和四面观花境

B. 单面观花境、双面观花境和三面观花境

C. 平面观花境、立面观花境

D. 双面花境、三面花境和四面花境

23. 按照植物材料来分，花境可分为（　　）。

A. 草花花境、灌木花境、乔木花境

B. 一、二年生草花花境、宿根花卉花境、球根花卉花境

C. 地被花茎、藤本花境、灌木花境

D. 草本花境、混合花境、专类花境

24. 路缘花境大多呈（　　）。

A. 条带状　　　　　　B. 方块状　　　　　C. 零星散布状　　　D. 不规则状

25. 花境最常用的植物材料是（   ）。

A. 小灌木   B. 整形乔木   C. 观赏草   D. 宿根花卉

26. 下面为一单面花境局部从前到后的布置，你认为比较科学的是（   ）。

A. 地被石竹（粉色）、蜀葵（白色）、荷兰菊（紫色）

B. 银叶菊、宿根福禄考（粉红色）、鸢尾（蓝紫色）

C. 金娃娃萱草、荷兰菊（白色）、芍药（粉色）

D. 月季（红色）、鸢尾（黄色）、地被石竹（粉色）

27. 花境在园林中主要起（   ）。

A. 装饰作用   B. 作背景   C. 分隔空间   D. 加强地势起伏

28. 下面适合作地被的植物是（   ）。

A. 丁香   B. 金山绣线菊   C. 珍珠梅   D. 悬铃木

29. 下面适合作林下耐阴地被植物的是（   ）。

A. 玉簪   B. 金娃娃萱草   C. 水蜡   D. 紫叶小檗

30. 单面观花境在立面布局上应该（   ）。

A. 前高后低   B. 前低后高   C. 没有高度要求   D. 前后一样高

31. 用地被装饰假山，一般要求（   ）。

A. 覆盖面大   B. 品种统一   C. 必须是藤本   D. 风格自然

32. 许多藤本植物都是很好的地被材料，比如（   ）。

A. 金叶女贞   B. 爬山虎   C. 连翘   D. 五角枫

33. 藤本植物按照攀缘特性可以分为（   ）。

A. 缠绕类、卷须类、吸附类、蔓生类   B. 缠绕类、常绿类、开花类、蔓生类
C. 卷须类、水生类、旱生类、吸附类   D. 观花类、观果类、观干类、观叶类

34. 藤本月季属于（   ）藤本植物。

A. 缠绕类   B. 蔓生类   C. 吸附类   D. 卷须类

35. 建筑墙体美化一般采用（   ）类藤本植物。

A. 卷须类和吸附类   B. 吸附类和缠绕类
C. 吸附类和蔓生类   D. 缠绕类和蔓生类

36. 荷花属于（   ）。

A. 挺水植物   B. 浮叶植物   C. 浮水植物   D. 沉水植物

37. 睡莲属于（   ）。

A. 挺水植物   B. 浮叶植物   C. 浮水植物   D. 沉水植物

38. 水岸边一般多选用（   ）。

A. 挺水植物   B. 球根花卉   C. 浅水植物   D. 浮水植物

39. 在自然植物群落中，上层乔木要选择（   ）。

A. 阴性树种   B. 阳性树种   C. 耐干旱树种   D. 耐水湿树种

40. 水岸边一般采用垂柳与（　　）进行搭配，形成很好的对比效果。

A. 椰子树　　　　　　B. 芦苇　　　　　　C. 桃　　　　　　D. 菖蒲

41. 大水面岸上的植物配置一般可采用（　　）。

A. 花灌木　　　　　　B. 时令花卉　　　　C. 大乔木　　　　　D. 藤本植物

42. 小水面岸边植物配置宜采用（　　）。

A. 高大乔木　　　　　B. 体型较小植物　　C. 藤本植物　　　　D. 大片花卉

43. 行道树株距最小距离不得小于（　　）。

A. 4m　　　　　　　　B. 6m　　　　　　　C. 8m　　　　　　　D. 10m

44. 行道树的定干高度，一般树干分枝角度小的，干高不小于（　　）。

A. 2m　　　　　　　　B. 2.5m　　　　　　C. 3m　　　　　　　D. 3.5m

45. 在道路交叉口视距三角形范围内，行道树应采用（　　）配置。

A. 遮蔽式　　　　　　B. 遮阴式　　　　　C. 通透式　　　　　D. 覆盖式

46. 分车绿带应阻挡相向车辆的眩光，因此高度应在（　　）。

A. 低于 0.6m　　　　B. 0.6～1m 之间　　C. 1～1.5m 之间　　D. 高于 1.5m

47. 被断开的分车绿带，其端部应种植（　　）。

A. 高大乔木　　　　　　　　　　　　B. 乔、灌、花结合种植

C. 高大花灌木　　　　　　　　　　　D. 草坪或低矮花灌木

48. 多样而稳定的（　　）为建立稳定的生物链打下了基础，从而形成丰富而稳定的生物多样系统。

A. 植物群落系统　　B. 动物群落系统　　C. 微生物群落系统　　D. 水资源

49. 调节空气温度是因为植物的（　　）。

A. 光合作用　　　　　B. 蒸腾作用　　　　C. 吸收作用　　　　D. 芳香作用

50. 北方城市如果用（　　）种植防风林，可以大大地减低冬季寒风和风沙对市区的危害。

A. 垂直风向的落叶林带　　　　　　　B. 平行风向的常绿林带

C. 垂直风向的常绿林带　　　　　　　D. 平行风向的落叶林带

51. （　　）能使花色更加鲜艳、秋色叶树种叶色更加鲜艳。

A. 可见光　　　　　　B. 紫外光　　　　　C. 红外光　　　　　D. 任何光线

52. 线是构成景物外观的基本元素，自然界中的各种线型具有不同的视觉印象和审美特征。如（　　）代表着柔和、流畅、细腻和活泼。

A. 长条横直线　　　　B. 竖直线　　　　　C. 斜线　　　　　　D. 曲线

53. （　　）在人们心理上产生理性的严谨、条理性和稳定感，在园林构图上能产生井然有序的效果。

A. 相似调和　　　　　B. 非对称均衡　　　C. 对称均衡　　　　D. 近似调和

54. 连续排列的花坛在外形上相同，但花坛内种的花草种类、布置又各不相同，

从而形成（　　）。

 A. 连续韵律　　　　B. 交替韵律　　　　C. 自由韵律　　　　D. 拟态韵律

55. 作夹景的植物要求高度（　　）。

 A. 高于人的视线　　　　　　　　　B. 低于人的视线

 C. 平于人的视线　　　　　　　　　D. 随意

56. （　　）是人体尺度最佳观赏点的群体植物，且很多都具有优美的树形和秀丽的花朵，观赏特性较强，常常作为重点点缀使用。

 A. 乔木　　　　　B. 灌木　　　　　C. 地被　　　　　D. 花卉

57. 孤植树必须有较为开阔的空间环境，游人可以从多个位置和角度去观赏，一般需要有（　　）倍的树高度的观赏视距。

 A. 1　　　　　B. 2　　　　　C. 3　　　　　D. 4

58. 座椅附近的前方要（　　）。

 A. 随意布置　　　　B. 有景可观　　　　C. 有所遮挡　　　　D. 有庭阴树

59. 花境的平面设计主要以（　　）状为主。

 A. 长条　　　　　B. 方块　　　　　C. 团块　　　　　D. 线形

60. 附壁式造景在植物材料选择上，应选用（　　）类的攀缘植物。

 A. 蔓生类　　　　B. 缠绕类　　　　C. 卷须类　　　　D. 吸附类

二、多项选择题

1. 园林植物景观的生态作用表现在（　　）等方面。

 A. 净化空气　　　　B. 调节温、湿度　　　C. 净化水体　　　　D. 防风减噪

2. 以下属于阴性的植物有（　　）。

 A. 木棉　　　　　B. 肾蕨　　　　　C. 常春藤　　　　　D. 银杏

3. 以下属于纯式花相的植物有（　　）。

 A. 榆叶梅　　　　B. 丁香　　　　　C. 连翘　　　　　D. 牡丹

4. 以下属于阳性的植物有（　　）。

 A. 木棉　　　　　B. 肾蕨　　　　　C. 常春藤　　　　　D. 银杏

5. 园路路口及转弯处的植物配置，要有（　　）的功能。

 A. 对景　　　　　B. 点景　　　　　C. 漏景　　　　　D. 框景

6. 下面树种中属于常色叶类的有（　　）。

 A. 红王子锦带　　　B. 金叶复叶槭　　　C. 金山绣线菊　　　D. 黄栌

7. 下面树种中属于秋色叶类的有（　　）。

 A. 红王子锦带　　　B. 金叶复叶槭　　　C. 银杏　　　　　D. 黄栌

8. 紫叶小檗作篱植属于（　　）。

 A. 常绿篱　　　　B. 落叶篱　　　　C. 刺篱　　　　　D. 蔓生篱

9. 以下常用于布置盛花花坛的花卉是（　　　　）。

A. 矮牵牛　　　　　　B. 仙客来　　　　　　C. 玉簪　　　　　　D. 三色堇

10. 下面常用作地被的植物有（　　　　）。

A. 福禄考　　　　　　B. 玉簪　　　　　　C. 丁香　　　　　　D. 珍珠绣线菊

11. 疏林林下可以（　　　　），从而形成优美的林地景观。

A. 种植草地　　　　　B. 种植花卉　　　　　C. 硬质铺装　　　　D. 设置水体

12. 下面属于芳香植物有（　　　　）。

A. 丁香　　　　　　B. 榆叶梅　　　　　　C. 珍珠梅　　　　　D. 刺槐

13. 运用园林植物可以给（　　　　）等作背景。

A. 雕塑　　　　　　B. 河流　　　　　　C. 喷泉　　　　　　D. 广场

14. 障景的目的是（　　　　）。

A. 障丑显美　　　　　B. 欲扬先抑　　　　　C. 突出前景　　　　D. 若隐若现

15. 植物作漏景通常运用植物的（　　　　）。

A. 干　　　　　　　B. 枝　　　　　　　C. 叶　　　　　　　D. 果

16. 联系景物的植物通常采用（　　　　）。

A. 孤植树　　　　　　B. 片植地被　　　　　C. 独立花坛　　　　D. 列植的树木

17. 开敞空间一般以（　　　　）为主。

A. 低矮灌木　　　　　B. 地被　　　　　　C. 乔木　　　　　　D. 乔、灌混植

18. 垂直空间能给人强烈的（　　　　）。

A. 隔离感　　　　　　B. 归宿感　　　　　　C. 方向感　　　　　D. 变换感

19. （　　　　）都可形成纵深空间。

A. 树冠紧凑的树列　　　　　　　　　　B. 修剪整齐的高篱

C. 树冠开展的高大乔木　　　　　　　　D. 疏林草地

20. 孤植的大乔木可以种植在（　　　　）。

A. 开阔的草坪上　　　B. 丛林中　　　　　　C. 湖畔　　　　　　D. 建筑窗前

21. 以下适合作孤植树的是（　　　　）。

A. 银杏　　　　　　B. 白玉兰　　　　　　C. 火炬树　　　　　D. 金山绣线菊

22. 三株树配置在平面上忌成（　　　　）。

A. 一条直线　　　　　　　　　　　　B. 等边三角形

C. 不等边三角形和不等腰三角形　　　　D. 等腰三角形

23. 四株配合可以形成（　　　　）组合

A. 3 : 1　　　　　B. 2 : 1 : 1　　　　C. 2 : 2　　　　　D. 1 : 1 : 1 : 1

24. 四株丛植忌成（　　　　）。

A. 一条直线　　　　　　　　　　　　B. 不等边四边形

C. 平行四边形　　　　　　　　　　　D. 不等边三角形

25. 五株丛植树种（　　）。

A. 越多越好 　　　　　　　　　　　　B. 不能超过三种

C. 可以是一种 　　　　　　　　　　　D. 绝对不能是一种

26. 混合花坛主要是指（　　）组合，一般用于大型广场中央、大型公共建筑前以及大型规则式园林的中央等。

A. 花丛花坛与模纹花坛 　　　　　　　B. 平面花坛与立体造型花坛

C. 花坛与水景 　　　　　　　　　　　D. 花坛与雕塑

27. 适合作屋顶花园植物栽培基质的是（　　）。

A. 自然土壤 　　　　B. 蛭石 　　　　C. 珍珠岩 　　　　D. 泥炭

28. 作花丛花坛的植物材料要求（　　）。

A. 生长缓慢 　　　　B. 萌蘖性强 　　　C. 高矮一致 　　　D. 着花繁茂

29. 以下通常用作花丛花坛植物是（　　）。

A. 紫叶小檗 　　　　B. 鸡冠花 　　　　C. 矮牵牛 　　　　D. 水蜡

30. 用作模纹花坛的植物材料要求（　　）。

A. 株丛紧密 　　　　B. 开花鲜艳 　　　C. 植株高大 　　　D. 萌蘖性强

31. 以下通常用作模纹花坛的植物是（　　）。

A. 紫叶小檗 　　　　B. 金叶女贞 　　　C. 仙客来 　　　　D. 郁金香

32. 下面为一单面花境局部从前到后的布置，比较科学的是（　　）。

A. 地被石竹（粉色）、荷兰菊（紫色）、蜀葵（白色）

B. 银叶菊、宿根福禄考（粉红色）、鸢尾（蓝紫色）

C. 金娃娃萱草、荷兰菊（紫色）、芍药（粉色）

D. 月季（红色）、鸢尾（黄色）、地被石竹（粉色）

33. 地被植物的选择标准是（　　）。

A. 植株低矮 　　　　B. 植株高大 　　　C. 适应性强 　　　D. 必须是藤本

34. 在景观上，地被能够（　　）。

A. 划分园林空间 　　B. 丰富园林色彩 　　C. 联系园林空间 　　D. 作漏景

35. 在园林造景方面，地被的应用形式主要有（　　）。

A. 作林下耐阴地被 　　　　　　　　　B. 作局部点缀

C. 作棚架式造景 　　　　　　　　　　D. 作大面积开敞景观

36. 许多藤本植物都是很好的地被材料，比如（　　）。

A. 金叶女贞 　　　　B. 爬山虎 　　　　C. 葛藤 　　　　　D. 五角枫

37. 吸附类藤本植物适合作（　　）。

A. 棚架式造景 　　　B. 附壁式造景 　　C. 篱垣式造景 　　D. 立柱式造景

38. 以下适合在建筑窗前 3 米以内种植的植物是（　　）。

A. 樱花 　　　　　　B. 丁香 　　　　　C. 火炬树 　　　　D. 红玫瑰

39. 下面哪组植物适合在建筑窗前布置（　　　）。

A. 樱花、火炬树、丁香、爬山虎　　　　　B. 丁香、月见草、红玫瑰、蔷薇

C. 皂角、五角枫、连翘、接骨木　　　　　D. 水蜡球、珍珠梅、棣棠、榆叶梅

40. 建筑墙基前植物配置主要起到（　　　）作用。

A. 美化建筑　　　　B. 美化墙体　　　　C. 保护墙基　　　　D. 保护墙体

41. 下面哪种植物适合栽在红色细质地的墙基前（　　　）。

A. 金叶女贞　　　　B. 紫叶小檗　　　　C. 小叶黄杨　　　　D. 紫叶风箱果

42. 墙角植物造景主要是为了（　　　）。

A. 软化墙角　　　　B. 美化建筑　　　　C. 遮挡建筑　　　　D. 保护建筑

43. 路口处一般可安排（　　　），起到导游和标志作用。

A. 铺装　　　　B. 草坪　　　　C. 置石　　　　D. 花丛

44. 下面适合于水岸边种植的植物有（　　　）。

A. 荷花　　　　B. 菖蒲　　　　C. 悬铃木　　　　D. 垂柳

45. 为了缓和石岸的生硬，可以种植（　　　）。

A. 乔木　　　　B. 灌木　　　　C. 藤本植物　　　　D. 水生植物

46. 堤具有（　　　）功能。

A. 划分水面　　　　　　　　　　B. 遮挡水面

C. 作为通道　　　　　　　　　　D. 游人远距离观赏岸上景观

47. 为了形成较好的远视效果，山顶可大面积种植（　　　）。

A. 常绿树　　　　B. 花木　　　　C. 色叶树　　　　D. 藤本植物

48. 城市道路绿化的主要功能（　　　）。

A. 美化城市　　　　B. 庇荫　　　　C. 滤尘　　　　D. 减弱噪声

49. 行道树种植方式有（　　　）。

A. 孤植　　　　B. 丛植　　　　C. 树池式　　　　D. 树带式

50. 行道树一般要求（　　　）。

A. 抗性强　　　　B. 树干端直　　　　C. 深根性　　　　D. 萌蘖能力强

51. 以下适合做行道树的是（　　　）。

A. 火炬树　　　　B. 悬铃木　　　　C. 银杏　　　　D. 珍珠梅

52. 分车绿带的主要功能是（　　　）。

A. 吸引司机　　　　B. 分隔车流　　　　C. 美化城市　　　　D. 增加生态功能

53. 交通岛包括（　　　）。

A. 中心岛　　　　B. 导向岛　　　　C. 立体交叉　　　　D. 城市主干道

54. 屋顶花园在建造时要考虑（　　　）问题。

A. 荷载　　　　B. 防渗漏　　　　C. 栽培基质　　　　D. 承重

55. 植物造景应侧重表现植物的（　　　），并反映一定的社会、文化、生态等综合价值。

A. 生态功能　　　　B. 美学特性　　　　C. 空间特性　　　　D. 文化寓意

56. 密林下面一般选择耐阴效果好、生长适应强的品种即可，如（　　）等，如有需要，可在树林边缘加以修饰。

　　A. 金娃娃萱草　　　　B. 常春藤　　　　　C. 蕨类植物　　　　　D. 麦冬

57. 植物净化空气（改善空气质量）功能主要体现在（　　）。

　　A. 吸碳放氧　　　　　B. 吸收有毒气体　　C. 吸尘作用　　　　　D. 杀菌作用

58. 下面适宜作孤植树的树种是（　　）。

　　A. 悬铃木　　　　　　B. 白皮松　　　　　C. 火炬树　　　　　　D. 连翘

59. 下列哪种植物适合做花境前面边缘的装饰（　　）。

　　A. 牡丹　　　　　　　B. 酢浆草　　　　　C. 地被石竹　　　　　D. 紫叶小檗

60. 花箱与花钵可以（　　）。

　　A. 点缀风景　　　　　B. 用作隔景　　　　C. 用作障景　　　　　D. 用作漏景

61. 为了装饰驳岸和增加生态效益，驳岸上可以配置一些（　　）。

　　A. 乔木　　　　　　　B. 藤本植物　　　　C. 小灌木　　　　　　D. 球根花卉

62. 纪念性园林建筑要庄重、稳固，植物配置宜庄严肃穆，常用（　　）等进行配置，多以规则式为主。

　　A. 松　　　　　　　　B. 杉　　　　　　　C. 柏　　　　　　　　D. 梅

63. 雕塑、景墙周围的植物配置应注意同其本身的色彩、形体上对比强烈一些，以突出主体。基础周围可以用（　　）作装饰，后方可以用高大树木作背景。

　　A. 乔木　　　　　　　B. 灌木　　　　　　C. 鲜花　　　　　　　D. 模纹

64. 下列（　　）组植物比较适合作地被。

　　A. 地被石竹、合欢、芍药　　　　　　　B. 紫叶小檗、金叶女贞、金山绣线菊

　　C. 连翘、水蜡、五角枫　　　　　　　　D. 常春藤、爬山虎、地被菊

65. 自然式园路植物配置应以自然式风格为主，配置形式要富于变化，一般在园路转弯处要（　　）。

　　A. 开敞　　　　　　　　　　　　　　　B. 进行遮挡

　　C. 无须特意布置　　　　　　　　　　　D. 布置树丛

三、判断题

1. 一般情况下，光线越强植物的花色和叶色越鲜艳。　　　　　　　　　　（　　）

2. 如果一组植物组合在一起，当长度大于高度时，植物个体垂直方向消失，这种群体属水平展开类。　　　　　　　　　　　　　　　　　　　　　　　　（　　）

3. 垂枝类植物多用于水边，下垂的枝条把人的视线引向水面。　　　　　　（　　）

4. 无方向类树木具有柔和、平静的特征，可以调和其他外形较强的形体。　（　　）

5. 不同树形给人的重量感不同，一般规则形状的相对于不规则形状重量感要强一些。

　　　　　　　　　　　　　　　　　　　　　　　　　　　　　　　　　（　　）

6. 在一个环境中，多种树形配合在一起，能形成丰富景观，所以树形越多越好。 （　　）

7. 细质型植物多在景观中作焦点。 （　　）

8. 乔木多在园林中作骨架和主体。 （　　）

9. 大多数灌木相对乔木具有优美的树形和艳丽的花朵，观赏性较强，因此多在园林中作主体。 （　　）

10. 一般情况下，树木种植时应根据成年树木的树冠大小来确定种植距离。（　　）

11. 植物具有净化空气的作用；反过来，空气污染对植物也有一定的伤害作用。 （　　）

12. 自然界中的各种线型具有不同的视觉印象和审美特征，如长条横直线代表广阔宁静，常常给人以平衡的感觉；而竖直线则给人以上升、挺拔、崇高之感。 （　　）

13. 刺篱和高篱可以作为绿地的边界，起到一定的界定作用和防护功能。 （　　）

14. 园林中用作背景的绿篱多以常绿为主。 （　　）

15. 花境中常用的植物材料包括露地宿根花卉，球根花卉，一、二年生花卉，观赏草及灌木等。 （　　）

16. 单纯树群是由一个树种组成，但是为了丰富其景观效果，树下可用耐阴花卉作地被。 （　　）

17. 灌木是设计和造景中的基础和主体，形成景观框架。 （　　）

18. 孤植树多植于视线的焦点处或宽阔的草坪上、水岸旁。 （　　）

19. 杭州白堤上间株垂柳间株桃主要体现植物色彩的对比。 （　　）

20. 一座城市在树种规划时，分基调树种、骨干树种和一般树种，而基调树种种类少，但数量大。 （　　）

21. 园林植物作主景一般采用单株孤植或群植的形式。 （　　）

22. 作夹景的树木需要高于人的视线。 （　　）

23. 夹景的目的是突出前面端部景观。 （　　）

24. 夹景的目的是突出两侧的景观。 （　　）

25. 植物作框景比门框和窗框更自然、更灵活。 （　　）

26. 分隔开来的空间和元素可以通过植物把它们联系起来。 （　　）

27. 开敞空间视野辽阔，使人心胸开阔，轻松自由，因此园林中开朗空间越多越好。 （　　）

28. 封闭空间多用于庭院以及其他绿地的小环境。 （　　）

29. 封闭空间近景感染力强，因此宜多采用比较精致的植物。 （　　）

30. 要想加强地势，一般在高地布置高的植物，低处布置低矮的植物。 （　　）

31. 如果两株树密植在一起，形成一个单元，远看有单株的效果，也算孤植。 （　　）

32. 对称对植的两组树要求越一致越好。 （　　）

33. 均衡对植的两组树在色彩、体形、数量上可以有差异，只要感官上均衡就可以。

                                                                                 （　　　）

34. 列植要求树形越一致越好。（　　　）

35. 混合列植是指树形不必整齐一致，可以自由变化。（　　　）

36. 丛植是指多株植物作不规则近距离组合的种植形式。（　　　）

37. 两株丛植要求两株树形、大小、树形完全一致。（　　　）

38. 两株丛植如果两株树完全一致就会显得呆板，所以两株树差异越大越好。

        （　　　）

39. 三株树配置要求富于变化，因此树种越多越好，最好是三个不同类型的树种。

        （　　　）

40. 三株树丛植要求三株树大小不一。（　　　）

41. 三株树丛植要求三株树两株一样大，一株一样大。（　　　）

42. 芳香类植物气味除了好闻以外，还有医疗保健作用。（　　　）

43. 园林中还可以运用植物的香气创造园林意境。（　　　）

44. 植物的香气能够愉悦人的身心、净化环境，因此在植物造景时芳香类植物应用越多越好。（　　　）

45. 樱花属于纯式花相。（　　　）

46. 花丛花坛植物材料的选择主要以一、二年生草花及部分宿根花卉和球根花卉为主。

        （　　　）

47. 在花坛设计中，模纹花坛色彩宜简单，花丛花坛色彩越丰富越好。（　　　）

48. 冷色调花卉宜用在早春比较合适。（　　　）

49. 暖色调的花坛大多用在吉庆的场合。（　　　）

50. 花境在园林中多用于路缘、水体边缘、建筑前面，主要起装饰作用。（　　　）

51. 花境中常用的植物材料主要有宿根花卉，球根花卉，一、二年生草花，小灌木，观赏草等。（　　　）

52. 一、二年生花卉主要用于盛花花坛，因此花境中基本不用。（　　　）

53. 花境是模拟自然界花卉生长状态的一种布置形式，因此，花境一般采用自然式布置。（　　　）

54. 花境平面栽植采用自然团块状混栽方式，即每个品种种植成一个团块，每个团块应该大小一致。（　　　）

55. 花境前面边缘多采用低矮植物，如地被石竹等，主要起装饰作用。（　　　）

56. 花台适合近距离观赏，因此植物材料选择以及种植形式都要求比较精。

        （　　　）

57. 单面花境在立面上应该前高后低。（　　　）

58. 单面花境在立面上应该前低后高。（　　　）

59. 地被植物要求最下分枝较贴近地面，株丛紧密、低矮，成片种植后枝叶密集，能较好地覆盖地面，形成一定的景观效果的草本、木本、藤本植物植物的总称。
（　　）

60. 在景观上，地被能够丰富景观层次。　　　　　　　　　　　　　　　（　　）

61. 在景观上，地被能够联系园林空间。　　　　　　　　　　　　　　　（　　）

62. 在景观上，地被可以作漏景。　　　　　　　　　　　　　　　　　　（　　）

63. 藤本蔷薇没有攀缘器官，不属于藤本植物。　　　　　　　　　　　　（　　）

64. 藤本蔷薇虽然没有特殊的攀缘器官，但是枝条柔软蔓生，在攀缘中起一定的作用，属于藤本植物。　　　　　　　　　　　　　　　　　　　　　　（　　）

65. 吸附类藤本植物适合作附壁式造景。　　　　　　　　　　　　　　　（　　）

66. 藤本植物也是很好的地被材料。　　　　　　　　　　　　　　　　　（　　）

67. 大型建筑的主要出入口前面设计应该简洁大方。　　　　　　　　　　（　　）

68. 建筑窗前不宜栽植大乔木。　　　　　　　　　　　　　　　　　　　（　　）

69. 建筑墙基前植物种植要考虑墙体颜色、质地以及建筑的总体风格。　　（　　）

70. 为了保护墙基，在离墙基 3 米以内不能种植深根性树木，而应该种植浅根性的树木或草本。　　　　　　　　　　　　　　　　　　　　　　　　　　（　　）

71. 除了采用藤本植物美化墙体以外，还可以在靠近墙体密植植物，达到装饰墙体的作用。　　　　　　　　　　　　　　　　　　　　　　　　　　　　（　　）

72. 水面在遇到岸边有建筑及姿态优美的植物时，要注意留出空旷水面来展示倒影。　　　　　　　　　　　　　　　　　　　　　　　　　　　　　　　（　　）

73. 溪流水面上绝对不能种植水生植物。　　　　　　　　　　　　　　　（　　）

74. 山坡植物配置要注重山体的整体性和成片效果。　　　　　　　　　　（　　）

75. 山谷植物配置可以成片形成色叶林、常绿林、花木林等。　　　　　　（　　）

76. 人行道在人流量较大的情况下一般可采用树带式种植方式。　　　　　（　　）

77. 相对于树池式，树带式种植方式更有利于树木生长。　　　　　　　　（　　）

78. 人行道树池上面可以加覆盖物，也可以种植花草。　　　　　　　　　（　　）

79. 主要出入口一般要比次要出入口做得精致。　　　　　　　　　　　　（　　）

80. 屋顶花园建设无须考虑养护管理问题。　　　　　　　　　　　　　　（　　）

81. 因为楼顶风力比较大，所以屋顶花园植物材料尽量选择深根性树种。　（　　）

82. 植物能够协调建筑与其他园林要素的关系。　　　　　　　　　　　　（　　）

83. 纪念性建筑周围大多以栽植松、柏、梅、兰为主。　　　　　　　　　（　　）

84. 为了形成幽闭的休憩环境，亭周围要密植一圈植物。　　　　　　　　（　　）

85. 主路两旁的植物配置要着重体现变化。　　　　　　　　　　　　　　（　　）

86. 主路旁的植物配置要比次路两旁精致。　　　　　　　　　　　　　　（　　）

87. 次路旁的植物配置要着重体现变化。　　　　　　　　　　　　　　　（　　）

88. 窄路旁可在一侧设遮阴树。 （　　）

89. 竹径要有一定的厚度。 （　　）

90. 为了丰富景观，笔直平坦的园路两旁一般做自然式种植。 （　　）

91. 花台的植床较高，面积一般较小，适合近距离观赏，因此花台一般要比花坛更精致。 （　　）

92. 在自然式园路种植时，植物种类越多越好。 （　　）

93. 在自然式园路布置时，应重点考虑道路两旁的植物配置，路口无须格外布置。 （　　）

94. 芦苇属于挺水植物。 （　　）

95. 园林中静水面原则上必须栽植水生植物，不许空无一物。 （　　）

96. "接天荷叶无穷碧，映日荷花别样红"一般是指开阔水面上的植物布置。 （　　）

97. 大小水面的岸边植物布置没有什么区别。 （　　）

98. 土岸在接近水面的位置应逐渐趋于平缓。 （　　）

99. 规则式石岸植物配置应以规则式为主。 （　　）

100. 行道树绿带植物就是行道树，不应有其他植物。 （　　）

参考答案

一、单选题

1. A　2. C　3. D　4. B　5. B　6. A　7. A　8. B　9. A　10. A
11. A　12. B　13. B　14. A　15. C　16. C　17. A　18. A　19. B　20. B
21. D　22. A　23. D　24. A　25. D　26. C　27. A　28. B　29. A　30. B
31. D　32. B　33. A　34. B　35. C　36. A　37. B　38. C　39. B　40. C
41. C　42. B　43. A　44. C　45. C　46. A　47. D　48. A　49. A　50. C
51. B　52. D　53. C　54. D　55. A　56. B　57. D　58. B　59. C　60. D

二、多项选择题

1. ABCD　2. BC　3. AC　4. AD　5. AB　6. BC　7. CD
8. BC　9. AD　10. AB　11. ABC　12. AD　13. AC　14. AB
15. AB　16. BD　17. AB　18. AB　19. AB　20. AC　21. AB

22. ABD　　23. AB　　24. AC　　25. BC　　26. ABCD　　27. BCD　　28. CD

29. BC　　30. AD　　31. AB　　32. AC　　33. AC　　34. ABC　　35. ABD

36. BC　　37. ABD　　38. BD　　39. BD　　40. AB　　41. AC　　42. AB

43. CD　　44. BD　　45. BC　　46. ACD　　47. BC　　48. ABCD　　49. CD

50. ABC　　51. BC　　52. BCD　　53. ABC　　54. ABCD　　55. ABCD　　56. BCD

57. ABCD　　58. AB　　59. BC　　60. AB　　61. BC　　62. ABCD　　63. CD

64. BD　　65. BD

三、判断题

1. √　　2. √　　3. √　　4. √　　5. √　　6. ×　　7. ×　　8. √　　9. ×　　10. √

11. √　　12. √　　13. √　　14. √　　15. √　　16. √　　17. ×　　18. √　　19. √　　20. √

21. √　　22. √　　23. √　　24. ×　　25. √　　26. √　　27. ×　　28. √　　29. √　　30. √

31. √　　32. √　　33. √　　34. √　　35. ×　　36. √　　37. ×　　38. ×　　39. ×　　40. √

41. ×　　42. √　　43. √　　44. √　　45. √　　46. √　　47. ×　　48. √　　49. √　　50. √

51. √　　52. ×　　53. √　　54. √　　55. √　　56. √　　57. ×　　58. √　　59. √　　60. √

61. √　　62. ×　　63. ×　　64. √　　65. √　　66. √　　67. √　　68. √　　69. √　　70. √

71. √　　72. √　　73. ×　　74. √　　75. ×　　76. ×　　77. √　　78. √　　79. ×　　80. ×

81. ×　　82. √　　83. √　　84. ×　　85. ×　　86. ×　　87. √　　88. √　　89. √　　90. ×

91. √　　92. ×　　93. ×　　94. √　　95. ×　　96. √　　97. ×　　98. √　　99. ×　　100. ×

参考文献

[1] 苏雪痕. 植物景观规划与设计 [M]. 北京：中国林业出版社，2012.

[2] 屈海燕. 园林植物景观种植设计 [M]. 北京：化学工业出版社，2013.

[3] 熊云海. 园林植物造景 [M]. 北京：化学工业出版社，2009.

[4] 成海钟. 花境赏析 2018 [M]. 北京：中国林业出版社，2018.

[5] 金煜. 园林植物景观设计水景设计 [M]. 沈阳：辽宁科学技术出版社，2008.

[6] 张宝鑫. 地被植物景观设计与应用 [M]. 北京：机械工业出版社，2006.

[7] 苏雪痕. 植物造景 [M]. 北京：中国林业出版社，1994.

[8] 刘少宗. 景观设计总论——园林植物造景 [M]. 天津：天津大学出版社，2003.

[9] 杨柳青. 植物景观设计 [M]. 长沙：中南大学出版社，2013.

[10] 凤凰空间. 私家庭院——花木艺术 [M]. 南京：江苏科学技术出版社，2013.

[11] （英）格特鲁德·杰基尔. 花园的色彩设计 [M] 尹豪，王美仙，郝培尧，译. 北京：中国建筑工业出版社，2011.

[12] 陈其兵. 风景园林植物造景 [M]. 重庆：重庆大学出版社，2012.

[13] 胡长龙，戴洪，胡桂林. 园林植物景观规划与设计 [M]. 北京：机械工业出版社，2010.

[14] 骁毅文化. 最新私家庭院设计 [M]. 北京：化学工业出版社，2011.

[15] 苏珊·池沃斯. 植物景观色彩设计 [M] 董丽，主译. 北京：中国林业出版社，2007.

[16] 刘荣凤. 园林植物景观设计与应用 [M]. 北京：中国电力出版社，2009.

[17] 汪新娥. 植物配置与造景 [M]. 北京：中国农业大学出版社，2008.

[18] 张慧，夏宇. 杭州花港观鱼公园植物景观探析 [J]. 现代农业科技，2010（17）：20-23.

[19] 刘建英，俞菲. 杭州花港观鱼公园植物造景分析 [J]. 林业科技开发，2012（1）：127-129.

第3版前言

一、修订内容及特点

《Windows Server 2003 组网技术与实训（第 2 版）》一书出版 3 年来，得到了各院校师生的厚爱，已经重印 5 次。为了适应计算机网络的发展和高职高专教材改革的需要，我们对本书第 2 版进行了修改，吸收有实践经验的网络企业工程师参与到教材大纲的审订与编写，改写或重写了核心内容，删除部分陈旧内容，增加了部分新技术内容。

第 3 版主要修订的内容如下。

① 体例上按"任务驱动、项目导向"进行教材内容的编写。

② 实训内容全部重写，使之更新颖、更实用，更利于学生学习和教师授课。

③ 删掉"电子邮件服务器"部分的内容。

④ 软件版本由 Windows Server 2003 升级到 Windows Server 2008 R2。

⑤ 为了便于教与学，本书专门绘制了所有实验实训的网络拓扑图。这些拓扑图使教学过程一目了然，更易于学生理解和学习。

⑥ 将"文件服务器""磁盘管理""NTFS 权限"部分的内容进行了整合。

为了便于学生自主学习，书后增加了大量不同类型的习题，可以帮助学生进一步巩固基础知识。每章还附有实践性较强的实训；本书的最后有两个综合实训，可以供学生上机操作时使用。本书配备了 PPT 课件、教学与实验录像、习题答案、综合实训参考方案、课程标准、模拟试题等丰富的教学资源，任课教师可登录人民邮电出版社教学服务与资源网（www.ptpedu.com.cn）免费下载使用。

二、教学大纲

本书的参考学时为 64 学时，其中实践环节为 36 学时，各项目的参考学时参见下面的学时分配表。

项　目	课　程　内　容	学　时　分　配	
		讲　授	实　训
项目 1	规划与安装 Windows Server 2008 R2	2	2
项目 2	管理活动目录与用户	2	2
项目 3	配置与管理文件服务器和磁盘	2	2
项目 4	配置与管理打印服务器	4	4
项目 5	配置与管理 DNS 服务器	2	2
项目 6	配置与管理 DHCP 服务器	4	4
项目 7	配置与管理 Web 服务器和 FTP 服务器	2	2
项目 8	配置与管理远程桌面服务器	4	4

项　目	课 程 内 容	学 时 分 配	
		讲　授	实　训
项目 9	配置与管理数字证书服务器	4	4
项目 10	配置与管理 VPN 和 NAT 服务器	2	2
	综合实训一、二	–	8
课时总计		28	36

三、其他

　　本书由杨云编著，李满、王春身、张晖、杨建新、孙丽娜、梁明亮、薛鸿民、李娟、和乾、郭娟、马立新、金月光、刘芳梅、徐莉、李宪伟等老师也参与了部分章节的编写。

　　本书可能有错误和不妥之处，恳请读者提出宝贵意见。作者的 E-mail 地址：yangyun90@163.com，同时欢迎读者加入 Windows & Linux（教师）QQ 交流群，群号是189934741。

编者

2015 年 2 月　于泉城

目 录 CONTENTS

项目 4　配置与管理打印服务器　118

项目 5　配置与管理 DNS 服务器　132

项目 6　配置与管理 DHCP 服务器　157

PART 1

项目 1
规划与安装 Windows Server 2008 R2

本项目学习要点

　　Windows Server 2008 不仅继承了 Windows 2003 的简易性和稳定性，而且提供了更强大的功能，无疑是中小型企业应用服务器的首选。本项目将介绍 Windows Server 2008 家族及其安装规划。

- 了解不同版本的 Windows Server 2008 系统的安装要求。
- 了解 Windows Server 2008 的安装方式。
- 掌握完全安装 Windows Server 2008 R2。
- 掌握配置 Windows Server 2008 R2。
- 掌握添加与管理角色。
- 掌握使用 Windows Server 2008 R2 管理控制台。

1.1　项目基础知识

　　基于微软 NT 技术构建的操作系统现在已经发展了 5 代：Windows NT Server、Windows 2000 Server、Windows Server 2003 和 Windows Server 2008/2012。Windows Server 2008 继承了微软产品一贯的易用性。

1.1.1　Windows Server 2008 新特性

　　Windows Server 2008 是微软服务器操作系统的名称，Windows Server 2008 在进行开发及测试时的代号为 "Windows Server Longhorn"。

　　据专家测试结果显示，Windows Server 2008 的传输速度比 Widows Server 2003 快 45 倍，这只是 Windows Sewer 2008 功能强大的一个体现。Windows Server 2008 保留了 Windows Server 2003 的所有优点，同时还引进了多项新技术，如虚拟化应用、网络负载均衡、网络安全服务等，主要表现在以下几个方面。

1．虚拟化

虚拟化技术已成为目前网络技术发展的一个重要方向。Windows Server 2008 引进的 Hyper-V 虚拟化技术，可以让用户整合服务器以便更有效地使用硬件，增强了终端机服务（TS）功能。利用虚拟化技术，客户端无需单独购买软件就能将服务器角色虚拟化，能够在单个计算机中部署多个系统。

硬件式虚拟化技术可完成高需求工作负载的任务。

2．服务器核心（Server Core）

Windows Server 2008 具备的 Server Core 功能，使它成为一个不包含服务器图形用户界面的操作系统。和 Linux 操作系统一样，它只安装必要的服务和应用程序，只提供基本的服务器功能，由于服务器上安装和运行的程序和组件较少，暴露在网络上的攻击面也较少，因此更安全。

3．IIS 7.0

IIS 7.0 与 Windows Server 2008 绑定在一起，相对于 IIS 6.0 而言是最具飞跃性的升级产品。IIS 7.0 在安全性和全面执行方面都有重大的改进，如 Web 站点的管理权限更加细化了，可以将各种操作权限委派给指定管理员，极大地优化了网络管理。

4．只读域控制器（RODC）

只读域控制器（RODC）是一种新型的域控制器，主要在分支环境中进行部署。通过 RODC，可以降低在无法保证物理安全的远程位置（如分支机构）中部署域控制器的风险。

除账户密码外，RODC 可以驻留可写域控制器驻留的所有 Active Directory 域服务（AD DS）对象和属性。不过，客户端无法将更改直接写入 RODC。由于更改不能直接写入 RODC，因此不会发生本地更改，作为复制伙伴的可写域控制器不必从 RODC 导入更改。管理员角色分离指定可将任何域用户委派为 RODC 的本地管理员，而无需授予该用户对域本身或其他域控制器的任何用户权限。

5．网络访问保护（NAP）

网络访问保护（NAP）可允许网络管理员自定义网络访问策略，并限制不符合这些要求的计算机访问网络，或者立即对其进行修补以使其符合要求。NAP 强制执行管理员定义的正常运行策略，这些策略包括连接网络的计算机的软件要求、安全更新要求和所需的配置设置等内容。

NAP 强制实现方法包括 Internet 协议安全（IPsec）强制、802.1X 强制、用于路由和远程访问的虚拟专用网络（VPN）强制及动态主机配置协议（DHCP）强制。它支持 4 种网络访问技术，与 NAP 结合使用来强制实现正常运行策略。

6．Windows 防火墙高级安全功能

Windows Server 2008 中的防火墙可以依据其配制和当前运行的应用程序来允许或阻止网络通信，从而保护网络免遭恶意用户或程序的入侵。防火墙的这种功能是双向的，可以同时对传入和传出的通信进行拦截。在 Windows Server 2008 已经配置了系统防火墙专用的 MMC 控制台单元，可以通过远程桌面或终端服务等实现远程管理和配置。

7．BitLocker 驱动器加密

BitLocker 驱动器加密是 Windows Server 2008 的一个重要的新功能，它可以保护服务器、工作站和移动计算机。BitLocker 可对磁盘驱动器的内容加密或运行其他软件工具绕过文件和系统保护，或者对存储在受保护驱动器上的文件进行脱机查看。

8．下一代加密技术（Cryptography Next Generation，CNG）

下一代加密技术提供了灵活的加密开发平台，允许 IT 专业人员在与加密相关的应用程序如 Active Directory 证书服务（ADCS）、安全套接层（SSL）和 Internet 协议安全（IPSec）中创建、更新和使用自定义加密算法。

9．增强的终端服务

终端服务包含新增的核心功能，改善了最终用户连接到 Windows Server 2008 终端服务器时的体验。TS RemoteApp 能允许远程用户访问在本地电脑硬盘上运行的应用程序。这些应用程序能够通过网络入口进行访问或者直接通过双击本地电脑上配置的快捷图标进入。终端服务安全网关通过 HTTPS 的通道，因此用户不需要使用虚拟个人网络就能通过互联网安全使用 RemoteApp，本地的打印系统也得到了很大程度的简化。

10．服务器管理器

服务器管理器是一个新功能，将 Windows Server 2003 的许多功能替换合并在了一起，如"管理您的服务器""配置您的服务器""添加或删除 Windows 组件"和"计算机管理"等，使得管理更加方便。

1.1.2　Windows Server 2008 版本

Windows Server 2008 操作系统发行版本主要有 9 个，即 Windows Server 2008 标准版、Windows Server 2008 企业版、Windows Server 2008 数据中心版、Windows Web Server 2008、Windows Server 2008 安腾版、Windows Server 2008 标准版（无 Hyper-V）、Windows Server 2008 企业版（无 Hyper-V）、Windows Server 2008 数据中心版（无 Hyper-V）和 Windows HPC Server 2008。除安腾版只有 64 位版本外，其余 8 个 Windows Server 2008 都包含 32 位和 64 位两个版本。

1．Windows Server 2008 标准版

Windows Server 2008 标准版是最稳固的 Windows Server 操作系统，内建了强化 Web 和虚拟化功能，是专为增加服务器基础架构的可靠性和弹性而设计的，可节省时间并降低成本。它包含功能强大的工具，拥有更佳的服务器控制能力，可简化设定和管理工作，而且增强的安全性功能可以强化操作系统，协助保护数据和网络，为企业提供扎实且可高度信赖的基础服务架构。

Windows Server 2008 标准版最大可支持 4 路处理器，x86 版最大可支持 4GB 内存，而 64 位版最大可支持 64GB 内存。

2．Windows Server 2008 企业版

Windows Server 2008 企业版是为满足各种规模的企业的一般用途而设计的，可以部署业务关键性的应用程序。其所具备的丛集和热新增（Hot-Add）处理器功能可协助改善可用性，而整合的身份识别管理功能可协助改善安全性，利用虚拟化授权权限整合应用程序则可减少基础架构的成本，因此 Windows Server 2008 能提供高度动态、可扩充的 IT 基础架构。

Windows Server 2008 企业版在功能类型上与标准版基本相同，只是支持更高硬件系统，同时具有更加优良的可伸缩性和可用性，并且添加了企业技术，如 Failover Clustering 与活动目录联合服务等。

Windows Server 2008 企业版最大可支持 8 路处理器，x86 版最大可支持 64GB 内存，而 64 位版最大可支持 2TB 内存。

3．Windows Server 2008 数据中心版

Windows Server 2008 数据中心版是为运行企业和任务所倚重的应用程序而设计的，可在小型和大型服务器上部署具业务关键性的应用程序及大规模的虚拟化。其所具备的丛集和动态硬件分割功能，可改善可用性、支持虚拟化授权权限整合而成的应用程序，从而减少基础架构的成本。另外，Windows Server 2008 数据中心版还可以提供无限量的虚拟镜像应用。

Windows Server 2008 x86 数据中心版最大可支持 32 路处理器和 64GB 内存，而 64 位版最大可支持 64 路处理器和 2TB 内存。

4．Windows Web Server 2008

Windows Web Server 2008 专门为单一用途 Web 服务器而设计，它建立在 Web 基础架构功能之上，整合了重新设计架构的 IIS 7.0、ASP.NET 和 Microsoft.NET Framework，以便快速部署网页、网站、Web 应用程序和 Web 服务。

Windows Web Server 2008 最大可支持 4 路处理器，x86 版最大可支持 4GB 内存，而 64 位版最大可支持 32GB 内存。

5．Windows Server 2008 安腾版

Windows Server 2008 安腾版是为 Intel Itanium64 位处理器而设计，针对大型数据库、各种企业的自定义应用程序进行优化，可提供高可用性和扩充性，能符合高要求且具关键性的解决方案之需求。

Windows Server 2008 安腾版最大可支持 64 路处理器和 2TB 内存。

6．Windows HPC Server 2008

Windows HPC Server 2008 具备高效能运算（HPC）特性，可以建立高生产力的 HPC 环境。由于其建立于 Windows Server 2008 64 位技术之上，因此，可有效地扩充至数以千计的处理核心，并可提供管理控制台，协助管理员主动监督和维护系统健康状况及稳定性。其所具备的互操作性和弹性工作流程，可使 Windows 和 Linux 的 HPC 平台间进行整合，亦可支持批次作业及服务导向架构（SOA）工作负载，而生产力的增强、效能的可扩充及操作简单等特色，则可使 Windows HPC Server 2008 成为同级中最佳的 Windows 环境。

1.1.3　Windows Server 2008 R2 系统和硬件设备要求

Windows Server 2008 R2 版本共有 6 个：基础版、标准版、企业版、数据中心版、Web 版和安腾版。每个版本都提供了关键功能，用于支撑各种规模的业务和 IT 需求，如表 1-1 所示。

表 1-1　Windows Server 2008 R2 各版本提供的关键功能

版　　本	说　　明
Windows Server 2008 R2 Standard	Windows Server®2008 R2 Standard 为公司业务提供了更符合成本效益、更可靠的支持，是一个先进的服务器平台。它在虚拟化、节能和可管理性方面提供了创新功能，帮助移动工作者更容易地访问公司资源

版　本	说　明
Windows Server 2008 R2 Enterprise	Windows Server®2008 R2 Enterprise 为关键业务提供了更符合成本效益、更可靠的支持，是一个先进的服务器平台。它在虚拟化、节能和可管理性方面提供了创新功能，帮助移动工作者更容易地访问公司资源
Windows Server 2008 R2 Datacenter	Windows Server®2008 R2 Datacenter 为关键业务提供了更符合成本效益、更可靠的支持，是一个先进的服务器平台。它在虚拟化、节能和可管理性方面提供了创新功能，帮助移动工作者更容易地访问公司资源
Windows Web Server 2008 R2	Windows®Web Server 2008 R2 是一个强大的 Web 应用程序和服务平台。它包含了 Internet 信息服务（IIS7.5），专门为 Internet 服务器所设计，并且提供了改进的管理和诊断工具，从而在和不同的流行开发平台一起使用时帮助减少了基础结构的成本。通过其内置的 Web 服务器和 DNS 服务器角色及改进的可靠性和可伸缩性，该平台使用户可以管理最苛刻的环境——从专用的 Web 服务器到服务器场
Windows Server 2008 R2 for Itanium-based Systems	Windows Server 2008 R2 for Itanium-based Systems 为部署业务关键应用程序提供了一个企业级平台。它可用于大规模数据库、业务线应用程序和定制的应用程序来满足不断增长的业务需求。借助故障转移群集和动态硬件分区功能，它可以帮助改善可用性。它还提供了不限数量的 Windows Server 虚拟机实例运行权利来进行虚拟化部署。Windows Server 2008 R2 for Itanium- based Systems 为提供高度动态的 IT 基础结构提供了基础。需要注意两点： ● 需要支持的服务器硬件； ● 需要第三方虚拟化技术。目前 Hyper-V™ 不可用于 Itanium 系统
Windows Server 2008 R2 Foundation	Windows Server 2008 R2 Foundation 为公司业务提供了符合成本效益的技术平台。它主要针对小型企业所有者和支持小型企业的 IT 专员。Foundation 是价格低廉、易于部署、成熟而可靠的技术，它为组织运行最流行的商业应用程序，以及信息和资源的共享提供了基础

　　其中，Windows Server 2008 R2 企业版包含了 Windows Server R2 所有重要功能，本书中所有项目的部署与配置均使用此版本。

　　Windows Server 2008 R2 对计算机硬件配置有一定要求，其最低硬件配置需求如表 1-2 所示。值得注意的是，硬件的配置是根据实际需求和安装功能、应用的负荷决定的，所以前期规划出服务器的使用环境是很有必要的。

表 1-2　Windows Server 2008 R2 的最低硬件配置需求

硬件	需　　　求
处理器	最低：1.4GHz（x64 处理器）或以上 注意：Windows Server 2008 for Itanium-based Systems 版本需要 Intel Itanium 2 处理器
内存	最小：512MB RAM 最大：32GB（Standard 版、Web Server 版和 Foundation 版）或 2 TB（Enterprise 版、Datacenter 版和 Itanium-based Systems 版）
可用磁盘空间	基础版：10GB 或以上 其他最小：32GB 或以上 注意：配备 16 GB 以上 RAM 的计算机需要更多的磁盘空间进行分页，休眠和转储文件
其他	DVD 光驱 支持 Super-VGA（800×600）或更高分辨率的显示器 键盘及 Microsoft 鼠标或兼容的指向装置 Internet 访问（可能需要付费）

1.1.4　制订安装配置计划

为了保证网络的稳定运行，在将计算机安装或升级到 Windows Server 2008 之前，需要在实验环境下全面测试操作系统，并且要有一个清晰、文档化的过程。这个文档化的过程就是配置计划。

首先是关于目前的基础设施和环境的信息、公司组织的方式和网络详细描述，包括协议、寻址和到外部网络的连接（例如局域网之间的连接和 Internet 的连接）。此外，配置计划应该标识出在用户环境下使用的，但可能受 Windows Server 2008 R2 的引入而受到影响的应用程序。这些程序包括多层应用程序、基于 Web 的应用程序和将要运行在 Windows Server 2008 R2 计算机上的所有组件。一旦确定需要的各个组件，配置计划就应该记录安装的具体特征，包括测试环境的规格说明、将要被配置的服务器的数目和实施顺序等。

最后作为应急预案，配置计划还应该包括发生错误时需要采取的步骤。制定偶然事件处理方案来解决潜在的配置问题是计划阶段最重要的方面之一。很多 IT 公司都有维护灾难恢复计划，这个计划标识了具体步骤，以备在将来的自然灾害事件中恢复服务器，并且这是存放当前的硬件平台、应用程序版本相关信息的好地方，也是重要商业数据存放的地方。

1.1.5　Windows Server 2008 的安装方式

Windows Server 2008 有多种安装方式，分别适用于不同的环境，选择合适的安装方式可以提高工作效率。除了常规的使用 DVD 启动安装方式以外，还有升级安装、远程安装及 Server Core 安装。

1．全新安装

使用 DVD 启动服务器并进行全新安装，这是最基本的方法。根据提示信息适时插入 Windows Server 2008 安装光盘即可。

2．升级安装

如果计算机中安装了 Windows 2000 Server、Windows Server2003 或 Windows Server 2008

等操作系统，则可以直接升级成 Windows Server 2008 R2，不需要卸载原来的 Windows 系统而且升级后还可保留原来的配置。

在 Windows 状态下，将 Windows Server 2008 R2 安装光盘插入光驱并自动运行，会显示出"安装 Windows"界面。单击"现在安装"按钮，即可启动安装向导，当进行至图 1-1 所示"您想进行何种类型的安装"界面时，选择"升级"，即可升级到 Windows Server 2008 R2。

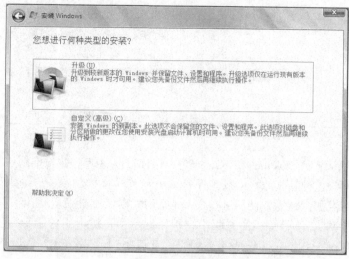

图 1-1　升级安装

升级原则如表 1-3、表 1-4 和表 1-5 所示。

表 1-3　从 Windows Server 2003 (SP2, R2) 升级到 Windows Server 2008 R2

当前系统版本	升级到的 Windows Server 2008 R2 版本
Windows Server 2003 数据中心版	数据中心版
Windows Server 2003 企业版	企业版、数据中心版
Windows Server 2003 标准版	标准版、企业版

表 1-4　从 Windows Server 2008 (RTM-SP1, SP2) 升级到 Windows Server 2008 R2

当前系统版本	升级到的 Windows Server 2008 R2 版本
数据中心版	数据中心版
数据中心版 Core 模式	数据中心版 Core 模式
企业版	企业版、数据中心版
企业版 Core 模式	企业版 Core 模式、数据中心版 Core 模式
基础版（仅 SP2）	标准版
标准版	标准版、企业版
标准版 Core 模式	标准版 Core 模式、企业版 Core 模式
Web 版	标准版、Web 版
Web 版 Core 模式	标准版 Core 模式、Web 版 Core 模式

表 1-5　从 Windows Server 2008 (RC,IDS）升级到 Windows Server 2008 R2

当前系统版本	升级到的 Windows Server 2008 R2 版本
数据中心版	数据中心版
数据中心版 Core 模式	数据中心版 Core 模式
企业版	企业版、数据中心版
企业版 Core 模式	企业版 Core 模式、数据中心版 Core 模式
基础版（仅 SP2）	基础版
标准版	标准版、企业版
标准版 Core 模式	标准版 Core 模式、企业版 Core 模式
Web 版	Web 版、标准版
Web 版 Core 模式	Web 版 Core 模式、标准版 Core 模式

3．远程安装

如果网络中已经配置了 Windows 部署服务，则通过网络远程安装也是一种不错的选择，但需要注意的是，采取这种安装方式必须确保计算机网卡具有 PXE（预启动执行环境）芯片，支持远程启动功能。否则，就需要使用 rbfg.exe 程序生成启动软盘来启动计算机进行远程安装。

在利用 PXE 功能启动计算机的过程中，根据提示信息按下引导键（一般为"F12"键），会显示当前计算机所使用的网卡的版本等信息，并提示用户按下键盘上的"F12"键，启动网络服务引导。

4．Server Core 安装

Server Core（见图 1-2）是新推出的功能。确切地说，Windows Server 2008 Server Core 是微软公司在 Windows Server 2008 推出的革命性的功能部件，是不具备图形界面的纯命令行服务器操作系统，只安装了部分应用和功能，因此会更加安全和可靠，同时降低了管理的复杂度。

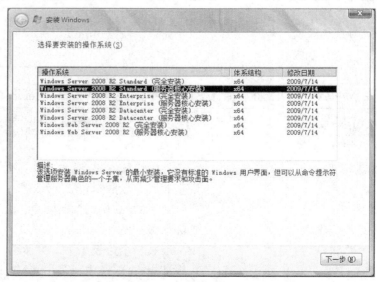

图 1-2　Server Core

通过 RAID 卡实现磁盘冗余是大多数服务器常用的存储方案，既可提高数据存储的安全

性，又可以提高网络传输速度。带有 RAID 卡的服务器在安装和重新安装操作系统之前，往往需要配置 RAID。不同品牌和型号服务器的配置方法略有不同，应注意查看服务器使用手册。对于品牌服务器而言，也可以使用随机提供的安装向导光盘引导服务器，这样，将会自动加载 RAID 卡和其他设备的驱动程序，并提供相应的 RAID 配置界面。

安装 Windows Server 2008 时，必须在"您想将 Windows 安装在何处"对话框中，单击"加载驱动程序"链接，弹出图 1-3 所示的"选择要安装的驱动程序"对话框，为该 RAID 卡安装驱动程序。另外，RAID 卡的设置应当在操作系统安装之前进行。如果重新设置 RAID，将删除所有硬盘中的全部内容。

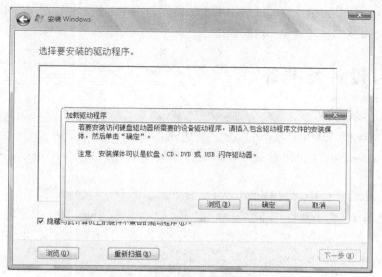

图 1-3　加载 RAID 驱动程序

1.1.6　安装前的注意事项

为了保证 Windows Server 2008 R2 的顺利安装，在开始安装之前必须做好准备工作，如备份文件、检查系统兼容性等。

1．切断非必要的硬件连接

如果当前计算机正与打印机、扫描仪、UPS（管理连接）等非必要外设连接，则在运行安装程序之前请将其断开，因为安装程序将自动监测连接到计算机串行端的所有设备。

2．检查硬件和软件兼容性

为升级启动安装程序时，执行的第一个过程是检查计算机硬件和软件的兼容性。安装程序在继续执行前将显示报告。使用该报告及 Relnotes.htm（位于安装光盘的\Docs 文件夹）中的信息来确定在升级前是否需要更新硬件、驱动程序或软件。

3．检查系统日志

如果在计算机中以前安装有 Windows 2000/XP/2003，建议使用"事件查看器"查看系统日志寻找可能在升级期间引发问题的最新错误或重复发生的错误。

4．备份文件

如果从其他操作系统升级至 Windows Server 2008 R2，建议在升级前备份当前的文件，包括含有配置信息（例如系统状态、系统分区和启动分区）的所有内容，以及所有的用户和相关数据。建议将文件备份到各种不同的媒介，如磁带驱动器或网络上其他计算机的硬盘，尽量不要保存在本地计算机的其他非系统分区。

5．断开网络连接

网络中可能会有病毒在传播，因此，如果不是通过网络安装操作系统，在安装之前就应拔下网线，以免新安装的系统感染上病毒。

6．规划分区

Windows Server 2008 R2 要求必须安装在 NTFS 格式的分区上，全新安装时直接按照默认设置格式化磁盘即可。如果是升级安装，则应预先将分区格式化成 NTFS 格式，并且如果系统分区的剩余空间不足 32GB（基础版 10GB），则无法正常升级。建议将 Windows Server 2008 R2 目标分区空间至少设置为 40GB 或更大。

1.2 项目设计及准备

1.2.1 安装设计

我们在为学校选择网络操作系统时，首先推荐 Windows Server 2008 操作系统。在安装 Windows Server 2008 操作系统时，根据教学环境不同，为教与学的方便设计不同的安装形式。

1．在 Virtual PC 中安装 Windows Server 2008

① 由于 Virtual PC 不支持 64 位操作系统，所以，如果在 Virtual PC 中安装 Windows Server 2008，应该选择 32 位版本的操作系统镜像文件。将该镜像文件提前存入计算机中。

② 物理主机采用 Windows 7 操作系统，计算机名为 client1，并且安装了 Virtual PC 2007 SP2 版软件。

③ 要求 Windows Server 2008 的安装分区大小为 50GB，文件系统格式为 NTFS，计算机名为 win2008-1，管理员密码为 P@ssw0rd1，服务器的 IP 地址为 10.10.10.1，子网掩码为 255.255.255.0，DNS 服务器为 10.10.10.1，默认网关为 10.10.10.254，属于工作组 COMP。

④ 要求配置桌面环境、关闭防火墙，放行 ping 命令。

该网络拓扑图如图 1-4 所示。

图 1-4　安装 Windows Server 2008 拓扑图

2．使用 Hyper-V 安装 Windows Server 2008 R2

① 物理主机安装了 Windows Server 2008 R2，计算机名为 client1，并且成功安装了

Hyper-V 角色（将图 1-4 中的物理主机操作系统改为 Windows Server 2008 R2）。

② Windows Server 2008 R2（64 位版本）DVD 光盘或镜像文件已准备好。

③ 设计要求参考上面的"在 Virtual PC 中安装 Windows Server 2008"。

④ 特别提醒，Hyper-V 的内容在项目 3 中有详细介绍，读者可提前预习。

后面的详细安装过程就是采用的这种方式。

3．在 VMware 中安装 Windows Server 2008 R2

请参考上面所述。

1.2.2　安装准备

（1）满足硬件要求的计算机 1 台。

（2）Windows Server 2008 相应版本的安装光盘或镜像文件。

（3）用纸张记录安装文件的产品密匙（安装序列号）。规划启动盘的大小。

（4）在可能的情况下，在运行安装程序前用磁盘扫描程序扫描所有硬盘，检查硬盘错误并进行修复，否则安装程序运行时如检查到有硬盘错误会很麻烦。

（5）如果想在安装过程中格式化 C 盘或 D 盘（建议安装过程中格式化用于安装 Windows Server 2008 系统的分区），需要备份 C 盘或 D 盘有用的数据。

（6）导出电子邮件账户和通讯簿：将"C:\Documents and Settings\Administrator（或用户名）"中的"收藏夹"目录复制到其他盘，以备份收藏夹。

1.3　项目实施

Windows Server 2008 R2 较 Windows Server 2003，安装步骤大大减少，经过几步简单设置，十几分钟即可完成，从而提高了效率。当系统平台安装好以后，就可以按照网络需要，以集中或分布的方式处理各种服务器角色。

下面讲解如何安装与配置 Windows Server 2008 R2。

1.3.1　使用光盘安装 Windows Server 2008 R2

使用 Windows Server 2008 R2 企业版的引导光盘进行安装是最简单的安装方式。在安装过程中，需要用户干预的地方不多，只需掌握几个关键点即可顺利完成。需要注意的是如果当前服务器没有安装 SCSI 设备或者 RAID 卡，则可以略过相应步骤。相比 Windows Server 2003，Windows Server 2008 虽然各方面的性能都有很大程度的提高，但安装过程却大大简化了。

① 设置光盘引导。重新启动系统并把光盘驱动器设置为第一启动设备，保存设置。

② 从光盘引导。将 Windows Server 2008 R2 安装光盘放入光驱并重新启动。如果硬盘内没有安装任何操作系统，计算机会直接从光盘启动到安装界面；如果硬盘内安装有其他操作系统，计算机就会显示"Press any key to boot from CD or DVD…"的提示信息，此时在键盘上按任意键才从 DVD-ROM 启动。

③ 启动安装过程以后，显示图 1-5 所示"安装 Windows"对话框，需要选择安装语言及输入法。

④ 单击"下一步"按钮，接着出现是否立即安装 Windows Server 2008 的对话框，如图 1-6 所示。

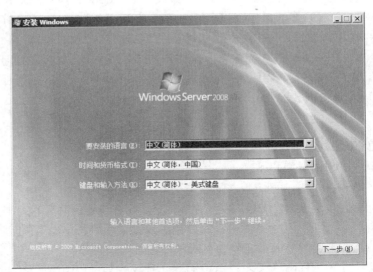

图 1-5　安装 Windows 对话框

图 1-6　现在安装

⑤ 单击"现在安装"按钮，显示图 1-7 所示的"选择要安装的操作系统"对话框。在操作系统列表框中，列出了可以安装的操作系统。这里选择"Windows Server 2008 Enterprise（完全安装）"，安装 Windows Server 2008 企业版。

⑥ 单击"下一步"按钮，选择"我接收许可条款"接收许可协议，单击"下一步"按钮，出现图 1-8 所示的"您想进行何种类型的安装？"对话框。"升级（U）"用于从 Windows Server 2003 升级到 Windows Server 2008，且如果当前计算机没有安装操作系统，则该项不可用；"自定义（高级）"用于全新安装。

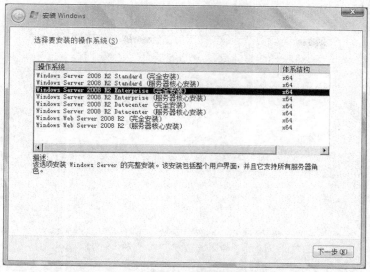

图 1-7　选择要安装的操作系统

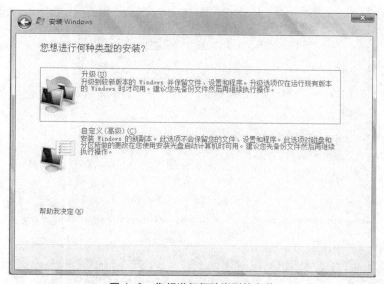

图 1-8　您想进行何种类型的安装

⑦ 单击"自定义（高级）"，显示图 1-9 所示的"您想将 Windows 安装在何处"的对话框，显示当前计算机上硬盘上的分区信息。如果服务器上安装有多块硬盘，则会依次显示为磁盘 0、磁盘 1、磁盘 2……

⑧ 单击"驱动器选项（高级）"，显示图 1-10 所示的"硬盘信息"对话框。在此可以对硬盘进行分区、格式化和删除已有分区的操作。

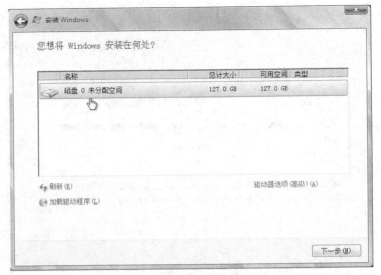

图 1-9　您想将 Windows 安装在何处

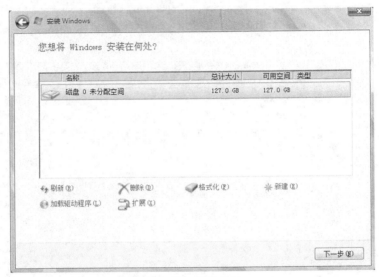

图 1-10　硬盘信息

⑨ 对硬盘进行分区，单击"新建"按钮，在"大小"文本框中输入分区大小，比如 10000M，如图 1-11 所示。单击"应用"按钮，弹出图 1-12 所示的自动创建额外分区的提示。按"确定"按钮，完成系统分区（第一分区）和主分区（第二个分区）的建立。其他分区照此操作。

⑩ 选择第二个分区来安装操作系统，单击"下一步"按钮，显示图 1-13 所示的"正在安装 Windows"对话框，开始复制文件并安装 Windows。

⑪ 在安装过程中，系统会根据需要自动重新启动。安装完成后第一次登录，会要求更改密码，如图 1-14 所示。

对于账户密码，Windows Server 2008 的要求非常严格，无论管理员账户还是普通账户，都要求必须设置密码。除必须满足"至少 6 个字符"和"不包含 Administrator 或 admin"的要求外，还至少满足以下 2 个条件。

● 包含大写字母（A，B，C 等）。

- 包含小写字母（a，b，c 等）。
- 包含数字（0，1，2 等）。
- 包含非字母数字字符（#，&，~ 等）。

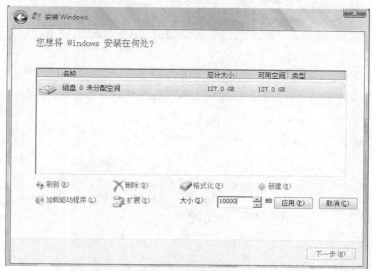

图 1-11　创建 10000M 的分区

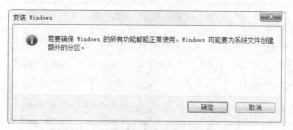

图 1-12　创建额外分区的提示信息

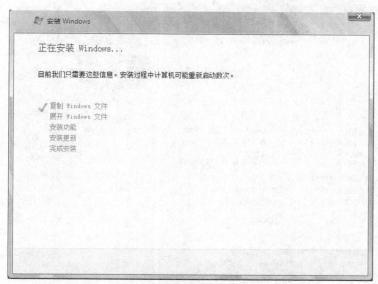

图 1-13　"正在安装 Windows"对话框

图 1-14　提示更改密码

⑫ 按要求输入密码，回车，即可登录到 Windows Server 2008 系统，并默认自动启动"初始配置任务"窗口，如图 1-15 所示。

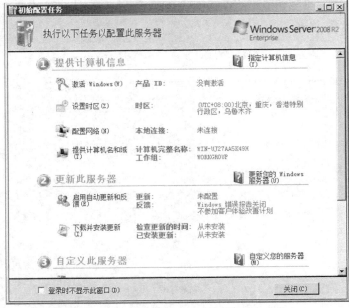

图 1-15 "初始配置任务"窗口

⑬ 激活 Windows Server 2008。单击"开始"→"控制面板"→"系统和安全"→"系统"菜单，打开图 1-16 所示的系统对话框。右下角显示 Windows 激活的状况，可以在此激活 Windows Server 2008 网络操作系统和更改产品密钥。激活有助于验证 Windows 的副本是否为正版，以及验证在多台计算机上使用的 Windows 数量是否超过 Microsoft 软件许可条款所允许的数量。激活的最终目的有助于防止软件伪造。如果不激活，可以试用 60 天。

图 1-16 "系统"对话框

至此, Windows Server 2008 安装完成。

1.3.2 配置 Windows Server 2008 R2

安装 Windows Server 2008 与 Windows Server 2003 最大的区别就是, 在安装过程中不会提示设置计算机名、网络连接信息等, 因此所需时间大大减少, 一般十多分钟即可安装完成。在安装完成后, 应先设置一些基本配置, 如计算机名、IP 地址、配置自动更新等, 这些均可在"服务器管理器"中完成。

1. 更改计算机名

Windows Server 2008 系统在安装过程中不需要设置计算机名, 而是使用由系统随机配置的计算机名, 但系统配置的计算机名称不仅冗长, 而且不便于标记。因此, 为了更好地标识和识别服务器, 应将其更改为易记或有一定意义的名称。

① 打开"开始" → "所有程序" → "管理工具" → "服务器管理器", 打开"服务器管理器"窗口, 如图 1-17 所示。

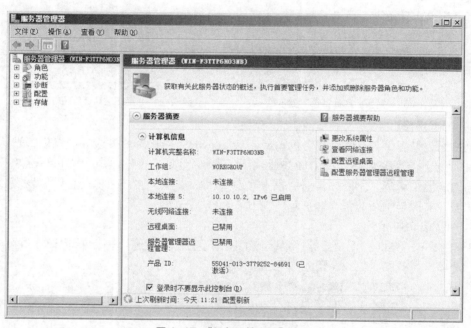

图 1-17 "服务器管理器"窗口

② 在"计算机信息"区域中单击"更改系统属性"按钮, 出现图 1-18 所示的"系统属性"对话框。

③ 单击"更改"按钮, 显示图 1-19 所示的"计算机名/域更改"对话框。在"计算机名"文本框中键入新的名称, 如 Win2008。在"工作组"文本框中可以更改计算机所处的工作组。

④ 单击"确定"按钮, 显示"计算机/域更改"提示框, 提示必须重新启动计算机才能应用更改。如图 1-20 所示。

⑤ 单击"确定"按钮, 回到"系统属性"对话框, 再按"关闭"按钮, 关闭"系统属性"对话框。接着出现对话框, 提示必须重新启动计算机以应用更改, 如图 1-21 所示。

⑥ 单击"立即重新启动计算机"按钮, 即可重新启动计算机并应用新的计算机名。若选择"稍后重新启动"则不会立即重新启动计算机。

图 1-18 "系统属性"对话框

图 1-19 "计算机名/域更改"对话框

图 1-20 "重新启动计算机"提示框

图 1-21 "重新启动计算机"提示框

2. 配置网络

网络配置是提供各种网络服务的前提。Windows Server 2008 安装完成以后，默认为自动获取 IP 地址，自动从网络中的 DHCP 服务器获得 IP 地址。不过，由于 Windows Server 2008 用来为网络提供服务，所以通常需要设置静态 IP 地址。另外，还可以配置网络发现、文件共享等功能，实现与网络的正常通信。

（1）配置 TCP/IP

① 右键单击桌面右下角任务托盘区域的网络连接图标，选择快捷菜单中的"网络和共享中心"选项，打开图 1-22 所示的"网络和共享中心"窗口。

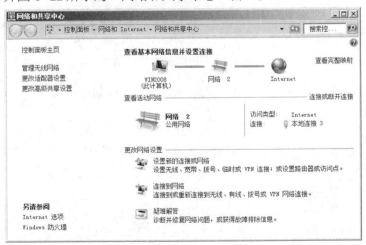

图 1-22 "网络和共享中心"对话框

② 单击"本地连接"，打开"本地连接状态"对话框，如图 1-23 所示。

③ 单击"属性"按钮，显示图 1-24 所示的"本地连接属性"对话框。Windows Server 2008 中包含 IPv6 和 IPv4 两个版本的 Internet 协议，并且默认都已启用。

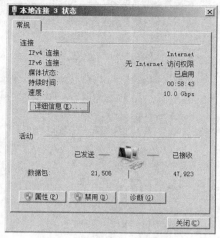

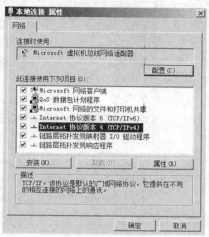

图 1-23 "本地连接"对话框　　　　　　　图 1-24 "本地连接状态"对话框

④ 在"此连接使用下列项目"选项框中选择"Internet 协议版本 4（TCP/IP）"，单击"属性"按钮，显示图 1-25 所示的"Internet 协议版本 4（TCP/IPv4）属性"对话框。选中"使用下面的 IP 地址"单选按钮，分别键入为该服务器分配的 IP 地址、子网掩码、默认网关和 DNS 服务器。如果要通过 DHCP 服务器获取 IP 地址，则保留默认的"自动获得 IP 地址"。

⑤ 单击"确定"按钮，保存所做的修改。

（2）启用网络发现

Windows Server 2008 新增了"网络发现"功能，用来控制局域网中计算机和设备的发现与隐藏。如果启用"网络发现"功能，单击"开始"菜单中的"网络"选项，打开图 1-26 所示的"网络"窗口，显示当前局域网中发现的计算机，也就是"网络邻居"功能。同时，其他计算机也可发现当前计算机。如果禁用"网络发现"功能，则既不能发现其他计算机，也不能被发现。不过，关闭"网络发现"功能时，其他计算机仍可以通过搜索或指定计算机名、IP 地址的方式访问到该计算机，但不会显示在其他用户的"网络邻居"中。

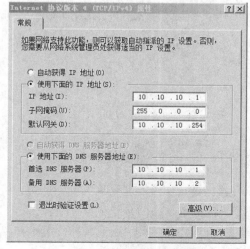

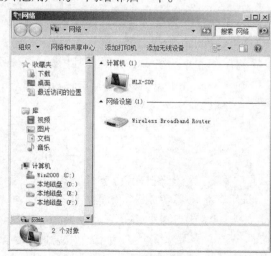

图 1-25 本地连接属性　　　　　　　　　图 1-26 "网络"窗口

如果在"开始"菜单中没有"网络"选项,则可以右击"开始"菜单,选择"属性",再单击"「开始」菜单"选项卡,单击"自定义"按钮,然后选中"网络"选项,按"确定"按钮即可。

为了便于计算机之间的互相访问,可以启用此功能。在图 1-26 中,单击菜单条上的"网络和共享中心"按钮,出现"网络和共享中心"窗口,再单击"更改高级共享设置"按钮,出现图 1-27 所示的"高级共享设置"窗口,选择"启用网络发现"单选按钮,并单击"保存修改"按钮即可。

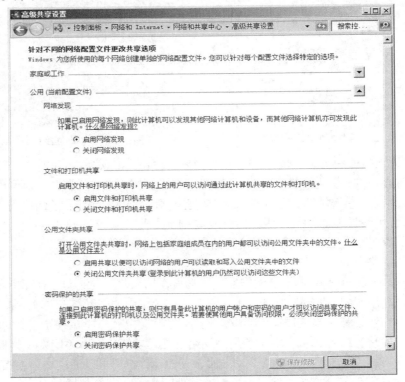

图 1-27 "高级共享设置"窗口

奇怪的是,当再次重新打开"高级共享设置"对话框,显示仍然是"关闭网络发现"。如何解决这个问题呢?

将以下 3 个服务设置为自动并启动,这样就可以解决问题了。

- Function Discovery Resource Publication
- SSDP Discovery
- UPnP Device Host

提示 1:依次打开"开始"→"管理工具"→"服务",将上述 3 个服务设置为自动并启动即可。

提示 2:如果在"开始"和"所有程序"菜单中没有"管理工具"选项,则可以右击"开始"菜单,选择"属性",再单击"「开始」"菜单选项卡,单击"自定义"按钮,然后选中"系统管理工具"中的"在'所有程序'菜单和'「开始」'菜单上显示"选项,按"确定"按钮即可。

（3）文件共享

网络管理员可以通过启用或关闭文件共享功能，实现为其他用户提供服务或访问其他计算机共享资源。在图 1-27 所示的"高级共享设置"窗口中，选择"启用文件共享"单选按钮，并单击"保存修改"按钮，即可启用文件共享功能。同理，也可启用或关闭"公共文件夹共享"和"打印机共享"功能。

（4）密码保护的共享

如果启用"密码保护的共享"功能，则其他用户必须使用当前计算机上有效的用户账户和密码才可以访问共享资源。Windows Server 2008 默认启用该功能，如图 1-27 所示。

3．配置文件夹选项

设置文件夹选项，隐藏受保护的操作系统文件（推荐）、隐藏已知文件类型的扩展名及显示隐藏的文件和文件夹，设置文件夹选项步骤如下。

① 依次单击"开始"→"控制面板"→"外观"→"文件夹选项"命令，打开"文件夹选项"对话框。如图 1-28 所示。

② 在"常规"选项卡中可以对浏览文件夹、打开项目的方式和导航窗格进行设置。

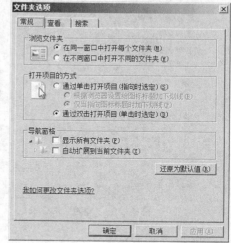

图 1-28　"常规"选项卡

- 在"文件夹选项"对话框的"浏览文件夹"选项区域中，如果选择"在同一窗口中打开每个文件夹"单选项，则在资源管理器中打开不同的文件夹时，文件夹会出现在同一窗口中；如果选择"在不同窗口中打开不同的文件夹"单选项，则每打开一个文件夹就会显示相应的新的窗口，这样设置可方便移动或复制文件。

- 在"文件夹选项"对话框的"打开项目的方式"选项区域中，如果选择"通过单击打开项目（指向时选定）"单选项，资源管理器中的图标将以超文本的方式显示，单击图标就能打开文件、文件夹或者应用程序。图标的下划线何时加上由与该选项关联的两个按钮来控制。如果选择"通过双击打开项目（单击时选定）"单选项，则打开文件、文件夹和应用程序的方法与 Windows 传统的使用方法一样。

③ 在"文件夹选项"对话框的"查看"选项卡中，可以设置文件或文件夹在资源管理器中的显示属性，如图 1-29 所示。单击"文件夹视图"选项区域中的"应用到文件夹"按钮时，会把当前设置的文件夹视图应用到所有文件夹。单击"重置文件夹"按钮时，会使得系统恢复文件夹的视图为默认值。

4．配置虚拟内存

在 Windows 中，如果内存不够，系统会把内存中暂时不用的一些数据写到磁盘上以腾出内存空间给别的应用程序使用，当系统需要这些数据时再重新把数据从磁盘读回内存中。用来临时存放内存数据的磁盘空间称为虚拟内存。建议将虚拟内存的大小设为实际内存的 1.5 倍，虚拟内存太小会导致系统没有足够的内存运行程序，特别是当实际的内存不大时。下面是设置虚拟内存的具体步骤。

① 依次单击"开始"→"控制面板"→"系统和安全"→"系统"命令，然后单击"高

级系统设置",打开"系统属性"对话框,再单击"高级"选项卡,如图 1-30 所示。

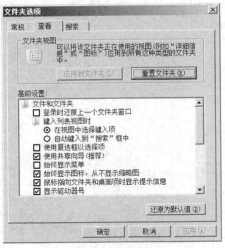

图 1-29 "查看"选项卡

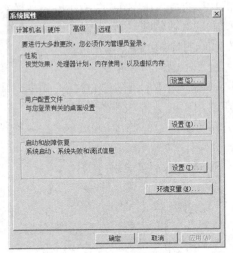

图 1-30 "系统属性"对话框

② 单击"设置",打开"性能选项"对话框,再单击"高级"选项卡,如图 1-31 所示。

③ 单击"更改"按钮,打开"虚拟内存"对话框,去除勾选的"自动管理所有驱动器的分页文件大小"复选框。选择"自定义大小"单选框,并设置初始大小为 40000MB,最大值为 60000MB,然后单击"设置"按钮,如图 1-32 所示。最后单击"确定"按钮并重启计算机即可完成虚拟内存的设置。

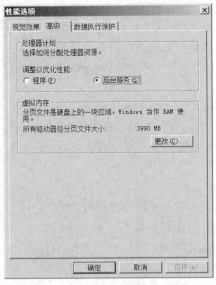

图 1-31 "性能选项"对话框

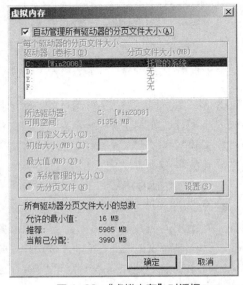

图 1-32 "虚拟内存"对话框

提示 虚拟内存可以分布在不同的驱动器中，总的虚拟内存等于各个驱动器上的虚拟内存之和。如果计算机上有多个物理磁盘，建议把虚拟内存放在不同的磁盘上以增加虚拟内存的读写性能。虚拟内存的大小可以自定义，即管理员手动指定，或者由系统自行决定。页面文件所使用的文件名是根目录下的 pagefile.sys，不要轻易删除该文件，否则可能会导致系统的崩溃。

5．设置显示属性

在"外观"对话中可以对计算机的显示、任务栏和「开始」菜单、轻松访问中心、文件夹选项和字体进行设置。前面已经介绍了对文件夹选项的设置。下面介绍设置"显示属性"的具体步骤如下。

依次单击"开始"→"控制面板"→"外观"→"显示"命令，打开"显示"对话框，可以对分辨率、亮度、桌面背景、配色方案、屏幕保护程序、显示器设置、连接到投影仪、调整 ClearType 文本和设置自定义文本大小（DPI）进行逐项设置，如图 1-33 所示。

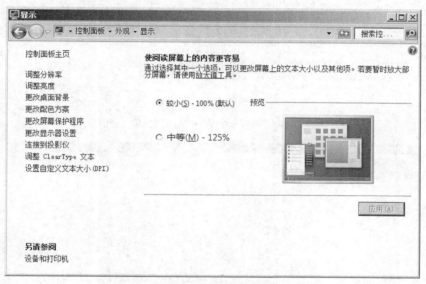

图 1-33 "显示"对话框

6．配置防火墙，放行 ping 命令

Windows Server 2008 安装后，默认自动启用防火墙，而且 ping 命令默认被阻止，ICMP 协议包无法穿越防火墙。为了后面实训的要求及实际需要，应该设置防火墙，允许 ping 命令通过。若要放行 ping 命令，有两种方法。

一是在防火墙设置中新建一条允许 ICMP v4 协议通过的规则，并启用；二是在防火墙设置中在"入站规则"中启用"文件和打印共享（回显请求–ICMP v4-In）（默认不启用）"的预定义规则。下面介绍第一种方法的具体步骤。

① 依次单击"开始"→"控制面板"→"系统和安全"→"Windows 防火墙"→"高级设置"命令。在打开的"高级安全 Windows 防火墙"对话框中，单击左侧目录树中的入站规则，如图 1-34 所示（第二种方法在此入站规则中设置即可，请读者思考）。

② 单击"操作"列的"新建规则"，出现"新建规则"对话框，单击"自定义（C）"选项，如图 1-35 所示。

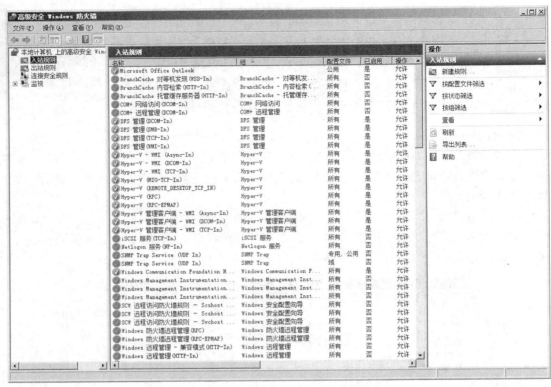

图 1-34 "高级安全 Windows 防火墙"窗口

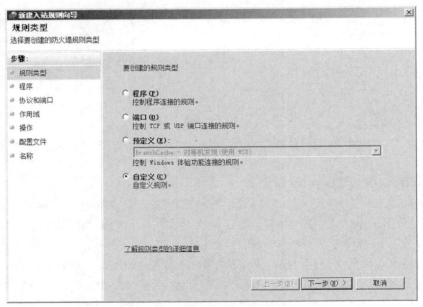

图 1-35 "新建入站规则向导-规则类型"窗口

③ 单击"步骤"列的"协议和端口",如图 1-36 所示。在"协议类型"下拉列表框中选择"ICMPv4"。

④ 单击"下一步"按钮,在出现的对话框中选择应用于哪些本地 IP 地址和哪些远程 IP 地址。

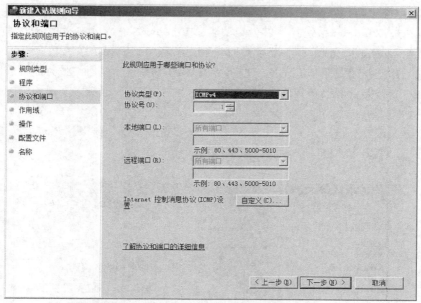

图 1-36 "新建入站规则向导-协议和端口"窗口

⑤ 继续单击"下一步"按钮，选择是否允许连接，选择"允许连接"。

⑥ 再次单击"下一步"按钮，选择何时应用本规则。

⑦ 最后单击"下一步"按钮，输入本规则的名称，比如：ICMP v4 协议规则。单击"完成"，使新规则生效。

7．查看系统信息

系统信息包括硬件资源、组件和软件环境等内容。依次单击"开始"→"所有程序"→"附件"→"系统工具"→"系统信息"命令，显示图 1-37 所示的"系统信息"窗口。

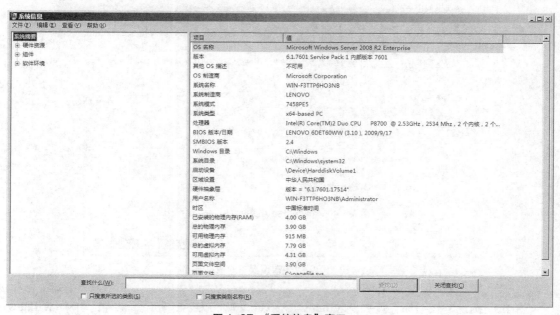

图 1-37 "系统信息"窗口

8．设置自动更新

系统更新是 Windows 系统必不可少的功能，Windows Server 2008 也是如此。为了增强系统功能，避免因漏洞而造成故障，必须及时安装更新程序，以保护系统的安全。

单击左下角"开始"菜单右侧的"服务器管理器"图标，打开"服务器管理器"窗口，选中左侧的"服务器管理器（WIN2008-0）"，在"安全信息"区域中，单击"配置更新"超级链接，显示图 1-38 所示的"Windows Update"窗口。

单击"更改设置"链接，显示图 1-39 所示的"更改设置"窗口，在"选择 Windows 安装更新的方法"窗口中，选择一种安装方法即可。

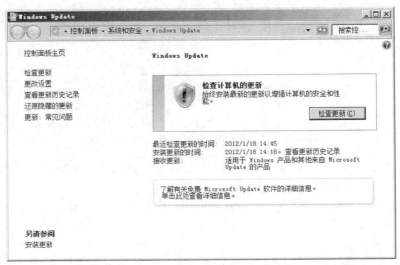

图 1-38 "Windows Updata"对话框

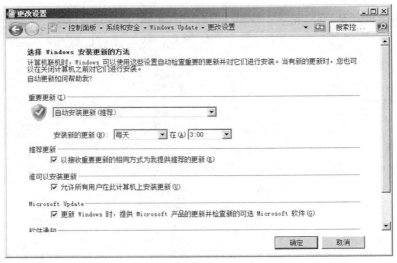

图 1-39 "更改设置"对话框

单击"确定"按钮保存设置。Windows Server 2008 就会根据所做配置自动从 Windows Update 网站检测并下载更新。

1.3.3 添加与管理角色

Windows Server 2008 的一个亮点就是组件化，所有角色、功能甚至用户账户都可以在"服务器管理器"中进行管理，同时，它减去了 Windows Server 2003 中的"添加/删除 Windows 组件"功能。

1．添加服务器角色

Windows Server 2008 支持的网络服务虽然多，但默认不会安装任何组件，只是一个提供用户登录的独立的网络服务器，用户需要根据自己的实际需要选择安装相关的网络服务。

① 依次单击"开始"→"所有程序"→"管理工具"→"服务器管理器"命令，打开"服务器管理器"对话框，选中左侧的"角色"目录树，再单击"添加角色"超级链接启动"添加角色向导"。首先显示图 1–40 所示的"开始之前"对话框，提示此向导可以完成的工作及操作之前需注意的相关事项。

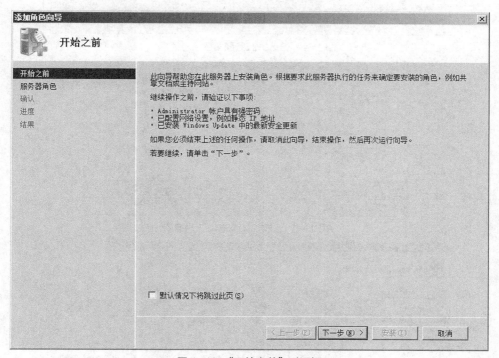

图 1-40 "开始之前"对话框

② 单击"下一步"按钮，显示图 1–41 所示的"选择服务器角色"对话框，显示了所有可以安装的服务角色。如果角色前面的复选框没有被选中，则表示该网络服务尚未安装，如果已选中，说明已经安装。在列表框中选择拟安装的网络服务即可。和 Windows Server 2003 相比，Windows Server 2008 增加了一些服务器角色，但同时也减少了一些角色。

③ 由于一种网络服务往往需要多种功能配合使用，因此，有些角色还需要添加其他功能，如图 1–42 所示。此时，需单击"添加所需的角色服务"按钮添加即可。

④ 选中了要安装的网络服务以后，单击"下一步"按钮，通常会显示该角色的简介信息。以安装 Web 服务为例，显示图 1–43 所示的"Web 服务简介"对话框。

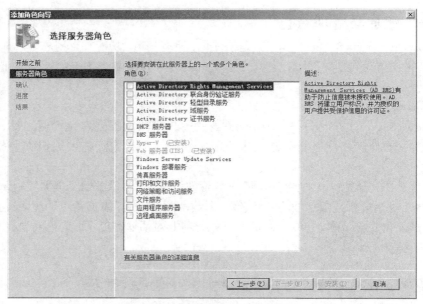

图 1-41 "选择服务器角色"对话框

图 1-42 "添加角色向导"对话框

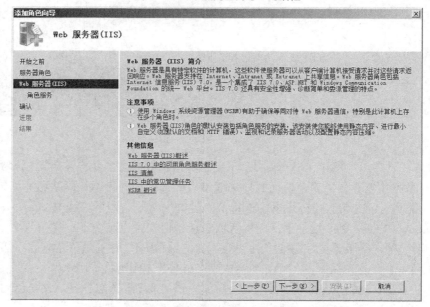

图 1-43 "Web 服务简介"对话框

⑤ 单击"下一步"按钮，显示"选择角色服务"按钮，可以为该角色选择详细的组件，如图 1-44 所示。

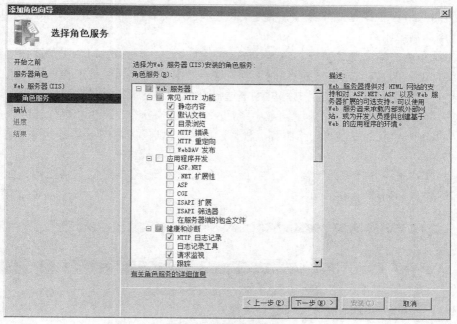

图 1-44 "选择角色服务"对话框

⑥ 单击"下一步"按钮，显示图 1-45 所示的"确认安装选择"对话框。如果在选择服务器角色的同时选中了多个，则会要求选择其他角色的详细组件。

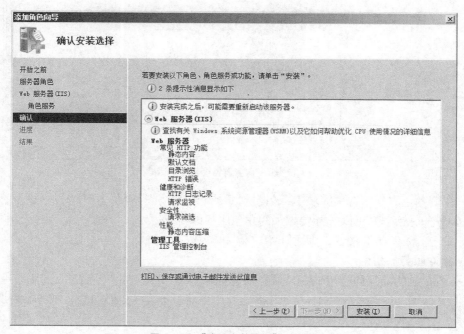

图 1-45 "确认安装选择"对话框

⑦ 单击"安装"按钮即可开始安装。

部分网络服务安装过程中可能需要提供 Windows Server 2008 安装光盘，有些网络服务可能会在安装过程中调用配置向导，做一些简单的服务配置，但更详细的配置通常都借助于安装完成后的网络管理实现（有些网络服务安装完成以后需要重新启动系统才能生效）。

2．添加角色服务

服务器角色的模块化是 Windows Server 2008 的一个突出特点，每个服务器角色都具有独立的网络功能。但是在安装某些角色时，同时还会安装一些扩展组件来实现更强大的功能，而普通用户则完全可以根据自己的需要酌情选择。添加角色服务就是安装以前没有选择的子服务，如"网络策略和访问服务"角色中包括网络策略服务器、路由和远程访问服务、健康注册机构等。先前已经安装了"路由和远程访问服务"，则可按照如下操作步骤完成其他角色服务的添加。

① 打开"服务器管理器"窗口，展开"角色"，选择已经安装的网络服务，如"路由和远程访问服务"，如图 1-46 所示。

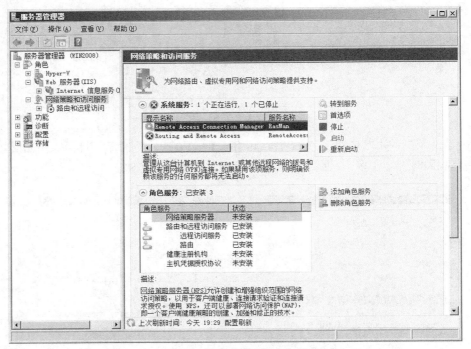

图 1-46 "服务器管理器"对话框

② 在"角色服务"选项区域中，单击"添加角色服务"链接，打开图 1-47 所示的"选择角色服务"对话框，可以选择要添加的角色服务即可。

③ 单击"下一步"按钮，即可开始安装。

3．删除服务器角色

服务器角色的删除同样可以在"服务器管理器"窗口中完成，不过建议删除角色之前确认是否有其他网络服务或 Windows 功能需要调用当前服务，以免删除之后服务器瘫痪。步骤如下。

① 在"服务器管理器"窗口，选择"角色"，显示已经安装的服务角色，如图 1-48 所示。

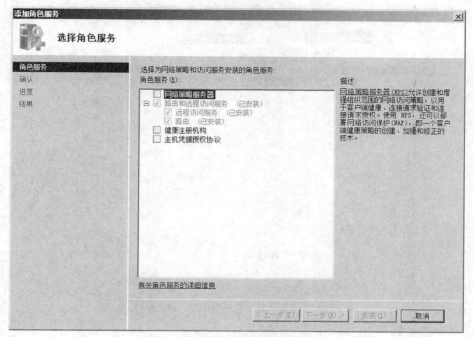

图 1-47 "选择角色服务"对话框

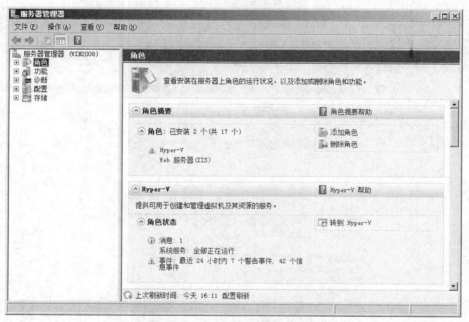

图 1-48 "服务器管理器"对话框

② 单击"删除角色"链接,打开图 1-49 所示的"删除服务器角色"对话框,取消想要删除的角色前的复选框并单击"下一步"按钮,即可开始删除。

提示　　　　角色服务的删除,同样需要在指定服务器角色的管理器窗口中完成,单击"角色服务"选项框边的"删除角色"链接即可。

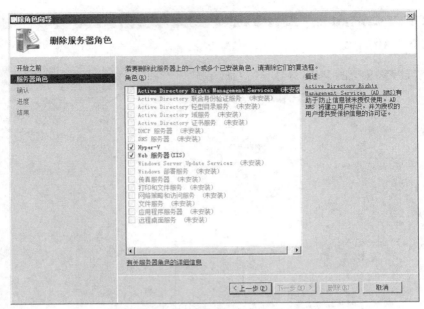

图 1-49 "删除服务器角色"对话框

4．管理服务器角色

Windows Server 2008 的网络服务管理更加智能化了，大多数服务器角色都可以通过控制台直接管理。最简单的方法就是在"服务器管理器"窗口中，展开角色并单击相应的服务器角色进入管理，如图 1-50 所示。

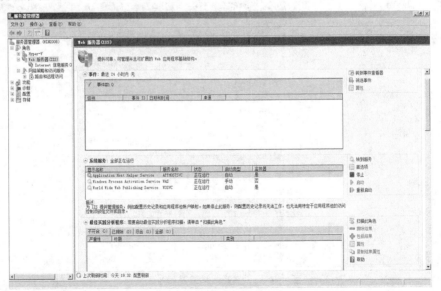

图 1-50 "服务器管理器-角色"对话框

除此之外，也可以通过单击"开始"→"所有程序"→"管理工具"，并从中选择想要管理的服务器角色来打开单独的控制台窗口，对服务器进行配置和管理。

5．添加和删除功能

用户可以通过"添加功能"为自己的服务器添加更多的实用功能，Windows Server 2008 的许多功能都是需要特殊硬件配置支持的，因此默认安装过程中不会添加任何扩展功能。在使用过程中，用户可以根据自己的需要添加必须的功能。在"初始配置任务"窗口中，单击"配置此服务器"选项框中的"添加功能"链接，打开图 1-51 所示的"添加功能向导"对话框。选中欲安装功能组件前的复选框，并单击"安装"或"下一步"按钮即可。

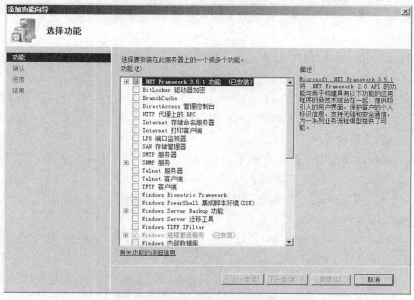

图 1-51　"添加功能向导-选择功能"对话框

除此之外，同样可以在"服务器管理器"窗口中完成 Windows 功能组件的添加或删除。在"服务器管理器"窗口中，打开图 1-52 所示的"功能摘要"窗口，在这里可以配置和管理已经安装的 Windows 功能组件。单击"添加功能"链接即可启动添加功能向导，从中选择想要添加的功能。单击"删除功能"链接，可以打开"删除功能向导"，选择已经安装但又不需要的功能，将其删除。

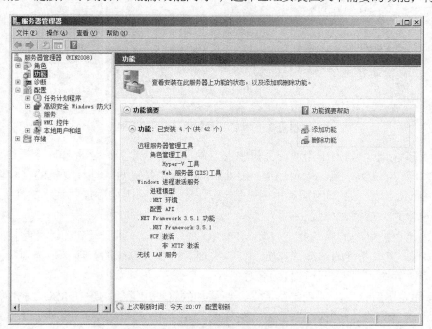

图 1-52　"服务器管理器-功能摘要"对话框

1.3.4　使用 Windows Server 2008 的管理控制台

Microsoft 管理控制台（Microsoft Management Console，MMC）虽然不能执行管理功能，但却是集成管理必不可少的工具，这点在 Windows Server 2008 中尤为突出。在一个控制台窗口中即可实现对本地所有服务器角色，甚至远程服务器的管理和配置，大大简化了管理工作。

1．管理单元

在 MMC 中，每一个单独的管理工具可视为一个"管理单元"，每一个管理单元完成一个任务。在一个 MMC 中，可以同时添加许多的"管理单元"。在 Windows Server 2008 中，每一个管理工具都是一个"精简"的 MMC，并且许多非系统内置管理工具也可以以管理单元的方式添加到 MMC 中，实现统一管理。

2．添加、删除管理单元

Windows Server 2008 中的控制台版本为 MMC 3.0。使用 MMC 进行管理的时候，需要添加相应的管理单元，其方法及步骤如下。

① 执行"开始"→"运行"命令，在"运行"对话框中输入"MMC"，单击"确定"按钮，打开 MMC 对话框。

② 执行"文件"→"添加/删除管理单击"命令，或者按 Ctrl+M 组合键，打开"添加/删除管理单元"对话框，如图 1-53 所示。

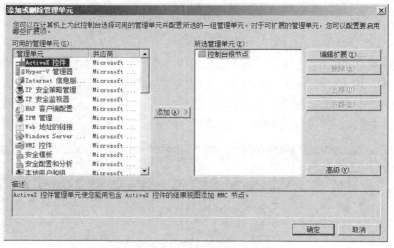

图 1-53　"添加/删除管理单元"对话框

③ 在该对话框中列出了当前计算机中安装的所有 MMC 插件。选择一个插件，单击"添加"按钮，即可将其添加到 MMC 中。如果添加的插件是针对本地计算机的，管理插件会自动添加到 MMC；如果添加的插件也可以管理远程计算机，比如添加"共享文件夹"，将打开选择管理对象的对话框，如图 1-54 所示。

若是直接在被管理的服务器上安装 MMC，可以选择"本地计算机（运行此控制台的计算机）"单选项，将只能管理本地计算机。若要实现对远程计算机的管理，则选中"另一台计算机"单选项，并输入另一台计算机的名称。

④ 添加完毕后，单击"确定"按钮，新添加的管理单元将出现在 MMC 树中。

⑤ 执行"文件"→"保存"或者"另存为"命令可以保存 MMC 文件。下次双击 MMC 文件打开 MMC 时，原先添加的管理单元仍会存在，方便对其进行计算机管理。

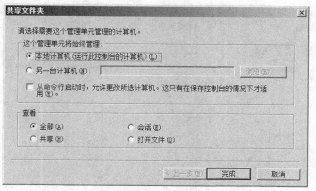

图 1-54 "添加/删除管理单元–共享文件夹"对话框

3．使用 MMC 管理远程服务

使用 MMC 还可以管理网络上的远程服务器。实现远程管理的前提是：

● 拥有管理该计算机的相应权限；
● 在本地计算机上有相应的 MMC 插件。

① 运行 MMC，打开"添加/删除管理单元"对话框。选择要管理的服务所对应的管理单元"计算机管理"，单击"添加"按钮，打开图 1-55 所示的"计算机管理"对话框。选择"另一台计算机"单选按钮，并输入欲管理的计算机的 IP 地址或计算机名。

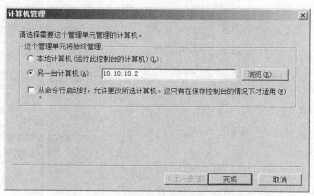

图 1-55 "计算机管理–选择管理对象"对话框

② 单击"完成"按钮，返回"添加/删除管理单元"对话框。打开所添加的管理工具。如图 1-56 所示，即可像管理本地计算机一样，对远程计算机上的服务进行配置。

③ 单击"文件"菜单中的"保存"选项，可将 MMC 保存为文件，以方便日后再次打开。

在管理远程计算机时，如果出现"拒绝访问"或"没有访问远程计算机的权限"警告框，说明当前登录的账号没有管理远程计算机的权限。此时，可以保存当前的控制台为"远程计算机管理"，关闭 MMC。然后在"管理工具"对话框中右击"远程计算机管理"图标，从弹出的快捷菜单中选择"以管理员身份运行"即可。再次进入 MMC，就可以管理远程计算机了。

提示

　　　　　　如果当前计算机和被管理的计算机不是 Active Directory 的成员，在输入远程计算机的用户名和密码时，当前计算机也要有个相同的用户名和密码。

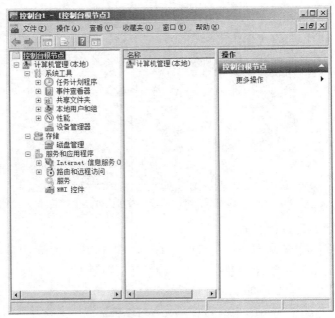

图 1-56 "控制台-计算机管理"窗口

4. MMC 模式

MMC 有两种模式：作者模式和用户模式。如果 MMC 为作者模式，用户既可以在 MMC 中添加、删除管理单元，也可以创建新的窗口、改变视图等。在用户模式下，用户具有以下 3 种访问权限。

① 完全访问：用户不能添加、删除管理单元或属性，但是可以完全访问。

② 受限访问，多窗口：仅允许用户访问在保存控制台时可见的控制台树的区域，可以创建新的窗口，但是不能关闭已有的窗口。

③ 受限访问，单窗口：仅允许用户访问在保存控制台时可见的控制台树的区域，可以创建新的窗口，阻止用户打开新的窗口。

在控制台窗口中单击"文件"→"选项"，打开图 1-57 所示的"选项"对话框，可以设置控制台模式。

图 1-57 "选项"对话框

1.4 习题

一、填空题

（1）Windows Server 2008 R2 版本共有 6 个，每个 Windows Server 2008 R2 都提供了关键功能，这 6 个版本是：_____、_____、_____、_____、_____、_____。

（2）Windows Server 2008 所支持的文件系统包括：_____、_____、_____。Windows Server 2008 系统只能安装在_____文件系统分区。

（3）Windows Server 2008 有多种安装方式，分别适用于不同的环境。选择合适的安装方式可以提高工作效率，除了常规的使用 DVD 光盘启动安装方式以外，还有_____、_____和_____。

（4）安装 Windows Server 2008 R2 时，内存至少不低于_____，硬盘的可用空间不低于_____，并且只支持_____位版本。

（5）Windows Server 2008 要管理员口令要求必须符合以下条件：①至少 6 个字符；②不包含用户账户名称超过两个以上连续字符；③包含_____、_____、大写字母（A～Z）、小写字母（a～z）4 组字符中的 3 组。

（6）Windows Server 2008 中的_____相当于 Windows Server 2003 中的 Windows 组件。

（7）Windows Server 2008 安装完成后，为了保证能够长期正常使用，必须和其他版本的 Windows 操作系统一样进行激活，否则只能够试用_____。

（8）页面文件所使用的文件名是根目录下的_____，不要轻易删除该文件，否则可能会导致系统的崩溃。

（9）对于虚拟内存的大小，建议为实际内存的_____。

（10）MMC 有_____和_____模式。

二、选择题

（1）在 Windows Server 2008 系统中，如果要输入 DOS 命令，则在"运行"对话框中输入（   ）。

    A. CMD   B. MMC   C. AUTOEXE   D. TTY

（2）Windows Server 2008 系统安装时生成的"Documents and Settings""Windows"和"Windows\System32"文件夹是不能随意更改的，因为它们是（   ）。

    A. Windows 的桌面

    B. Windows 正常运行时所必需的应用软件文件夹

    C. Windows 正常运行时所必需的用户文件夹

    D. Windows 正常运行时所必需的系统文件夹

（3）有一台服务器的操作系统是 Windows Server 2003，文件系统是 NTFS，无任何分区，现要求对该服务进行 Windows Server 2008 的安装，保留原数据，但不保留操作系统，应使用下列（   ）种方法进行安装才能满足需求。

    A. 在安装过程中进行全新安装并格式化磁盘

    B. 对原操作系统进行升级安装，不格式化磁盘

    C. 做成双引导，不格式化磁盘

    D. 重新分区并进行全新安装

（4）现要在一台装有 Windows Server 2003 操作系统的机器上安装 Windows Server 2008，并做成双引导系统。此计算机硬盘的大小是 100 GB，有两个分区：C 盘 20 GB，文件系统是 FAT；D 盘 80GB，文件系统是 NTFS。为使计算机成为双引导系统，下列哪个选项是最好的方法？（   ）

    A. 安装时选择升级选项，并且选择 D 盘用为安装盘

    B. 全新安装，选择 C 盘上与 Windows 相同目录作为 Windows Server 2008 的安装目录

    C. 升级安装，选择 C 盘上与 Windows 不同目录作为 Windows Server 2008 的安装目录

    D. 全新安装，且选择 D 盘作为安装盘

（5）下面（　　　）不是 Windows Server 2008 的新特性

    A．Active Directory B．Server Core   C．Power Shell   D．Hyper-V

三、简答题

（1）简述 Windows Server 2008 R2 系统的最低硬件配置需求。

（2）在安装 Windows Server 2008 R2 前有哪些注意事项？

1.5　项目实训　安装与基本配置 Windows Server 2008 R2

一、实训目的

● 了解 Windows Server 2008 各种不同的安装方式，能根据不同的情况正确选择不同的方式来安装 Windows Server 2008 操作系统。

● 熟悉 Windows Server 2008 安装过程及其启动与登录。

● 掌握 Windows Server 2008 的各项初始配置任务。

● 掌握 VMware Workstation 9.0 的用法。

二、实训环境

1．网络环境

① 已建好的 100Mbit/s 的以太网络，包含交换机（或集线器）、五类（或超五类）UTP 直通线若干、3 台及以上的计算机。

② 计算机配置要求 CPU 最低 1.4GHz 以上，x64 和 x86 系列均有 1 台及以上，内存不小于 1024MB，硬盘剩余空间不小于 10GB，有光驱和网卡。

2．软件

Windows Server 2008 R2 安装光盘，或 ISO 镜像文件。

服务器的硬盘空间为 500GB，已经安装了 Windows 7 网络操作系统和 VMware，计算机名称为 client1。Windows Server 2008 x86 的镜像文件已保存在硬盘上。网络拓扑图参照图 1-4。

注意　①如果不作特殊说明，本书以后出现的"网络环境"都应包括以上条件。②所有的实训环境都可以在 VMware 9.0 上或 Hyper-V 中实现，请读者根据所处的实际环境选择相应的虚拟机软件。③本书此后出现的 Windows Server 2008 一般代指 Windows Server 2008 R2 版本。

三、实训要求

在 3 台计算机裸机（即全新硬盘中）中完成下述操作。

首先进入 3 台计算机的 BIOS，全部设置为从 CD-ROM 启动系统。

1．设置第 1 台计算机

在第 1 台计算机（x86 系列）上，将 Windows Server 2008 R2 安装光盘插入光驱，从 CD-ROM 引导并开始全新的 Windows Server 2008 R2 安装，要求如下。

① 安装 Windows Server 2008 R2 企业版，系统分区的大小为 20GB，管理员密码为 P@ssw0rd1。

② 对系统进行初始配置：计算机名称 win2008-1，工作组为 "office"。

③ 设置 TCP/IP 协议，其中要求禁用 TCP/IPv6 协议，服务器的 IP 地址为 192.168.2.1，

子网掩码为 255.255.255.0，网关设置为 192.168.2.254，DNS 地址为 202.103.0.117、202.103.6.46。

④ 设置计算机虚拟内存为自定义方式，其初始值为 1560MB，最大值为 2130MB。

⑤ 激活 Windows Server 2008，启用 Windows 自动更新。

⑥ 启用远程桌面和防火墙。

⑦ 在 MMC 中添加"计算机管理"、"磁盘管理"和"DNS"这 3 个管理单元。

2．设置第 2 台计算机

在第 2 台计算机上（x64 系列），将 Windows Server 2008 安装光盘插入光驱，从 CD-ROM 引导并开始全新的 Windows Server 2008 安装，要求如下。

① 安装 Windows Server 2008 企业版，系统分区的大小为 20GB，管理员密码为 P@ssw0rd2。

② 对系统进行初始配置：计算机名称 win2008-2，工作组为"office"。

③ 设置 TCP/IP，其中要求禁用 TCP/IPv6 协议，服务器的 IP 地址为 192.168.2.10，子网掩码为 255.255.255.0，网关设置为 192.168.2.254，DNS 地址为 202.103.0.117、202.103.6.46。

④ 设置计算机虚拟内存为自定义方式，其初始值为 1560MB，最大值为 2130MB。

⑤ 激活 Windows Server 2008，启用 Windows 自动更新。

⑥ 启用远程桌面和防火墙。

⑦ 在微软管理控制台中添加"计算机管理""磁盘管理"和"DNS"这 3 个管理单元。

3．比较 x86 和 x64 的某些区别

分别查看第 1 台和第 2 台计算机上的"添加角色"和"添加功能"向导及控制面板，找出两台计算机中不同的地方。

4．设置第 3 台计算机

在第 3 台计算机上（x64 系列），安装 Windows Server Core，系统分区的大小为 20GB，管理员密码为 P@ssw0rd3，并利用 cscript scregedit.wsf /cli 命令，列出 Windows Server Core 提供的常用命令行。

四、在虚拟机中安装 Windows Server 2008 的注意事项

在虚拟机中安装 Windows Server 2008 较简单，但安装的过程中需要注意以下事项。

（1）Windows Server 2008 装完成后，必须安装"VMware 工具"。我们知道，在安装完操作系统后，需要安装计算机的驱动程序。VMware 专门为 Windows、Linux、Netware 等操作系统"定制"了驱动程序光盘，称做"VMware 工具"。VMware 工具除了包括驱动程序外，还有一系列的功能。

安装方法：执行"虚拟机"→"安装 VMware 工具"命令，根据向导完成安装。

安装 VMware 工具并且重新启动后，从虚拟机返回主机，不再需要按 Ctrl+Alt 组合键，只要把鼠标指针从虚拟机中向外"移动"超出虚拟机窗口后，就可以返回到主机，在没有安装 VMware 工具之前，移动鼠标指针会受到窗口的限制。另外，启用 VMware 工具之后，虚拟机的性能会提高很多。

（2）修改本地策略，删除按 Ctrl+Alt+Del 组合键登录选项，步骤如下。

执行"开始"→"运行"命令，输入"gpedit.msc"，打开"本地组策略编辑器"窗口，选择"计算机配置"→"Windows 设置"→"安全设置"→"本地策略"→"安全选项"，双击"交互式登录：无须按 Ctrl+Alt+Del 已禁用"图标，改为"已启用"，如图 1-58 所示。

这样设置后可避免与主机的热键发生冲突。

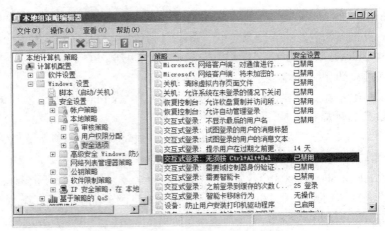

图 1-58　本地组策略编辑器窗口

五、实训思考题

● 安装 Windows Server 2008 网络操作系统时需要哪些准备工作？

● 安装 Windows Server 2008 网络操作系统时应注意哪些问题？

● 如何选择分区格式？同一分区中有多个系统又该如何选择文件格式？如何选择授权模式？

● 如果服务器上只有一个网卡，而又需要多个 IP 地址，该如何操作？

● 在 VMware 中安装 Windows Server 2008 网络操作系统时，如果不安装 VMware 工具会出现什么问题？

六、实训报告要求

● 实训目的。

● 实训环境。

● 实训要求。

● 实训步骤。

● 实训中的问题和解决方法。

● 回答实训思考题。

● 实训心得与体会。

PART 2

项目 2
管理活动目录与用户

本项目学习要点

　　Active Directory 又称活动目录，是 Windows Server 2003 和 Windows Server 2008 系统中非常重要的目录服务。Active Directory 用于存储网络上各种对象的有关信息，包括用户账户、组、打印机、共享文件夹等，并把这些数据存储在目录服务数据库中，便于管理员和用户查询及使用。活动目录具有安全性、可扩展性、可伸缩性的特点，与 DNS 集成在一起，可基于策略进行管理。

- 理解域与活动目录的概念。
- 掌握活动目录的创建与配置。
- 掌握域用户和组的管理。
- 了解组织单元的管理。
- 了解信任关系的管理。

2.1　项目基础知识

2.1.1　认识活动目录及意义

　　什么是活动目录呢？活动目录就是 Windows 网络中的目录服务（Directory Service），即活动目录域服务（AD DS）。所谓目录服务，有两方面内容：目录和与目录相关的服务。

　　活动目录（Active Directory，AD），负责目录数据库的保存、新建、删除、修改与查询等服务，用户很容易在目录内寻找所需要的数据。活动目录的存在具有以下意义。

1. 简化管理

　　活动目录和域密切相关。域是指网络服务器和其他计算机的一种逻辑分组，凡是在共享域逻辑范围内的用户都使用公共的安全机制和用户账户信息，每个使用者在域中只拥有一个账户，每次登录的是整个域。

　　活动目录用于将域中的资源分层次地组织在一起，每个域都包含一个或多个域控制器（Directory Controler，DC）。域控制器就是安装活动目录的 Windows Server 2008 的计算机，它存储域目录完整的副本。为了简化管理，域中的所有域控制器都是对等的，可以在任意一台域控制器上做修改，更新的内容将被复制到该域中所有其他域控制器，活动目录为管理网络上的所有资源提供单一入口，进一步简化了管理，管理员可以登录任意一台计算机管理网络。

2．安全性

安全性通过登录身份验证及目录对象的访问控制集成在活动目录之中。通过单点网络登录，管理员可以管理分散在网络各处的目录数据和组织单位，经过授权的网络用户可以访问网络任意位置的资源，基于策略的管理简化了网络的管理。

活动目录通过对象访问控制列表及用户凭据保护用户账户和组信息，因为活动目录不但可以保存用户凭据，而且可以保存访问控制信息，所以登录到网络上的用户既能够获得身份验证，也可以获得访问系统资源所需的权限。例如在用户登录到网络时，安全系统会利用存储在活动目录中的信息验证用户的身份，在用户试图访问网络服务时，系统会检查在服务的自由访问控制列表（DCAL）中所定义的属性。

活动目录允许管理员创建组账户，管理员可以更加有效地管理系统的安全性，通过控制组权限可控制组成员的访问操作。

3．改进的性能与可靠性

Windows Server 2008 能够更加有效地管理活动目录的复制与同步，不管是在域内还是在域间，管理员都可以更好地控制要在域控制器间进行同步的信息类型。活动目录还提供了许多技术可以智能地选择只复制发生更改的信息，而不是机械地复制整个目录的数据库。

2.1.2　认识活动目录的逻辑结构

活动目录结构是指网络中所有用户、计算机及其他网络资源的层次关系，就像一个大型仓库中分出若干个小储藏间，每个小储藏间分别用来存放东西。通常活动目录的结构可以分为逻辑结构和物理结构，它们分别包含不同的对象。

活动目录的逻辑结构非常灵活，目录中的逻辑单元包括域、组织单位（Organizational Unit，OU）、域目录树和域目录林。

1．域

域是在 Windows NT/2000/2003/2008 网络环境中组建客户机/服务器网络的实现方式。所谓域，是由网络管理员定义的一组计算机集合，实际上就是一个网络。在这个网络中，至少有一台称为域控制器的计算机，充当服务器角色。在域控制器中保存着整个网络的用户账号及目录数据库，即活动目录。管理员可以通过修改活动目录的配置来实现对网络的管理和控制，例如管理员可以在活动目录中为每个用户创建域用户账号，使他们可登录域并访问域的资源。同时，管理员也可以控制所有网络用户的行为，如控制用户能否登录、在什么时间登录、登录后能执行哪些操作等。而域中的客户计算机要访问域的资源，则必须先加入域，并通过管理员为其创建的域用户账号登录域，才能访问域资源。同时，也必须接受管理员的控制和管理。构建域后，管理员可以对整个网络实施集中控制和管理。

2．组织单位

组织单位在活动目录中扮演特殊的角色，它是一个当普通边界不能满足要求时创建的边界。组织单位把域中的对象组织成逻辑管理组，而不是安全组或代表地理实体的组。组织单位是可以应用组策略和委派责任的最小单位。

组织单位是包含在活动目录中的容器对象。创建组织单位的目的是对活动目录对象进行分类。比如，由于一个域中的计算机和用户较多，会使活动中的对象非常多。这时，管理员如果想查找某一个用户账号并进行修改是非常困难的。另外，如果管理员只想对某一部门的用户账号进行操作，实现起来不太方便。但如果管理员在活动目录中创建了组织单位，所有操作就会变得非常简单。比如管理员可以按照公司的部门创建不同的组织单位，如财务部组织单位、市场部组织单位、策划部组织单位等，并将不同部门的用户账号建立在相应的组织单位中，这样管理时也就非常容易、方便了。除此之外，管理员还可以针对某个组织单位设置组策略，实现对该组织单位内所有对象的管理和控制。

总之，创建组织单位有如下好处。

● 可以分类组织对象，使所有对象结构更清晰。

● 可以对某些对象配置组策略，实现对这些对象的管理和控制。

● 可以委派管理控制权，如管理员可以给不同部门的网络主管授权，让他们管理本部门的账号。

因此组织单位是可将用户、组、计算机和其他单元放入活动目录的容器，组织单位不能包括来自其他域的对象。用户可在组织单位中代表逻辑层次结构的域中创建容器，这样就可以根据组织模型管理网络资源的配置和使用，组织单位的管理员可授予用户对域中某个组织单位的管理权限，而不需要具有域中任何其他组织单位的管理权。

3．域目录树

当要配置一个包含多个域的网络时，应该将网络配置成域目录树结构。如图 2-1 所示。

在图 2-1 所示的域目录树中，最上层的域名为China.com，是这个域目录树的根域，也称为父域。下面两个域 Jina.China.com 和 Beijing.China.com 是 China.com 域的子域，3 个域共同构成了这个域目录树。

活动目录的域名仍然采用 DNS 域名的命名规则进行命名。图 4-1 所示的域目录树中，两个子域的域名Jina.China.com 和 Beijing.China.com 中仍包含父域的域名China.com，因此，它们的名称空间是连续的。这也是判断两个域是否属于同一个域目录树的重要条件。

图 2-1　域目录树

在整个域目录树中，所有域共享同一个活动目录，即整个域目录树中只有一个活动目录。只不过这个活动目录分散地存储在不同的域中（每个域只负责存储和本域有关的数据），整体上形成一个大的分布式的活动目录数据库。在配置一个较大规模的企业网络时，可以配置为域目录树结构，比如将企业总部的网络配置为根域，各分支机构的网络配置为子域，整体上形成一个域目录树，以实现集中管理。

4．域目录林

如果网络的规模比前面提到的域目录树还要大，甚至包含了多个域目录树，这时可以将网络配置为域目录林（也称森林）结构。域目录林由一个或多个域目录树组成，如图 2-2 所示。域目录林中的每个域目录树都有唯一的命名空间，它们之间并不是连续的，这一点从图中的两个目录树中可以看到。

在整个域目录林中也存在着一个根域，这个根域是域目录林中最先安装的域。在图 2-2

所示的域目录林中，China.com 是最先安装的，则这个域是域目录林的根域。

> **注意** 在创建域目录林时，组成域目录林的两个域目录树的树根之间会自动创建相互的、可传递的信任关系。由于有了双向的信任关系，使域目录林中的每个域中的用户都可以访问其他域的资源，也可以从其他域登录到本域中。

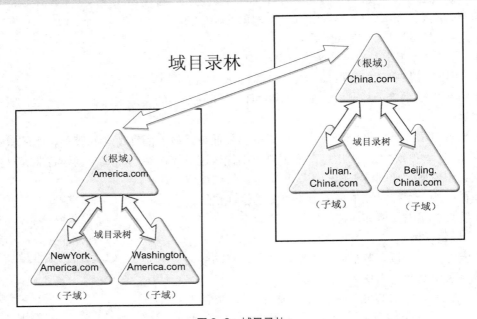

图 2-2　域目录林

2.1.3　认识活动目录的物理结构

活动目录的物理结构与逻辑结构是彼此独立的两个概念。逻辑结构侧重于网络资源的管理，而物理结构则侧重于网络的配置和优化。物理结构的 3 个重要概念是站点、域控制器和全局编录服务器。

1．站点

站点由一个或多个 IP 子网组成，这些子网通过高速网络设备连接在一起。站点往往由企业的物理位置分布情况决定，可以依据站点结构配置活动目录的访问和复制拓扑关系，使得网络更有效地连接，并且可使复制策略更合理，用户登录更快速。活动目录中的站点与域是两个完全独立的概念，一个站点中可以有多个域，多个站点也可以位于同一个域中。

活动目录站点和服务可以通过使用站点提高大多数配置目录服务的效率。通过使用活动目录站点和服务来发布站点，并提供有关网络物理结构的信息，从而确定如何复制目录信息和处理服务的请求。计算机站点是根据其在子网或组已连接好子网中的位置指定的，子网用来为网络分组，类似于生活中使用邮政编码划分地址。划分子网可方便发送有关网络与目录连接的物理信息，而且同一子网中计算机的连接情况通常优于不同网络。

使用站点的意义主要在于如下 3 点。

① 提高了验证过程的效率。当客户使用域账户登录时，登录机制首先搜索与客户处于同一站点内的域控制器，使用客户站点内的域控制器可以使网络传输本地化，加快了身份验证

的速度，提高了验证过程的效率。

② 平衡了复制频率。活动目录信息可在站点内部或站点之间进行信息复制，但由于网络的原因，活动目录在站点内部复制信息的频率高于站点间的复制频率，这样做可以平衡对最新目录的信息需求和可用网络带宽带来的限制，可以通过站点链接来定制活动目录如何复制信息以指定站点的连接方法，活动目录使用有关站点如何连接的信息生成连接对象以便提供有效的复制和容错。

③ 可提供有关站点链接信息。活动目录可使用站点链接信息费用、链接使用次数、链接何时可用和链接使用频度等信息确定应使用哪个站点来复制信息及何时使用该站点。定制复制计划使复制在特定时间（诸如网络传输空闲时）进行，会使复制更为有效。通常所有域控制器都可用于站点间信息的变换，也可以通过指定桥头堡服务器优先发送和接收站间复制信息的方法进一步控制复制行为。当拥有希望用于站间复制的特定服务器时，宁愿建立一个桥头堡服务器而不使用其他可用服务器，或在配置代理服务器时建立一个桥头堡服务器，用于通过防火墙发送和接收信息。

2．域控制器

域控制器是指安装了活动目录的 Windows Server 2008 的服务器，它保存了活动目录信息的副本。域控制器管理目录信息的变化，并把这些变化复制到同一个域中的其他域控制器上，使各域控制器上的目录信息同步。域控制器负责用户的登录过程及其他与域有关的操作，如身份鉴定、目录信息查找等。规模较小的域可以只有两个域控制器，一个实际应用，另一个用于容错性检查，规模较大的域则使用多个域控制器。

域控制器没有主次之分，采用多主机复制方案，每一个域控制器都有一个可写入的目录副本，这为目录信息容错带来了无尽的好处。尽管在某个时刻，不同的域控制器中的目录信息可能有所不同，但一旦活动目录中的所有域控制器执行同步操作之后，最新的变化信息就会一致。

3．全局编录服务器

尽管活动目录支持多主机复制方案，但是由于复制引起通信流量及网络潜在的冲突，变化的传播并不一定能够顺利进行，因此有必要在域控制器中指定全局编录（Global Catalog，GC）服务器和操作主机。全局编录是个信息仓库，包含活动目录中所有对象的部分属性，是在查询过程中访问最为频繁的属性，利用这些信息，可以定位任何一个对象实际所在的位置。全局编录服务器是一个域控制器，它保存了全局编录的一份副本，并执行对全局编录的查询操作。全局编录服务器可以提高活动目录中大范围内对象检索的性能，比如在域目录林中查询所有的打印机操作，如果没有全局编录服务器，那么必须要调动域目录林中每一个域的查询过程。如果域中只有一个域控制器，那么它就是全局编录服务器；如果有多个域控制器，那么管理员必须把其中一个域控制器配置为全局编录控制器。

2.2　项目设计及准备

2.2.1　设计

图 2-3 是项目 2 的综合网络拓扑图。该拓扑的域目录林有两个域目录树：long.com 和 smile.com，其中 long.com 域目录树下有 china.long.com 子域，在 long.com 域中有两个域控制器 win2008-1 与 win2008-2；在 china.long.com 域中除了有一个域控制器 win2008-3 外，还有

一个成员服务器 win2008-5。先创建 long.com 域目录树，然后再创建 smile.com 域目录树，smile.com 域中有一个域控制器 win2008-4。IP 地址、服务器角色等具体参数在后面各任务中分别设计。

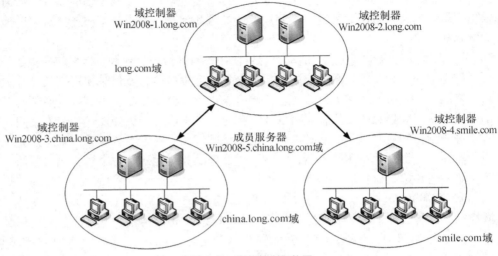

图 2-3　网络规划拓扑图

2.2.2　项目准备

为了搭建图 2-3 所示的网络环境，需要如下设备。

● 安装 Windows Server 2008 R2 的计算机 1 台。
● 已在 Windows Server 2008 R2 上安装 Hyper-V 角色，并且安装了符合要求的虚拟机。
● Windows Server 2008 R2 安装光盘或 ISO 镜像文件。

如果是在虚拟机中部署网络环境，不能使用 X64 版本，但在 VMware 中可实现各种版本的虚拟机。

特别注意　超过一台的计算机参与部署环境时，一定要保证各计算机间通信畅通，否则无法进行后续的工作。当使用 ping 命令测试失败时，有两种可能：一种是计算机间配置确实存在问题，比如 IP 地址、子网掩码等；另一种情况也可能是本身计算机间通信是畅通的，但由于对方防火墙等阻挡了 ping 命令的执行。第二种情况可以根据项目 2 中的 "2.3.2　任务 2 配置 Windows Server 2008 R2" 的 "配置防火墙，放行 ping 命令" 相关内容进行相应处理。

2.3　项目实施

2.3.1　创建第一个域（目录林根级域）

1. 部署需求

在部署目录林根级域之前需满足以下要求。

● 设置域控制器的 TCP/IP 属性，手工指定 IP 地址、子网掩码、默认网关和 DNS 服务器 IP 地址等。

● 在域控制器上准备 NTFS 卷，如 C:。

2．部署环境

2.3.1~2.3.3 所有实例被部署在该域环境下。域名为 long.com。win2008-1 和 win2008-2 是 Hyper-V 服务器的 2 台虚拟机。为了不相互影响，建议 Hyper-V 服务器中虚拟网络的模式选"专用"。网络拓扑图及参数规划如图 2-4 所示。

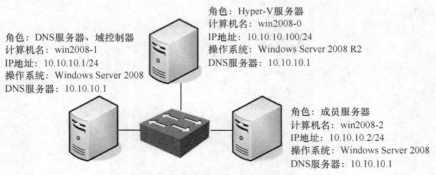

图 2-4　创建目录林根级域的网络拓扑图

　　将已经安装 Windows Server 2008 R2 的独立服务器，按要求进行 IP 地址、DNS 服务器、计算机名等的设置，为后续工作奠定基础。

由于域控制器所使用的活动目录和 DNS 有着非常密切的关系，因此网络中要求有 DNS 服务器存在，并且 DNS 服务器要支持动态更新。如果没有 DNS 服务器存在，可以在创建域时一起把 DNS 安装上。这里假设图 2-4 中的 Win2008-1 服务器未安装 DNS，并且是该域林中的第一台域控制器。

3．安装 Active Directory 域服务

活动目录在整个网络中的重要性不言而喻，经过 Windows Server 2000 和 Windows Server 2003 的不断完善，Windows Server 2008 中的活动目录服务功能更加强大，管理更加方便。在 Windows Server 2008 系统中安装活动目录时，需要先安装 Active Directory 域服务，然后运行 Dcpromp.exe 命令启动安装向导。

Active Directory 域服务的主要作用是存储目录数据并管理域之间的通信，包括用户登录处理、身份验证和目录搜索等。如果直接运行 Dcpromo.exe 命令启动 Active Directory 服务，则将自动在后台安装 Active Directory 域服务。

① 首先确认 win2008-1 的"本地连接"属性 TCP/IP 中首选 DNS 指向了自己（本例定为 10.10.10.1）。

② 以管理员用户身份登录到 Win2008-1 上，选择"开始"→"管理工具"→"服务器管理器"→"角色"选项，显示 "服务器管理器"窗口。

③ 单击"添加角色"，运行"添加角色向导"。当显示图 2-5 所示的"选择服务器角色"窗口时，勾选"Active Directory 域服务"复选框。

④ 单击"下一步"按钮，显示"Active Directory 域服务"窗口，窗口中简要介绍了 Active Directory 域服务的主要功能及安装过程中的注意事项，如图 2-6 所示。

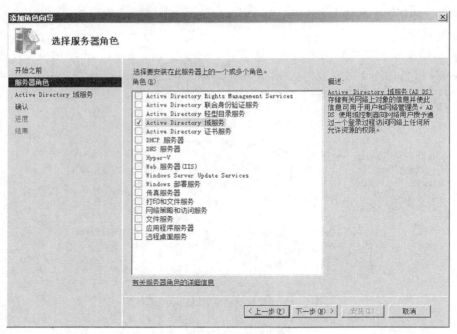

图 2-5　选择服务器角色

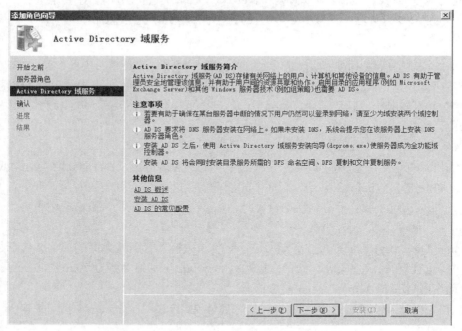

图 2-6　"Active Directory 域服务"安装向导

⑤ 单击"下一步"按钮，显示"确认安装选择"窗口，在对话框中显示确认要安装的服务。

⑥ 单击"安装"按钮即可开始安装。安装完成后显示图 2-7 所示的"安装结果"窗口，提示"Active Directory 域服务"已经成功安装。

⑦ 单击"关闭"按钮关闭安装向导，并返回"服务器管理器"窗口。

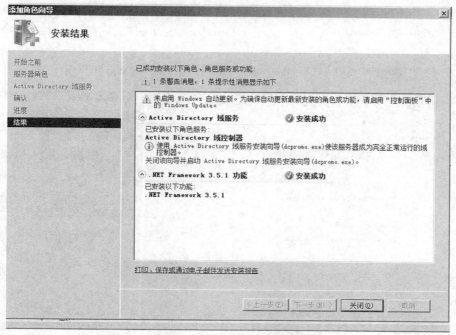

图 2-7 "Active Directory 域服务安装成功"窗口

4．安装活动目录

① 选择"开始"→"管理工具"→"服务器管理器"选项，打开"服务器管理器"窗口，展开"角色"，即可看到已经安装成功的"Active Directory 域服务"，如图 2-8 所示。

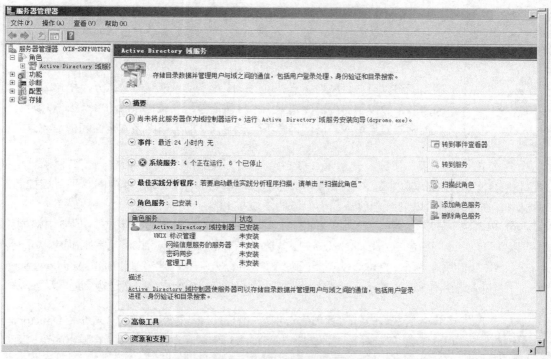

图 2-8 "服务器管理-AD 域服务"窗口

② 单击"摘要"区域中的"运行 Active Directory 域服务安装向导（dcpromo.exe）"链接或者运行"dcpromo"命令，可启动"Active Directory 域服务安装向导"。首先显示图 2-9 所示的欢迎界面。

③ 单击"下一步"按钮，显示图 2-10 所示的"操作系统兼容性"窗口。

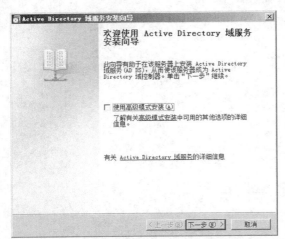

图 2-9　欢迎使用 Active Directory 域服务向导　　　图 2-10　"操作系统兼容性"窗口

④ 单击"下一步"按钮，显示图 2-11 所示的"选择某一部署配置"对话框，选择"在新林中新建域"单选按钮，创建一台全新的域控制器。如果网络中已经存在其他域控制器或林，则可以选择"现有林"单选按钮，在现有林中安装。

3 个选项的具体含义如下：

● "现有林" → "向现有域添加域控制器"：可以向现有域添加第二台或更多域控制器。

● "现有林" → "在现有林中新建域"：在现有林中创建现有域的子域。

● "在新林中新建域"：新建全新的域。

提示　网络既可以有一台域控制器，也可以配置多台域控制器，以分担用户的登录和访问。多个域控制器可以一起工作，自动备份用户账户和活动目录数据，即使部分域控制器瘫痪后网络访问仍然不受影响，从而提高网络安全性和稳定性。

⑤ 单击"下一步"按钮，显示图 2-12 所示的"命名林根域"对话框。在"目录林根级域的 FQDN（F）"文本框中输入林根域的域名（如本例为 long.com）。林中的第一台域控制器是根域，在根域下可以继续创建从属于根域的子域控制器。

⑥ 单击"下一步"按钮，显示图 2-13 所示的"设置林功能级别"对话框。不同的林功能级别可以向下兼容不同平台的 Active Directory 服务功能。选择"Windows 2000"则可以提供 Windows 2000 平台以上的所有 Active Directory 功能；选择"Windows Server 2003"则可提供 Windows Server 2003 平台以上的所有 Active Directory 功能。用户可以根据自己实际网络环境选择合适的功能级别。

提示　安装后若要设置"林功能级别"，请登录域控制器，打开"Active Directory 域和信任关系"窗口，右击"Active Directory 域和信任关系"，在弹出的快捷菜单中单击"提升林功能级别"，选择相应的林功能级别。

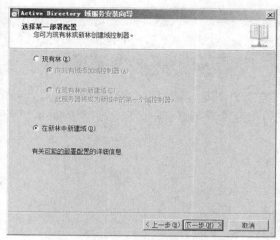

图 2-11　"选择某一部署配置"对话框

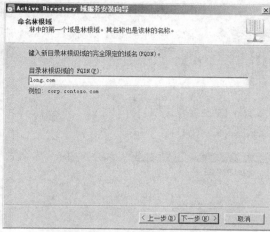

图 2-12　"命名林根域"对话框

⑦ 单击"下一步"按钮，显示图 2-14 所示的"设置域功能级别"对话框。设置不同的域功能级别主要是为兼容不同平台下的网络用户和子域控制器。例如设置为"Windows Server 2003"，则只能向该域中添加 Windows Server 2003 平台或更高版本的域控制器。

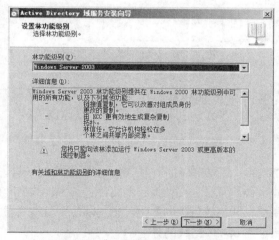

图 2-13　"设置林功能级别"对话框

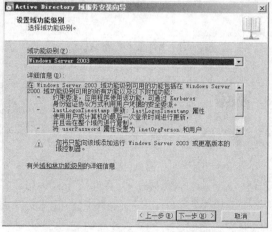

图 2-14　"设置域功能级别"对话框

提示

安装后若要设置"域功能级别"，请登录域控制器，打开"Active Directory 域和信任关系"窗口，右击域名"long.com"，在弹出的快捷菜单中单击"提升域功能级别"，选择相应的域功能级别。

⑧ 单击"下一步"按钮，显示图 2-15 所示的"其他域控制器选项"对话框。林中的第一个域控制器必须是全局编录服务器且不能是只读域控制器，所以"全局编录"和"只读域控制器（RODV）（R）"两个选项都是不可选的。建议勾选"DNS 服务器"复选框，在域控制器上同时安装 DNS 服务。

特别注意　在运行"Active Directory 域服务安装向导"时，建议安装 DNS。如果这样做，该向导将自动创建 DNS 区域委派。无论 DNS 服务器服务是否与 AD DS 集成，都必须将其安装在部署的 AD DS 目录林根级域的第一个域控制器上。

⑨ 单击"下一步"按钮，开始检查 DNS 配置，并显示图 2-16 所示的警告框。该信息表示因为无法找到有权威的父区域或者未运行 DNS 服务器，所以无法创建该 DNS 服务器的委派。

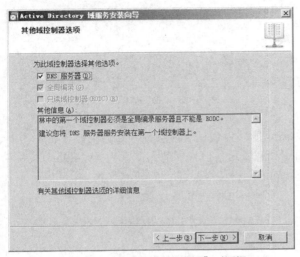

图 2-15　"其他域控制器选项"对话框

图 2-16　无法创建 DNS 服务器委派

注意　如果服务器没有分配静态 IP 地址，此时就会显示图 2-17 所示的"静态 IP 分配"对话框。提示需要配置静态 IP 地址。可以返回重新设置，也可跳过此步骤，只使用动态 IP 地址。

⑩ 单击"是"按钮，显示图 2-18 所示的"数据库、日志文件和 SYSVOL 的位置"对话框，默认位于"C:\Windows"文件夹下，也可以单击"浏览"按钮更改为其他路径。其中，数据库文件夹用来存储互动目录数据库，日志文件夹用来存储活动目录的变化日志，以便于日常管理和维护。需要注意的是，SYSVOL 文件夹必须保存在 NTFS 格式的分区中。

⑪ 单击"下一步"按钮，显示 2-19 所示的"目录服务还原模式的 Administrator 密码"对话框。由于有时需要备份和还原活动目录，且还原时必须进入"目录服务还原模式"下，所以此处要求输入"目录服务还原模式"时使用的密码。由于该密码和管理员密码可能不同，所以一定要牢记该密码。

⑫ 单击"下一步"按钮，显示图 2-20 所示的"摘要"对话框，列出前面所有的配置信息。如果需要修改，可单击"上一步"按钮返回。

提示　单击"导出设置"按钮，即可将当前安装设置输出到记事本中，以用于其他类似域控制器的无人值守安装。

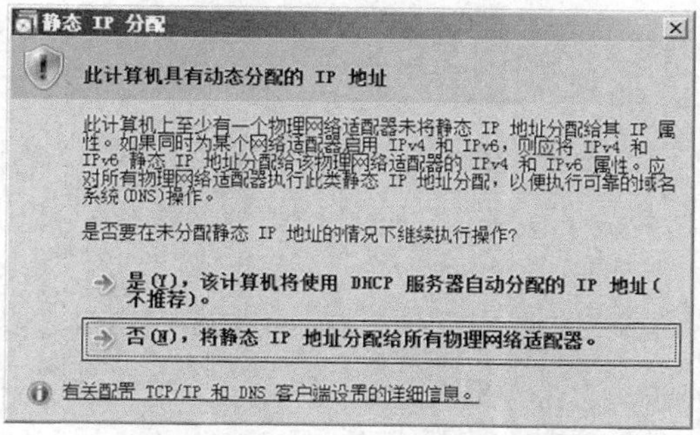

图 2-17 "静态 IP 地址分配警告"对话框

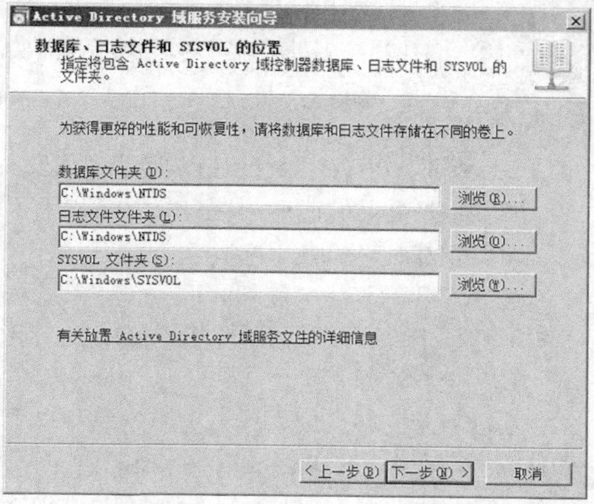

图 2-18 数据库、日志文件和 SYSVOL 的位置

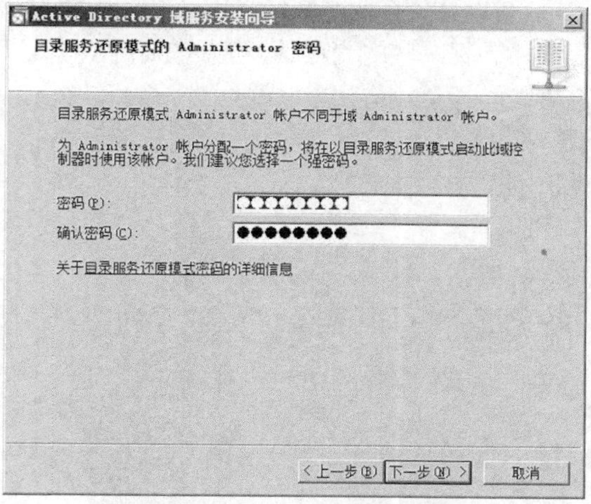

图 2-19 目录服务还原模式的管理员密码

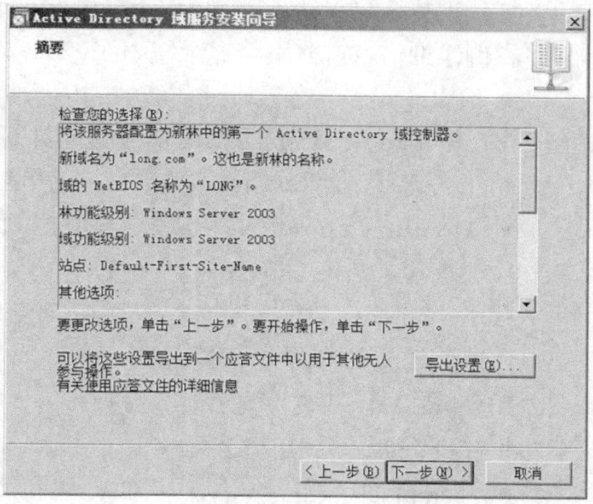

图 2-20 "摘要"对话框

⑬ 单击"下一步"按钮即可开始安装，显示"Active Directory 域服务安装向导"对话框，根据所设置的选项配置 Active Directory。由于这个过程一般比较长，可能要花几分钟或更长时间，所以要耐心等待，也可勾选"完成后重新启动"复选框，则安装完成后计算机会自动重新启动。

⑭ 配置完成后，显示"完成 Active Directory 域服务安装向导"对话框，表示 Active Directory 已安装成功了。

⑮ 单击"完成"按钮，显示"提示重启计算机"对话框，提示在安装完 Active Directory 后必须重新启动服务器。单击"立即重新启动"按钮重新引导计算机即可。

⑯ 重新启动计算机后，升级为 Active Directory 域控制器之后，必须使用域用户账户登录，格式为：域名\用户账户，如图 2-21 所示。

图 2-21 "登录"对话框

如果希望登录本地计算机，请单击"切换用户"→"其他用户"按扭，然后在用户名处输入"计算机名\登录账户名"，在密码处输入该账户的密码，即可登录本机。

5．验证 Active Directory 域服务的安装

活动目录安装完成后，在 win2008-1 上可以从各个方面进行验证。

（1）查看计算机名

选择"开始"→"控制面板"→"系统和安全"→"系统"→"高级系统设置"→"计算机"选项卡，可以看到计算机已经由工作组成员变成了域成员，而且是域控制器。

（2）查看管理工具

活动目录安装完成后，会添加一系列的活动目录管理工具，包括"Active Directory 用户和计算机"、"Active Directory 站点和服务"、"Active Directory 域和信任关系"等。单击"开始"→"管理工具"，可以在"管理工具"中找到这些管理工具的快捷方式。

（3）查看活动目录对象

打开"Active Directory 用户和计算机"管理工具，可以看到企业的域名 long.com。单击该域，窗口右侧详细信息窗格中会显示域中的各个容器，其中包括一些内置容器，主要有如下几个。

- built-in：存放活动目录域中的内置组账户。
- computers：存放活动目录域中的计算机账户。
- users：存放活动目录域中的一部分用户和组账户。
- Domain Controllers：存放域控制器的计算机账户。

（4）查看 Active Directory 数据库

Active Directory 数据库文件保存在 %SystemRoot%\Ntds（本例为 c:\windows\ntds）文件夹中，主要的文件有如下 3 种。

- Ntds.dit：数据库文件。
- Edb.chk：检查点文件。
- Temp.edb：临时文件。

（5）查看 DNS 记录

为了让活动目录正常工作，需要 DNS 服务器的支持。活动目录安装完成后，重新启动 win2008-1 时会向指定的 DNS 服务器上注册 SRV 记录。一个注册了 SRV 记录的 DNS 服务器如图 2-22 所示（在"服务器管理器"中查询 DNS 角色）。

有时由于网络连接或者 DNS 配置的问题，造成未能正常注册 SRV 记录的情况。对于这种情况，可以先维护 DNS 服务器，并将域控制器的 DNS 设置指向正确的 DNS 服务器，然后重新启动 NETLOGON 服务。

具体操作可以使用命令：

```
net stop netlogon
net start netlogon
```

SRV 记录手动添加无效。将注册成功的 DNS 服务器中"long.com"域下面的 SRV 记录删除一些，试着在域控制器上使用上面的命令恢复 DNS 服务器被删除的内容。

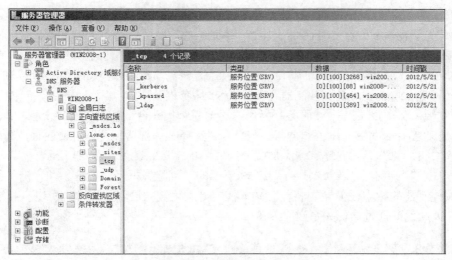

图 2-22　注册 SRV 记录

6．将客户端计算机加入到域

下面我们再将 win2008-2 独立服务器加入到 long.com 域，将 win2008-2 提升为 long.com 的成员服务器。其步骤如下。

① 首先在 win2008-2 服务器上，确认"本地连接"属性中的 TCP/IP 首选 DNS 指向了 long.com 域的 DNS 服务器，即 10.10.10.1。

② 单击"开始"→"控制面板"→"系统和安全"→"系统"→"高级系统设置"，弹出"系统属性"对话框，选择"计算机名"选项卡，单击"更改"按钮；弹出"计算机名/域更改"对话框，如图 2-23 所示。

③ 在"隶属于"选项区域中，选择"域"单选按钮，并输入要加入的域的名字 long.com，单击"确定"按钮。

④ 输入有权限加入该域的账户的名称和密码，确定后重新启动计算机即可。

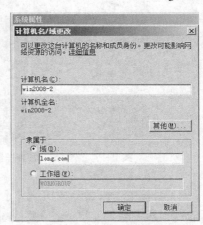

图 2-23　"计算机名/域更改"对话框

提示

Windows Server 2003 的计算机要加入到域中的步骤和 Windows Server 2008 加入到域中的步骤是一样的。

2.3.2　安装额外的域控制器

在一个域中可以有多台域控制器。和 Windows NT 4.0 不一样，Windows Server 2008 的域中的不同的域控制器的地位是平等的，它们都有所属域的活动目录的副本，多个域控制器可以分担用户登录时的验证任务，提高用户登录效率，同时还能防止单一域控制器的失败而导致网络的瘫痪。在域中的某一域控制器上添加用户时，域控制器会把活动目录的变化复制到域中别的域控制器上。在域中安装额外的域控制器，需要把活动目录从原有的域控制器复制到新的服务器上。

下面以图 2-4 中的 win2008-2 服务器为例说明添加的过程。

① 首先要在 win2008-2 服务器上检查"本地连接"属性，确认 win2008-2 服务器和现在的域控制器 win2008-1 能否正常通信；更为关键的是要确认"本地连接"属性中 TCP/IP 的首选 DNS 指向了原有域中支持活动目录的 DNS 服务器，本例中是 win2008-1，其 IP 地址为：10.10.10.1（win2008-1 既是域控制器，又是 DNS 服务器）。

② 安装 Active Directory 域服务。操作方法与安装第一台域控制器的完全相同。

③ 启动 Active Directory 安装向导，当显示"选择某一部署配置"对话框时，选择"现有林"单选按钮，并选择"向现有域添加域控制器"单选按钮，如图 2-24 所示。

④ 单击"下一步"按钮，显示图 2-25 所示的"网络凭据"对话框。在"键入位于计划安装此域控制器的林中任何域的名称"文本框中键入主域的域名。域林中可以存在多个主域控制器，彼此之间通过信任关系建立连接。

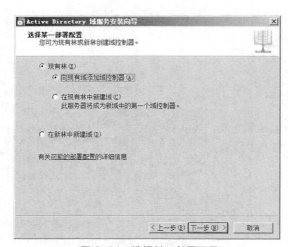 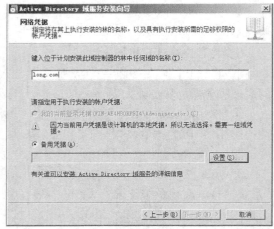

图 2-24　选择某一部署配置　　　　　　　图 2-25　网络凭据

⑤ 单击"设置"按钮，显示图 2-26 所示的"Windows 安全"对话框。需要指定可以通过相应主域控制器验证的用户账户凭据，该用户账户必须是 Domain Admins 组，拥有域管理员权限。

⑥ 单击"确定"按钮返回"网络凭据"对话框。单击"下一步"按钮，显示图 2-27 所示的"选择域"对话框，为该额外域控制器选择域。在"域"列表框中选择主域控制器所在的域 long.com。

图 2-26　Windows 安全-网络凭据

⑦ 单击"下一步"按钮，显示"请选择一个站点"对话框，在"站点"列表框中选择站点。

⑧ 单击"下一步"按钮，显示图 2-28 所示的"其他域控制器选项"对话框，勾选 "全局编录"复选框，将额外域控制器作为全局编录服务器。由于当前存在一个注册为该域的权威性名称服务器的 DNS 服务器，所以可以不勾选"DNS 服务器"。

⑨ 单击"下一步"按钮，完成设置数据库、日志文件和 SYSVOL 的位置，并设置目录服务还原模式的 Administrator 密码等操作，然后开始安装并配置 Active Directory 域服务。

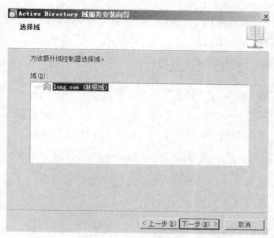

图 2-27　"选择域"对话框

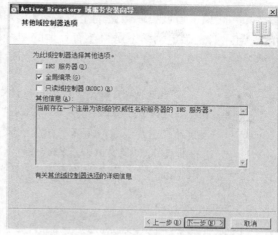

图 2-28　"其他域控制器选项"对话框

⑩ 配置完成以后，显示"完成 Active Directory 域服务安装向导"对话框，域的额外域控制器安装完成。

⑪ 单击"完成"按钮，根据系统提示重新启动计算机，并使用域用户账户登录到域。

2.3.3　转换服务器角色

Windows Server 2008 服务器在域中可以有 3 种角色：域控制器、成员服务器和独立服务器。当一台 Windows Server 2008 成员服务器安装了活动目录后，服务器就成为域控制器，域控制器可以对用户的登录等进行验证；然而 Windows Server 2008 成员服务器可以仅仅加入到域中，而不安装活动目录，这时服务器的主要目的是为了提供网络资源，这样的服务器称为成员服务器。严格说来，独立服务器和域没有什么关系，如果服务器不加入到域中也不安装活动目录，服务器就称为独立服务器。服务器的这 3 个角色的转换如图 2-29 所示。

图 2-29　服务器角色的转换

1．域控制器降级为成员服务器

在域控制器上把活动目录删除，服务器就降级为成员服务器了。下面以图 2-4 中的 win2008-2 降级为例，介绍具体步骤。

（1）删除活动目录注意要点。

用户删除活动目录也就是将域控制器降级为独立服务器。降级时要注意以下 3 点。

① 如果该域内还有其他域控制器，则该域会被降级为该域的成员服务器。

② 如果这个域控制器是该域的最后一个域控制器，则被降级后，该域内将不存在任何域控制器了。因此，该域控制器被删除，而该计算机被降级为独立服务器。

③ 如果这台域控制器是"全局编录"，则将其降级后，它将不再担当"全局编录"的角色，因此请先确定网络上是否还有其他的"全局编录"域控制器。如果没有，则要先指派一台域控制器来担当"全局编录"的角色，否则将影响用户的登录操作。

提示

指派"全局编录"的角色时，可以依次打开"开始"→"管理工具"→"Active Directory 站点和服务"→"Sites"→"Default–First–Site–Name"→"Servers"，展开要担当"全局编录"角色的服务器名称，右击"NTDS Settings 属性"选项，在弹出的快捷菜单中选择"属性"选项，在显示的"NTDS Settings 属性"对话框中选中"全局编录"复选框。

（2）删除活动目录。

① 以管理员身份登录 win2008-2，直接运行 dcpromo 命令打开"Active Directory 域服务删除向导"。但如果该域控制器是"全局编录"服务器，就会显示图 2-30 所示的提示框。

② 如图 2-31 所示，若该计算机是域中的最后一台域控制器，请选中"这个服务器是域中的最后一个域控制器"复选框，则降级后变为独立服务器，此处由于 long.com 还有一个域控制器 win2008-1.long.com，所以不勾选复选框。单击"下一步"按钮。

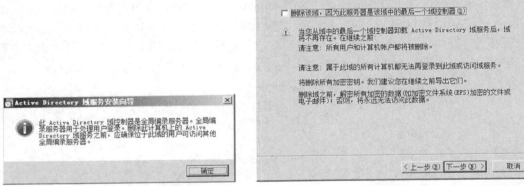

图 2-30 "删除 AD 提示"窗口   图 2-31 指明是否是域中的最后一个域控制器

（3）输入删除 Active Directory 域服务后的管理员 administrator 的新密码，单击"下一步"按钮；确认从服务器上删除活动目录后，服务器将成为 long.com 域上的一台成员服务器。确定后，安装向导从该计算机删除活动目录。删除完毕后重新启动计算机，这样就把域控制器降级为成员服务器了。

2. 成员服务器降级为独立服务器

win2008-2 删除 Active Directory 域服务后，降级为域 long.com 的成员服务器。现在将该成员服务器继续降级为独立服务器。

首先在 win2008-2 上以管理员身份登录。登录成功后单击"开始"→"控制面板"→"系统和安全"→"系统"→"高级系统设置"，弹出"系统属性"对话框，选择"计算机名"选项卡，单击"更改"按钮；弹出"计算机名称更改"对话框；在"隶属于"选项区域中，选择"工作组"单选按钮,并输入从域中脱离后要加入的工作组的名字(本例 WORKGROUP),单击"确定"按钮;输入有权限脱离该域的账户的名称和密码,确定后重新启动计算机即可。

2.3.4 创建子域

本次任务要求创建 long.com 的子域 china.long.com。创建子域之前,读者需要了解本任务实例部署的需求和实训环境。

1. 部署需求

在向现有域中添加域控制器前需满足以下要求。

● 设置域中父域控制器和子域控制器的 TCP/IP 属性,手工指定 IP 地址、子网掩码、默认网关和 DNS 服务器、IP 地址等。

● 部署域环境,父域域名为 long.com,子域域名为 china.long.com。

2. 部署环境

本任务所有实例被部署在域环境下,父域域名为 long.com,子域域名为 china.long.com。其中父域的域控制器主机名为 win2008-1,其本身也是 DNS 服务器,IP 地址为 10.10.10.1。子域的域控制器主机名为 win2008-2,其本身也是 DNS 服务器,IP 地址为 10.10.10.2。具体网络拓扑如图 2-32 所示。

 特别提示　win2008-1 和 win2008-2 是 Hyper-V 服务器的两台虚拟机,为了不相互影响,建议 Hyper-V 服务器中虚拟网络的模式选"专用"。

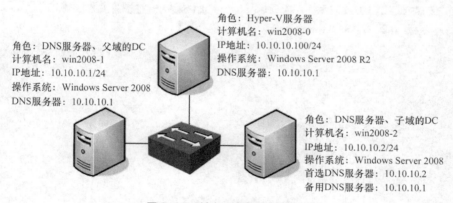

图 2-32　创建子域的网络拓扑图

3. 创建子域

在计算机"win2008-2"上安装 Active Directory 域服务,使其成为子域"china.long.com"中的域控制器,具体步骤如下。

① 在 win2008-2 上以管理员账户登录,打开"Internet 协议版本 4(TCP/IP)属性"对话框,按图 2-33 所示配置该计算机的 IP 地址、子网掩码、默认网关及 DNS 服务器,其中 DNS 服务器一定要设置为自身的 IP 地址和父域的域控制器的 IP 地址。

② 启动"Active Directory 安装向导",在"选择某一部署配置"对话框中选择"现有林"和"在现有林中新建域"单选按钮,如图 2-34 所示。

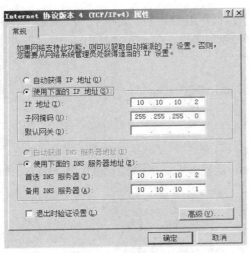

图 2-33　设置 DNS 服务器

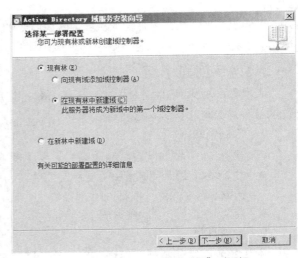

图 2-34　"选择某一部署配置"对话框

③ 单击"下一步"按钮，显示图 2-35 所示的"网络凭据"对话框。在"键入位于计划安装此域控制器的林中任何域的名称"文本框中键入当前域控制器父域的域名；选择"备用凭据"单选按钮，单击"设置"按钮添加备用凭据（一组域凭据）。

④ 单击"下一步"按钮，显示图 2-36 所示的"命名新域"对话框。"父域的 FQDN（F）"文本框中将自动显示当前域控制器的域名，在"子域的单标签 DNS 名称（S）"文本框中键入所要创建的子域的名称（本例为 china）。

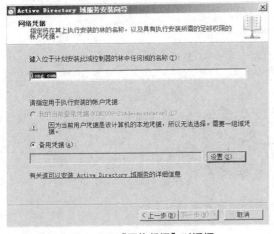

图 2-35　"网络凭据"对话框

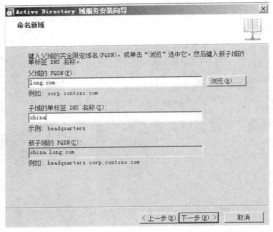

图 2-36　"命名新域"对话框

⑤ 单击"下一步"按钮，显示"其他域控制器选项"对话框，默认已经选中"DNS 服务器"，如图 2-37 所示。

⑥ 接下来的操作和额外域控制器的安装完全相同，只需按照向导单击"下一步"按钮即可。安装完成后，根据提示重新启动计算机，即可登录到子域中。

4．验证子域的创建

① 重新启动计算机 win2008-2 后，用管理员登录到子域中。依次单击"开始"→"管理工具"→"Active Directory 用户和计算机"选项，打开"Active Directory 用户和计算机"窗

口，可以看到 china.long.com 子域了。

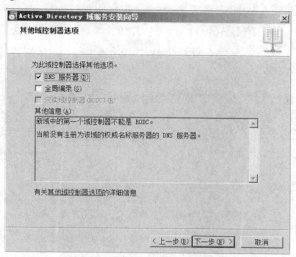

图 2-37　其他域控制器选项

② 在 win2008-2 上，依次单击"开始" → "管理工具" → "DNS"选项，打开"DNS
管理器"窗口，依次展开各选项，可以看到区域"china.long.com"了，如图 2-38 所示。

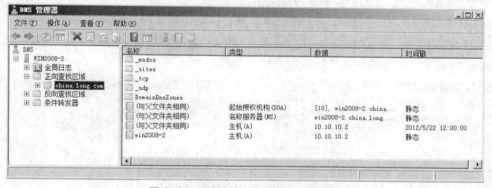

图 2-38　子域域控制器的 DNS 管理器

观察

　　　请打开 win2008-1 的 DNS 服务器的"DNS 管理器"窗口，观察 china 区
域下面有何记录。

③ 打开子域域控制器的"Active Directory 用户和计算机"，可以看到域"china.long.com"。

做一做

　　　在 Hyper-V 中再新建一台 Windows Server 2008 的虚拟机，计算机名为
win2008-3，IP 地址为 10.10.10.3，子网掩码为 255.255.255.0，分别设置 DNS
服务器为 10.10.10.1、10.10.10.2，加入到 china.long.com，都能成功吗？能否
设置为主辅 DNS 服务器？做完后请认真思考。

5．验证父子信任关系

通过前面的任务，我们构建了 long.com 及其子域 china.long.com，而子域和父域的双向、

可传递的信任关系是在安装域控制器时就自动建立的，同时由于域林中的信任关系是可传递的，因此同一域林中的所有域都显式或者隐式地相互信任。

① 在 win2008-1 上以域管理员身份登录，选择"开始"→"管理工具"→"Active Directory 域和信任关系"选项，弹出"Active Directory 域和信任关系"窗口，可以对域之间的信任关系进行管理，如图 2-39 所示。

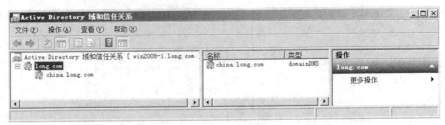

图 2-39 "Active Directory 域和信任关系"窗口

② 在图 2-39 中的左侧，右击"long.com"，选择"属性"命令，可以打开"long.com 属性"对话框，选择"信任"选项卡，如图 2-40 所示，可以看到 long.com 和其他域的信任关系。对话框的上部列出的是 long.com 所信任的域，表明 long.com 信任其子域 china.long.com；窗口的下部列出的是信任 long.com 的域，表明其子域 china.long.com 信任其父域 long.com。也就是说 long.com 和 china.long.com 有双向信任关系。

③ 在图 2-39 中选择 china.long.com 域，查看其信任关系，如图 2-41 所示。可以发现，该域只是显示信任其父域 long.com，而和另一域树中的根域 smile.com 并无显示信任关系。可以直接创建它们之间的信任关系以减少信任的路径。

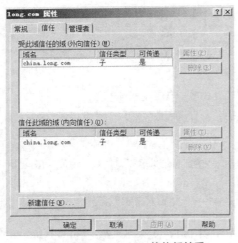

图 2-40 long.com 的信任关系

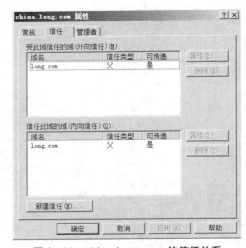

图 2-41 china.long.com 的信任关系

2.3.5 管理域用户

2.3.5 小节和 2.3.6 小节的完成过程中，win2008-2 的角色是 long.com 的成员服务器。

1. 域用户账户

用户使用域用户账户能够登录到域或其他计算机中，从而获得对网络资源的访问权。经常访问网络的用户都应拥有网络唯一的用户账户。如果网络中有多个域控制器，可以在任何域控制器上创建新的用户账户，因为这些域控制器都是对等的。当在一个域控制器上创建新的用户账户时，这个域控制器会把信息复制到其他域控制器，从而确保该用户可以登录并访问任何一个域控制器。

安装完活动目录，就已经添加了一些内置域账户，它们位于 Users 容器中，如 Administrator、Guest，这些内置账户是在创建域的时候自动创建的。每个内置账户都有各自的权限。

Administrator 账户具有对域的完全控制权，并可以为其他域用户指派权限。默认情况下，Administrator 账户是以下组的成员：

Administrators、Domain Admins、Enterprise Admins、Group Policy Creator Owners 和 Schema Admins。

不能删除 Administrator 账户，也不能从 Administrators 组中删除它。但是可以重命名或禁用此账户，这么做通过是为了增加恶意用户尝试非法登录的难度。

2．创建域用户账户

下面在 win2008-1 域控制器上建立域用户 yangyun。

① 以域管理员身份登录 win2008-1。打开"开始"→"管理工具"→"Active Directory 用户和计算机"工具。在"Active Directory 用户和计算机"中，展开"long.com"域。Windows Server 2008 把创建用户的过程进行了分解。首先创建用户和相应的密码，然后在另外一个步骤中配置用户的详细信息，包括组成员身份。

② 右击 Users 容器，在弹出的快捷菜单中选择"新建"→"用户"选项，打开"新建对象-用户"对话框，如图 2-42 所示，在其中输入姓、名，系统可以自动填充完整的姓名。

③ 输入用户登录名。域中的用户账户是唯一的。通常情况下，账户采用用户姓和名的第一个声母。如果只使用姓名的声母导致账户重复，则可以使用名的全拼，或者采用其他方式。这样既能使用户间能够相互区别，又便于用户记忆。

④ 接下来设置用户密码，如图 2-43 所示。默认情况下，Windows Server 2008 强制用户下次登录时必须更改密码。这意味着可以为每个新用户指定公司的标准密码，然后，当用户第一次登录时让他们创建自己的密码。用户的初始密码应当采用英文大小写、数字和其他符号的组合。同时，密码与用户名既不要相同也不要相关，以保证账户的访问安全。

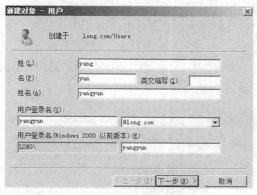

图 2-42　新建用户

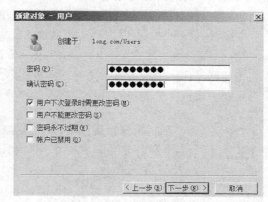

图 2-43　设置用户密码

- 用户下次登录时需更改密码。强制用户下次登录网络时更改密码，当希望该用户成为唯一知道其密码的人时，应当使用该选项。
- 用户不能更改密码。阻止用户更改密码，当希望保留对用户账户（如来宾或临时账户）的控制权时，或者该账户是由多个用户使用时，应当使用该选项。此时，"用户下次登录时需更改密码"复选框必须清空。

- 密码永不过期。防止用户密码过期。建议"服务"账户启用该选项，并且应使用强密码。
- 账户已禁用。防止用户使用选定的账户登录，当用户暂时不用该账户时，可以使用该选项，以便日后迅速启用。也可以禁用一个可能有威胁的账户，当排除问题之后，再重新启用该账户。许多管理员将禁用的账户用作公用用户账户的模板。以后拟再使用该账户时，可以在该账户上右击，并在弹出的快捷菜单中选择"启用账户"选项即可。

弱密码会使得攻击者易于访问计算机和网络，而强密码则难以破解，即使使用密码破解软件也难以办到。密码破解软件一般使用下面 3 种破解密码：巧妙猜测、词典攻击和自动尝试字符的各种可能的组合。只要有足够时间，这种软件可以破解任何密码。即便如此，破解强密码也远比破解弱密码困难得多。因为安全的计算机需要对所有用户账户都使用强密码。强密码具有以下特征。

- 长度至少有 7 个字符。
- 不包含用户名、真实姓名或公司名称。
- 不包含完整的字典词汇。
- 包含全部下列 4 组字符类型：大写字母（A，B，C…）、小写字母（a，b，c…）、数字（0，1，2，3，4，5，6，7，8，9）、键盘上的符号（键盘上所有未定义为字母和数字的字符，如`~!@#$%^&( )*_ + − {}[]|\/?:";'<>,.）。

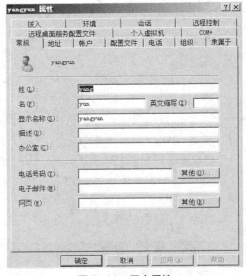

图 2-44　用户属性

⑤ 选择想要实行的密码选项，单击"下一步"按钮查看总结，然后单击"完成"按钮，在 Active Directory 中创建新用户。配置域用户的更多选项，需要在用户账户属性中进行设置。要为域用户配置或修改属性，请选择左窗格中的 Users 容器，这样，右窗格将显示用户列表。然后，双击想要配置的用户。如图 2-44 所示，可以进行多类属性的配置。

⑥ 当添加多个用户账号时，可以以一个设置好的用户账号作为模板。右击要作为模板的账号，并在弹出的快捷菜单中选择"复制"选项，即可复制该模板账号的所有属性，而不必再一一设置，从而提高账号添加效率。

试一试

域用户账户提供了比本地用户账户更多的属性，如登录时间和登录到哪台计算机的限制等。在"用户属性"对话框中选择相应的选项卡即可进行修改。读者不妨一试。

观察

将 win2008-2 加入到域 long.com，重新启动 win2008-2。在域控制器 win2008-1 上，观察"Active Directory 用户和计算机"工具的"computers"容器在 win2008-2 加入域前后的变化。理解计算机账号的意义。

3．验证域用户账户

现在验证 yangyun 域用户能否在 win2008-2 计算机（已加入到域 long.com）上登录域。

① 在 win2008-2 上注销，在登录窗口单击"切换用户"→"其他用户"。

② 用户名：yangyun，密码：输入建立该域用户的密码。按回车登录到域 long.com。

2.3.6　管理域中的组账户

根据服务器的工作模式，组分为本地组和域组。

1. 创建组 sales 和 common

用户和组都可以在 Active Directory 中添加，但必须以 AD 中 Account Operators 组、Domain Admins 组或 Enterprise Admins 组成员的方式登录 Windows，或者必须有管理该活动目录的权限。除可以添加用户和组外，还可以添加联系人、打印机及共享文件夹等。

① 以域管理员身份登录域控制器 win2008-1，打开"Active Directory 用户和计算机"对话框，展开左窗格中的控制台目录树，右击目录树中的"Users"选项，或者选择"Users"选项并在右窗格的空白处右击，在弹出的快捷菜单中选择"新建"→"组"选项，或者直接单击工具栏中的"添加组"图标，均可打开"新建对象-组"对话框，如图 2-45 所示。

② 在"组名"文本框中输入 sales，"组名（Windows 2000 以前版本）"文本框可采用默认值。

③ 在"组作用域"选项组中选择组的作用域，即该组可以在网络上的哪些地方使用。本地域组只能在其所属域内使用，只能访问域内的资源；通用组则可以在所有的域内（如果网络内有两个以上的域，并且域之间建立了信任关系）使用，可以访问每一个域内的资源。组作用域有 3 个选项。

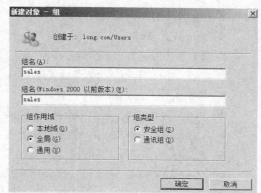

图 2-45　"新建对象-组"对话框

a. 本地域组。本地域组的概念是在 Windows Server 2000 中引入的。本地域组主要用于指定其所属域内的访问权限，以便访问该域内的资源。对于只拥有一个域的企业而言，建议选择"本地域"选项。它的特征如下。

- 本地域组内的成员可以是任何一个域内的用户、通用组与全局组，也可以是同一个域内的本地域组，但不能是其他域内的本地域组。
- 本地域组只能访问同一个域内的资源，无法访问其他不同域内的资源。也就是说，当在某台计算机上设置权限时，可以设置同一域内的本地域组的权限，但无法设置其他域内的本地域组的权限。

b. 全局组。全局组主要用于组织用户，即可以将多个被赋予相同权限的用户账户加入到同一个全局组内。其特征如下。

- 全局组内的成员，只能包含所属域内的用户与全局组，即只能将同一个域内的用户或其他全局组加入到全局组内。
- 全局组可以访问任何一个域内的资源，即可以在任何一个域内设置全局组的使用权限，无论该全局组是否在同一个域内。

c. 通用组。通用组可以设置在所有域内的访问权限，以便访问所有域资源。其特征如下。

- 通用组成员可以包括整个域林（多个域）中任何一个域内的用户，但无法包含任何一个域内的本地域组。

- 通用组可以访问任何一个域内的资源，也就是说，可以在任何一个域内设置通用组的权限，无论该通用组是否在同一个域内。

这意味着，一旦将适当的成员添加到通用组，并赋予通用组执行任务的权利和赋予成员适当的访问资源权限，成员就可以管理整个企业。管理企业最有效的方式就是使用通用组，而不必使用其他类型的组。

④ 在"组类型"选项中选择组的类型，包括两个选项。

a. 安全组。可以列在随机访问控制列表（DACL）中的组，该列表用于定义对资源和对象的权限。"安全组"也可用做电子邮件实体，给这种组发送电子邮件的同时也会将该邮件发给组中的所有成员。

b. 通讯组。仅用于分发电子邮件并且没有启用安全性的组。不能将"通讯组"列在用于定义资源和对象权限的随机访问控制列表（DACL）中。"通讯组"只能与电子邮件应用程序（如 Microsoft Exchange）一起使用，以便将电子邮件发送到用户集合。如果仅仅为了安全，可以选择创建"通讯组"而不要创建"安全组"。

⑤ 按"确定"按钮，完成组"sales"的创建。同理创建"common"组。

2. 认识常用的内置组

- Domain Admins：该组的成员具有对该域的完全控制权。默认情况下，该组是加入到该域中的所有域控制器、所有域工作站和所有域成员服务器上的 Administrators 组的成员。Administrator 账户是该组的成员，除非其他用户具备经验和专业知识，否则不要将他们添加到该组。
- Domain Computers：该组包含加入到此域的所有工作站和服务器。
- Domain Controllers：该组包含此域中的所有域控制器。
- Domain Guests：该组包含所有域来宾。
- Domain Users：该组包含所有域用户，即域中创建的所有用户账户都是该组成员。
- Enterprise Admins：该组只出现在林根域中。该组的成员具有对林中所有域的完全控制作用，并且该组是林中所有域控制器上 Administrators 组的成员。默认情况下，Administrator 账户是该组的成员。除非用户是企业网络问题专家，否则不要将他们添加到该组。
- Group Policy Creator Owners：该组的成员可修改此域中的组策略。默认情况下，Administrator 账户是该组的成员。除非用户了解组策略的功能和应用之后的后果，否则不要将他们添加到该组。
- Schema Admins：该组只出现在林根域中。该组的成员可以修改 Active Directory 架构。默认情况下，Administrator 账户是该组的成员。修改活动目录架构是对活动目录的重大修改，除非用户具备 Active Directory 方面的专业知识，否则不要将他们添加到该组。

3. 为组 sales 指定成员

用户组创建完成后，还需要向该组中添加组成员。组成员可以包括用户账户、联系人、其他组和计算机。例如，可以将一台计算机加入某组，使该计算机有权访问另一台计算机上的共享资源。

当新建一个用户组之后，可以为组指定成员，向该组中添加用户和计算机。下面向组 sales 添加"yangyun"用户和"win2008-2"计算机账户。

① 仍以域管理员身份登录域控制器 win2008-1，打开"Actvive Directoy 用户和计算机"对话框，展开左窗格中的控制台目录树，选择"Users"选项，在右窗格中右击要添加组成员

的组 "sales"，在弹出的快捷菜单中选择 "属性" 选项，打开组属性对话框，选择 "成员" 选项卡，如图 2-46 所示。

② 单击 "添加" 按钮，打开 "选择用户、联系人、计算机、服务账户或组" 对话框，如图 2-47 所示。

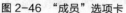

图 2-46　"成员" 选项卡

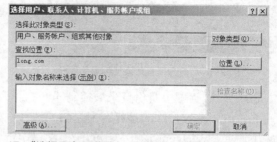

图 2-47　"选择用户、联系人、计算机、服务账户或组" 对话框

③ 单击 "对象类型" 按钮，打开 "对象类型" 对话框，如图 2-48 所示，选择 "计算机" 和 "用户" 复选框，单击 "确定" 按钮返回。

④ 单击 "位置" 按钮，打开 "位置" 对话框，选择在 "long.com" 域中查找，如图 2-49 所示，单击 "确定" 按钮返回。

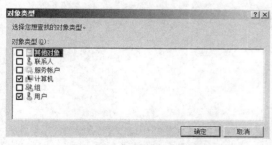

图 2-48　"对象类型" 对话框

图 2-49　"位置" 对话框

⑤ 单击 "高级" 按钮，打开 "选择用户、联系人、计算机、服务账户或组" 对话框，如图 2-50 所示，单击 "立即查找" 按钮，列出所有用户和计算机账户。按 Ctrl 键+鼠标左键点选用户账户 "yangyun" 和计算机账户 "win2008-2"。

⑥ 单击 "确定" 按钮，所选择的计算机和用户账户将被添加至该组，并显示在 "输入对象名称来选择（示例）（E）" 列表框中，如图 2-51 所示。当然，也可以直接在 "输入对象名称来选择（示例）（E）" 列表框中直接输入要添加至该组的用户，用户之间用 ";" 分隔。

⑦ 单击 "确定" 按钮，返回至 "sales 属性" 对话框，所有被选择的计算机和用户账户被添加至该组，如图 2-52 所示。

4．将用户添加至组

新建一个用户之后，可以将该用户添加至某个或某几个组。现在将 "yangyun" 用户添加到 "sales" 和 "common"。

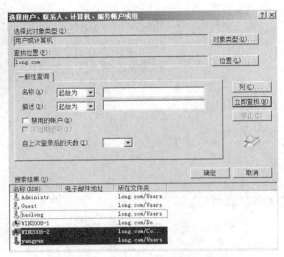

图 2-50　选择所有欲添加到组的用户

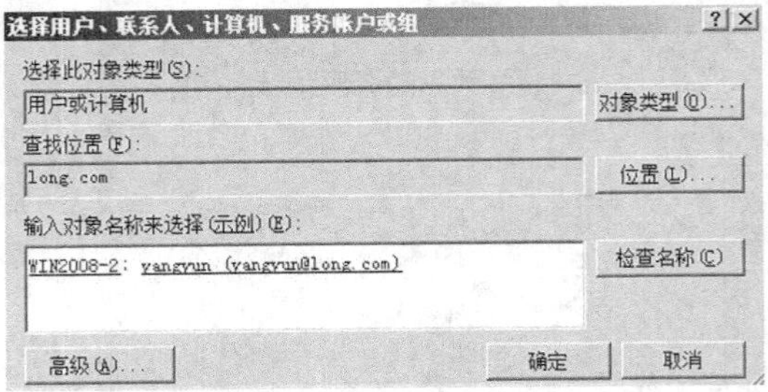

图 2-51　将计算机和用户账户添加到组

① 仍以域管理员身份登录域控制器 win2008-1，打开 "Active Directory 用户和计算机" 对话框，展开左窗格中的控制台目录树，选择 "Users" 选项，在右窗格中右击要添加至用户组的用户名 "yangyun"，在弹出的快捷菜单中选择 "添加到组" 选项，即可打开 "选择组" 对话框。

② 单击"添加"按钮，直接在"输入要选择的对象名称"列表框中输入要添加到的组"sales" 和 "common"，组之间用半角的 ";" 隔开，如图 2-53 所示；也可以采用浏览的方式，查找并选择要添加到的组。在图 2-53 所示的对话框中单击 "高级" 按钮，打开 "搜索结果" 对话框，单击 "立即查找" 按钮，列出所有用户组。在列表中选择要将该用户添加到的组。

③ 单击 "确定" 按钮，用户被添加到所选择的组中。

图 2-52　"sales 属性" 对话框

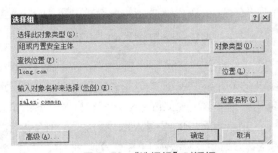

图 2-53　"选择组" 对话框

5．查看用户组 sales 的属性

① 仍以域管理员身份登录域控制器 win2008-1，打开 "Active Directory 用户和计算机" 对话框，展开左窗格中的控制台目录树，选择 "users" 选项，在右窗格中右击欲查看的用户组 "sales"，在弹出的快捷菜单中选择 "属性" 选项，即可打开 "组属性" 对话框，选择 "成员" 选项卡，显示用户组 "sales" 所拥有的所有计算机和用户账户。

68

② 在"Active Directory 用户和计算机"对话框中右击用户"ynangyun"，并在弹出的快捷菜单中选择"属性"选项，打开"用户属性"对话框，选择"隶属于"选项卡，显示该用户属于的所有用户组。

2.4　习题

一、填空题

（1）通过 Windows Server 2008 系统组建客户机/服务器模式的网络时，应该将网络配置为_____。

（2）在 Windows Server 2008 系统中安装活动目录的命令是_____。活动目录存放在_____中。

（3）在 Windows Server 2008 系统中安装了_____后，计算机即成为一台域控制器。

（4）同一个域中的域控制器的地位是_____。域树中子域和父域的信任关系是_____。独立服务器上安装了_____就升级为域控制器。

（5）Windows Server 2008 服务器的 3 种角色是_____、_____、_____。

（6）活动目录的逻辑结构包括：_____、_____、_____和_____。

（7）物理结构的 3 个重要概念是_____、_____和_____。

（8）无论 DNS 服务器服务是否与 AD DS 集成，都必须将其安装在部署的 AD DS 目录林根级域的第_____个域控制器上。

（9）Active Directory 数据库文件保存在_____。

（10）解决在 DNS 服务器中未能正常注册 SRV 记录的问题，需要重新启动_____服务。

（11）账户的类型分为_____、_____。

（12）根据服务器的工作模式，组分为_____、_____。

（13）工作组模式下，用户账户存储在_____中；域模式下，用户账户存储在_____中。

（14）活动目录中组按照能够授权的范围，分为_____、_____、_____。

二、选择题

（1）在设置域账户属性时（　　）项目是不能被设置的。

　　A. 账户登录时间　　　　　　　　　B. 账户的个人信息

　　C. 账户的权限　　　　　　　　　　D. 指定账户登录域的计算机

（2）下列（　　）账户名不是合法的账户名。

　　A. abc_234　　　　　　　　　　　　B. Linux book

　　C. doctor★　　　　　　　　　　　　D. addeofHELP

（3）下面（　　）用户不是内置本地域组成员。

　　A. Account Operator　　　　　　　　B. Administrator

　　C. Domain Admins　　　　　　　　　D. Backup Operators

三、判断题

（1）在一台 Windows Server 2008 计算机上安装 AD 后，计算机就成了域控制器。（　　）

（2）客户机在加入域时，需要正确设置首选 DNS 服务器地址，否则无法加入。（　　）

（3）在一个域中，至少有一个域控制器（服务器），也可以有多个域控制器。（　　）

（4）管理员只能在服务器上对整个网络实施管理。（　　）

（5）域中所有账户信息都存储于域控制器中。 （　　）

（6）OU 是可以应用组策略和委派责任的最小单位。 （　　）

（7）一个 OU 只指定一个受委派管理员，不能为一个 OU 指定多个管理员。 （　　）

（8）同一域林中的所有域都显式或者隐式地相互信任。 （　　）

（9）一个域目录树不能称为域目录林。 （　　）

四、简答题

（1）什么时候需要安装多个域树？

（2）简述什么是活动目录、域、活动目录树和活动目录林。

（3）简述什么是信任关系。

（4）为什么在域中常常需要 DNS 服务器？

（5）活动目录中存放了什么信息？

（6）简述工作组和域的区别。

（7）简述通用组、全局组和本地域组的区别。

2.5 项目实训 管理域与活动目录

一、实训目的

● 理解域环境中计算机 4 种不同的类型。

● 熟悉 Windows Server 2008 域控制器、额外域控制器及子域的安装。

● 掌握确认域控制器安装成功的方法。

● 了解活动目录的信任关系。

● 熟悉创建域之间的信任关系。

二、实训环境

1. 网络环境

网络拓扑环境如图 2-54 所示。

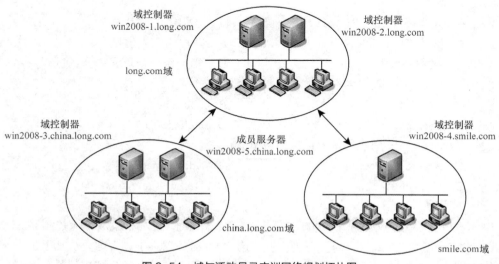

图 2-54 域与活动目录实训网络规划拓扑图

① 已建好的 100Mbit/s 的以太网络，包含交换机（或集线器）、五类（或超五类）UTP

直通线若干、5 台服务器。

② 计算机配置要求 CPU 最低 1.4GHz 以上，内存不小于 1024MB，硬盘剩余空间不小于 10GB，有光驱和网卡。

2．软件

① Windows Server 2008 X64 安装光盘或硬盘中有全部的安装程序。

② Windows 7 安装光盘或硬盘中有全部的安装程序。

③ VMware Workstation 9.0 安装源程序。

 网络环境可以在安装了 VMware 9.0 的 Windows 7 下结合分组来完成。比如 3 人一组，虚拟机的网络连接采用"桥接"方式，IP 地址设置为：192.168.×.1～ 192.168.×.6，其中"×"表示组号。这样就避免了不同组之间的干扰。② 网络环境亦可以在安装了 Hyper-V 的 Windows Server 2008 下结合分组来完成。具体分组请读者思考。

三、实训要求

● 这个项目需要分组来完成完成。安装 5 台独立服务器：win2008-1、win2008-2、win2008-3、win2008-4 和 win2008-5；把 win2008-1 提升为域树 long.com 的第一台域控制器，把 win2008-2 提升为 long.com 的额外域控制器；把 win2008-4 提升为域树 smile.com 的第一台域控制器，long.com 和 smile.com 在同一域林中；把 win2008-3 提升为 china.long.com 的域控制器，把 win2008-5 加入到 china.long.com 中，成为成员服务器。各服务器的 IP 地址自行分配。实训前一定要分配好 IP 地址，组与组间不要冲突。

● 请读者上机实训前，一定做好分组方案。分组 IP 方案举例（以第 10 组为例，每组 3 人）：5 台计算机的 IP 地址依次为：192.168.10.1/24、192.168.10.2/24、192.168.10.3/24、192.168.10.4/24、192.168.10.5/24。

● 在上面项目完成的基础上建立 china.long.com 和 smile.com 域的双向的快捷信任关系。

● 在任一域控制器中建立组织单元 outest，建立本地域组 Group_test、域账户 User1 和 User2，把 User1 和 User2 加入到 Group_test；控制用户 User1 下次登录时要修改密码，用户 User2 可以登录的时间设置为周六、周日 8:00～12:00，其他日期为全天。

四、实训指导

1．创建第一个域 long. com

① 在 win2008-1 上设置 TCP/IP，并且确认 DNS 指向了自己。

② 在 win2008-1 上安装 AD 域服务。

③ 在 win2008-1 上安装活动目录（dcpromo.exe）。注意将 DNS 服务器一同安装。

2．安装后检查

① 查看计算机名。

② 查看管理工具。

③ 查看活动目录对象。

④ 查看 Active Directory 数据库。

⑤ 查看 DNS 记录。

3．安装额外的域控制器 win2008-2

① 首先要在 win2008-2 服务器上检查"本地连接"属性，确认 win2008-2 服务器和现在的域控制器 win2008-1 能否正常通信；更为关键的是要确认"本地连接"属性中 TCP/IP 的首选 DNS 指向了原有域中支持活动目录的 DNS 服务器，这里是 win2008-1。

② 在 win2008-2 上安装 AD 域服务。

③ 在 win2008-2 上安装活动目录（dcpromo.exe）。

4．创建子域 china.long.com

① 在 win2008-3 上，设置"本地连接"属性中的 TCP/IP，把首选 DNS 地址指向用来支持父域 long.com 的 DNS 服务器，即 long.com 域控制器（win2008-1）的 IP 地址。该步骤很重要，这样才能保证服务器找到父域域控制器，同时在建立新的子域后，把自己登记到 DNS 服务器上，以便其他计算机能够通过 DNS 服务器找到新的子域域控制器。

② 在 win2008-3 上安装 AD 域服务。

③ 在 win2008-3 上安装活动目录（dcpromo.exe）。

5．创建域林中的第 2 棵域树 smile.com

① 在 win2008-4 上设置 TCP/IP，并且确认 DNS 指向了自己。

② 在 win2008-4 上安装 AD 域服务。

③ 在 win2008-4 上安装活动目录（dcpromo.exe）。注意将 DNS 服务器一同安装，也就是说 win2008-4 即是域 smile.com 的域控制器，同时也是 DNS 服务器。

6．将域控制器 win2008-2.long.com 降级为成员服务器

7．独立服务器提升为成员服务器

将 win2008-5 服务器加入到 china.long.com 域。特别注意 win2008-5 的首选 DNS 服务器一定指向 win2008-1。结合前面的实训流程，请思考这样做的原因是什么。

8．将成员服务器 win2008-2.long.com 降级为独立服务器

9．建立 china.long.com 和 smile.com 域的双向快捷信任关系

思考

① 将 china.long.com（win2008-3）的次要 DNS 服务器指向 win2008-4。

② 将 smile.com 的域控制器（win2008-4）的次要 DNS 服务器指向 win2008-3。请思考为什么要这样做。

10．按实训要求建立域本地组、组织单元、域用户并设置属性

① 在域控制器 long.com 上建立本地域组 Student_test，域账户 Userl、User2、User3、User4、User5，并将这 5 个账户加入到 Student_test 组中。

② 设置用户 Userl、User2 下次登录时要修改密码。

③ 设置用户 User3、User4、User5 不能更改密码并且密码永不过期。

④ 设置用户 Userl、User2 的登录时间是星期一至星期五的 9:00～17:00。

⑤ 设置用户 User3、User4、User5 的登录时间周一至周五的晚 17 点至第二天早 9 点及周六、周日全天。

⑥ 设置用户 User3 只能从计算机 win2008-2 上登录；设置用户 User4 只能从计算机 win2008-2 上登录；设置用户 User5 只能从计算机 win2008-3 上登录。

⑦ 设置用户 User5 的账户过期日为"2014-08-01"。

⑧ 将 Windows Server 2008 内置的账户 Guest 加入到本地域组 Student_test。

⑨ Userl、User2 用户创建并使用漫游用户配置文件，要求桌面显示"计算机""网络""控制面板""用户文件"等常用的图标。

⑩ User3、User4、User5 创建并使用强制性用户配置文件，要求桌面显示"计算机""网络""控制面板""用户文件"等常用的图标。

五、实训思考题

- 组与组织单元有何不同？
- 作为工作站的计算机要连接到域控制器，IP 与 DNS 应如何设置？
- 在建立林间信任关系时，如何设置 DNS 服务器？
- 在建立子域时，DNS 服务器如何设置？可不可以直接将子域的域控制器安装成 DNS 服务器？

六、实训报告要求

参见实训 1。

PART 3
项目 3
配置与管理文件服务器和磁盘

　　文件服务是局域网中的重要服务之一，用来提供网络文件共享、网络文件的权限保护及大容量的磁盘存储空间等服务。借助于文件服务器，不仅可以最大限度地保障重要数据的存储安全，保证数据不会由于计算机的硬件故障而丢失，而且还可以通过严格的权限设置，有效地保证数据的访问安全。同时，用户之间进行文件共享时，也不必再考虑其他用户是否处于开机状态。

- 掌握文件服务器的安装、配置与管理。
- 掌握资源共享的设置与使用。
- 掌握分布式文件系统的应用。
- 掌握基本磁盘的管理。
- 掌握动态磁盘的管理。
- 掌握磁盘配额的管理。
- 掌握 NTFS 权限管理。
- 掌握加密文件。

3.1　项目基础知识

3.1.1　Windows Server 2008 支持的文件系统

　　文件系统则是指文件命名、存储和组织的总体结构，运行 Windows Server 2008 的计算机的磁盘分区可以使用 3 种类型的文件系统：FAT16、FAT32 和 NTFS。

1．FAT 文件系统

　　FAT（File Allocation Table）指的是文件分配表，包括 FAT16 和 FAT32 两种。FAT 是一种适合小卷集、对系统安全性要求不高、需要双重引导的用户应选择使用的文件系统。

（1）FAT 文件系统简介

在推出 FAT32 文件系统之前，通常计算机使用的文件系统是 FAT16，如 MS-DOS、Windows 95 等系统。FAT16 支持的最大分区是 2^{16}（即 65536）个簇，每簇 64 个扇区，每扇区 512 字节，所以最大支持分区为 2.147 GB。FAT16 最大的缺点就是簇的大小是和分区有关的，这样当外存中存放较多小文件时，会浪费大量的空间。FAT32 是 FAT16 的派生文件系统，支持大到 2TB（2048 GB）的磁盘分区，它使用的簇比 FAT16 小，从而有效地节约了磁盘空间。

FAT 文件系统是一种最初用于小型磁盘和简单文件夹结构的简单文件系统，它向后兼容，最大的优点是适用于所有的 Windows 操作系统。另外，FAT 文件系统在容量较小的卷上使用比较好，因为 FAT 启动只使用非常少的开销。FAT 在容量低于 512 MB 的卷上工作最好，当卷容量超过 1.024 GB 时，效率就显得很低。对于 400～500 MB 以下的卷，FAT 文件系统相对于 NTFS 文件系统来说是一个比较好的选择。不过对于使用 Windows Server 2008 的用户来说，FAT 文件系统则不能满足系统的要求。

（2）FAT 文件系统的优缺点

FAT 文件系统的优点主要是所占容量与计算机的开销很少，支持各种操作系统，在多种操作系统之间可移植。这使得 FAT 文件系统可以方便地用于传送数据，但同时也带来较大的安全隐患：从机器上拆下 FAT 格式的硬盘，几乎可以把它装到任何其他计算机上，不需要任何专用软件即可直接读写。

Windows 操作系统在很大程度上依赖于文件系统的安全性来实现自身的安全性。没有文件系统的安全防范，就没办法阻止他人不适当地删除文件或访问某些敏感信息。从根本上说，没有文件系统的安全，系统就没有安全保障。因此，对于安全性要求较高的用户来讲，FAT 就不太合适。

2. NTFS 文件系统

NTFS（New Technology File System）是 Windows Server 2008 推荐使用的高性能文件系统，它支持许多新的文件安全、存储和容错功能，而这些功能也正是 FAT 文件系统所缺少的。

（1）NTFS 简介

NTFS 是从 Windows NT 开始使用的文件系统，它是一个特别为网络和磁盘配额、文件加密等管理安全特性设计的磁盘格式。NTFS 文件系统包括了文件服务器和高端个人计算机所需的安全特性，它还支持对于关键数据及十分重要的数据访问控制和私有权限。除了可以赋予计算机中的共享文件夹特定权限外，NTFS 文件和文件夹无论共享与否都可以赋予权限，NTFS 是唯一允许为单个文件指定权限的文件系统。但是，当用户从 NTFS 卷移动或复制文件到 FAT 卷时，NTFS 文件系统权限和其他特有属性将会丢失。

NTFS 文件系统设计简单但功能强大，从本质上讲，卷中的一切都是文件，文件中的一切都是属性，从数据属性到安全属性，再到文件名属性，NTFS 卷中的每个扇区都分配给了某个文件，甚至文件系统的超数据（描述文件系统自身的信息）也是文件的一部分。

（2）NTFS 文件系统的优点

NTFS 文件系统是 Windows Server 2008 推荐的文件系统，它具有 FAT 文件系统的所有基本功能，并且提供 FAT 文件系统所没有的优点。

● 更安全的文件保障，提供文件加密，能够大大提高信息的安全性。

- 更好的磁盘压缩功能。
- 支持最大达 2TB 的大硬盘，并且随着磁盘容量的增大，NTFS 的性能不像 FAT 那样随之降低。
- 可以赋予单个文件和文件夹权限：对同一个文件或者文件夹为不同用户可以指定不同的权限，在 NTFS 文件系统中，可以为单个用户设置权限。
- NTFS 文件系统中设计的恢复能力，无需用户在 NTFS 卷中运行磁盘修复程序。在系统崩溃事件中，NTFS 文件系统使用日志文件和复查点信息自动恢复文件系统的一致性。
- NTFS 文件夹的 B-Tree 结构使得用户在访问较大文件夹中的文件时，速度甚至比访问卷中较小文件夹中的文件还快。
- 可以在 NTFS 卷中压缩单个文件和文件夹：NTFS 系统的压缩机制可以让用户直接读写压缩文件，而不需要使用解压软件将这些文件展开。
- 支持活动目录和域：此特性可以帮助用户方便灵活地查看和控制网络资源。
- 支持稀疏文件：稀疏文件是应用程序生成的一种特殊文件，文件尺寸非常大，但实际上只需要很少的磁盘空间，也就是说，NTFS 只需要给这种文件实际写入的数据分配磁盘存储空间。
- 支持磁盘配额：磁盘配额可以管理和控制每个用户所能使用的最大磁盘空间。

如果安装 Windows Server 2003 系统时采用了 FAT 文件系统，用户也可以在安装完毕之后，使用命令 convert.exe 把 FAT 分区转化为 NTFS 分区。

```
Convert    D:/FS:NTFS
```

上面的命令是将 D 盘转换成 NTFS 格式。无论是在运行安装程序中还是在运行安装程序之后，这种转换相对于重新格式化磁盘来说，都不会使用户的文件受到损害。但由于 Windows 95/98 系统不支持 NTFS 文件系统，所以在要配置双重启动系统时，即在同一台计算机上同时安装 Windows Server 2008 和其他操作系统（如 Windows 98），则可能无法从计算机上的另一个操作系统访问 NTFS 分区上的文件。

3.1.2 基本磁盘与动态磁盘

从 Windows Server 2000 开始，系统就将磁盘分为基本磁盘和动态磁盘两种类型。

1. 基本磁盘

基本磁盘是平常使用的默认磁盘类型，通过分区来管理和应用磁盘空间。一个基本磁盘可以划分为主磁盘分区（Primary Partition）和扩展磁盘分区（Extended Partition），但是最多只能建立一个扩展磁盘分区。一个基本磁盘最多可以分为 4 个区，即 4 个主磁盘分区或 3 个主磁盘分区和一个扩展磁盘分区。主磁盘分区通常用来启动操作系统，一般可以将分完主磁盘分区后的剩余空间全部分给扩展磁盘分区，扩展磁盘分区再分成若干逻辑分区。基本磁盘中的分区空间是连续的。从 Windows Server 2003 开始，用户可以扩展基本磁盘分区的尺寸，这样做的前提是磁盘上存在连续的未分配空间。

2. 动态磁盘

动态磁盘使用卷（Volume）来组织空间，使用方法与基本磁盘分区相似。动态磁盘卷可建立在不连续的磁盘空间上，且空间大小可以动态地变更。动态卷的创建数量也不受限制。在动态磁盘中可以建立多种类型的卷，以提供高性能的磁盘存储能力。

3.2 项目设计与准备

3.2.1 部署需求

在部署目录林根级域之前需满足以下要求。

- 设置域控制器的 TCP/IP 属性，手工指定 IP 地址、子网掩码、默认网关和 DNS 服务器 IP 地址等。
- 在域控制器上准备 NTFS 卷，如 C:。

3.2.2 部署环境

本项目所有实例被部署在图 3-1 所示的域环境下。域名为 smile.com。win2008-1 和 win2008-2 是 Hyper-V 服务器的 2 台虚拟机。为了不相互影响，建议 Hyper-V 服务器中虚拟网络的模式选"专用"。网络拓扑图及参数规划如图 3-1 所示。

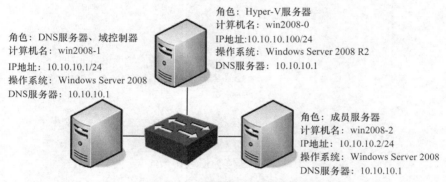

角色：DNS服务器、域控制器
计算机名：win2008-1
IP地址：10.10.10.1/24
操作系统：Windows Server 2008
DNS服务器：10.10.10.1

角色：Hyper-V服务器
计算机名：win2008-0
IP地址：10.10.10.100/24
操作系统：Windows Server 2008 R2
DNS服务器：10.10.10.1

角色：成员服务器
计算机名：win2008-2
IP地址：10.10.10.2/24
操作系统：Windows Server 2008
DNS服务器：10.10.10.1

图 3-1 文件服务器和打印服务器配置网络拓扑图

（1）准备 3 台服务器，IP 地址分别是 10.10.10.100、10.10.10.1、10.10.10.2，这 3 台服务器已经升级到 Active Directory，其中第 1 台服务器域名为 win2008-0.smile.com，第 2 台服务器域名为 win2008-1.smile.com，第 3 台服务器域名为 win2008-2.smile.com。

（2）在每台服务器上，都添加"分布式文件系统"组件。

（3）在每台服务器上创建一些文件夹并设置共享，同时向文件夹中复制一些对应的文档或数据。

（4）在 win2008-1 上安装打印服务器，在 win2008-2 上安装网络打印机。

3.3 项目实施

3.3.1 安装文件服务器

资源共享是网络最大的特点之一，而局域网的资源共享更多的是借助文件共享来实现。文件服务器的应用是局域网中很常用的网络服务之一，通常利用文件服务器的 RAID 卡和高速的 SCSI 硬盘为网络提供文件共享，还可以设置网络文件的保护权限，在高速存取的同时还确保了访问的安全，也能够充分利用大容量的磁盘存储空间。

Windows Server 2008 中的"文件服务器"是通过"文件服务器资源管理器"程序进行统一配置使用的。使用"文件服务器资源管理器"可以执行许多相关的管理任务，如格式化卷、创建共享资源、对卷进行碎片整理、创建和管理共享资源、设置配额限制、创建存储使用状况报告、将数据复制到文件服务器或从文件服务器复制数据、管理存储区域网络（SAN），以及与 UNIX 和 Macintosh 系统共享文件。"文件服务器"和"文件服务器资源管理器"是 Windows Server 2008 中的组件，默认并没有安装，在使用前应该进行安装。

① 以 Administrator 身份登录文件服务器。

② 打开"开始"→"服务器管理器"，打开"服务器管理器"窗口。在左侧的控制台树中选择"角色"选项，显示如图 3-2 所示。

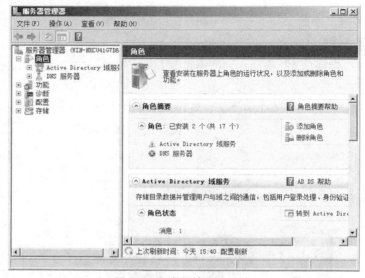

图 3-2　服务器管理器-角色

③ 在窗口右侧的"角色"框架中单击"添加角色"链接，运行"添加角色向导"。首先显示"开始之前"对话框，如图 3-3 所示。

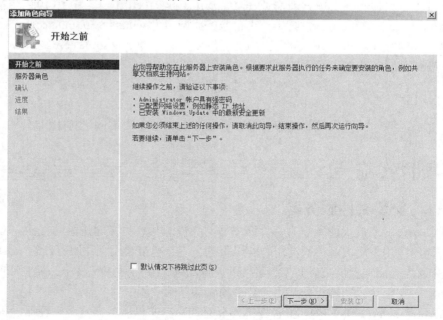

图 3-3　"开始之前"对话框

④ 单击"下一步"按钮，显示"选择服务器角色"对话框。选择"文件服务"复选框，如图 3-4 所示。

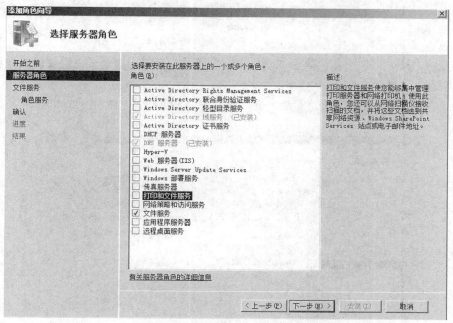

图 3-4 选择"文件服务"复选框

⑤ 单击"下一步"按钮，显示"选择角色服务"对话框。选择"文件服务器"和"文件服务器资源管理器"复选框，如图 3-5 所示。

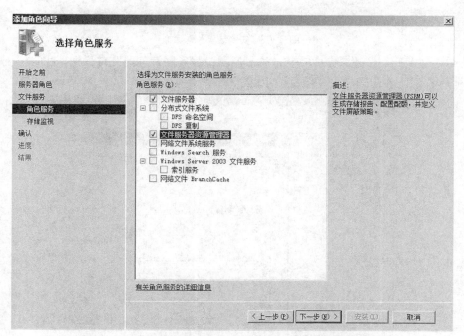

图 3-5 选择"文件服务器"和"文件服务器资源管理器"复选框

注意此处也可以同时安装"分布式文件系统"。只需在图 3-5 中勾选"分布式文件系统"即可。

⑥ 单击"下一步"按钮，显示"配置存储使用情况监视"对话框。

⑦ 单击"下一步"按钮，显示"确认安装选择"对话框，显示了将要安装的角色、功能或服务情况。

⑧ 单击"安装"按钮，开始安装，根据系统提示完成安装，显示图 3-6 所示"安装结果"对话框。

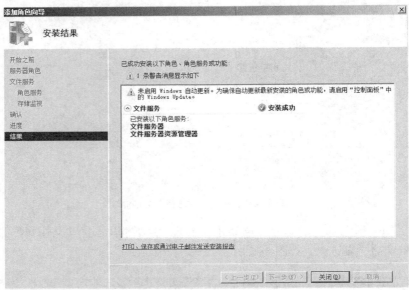

图 3-6 "安装结果"对话框

⑨ 单击"关闭"按钮，完成安装过程。返回"服务器管理器"对话框，此时，在"角色"选项中即可看到已安装的"文件服务"，如图 3-7 所示。

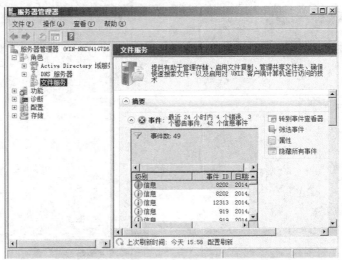

图 3-7 "文件服务器"安装成功对话框

⑩ 关闭"服务器管理器"对话框，打开"开始"→"管理工具"，即可选择"共享和存储管理"和"文件服务器资源管理器"进行相应管理工作。

3.3.2 管理配额

Windows Server 2003/2008 提供了卷的磁盘配额功能，可以跟踪磁盘使用量的变化，并能通过创建配额来限制允许卷或文件夹使用的空间。磁盘配额是以文件所有权为基础的，只应用于卷，且不受卷的文件夹结构及物理磁盘上的布局影响。它监视个人用户卷的使用情况，因此，每个用户对磁盘空间的利用都不会影响同一卷上其他用户的磁盘配额。

如果想对某个文件夹创建配额，如想对 C 盘的 public 文件夹创建 200 MB 配额，可以按照如下的步骤操作。本节主要介绍使用系统现有的模板创建文件夹配额的方法。

① 打开"开始"→"管理工具"→"文件服务器资源管理器"窗口，在控制台树中展开"配额管理"→"配额"选项，如图 3-8 所示。

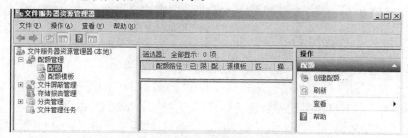

图 3-8 "文件服务器资源管理器"窗口

② 右击"配额"，并在弹出的快捷菜单中选择"创建配额"选项，打开"创建配额"对话框。在"配额路径"文本框中，选择或输入将应用该配额的文件夹路径，在本例中选择 C:\public 文件夹。选择"在现有子文件夹和新的子文件夹中自动应用模板并创建配额（A）"单选按钮，在"从此配额模板派生属性（推荐选项）（I）"下拉列表框中选择其配额属性，本例中选择"200 MB 限制，50 MB 扩展"，如图 3-9 所示。

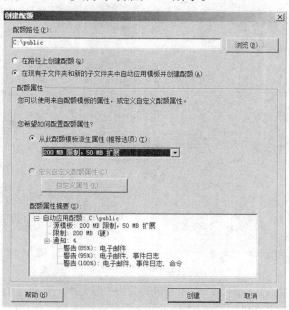

图 3-9 创建配额

③ 单击"创建"按钮，完成配额的创建，如图 3-10 所示。

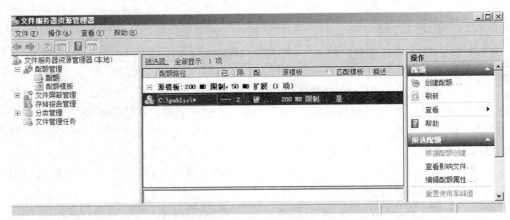

图 3-10　完成配额创建

如果暂时没有合适的模板，还可以自己创建配额，方法如下。

① 在"创建配额"对话框中，选择"在路径上创建配额"单选按钮，并从"配额属性"选项区域中选择"定义自定义配额属性（C）"单选按钮，如图 3-11 所示。

② 单击"自定义属性"按钮，显示"配额属性"对话框。在"从配额模板复制属性（可选）"下拉列表框中选择一个接近的模板，单击"复制"按钮，在"限制"文本框中输入合适的大小，如 250，并从下拉列表框中选择单位，如"KB""MB""GB"或"TB"，如图 3-12 所示。

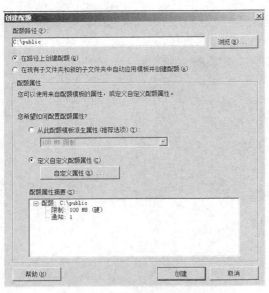

图 3-11　定义自定义配额属性

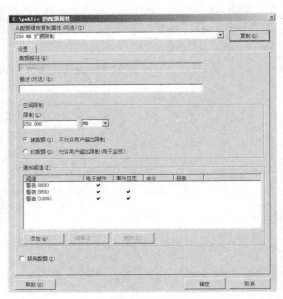

图 3-12　自定义属性

③ 在"配额属性"对话框中，单击"确定"按钮返回。单击"创建"按钮，打开"将自定义属性另存为模板"对话框，输入模板名，如 400，如图 3-13 所示。

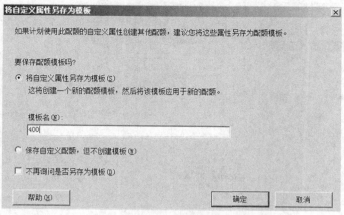

图 3-13　自定义属性另存为模板

④ 单击"确定"按钮，完成配额的创建，如图 3-14 所示。

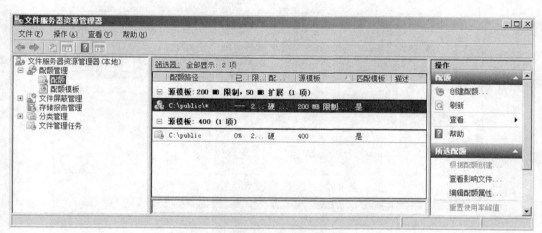

图 3-14　完成配额的创建

3.3.3　组建分布式文件系统

下面讲述安装"分布式文件系统"的具体方法。

① 打开"服务器管理器"窗口，在左侧的控制台树中选择"角色"选项，然后选择对话框右侧的"添加角色"，运行"添加角色向导"。

② 在"选择服务器角色"对话框中，选择"文件服务"复选框。但发现该复选框是灰色的，无法继续进行下去，如图 3-15 所示。这是因为在 3.3.1 小节中已经安装了"文件服务"的部分角色。

那么如何安装"分布式文件系统"角色呢？首先回到"服务器管理器"窗口。

③ 在"服务器管理器"窗口左侧，展开"角色"→"文件服务"。右击"文件服务"，弹出"添加角色服务"的快捷菜单，如图 3-16 所示。

④ 选择"添加角色服务"命令，在"选择角色服务"对话框中选择"分布式文件系统"复选框，如图 3-17 所示。

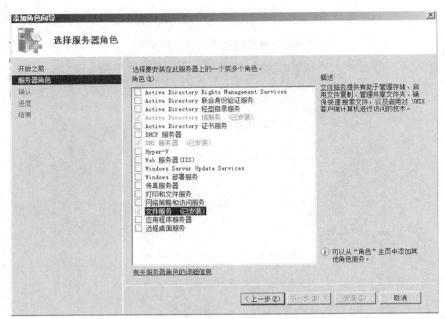

图 3-15　无法选择"文件服务"复选框

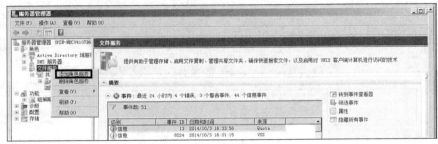

图 3-16　选择"添加角色服务"命令

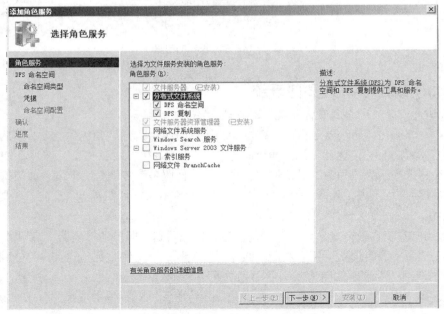

图 3-17　选择"分布式文件系统"复选框

⑤ 在"创建 DFS 命名空间"对话框中选择"以后使用服务器管理器中的'DFS 管理'管理单元创建命名空间",如图 3-18 所示。

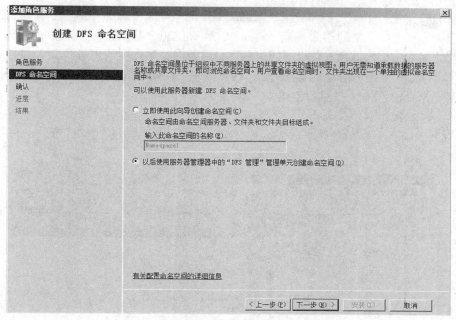

图 3-18 创建 DFS 命名空间

⑥ 在"确认安装选择"对话框中,可以查看即将安装的角色服务及功能,如图 3-19 所示。

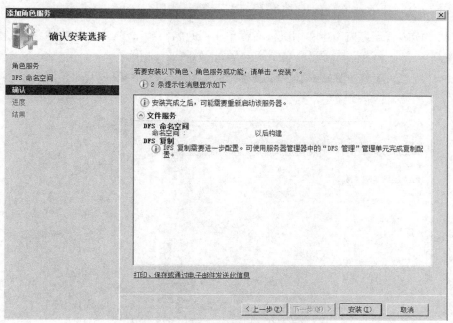

图 3-19 "确认安装选择"对话框

⑦ 单击"安装"按钮开始安装。安装完成后,显示"安装结果"对话框,单击"关闭"按钮退出。

3.3.4 使用分布式文件系统

1．创建命名空间

使用 DFS 命名空间，可以将位于不同服务器上的共享文件夹组合到一个或多个逻辑结构的命名空间。每个命名空间作为具有一系列子文件夹的单个共享文件夹显示给用户。但是，命名空间的基本结构可以包含位于不同服务器，以及多个站点中的大量共享文件夹。命名空间提高了可用性，并在可用时自动将用户连接到同一 AD DS 站点中的共享文件夹，而不是通过广域网（WAN）连接对其进行路由。

具体操作步骤如下。

① 选择"开始"→"管理工具"→"DFS Management"菜单，打开"DFS 管理"窗口，如图 3-20 所示。

图 3-20 "DFS 管理"窗口

② 从"DFS 管理"窗口中，用鼠标右键单击"命名空间"，从弹出的快捷菜单中选择"新建命名空间"选项，运行"新建命名空间向导"，如图 3-21 所示。

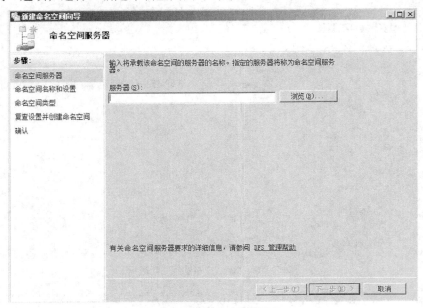

图 3-21 新建命名空间向导

③ 单击"浏览"按钮，打开"选择计算机"对话框，单击"高级"按钮，然后单击"立即查找"按钮，选择"win2008-1"，如图 3-22 所示。单击"确定"按钮返回。

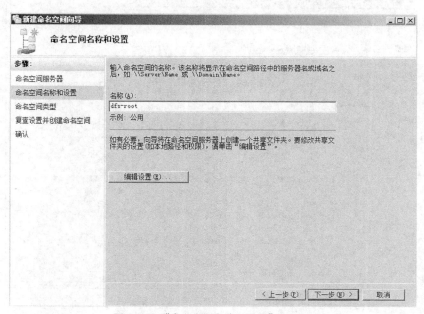

图 3-22 选择"win2008-1"

④ 单击"下一步"按钮，打开"命名空间名称和设置"对话框。在"名称"文本框中输入命名空间的名称，通常选择一个比较简短、易记的名称，本例中为"dfs-root"，如图 3-23 所示。

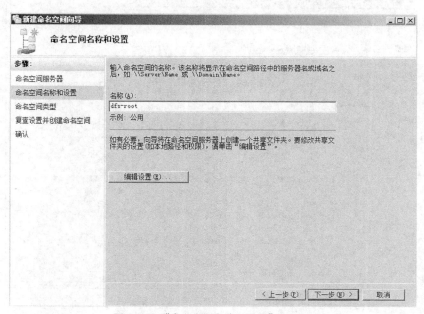

图 3-23 "命名空间名称和设置"对话框

⑤ 单击"编辑设置"按钮，打开"编辑设置"对话框，在"共享文件夹的本地路径"文本框中使用默认路径，选择"Administrator 具有完全访问权限；其他用户具有只读权限"单选

按钮，如图 3-24 所示。

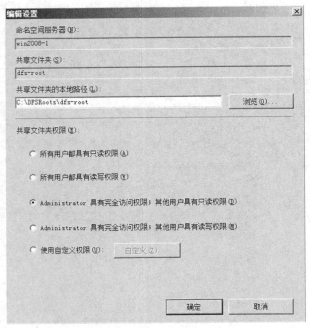

图 3-24 "编辑设置"对话框

⑥ 单击"确定"按钮，返回到"命名空间名称和设置"对话框后，单击"下一步"按钮，打开"命名空间类型"对话框，选择"基于域的命名空间"单选按钮，如图 3-25 所示。

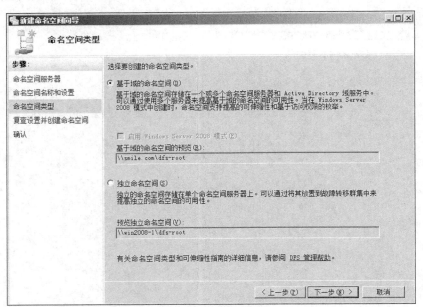

图 3-25 "命名空间类型"对话框

⑦ 单击"下一步"按钮，显示"复查设置并创建命名空间"对话框，如图 3-26 所示。

⑧ 单击"创建"按钮，显示"确认"对话框，如图 3-27 所示。单击"关闭"按钮，返回到"DFS 管理"窗口，如图 3-28 所示。

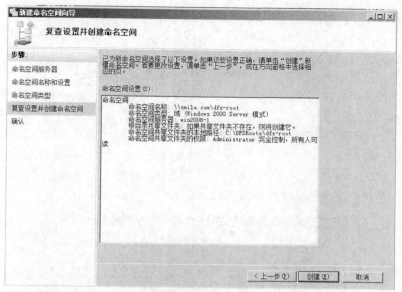

图 3-26 "复查设置并创建命名空间"对话框

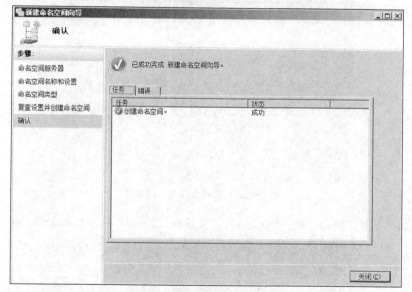

图 3-27 "确认"对话框

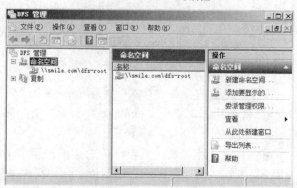

图 3-28 "DFS 管理"窗口

2. 在命名空间中创建文件夹

在创建命名空间后，可以将各服务器中创建的共享文件夹添加到命名空间中统一管理和使用，而其他用户再访问各服务器提供的共享资源时，只需要统一访问 DFS 命名空间即可。在此可以看到，所谓 DFS 命名空间，只不过是把需要的共享资源进行统一管理而已。

在本节的操作中，将把 win2008-1 服务器提供的 soft 共享、win2008-2 提供的 vod 共享添加到 DFS 命名空间中，步骤如下。

① 在"DFS 管理"窗口中展开"命名空间"选项，右击已创建的命名空间，在弹出的快捷菜单中选择"新建文件夹"选项，显示"新建文件夹"对话框，如图 3-29 所示。首先添加win2008-1 提供的 soft 共享文件夹。在"名称"文本框中输入文件夹名，这个文件夹名是在DFS 命名空间中访问提供的共享的快捷名称，在本例中为"software"。

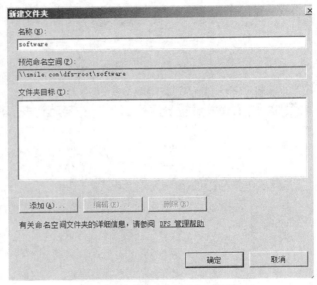

图 3-29 "新建文件夹"对话框

② 单击"添加"按钮，显示"添加文件夹目标"对话框中，如图 3-30 所示。

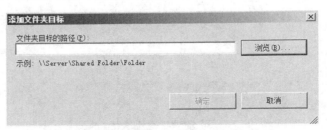

图 3-30 "添加文件夹目标"对话框

③ 单击"浏览"钮，打开"浏览共享文件夹"对话框，单击"浏览"按钮，打开"选择计算机"对话框，输入计算机名称，本例为"win2008-1"。单击"确定"按钮返回，从"共享文件夹"列表中选择 soft 文件夹，如图 3-31 所示。

④ 单击"确定"按钮，显示"添加文件夹目标"对话框，显示添加的目标路径。

⑤ 单击"确定"按钮，返回"新建文件夹"对话框。在"文件夹目标"文本框中将显示已添加的文件夹路径，本例中为"\\win2008-1\soft"，如图 3-32 所示。

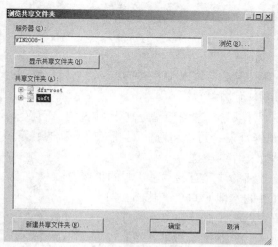

图 3-31 选择 "soft" 文件夹

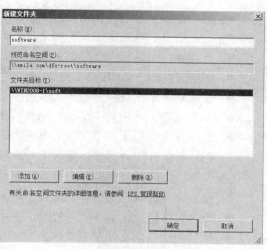

图 3-32 "新建文件夹" 对话框

⑥ 单击 "确定" 按钮，添加文件夹目标完成。

参照上述步骤，可继续添加名为 vodware 的文件夹到 win2008-2 服务器的 vod 共享。

3．验证 DFS

在客户端（win2008-2）计算机中输入 \\smile. com\dfs-root 可以访问 DFS 根，通过 DFS 根命名空间可以访问所有文件服务器上的共享。不过在访问时需要输入具有访问权限的用户名和密码，如图 3-33、图 3-34 所示。

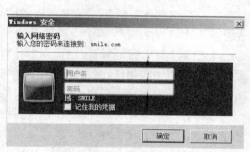

图 3-33 输入用户名和密码

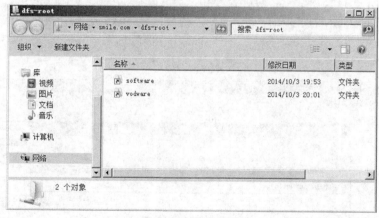

图 3-34 验证 DFS

4．配置文件共享

"共享和存储管理" 提供了一个用于管理共享资源（如文件夹和卷）及存储资源的集中位置，在网络上共享的文件夹和卷，以及磁盘和存储子系统中的卷。

① 共享资源管理：使用 "共享和存储管理" 中的 "设置共享文件夹向导" 可以通过网络共享服务器上的文件夹和卷的内容。该向导将指导用户完成共享文件夹或卷并为其分配所有相应属性的必要步骤，使用该向导还可以：

- 指定要共享的文件夹或卷，或创建一个要共享的新文件夹；
- 指定用于访问共享资源的网络共享协议；
- 更改要共享的文件夹或卷的本地 NTFS 权限；
- 指定对共享资源中的文件的共享访问权限、用户限制和脱机访问；
- 将共享资源发布到分布式文件系统（DFS）命名空间；
- 如果安装了网络文件系统（NFS）服务，可以为共享资源指定基于 NFS 的访问权限；
- 如果在服务器上安装了文件服务器资源管理器，可以将存储配额应用于新的共享资源，并创建文件屏蔽以限制可用来存储的文件的类型。

使用"共享和存储管理"，还可以监视和修改新的或现有的共享资源的重要方面。

- 停止文件夹或卷的共享、更改文件夹或卷的本地 NTFS 权限。
- 更改共享资源的共享访问权限、脱机可用性和其他属性。
- 查看当前访问文件夹或文件的用户并断开用户连接（如有必要）。
- 如果已安装网络文件系统（NFS）服务，可为共享资源更改基于 NFS 的访问权限。

② 存储管理：使用"共享和存储管理"，可以在服务器中可用的磁盘上或支持虚拟磁盘服务（VDS）的存储子系统上设置存储。"设置存储向导"将指导用户完成在现有磁盘上或与服务器连接的存储子系统上创建卷的过程。如果要在存储子系统上创建卷，该向导还将指导用户完成创建用于承载该卷的逻辑单元号（LUN）的过程，用户还可以选择仅创建 LUN，并在以后使用"磁盘管理"功能创建卷。

"共享和存储管理"可以帮助用户监视和管理已创建的卷，以及服务器上可用的任何其他卷。使用"共享和存储管理"还可以：

- 扩展卷的大小、格式化卷、删除卷；
- 更改卷属性，如压缩、安全性、脱机可用性和索引；
- 访问用于执行错误检查、碎片整理和备份的磁盘工具。

下面介绍一下利用"共享和存储管理"控制台设置共享的方法，具体步骤如下。

① 选择"开始"→"管理工具"→"共享和存储管理"，打开"共享和存储管理"管理控制台，如图 3-35 所示。

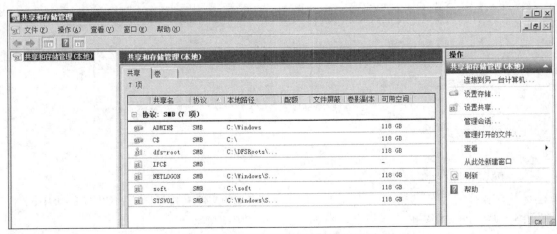

图 3-35 "共享和存储管理"管理控制台

② 右击控制台左侧的"共享和存储管理（本地）"选项，在弹出的快捷菜单中选择"设

置共享"选项，运行"设置共享文件夹向导"。在"共享文件夹位置"对话框中，单击"浏览"按钮，选择要设置为共享的文件夹，本例中为 C 盘下的 software 文件夹，如图 3-36 所示。

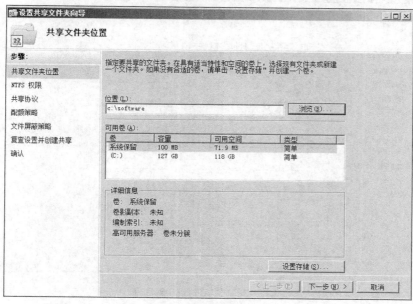

图 3-36　设置共享

③ 单击"下一步"按钮，显示"NTFS 权限"对话框。选择"否，不更改 NTFS 权限"单选按钮（若用户需要更改共享文件夹的 NTFS 权限，也可以选择"是，更改 NTFS 权限"单选按钮），如图 3-37 所示。

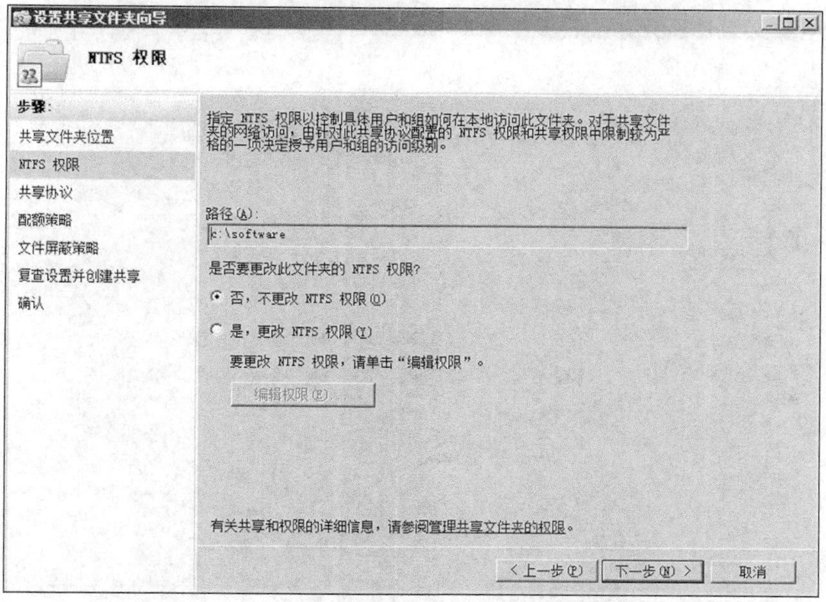

图 3-37　"NTFS 权限"对话框

④ 单击"下一步"按钮，显示"共享协议"对话框。选择"SMB"复选框，可以设置共享名，也可使用默认值，如图 3-38 所示。若服务器上安装了网络文件系统（NFS）服务，还

可以为共享资源指定基于 NFS 的访问权限。

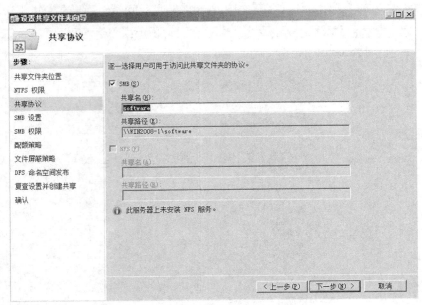

图 3-38 "共享协议"对话框

⑤ 单击"下一步"按钮，显示"SMB 设置"对话框。单击"高级"按钮，可以更改相应设置。

⑥ 单击"下一步"按钮，显示"SMB 权限"对话框。选择"Administrator 具有完全控制权限；所有其他用户和组只有读取访问权限"单选按钮，如图 3-39 所示。

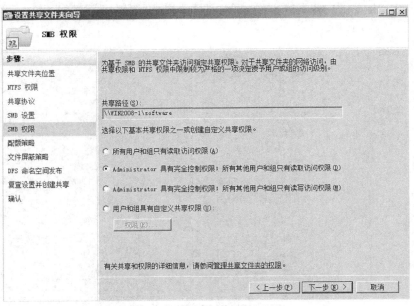

图 3-39 "SMB 权限"对话框

⑦ 单击"下一步"按钮，显示"DFS 命名空间发布"对话框。若需要将此 SMB 共享发布到 DFS 命名空间中，可以选择"将此 SMB 共享发布到 DFS 命名空间"复选框，在"命名

空间中的父文件夹（F）"文本框中输入"\\smile.com\dfs-root"，在"新文件夹名称"文本框中输入共享的名称，如"software-win2"，如图3-40所示。

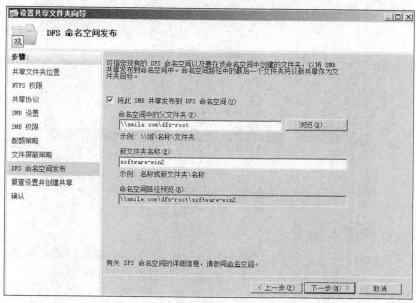

图3-40 "DFS命名空间发布"对话框

⑧ 单击"下一步"按钮，显示"复查设置并创建共享"对话框，可以看到将要设置的共享文件夹的详细信息，如图3-41所示。

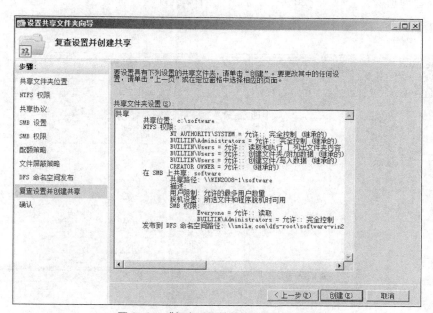

图3-41 "复查设置并创建共享"对话框

⑨ 单击"创建"按钮，创建共享完成，在"确认"对话框中单击"关闭"按钮即可。在"共享和存储管理（本地）"控制台中，可以看到所设置的共享，如图3-42所示。

图 3-42 "共享和存储管理"控制台

3.3.5 管理基本磁盘

在安装 Windows Server 2008 时，硬盘将自动初始化为基本磁盘。基本磁盘上的管理任务包括磁盘分区的建立、删除、查看，以及分区的挂载和磁盘碎片整理等。

1. 使用磁盘管理工具

Windows Server 2008 提供了一个界面非常友好的磁盘管理工具，使用该工具可以很轻松地完成各种基本磁盘和动态磁盘的配置和管理维护工作。打开该工具的方法有两种。

（1）使用"计算机管理"对话框

① 以管理员身份登录 win2008-2，打开"计算机管理"对话框。在"计算机管理"对话框中，选择"存储"项目中的"磁盘管理"选项，出现图 3-43 所示的对话框，要求对新添加的磁盘进行初始化。

图 3-43 磁盘管理

② 单击"确定"按钮，初始化新加的 3 块硬盘。完成后，win2008-2 就新加了 3 块新磁盘。

（2）使用系统内置的 MSC 控制台文件

执行"开始"→"运行"命令，输入"diskmgmt.msc"，并单击"确定"按钮。

磁盘管理工具分别以文本和图形的方式显示出所有磁盘和分区（卷）的基本信息，这些信息包括分区（卷）的驱动器号、磁盘类型、文件系统类型及工作状态等。在磁盘管理工具的下部，以不同的颜色表示不同的分区（卷）类型，利于用户分辨不同的分区（卷）。

2．新建基本卷

基本磁盘上的分区和逻辑驱动器称为基本卷，基本卷只能在基本磁盘上创建。现在我们在 win2008-2 的磁盘 1 上创建主分区和扩展分区，并在扩展分区中创建逻辑驱动器。具体过程如下。

（1）创建主分区

① 打开 win2008-2 计算机的"计算机管理"→"磁盘管理"。右击"磁盘 1"，选择"新建简单卷"，如图 3-44 所示。

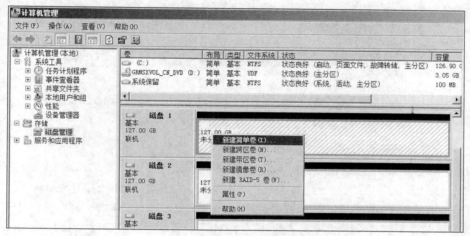

图 3-44　磁盘管理-新建简单卷

② 打开"新建简单卷"向导，单击"下一步"按钮，设置卷的大小为 500MB。

③ 单击"下一步"按钮，分配驱动器号，如图 3-45 所示。

- 选择"装入以下空白 NTFS 文件夹中"单选项，表示指派一个在 NTFS 文件系统下的空文件夹来代表该磁盘分区。例如，用 C:\data 表示该分区，则以后所有保存到 C:\data 的文件都被保存到该分区中，该文件夹必须是空的文件夹，且位于 NTFS 卷内，这个功能特别适用于 26 个磁盘驱动器号（A:～Z:）不够使用时的网络环境。
- 选择"不指派驱动器号或驱动器路径"单选项，表示可以事后再指派驱动器号或指派某个空文件夹来代表该磁盘分区。

④ 单击"下一步"按钮，选择格式化的文件系统，如图 3-46 所示。格式化结束，单击"完成"按钮完成主分区的创建。本例划分给主分区 500MB 空间，赋予驱动器号为 E。

⑤ 可以重复以上步骤创建其他主分区。

（2）创建扩展分区

Windows Server 2008 的磁盘管理中不能直接创建扩展分区，必须先创建完 3 个主分区后才能创建扩展磁盘分区。

① 继续在 win2008-2 的磁盘 1 上再创建 2 个主分区。

② 完成 3 个主分区创建后，在该磁盘未分区空间单击右键，选择"新建简单卷"。

③ 后面的过程与创建主分区相似，不同的是当创建完成，显示"状态良好"的分区信息

后，系统自动将刚才这个分区设置为扩展分区的一个逻辑驱动器，如图 3-47 所示。

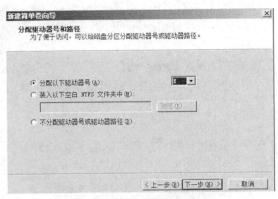

图 3-45　分配驱动器号

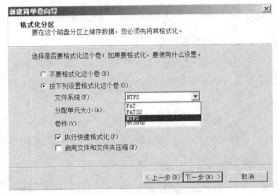

图 3-46　格式化分区

图 3-47　3 个主分区、一个扩展分区

3．指定活动的磁盘分区

如果计算机中安装了多个无法直接相互访问的不同操作系统，如 Windows Server 2008、Linux 等，则计算机在启动时，会启动被设为"活动"的磁盘分区内的操作系统。

假设当前第 1 个磁盘分区中安装的是 Windows Server 2008，第 2 个磁盘分区中安装的是 Linux，如果第 1 个磁盘分区被设为"活动"，则计算机启动时就会启动 Windows Server 2008。若要下一次启动时启动 Linux，只需将第 2 个磁盘分区设为"活动"即可。

由于用来启动操作系统的磁盘分区必须是主磁盘分区，因此，只能将主磁盘分区设为"活动"的磁盘分区。要指定"活动"的磁盘分区，右击 win2008-2 的磁盘 1 的主分区 E，在弹出的快捷菜单中选择"将分区标为活动分区"选项即可。

4．更改驱动器号和路径

Windows Server 2008 默认为每个分区（卷）分配一个驱动器号字母，该分区就成为一个逻辑上的独立驱动器。有时出于管理的目的可能需要修改默认分配的驱动器号。

还可以使用磁盘管理工具在本地 NTFS 分区（卷）的任何空文件夹中连接或装入一个本地驱动器。当在空的 NTFS 文件夹中装入本地驱动器时，Windows Server 2008 为驱动器分配一个路径而不是驱动器字母，可以装载的驱动器数量不受驱动器字母限制的影响，因此可以使用挂载的驱动器在计算机上访问 26 个以上的驱动器。Windows Server 2008 确保驱动器路径与驱动器的关联，因此可以添加或重新排列存储设备而不会使驱动器路径失效。

另外，当某个分区的空间不足并且难以扩展空间尺寸时，也可以通过挂载一个新分区到该分区某个文件夹的方法，达到扩展磁盘分区尺寸的目的。因此，挂载的驱动器使数据更容易访问，并增加了基于工作环境和系统使用情况管理数据存储的灵活性。例如，可以在 C:\Document and Settings 文件夹处装入带有 NTFS 磁盘配额及启用容错功能的驱动器，这样用户就可以跟踪或限制磁盘的使用，并保护装入的驱动器上的用户数据，而不用在 C:驱动器上做同样的工作。也可以将 C:\Temp 文件夹设为挂载驱动器，为临时文件提供额外的磁盘空间。

如果 C:盘上的空间较小，可将程序文件移动到其他大容量驱动器上，比如 E，并将它作为 C:\mytext 挂载。这样所有保存在 C:\mytext 下的文件事实上都保存在 E 分区上。下面来完成这个步骤（保证 C:\mytext 在 NTFS 分区，并且是空白的文件夹）。

① 在"磁盘管理"对话框中，右击目标驱动器 E，在弹出的快捷菜单中选择"更改驱动器号和路径"选项，打开图 3-48 所示的对话框。

② 单击"更改"按钮，可以更改驱动器号；单击"添加"按扭，打开"添加驱动器号或路径"对话框，如图 3-49 所示。

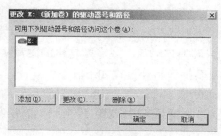

图 3-48　更改驱动器号和路径

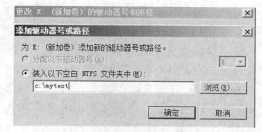

图 3-49　"添加驱动器号或路径"对话框

③ 输入完成后，单击"确定"按钮。

④ 测试。在 C:\text 下新建文件，然后查看 E：盘信息，发现文件实际存储在了 E 盘上。

注意　　要装入的文件夹一定是事先建立好的空文件夹，该文件夹所在的分区必须是 NTFS 文件系统。

3.3.6　认识动态磁盘

1．RAID 技术简介

如何增加磁盘的存取速度，如何防止数据因磁盘故障而丢失，以及如何有效地利用磁盘空间，一直是计算机专业人员和用户的困扰。廉价磁盘冗余阵列（RAID）技术的产生一举解决了这些问题。

廉价磁盘冗余阵列是把多个磁盘组成一个阵列当作单一磁盘使用。它将数据以分段（Striping）的方式储存在不同的磁盘中，存取数据时，阵列中的相关磁盘一起动作，大幅减少数据的存取时间，同时有更佳的空间利用率。磁盘阵列所利用的不同的技术，称为 RAID 级别。不同的级别针对不同的系统及应用，以解决各种数据访问性能和数据安全的问题。

RAID 技术的实现可以分为硬件实现和软件实现两种。现在很多操作系统，如 Windows NT、UNIX 等都提供软件 RAID 技术，性能略低于硬件 RAID，但成本较低，配置管理也非常简单。目前 Windows Server 2008 支持的 RAID 级别包括 RAID 0、RAID 1、RAID 4 和 RAID 5。

RAID 0：通常被称作"条带"，它是面向性能的分条数据映射技术。这意味着被写入阵列的数据被分割成条带，然后被写入阵列中的磁盘成员，从而允许低费用的高效 I/O 性能，但是不提供冗余性。

RAID 1：称为"磁盘镜像"，通过在阵列中的每个成员磁盘上写入相同的数据来提供冗余性。由于镜像的简单性和高度的数据可用性，目前仍然很流行。RAID 1 提供了极佳的数据可靠性，并提高了读取任务繁重的程序的执行性能，但是它相对的费用也较高。

RAID 4：使用集中到单个磁盘驱动器上的奇偶校验来保护数据，更适合事务性的I/O而不是大型文件传输。专用的奇偶校验磁盘同时带来了固有的性能瓶颈。

RAID 5：使用最普遍的RAID类型，通过在某些或全部阵列成员磁盘驱动器中分布奇偶校验。RAID 5避免了RAID 4中固有的写入瓶颈。唯一的性能瓶颈是奇偶计算进程。与RAID 4一样，其结果是非对称性能，读取大大地超过了写入性能。

2．动态磁盘卷类型

动态磁盘提供了更好的磁盘访问性能和容错等功能，将基本磁盘转换为动态磁盘，不损坏原有的数据；动态磁盘若要转换为基本磁盘，则必须先删除原有的卷。

在转换磁盘之前需要关闭磁盘上运行的程序。如果转换启动盘，或者要转化的磁盘中的卷或分区正在使用，则必须重新启动计算机才能够成功转换。转换过程如下。

① 关闭所有正在运行的应用程序，打开"计算机管理"对话框中的"磁盘管理"对话框，在右窗格的底端，右击要升级的基本磁盘，在弹出的快捷菜单中选择"转换到动态磁盘"选项。

② 在打开的对话框中，可以选择多个磁盘一起升级。选好之后，单击"确定"按钮，单击"转换"按钮即可。

Windows Server 2008中支持的动态卷类型包括以下几类。

- 简单卷（Simple Volume）：与基本磁盘的分区类似，只是其空间可以扩展到非连续的空间上。
- 跨区卷（Spanned Volume）：可以将多个磁盘（至少2个，最多32个）上的未分配空间，合成一个逻辑卷。使用时先写满一部分空间，再写入下一部分空间。
- 带区卷（Striped Volume）：又称条带卷RAID 0，将2～32个磁盘空间上容量相同的空间组合成一个卷，写入时将数据分成64 KB大小相同的数据块，同时写入卷的每个磁盘成员的空间上。带区卷提供最好的磁盘访问性能，但是带区卷不能被扩展或镜像，并且没有容错功能。
- 镜像卷（Mirrored Volume）：又称RAID 1技术，是将两个磁盘上相同尺寸的空间建立为镜像，有容错功能，但空间利用率只有50%，实现成本相对较高。
- 带奇偶校验的带区卷：采用RAID-5技术，每个独立磁盘进行条带化分割、条带区奇偶校验，校验数据平均分布在每块硬盘上。容错性能好，应用广泛，需要3个以上磁盘。其平均实现成本低于镜像卷。

3.3.7　建立动态磁盘卷

在Windows Server 2008动态磁盘上建立卷，与在基本磁盘上建立分区的操作类似。下面以创建RAID-5卷为例建立1000MB的动态磁盘卷。

① 以管理员身份登录win2008-2，将磁盘1-4转换为动态磁盘。

② 在磁盘2的未分配空间上右击，在弹出的快捷菜单中选择"新建RAID-5卷"选项，打开"新建卷向导"对话框。

③ 单击"下一步"按钮，打开选择磁盘对话框，如图3-50所示。选择要创建的RAID-5卷需要使用的磁盘，选择空间容量为1000MB。对于RAID-5卷来说，至少需要选择3个以上动态磁盘。我们选择磁盘2-4。

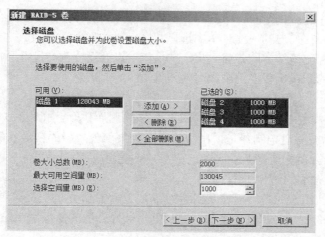

图 3-50　为 RAID-5 卷选择磁盘

④ 为 RAID-5 卷指定驱动器号和文件系统类型，完成向导设置。

⑤ 建立完成的 RAID-5 卷如图 3-51 所示。

图 3-51　建立完成的 RAID 5 卷

建立其他类型动态卷的方法与此类似，右击动态磁盘的未分配空间，出现选择菜单，按需要在菜单中选择相应选项，完成不同类型动态卷的建立即可。这里不再一一叙述。

3.3.8　动态卷

1.维护镜像卷

在 Win2008-2 上提前建立镜像卷 F，容量为 50MB，使用磁盘 1 和磁盘 2。在 F 盘上存储一个 test 文件夹，供测试用。

不再需要镜像卷的容错能力时，可以选择将镜像卷中断。方法是右击镜像卷，选择"中断镜卷""删除镜像"或"删除卷"。

● 如果选择"中断镜卷"，中断后的镜像卷成员，会成为两个独立的卷，不再容错。

● 如果选择"删除镜像"，则选中的磁盘上的镜像卷被删除，不再容错。

● 如果选择"删除卷"，则镜像卷成员会被删除，数据将会丢失。

● 如果包含部分镜像卷的磁盘已经断开连接，磁盘状态会显示为"脱机"或"丢失"。

要重新使用这些镜像卷，可以尝试重新连接并激活磁盘。方法是在要重新激活的磁盘上右击，并在弹出的快捷菜单中选择"重新激活磁盘"选项。

● 如果包含部分镜像卷的磁盘丢失，并且该卷没有返回到"良好"状态，则应当用另一个磁盘上的新镜像替换出现故障的镜像。

具体方法如下。

① 在显示为"丢失"或"脱机"的磁盘上右击删除镜像，如图 3-52 所示，然后查看系统日志以确定磁盘或磁盘控制器是否出现故障。如果出现故障的镜像卷成员位于有故障的控制器上，则在有故障的控制器上安装新的磁盘并不能解决问题。

② 使用新磁盘替换损坏的磁盘。

③ 右击要重新镜像的卷（不是已删除的卷），然后在弹出的快捷菜单中选择"添加镜像"选项，打开图 3-53 所示的"添加镜像"对话框。选择合适的磁盘后单击"添加镜像"按钮，系统会使用新的磁盘重建镜像。

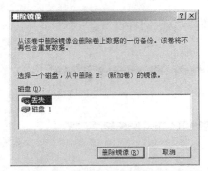

图 3-52　从损坏的磁盘上删除镜像

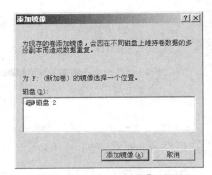

图 3-53　"添加镜像"对话框

2．维护 RAID-5

在 Win2008-2 上提前建立 RAID-5 卷 E，容量为 50MB，使用磁盘 2。在 E 盘上存储一个 test 文件夹，供测试用。

对于 RAID-5 卷的错误，首先右击卷并选择"重新激活磁盘"选项进行修复。如果修复失败，则需要更换磁盘并在新磁盘上重建 RAID-5 卷。RAID-5 卷的故障恢复过程如下。

① 在"磁盘管理"控制台，右击将要修复的 RAID-5 卷，选择"重新激活卷"选项。

② 由于卷成员磁盘失效，所以将会弹出"缺少成员"的消息框，在消息框中单击"确定"按钮。

③ 再次右击将要修复的 RAID-5 卷，在弹出菜单中选择"修复卷"选项。

④ 在"RAID-5 修复卷"对话框中，选择新添加的动态磁盘，然后单击"确定"按钮。

⑤ 在磁盘管理器中，可以看到 RAID-5 在新磁盘上重新建立，并进行数据的同步操作，同步完成后，RAID-5 卷的故障则被修复成功。

3.3.9　管理磁盘配额

在计算机网络中，系统管理员有一项很重要的任务，即为访问服务器资源的客户机设置磁盘配额，也就是限制它们一次性访问服务器资源的卷空间数量。这样做的目的在于防止某个客户机过量地占用服务器和网络资源，导致其他客户机无法访问服务器和使用网络。

1．磁盘配额基本概念

在 Windows Server 2008 中，磁盘配额跟踪和控制磁盘空间的使用，使系统管理员可将系统配置为：

- 用户超过所指定的磁盘空间限额时，阻止进一步使用磁盘空间和记录事件；
- 当用户超过指定的磁盘空间警告级别时记录事件。

启用磁盘配额时，可以设置两个值："磁盘配额限度"和"磁盘配额警告级别"。"磁盘配额限度"指定了允许用户使用的磁盘空间容量。警告级别指定了用户接近其配额限度的值。例如，可以把用户的磁盘配额限度设为 50 MB，并把磁盘配额警告级别设为 45 MB。这种情况下，用户可在卷上存储不超过 50 MB 的文件。如果用户在卷上存储的文件超过 45 MB，则把磁盘配额系统记录为系统事件。如果不想拒绝用户访问卷，但想跟踪每个用户的磁盘空间使用情况，启用配额但不限制磁盘空间使用将非常有用。

默认的磁盘配额不应用到现有的卷用户上，可以通过在"配额项目"对话框中添加新的配额项目，将磁盘空间配额应用到现有的卷用户上。

磁盘配额是以文件所有权为基础的，并且不受卷中用户文件的文件夹位置的限制。例如，如果用户把文件从一个文件夹移到相同卷上的其他文件夹，则卷空间用量不变。

磁盘配额只适用于卷，且不受卷的文件夹结构及物理磁盘的布局的限制。如果卷有多个文件夹，则分配给该卷的配额将应用于卷中所有文件夹。

如果单个物理磁盘包含多个卷，并把配额应用到每个卷，则每个卷配额只适于特定的卷。例如，如果用户共享两个不同的卷，分别是 F 卷和 G 卷，即使这两个卷在相同的物理磁盘上，也分别对这两个卷的配额进行跟踪。

如果一个卷跨越多个物理磁盘，则整个跨区卷使用该卷的同一配额。例如，如果 F 卷有 50 MB 的配额限度，则不管 F 卷是在物理磁盘上还是跨越 3 个磁盘，都不能把超过 50 MB 的文件保存到 F 卷。

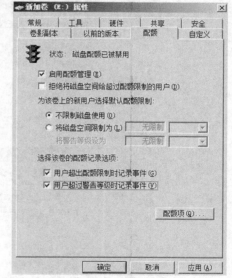

图 3-54 "配额"选项卡

在 NTFS 文件系统中，卷使用信息按用户安全标识（SID）存储，而不是按用户账户名称存储。第一次打开"配额项目"对话框时，磁盘配额必须从网络域控制器或本地用户管理器上获得用户账户名称，将这些用户账户名与当前卷用户的 SID 匹配。

2．设置磁盘配额

① 在"磁盘管理"对话框中，右击要启用磁盘配额的磁盘卷，然后在弹出的快捷菜单中选择"属性"选项，打开"属性"对话框。

② 在"属性"对话框中，选择"配额"选项卡，如图 3-54 所示。

③ 选择"启用配额管理"复选框，然后为新用户设置磁盘空间限制数值。

④ 若需要对原有的用户设置配额，单击"配额项"按钮，打开图 3-55 所示的对话框。

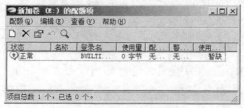

图 3-55 "配额项"对话框

⑤ 在"新加卷（E:）的配额项"对话框中，选择"配额"→"新建配额项"选项，或单击工具栏上的"新建配额项"按钮，打开"选择用户"对话框，单击"高级"按钮，再单击"立即查找"按钮，即可在"搜索结果"列表框中选择当前计算机用户，并设置磁盘配额，关闭配额项窗口。

⑥ 回到图 3-54 所示的"配额"对话框。如果需要限制受配额影响的用户使用超过配额的空间，则选择"拒绝将磁盘空间给超过配额限制的用户"复选框，单击"确定"按钮。

3.3.10 整理磁盘碎片

计算机磁盘上的文件，并非保存在一个连续的磁盘空间上，而是把一个文件分散存放在磁盘的许多地方，我们习惯称之为"磁盘碎片"，这样的分布会浪费磁盘空间。在经常进行添加和删除文件等操作的磁盘上，这种情况尤其严重。"磁盘碎片"会增加计算机访问磁盘的时间，降低整个计算机的运行性能。因而，计算机在使用一段时间后，就要对磁盘进行碎片整理。

磁盘碎片整理程序可以重新安排计算机硬盘上的文件、程序及未使用的空间，使得程序运行得更快，文件打开得更快。磁盘碎片整理并不影响数据的完整性。

依次单击"开始"→"附件"→"系统工具"→"磁盘碎片整理程序"命令，打开图 3-56 所示的"磁盘碎片整理程序"对话框。

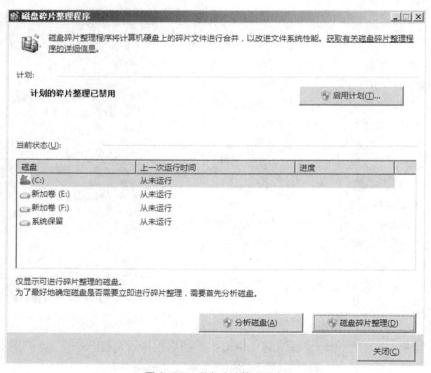

图 3-56 磁盘碎片整理程序

一般情况下，选择要进行磁盘碎片整理的磁盘后，首先要分析一下磁盘分区状态。单击"分析磁盘"按钮，可以对所选的磁盘分区进行分析。系统分析完毕后，会打开对话框，建议是否对磁盘进行碎片整理。如果需要对磁盘进行整理操作，选中磁盘后，直接单击"磁盘碎片整理"按钮即可。

3.3.11　认识 NTFS 权限

利用 NTFS 权限，可以控制用户账号和组对文件夹和个别文件的访问。

NTFS 权限只适用于 NTFS 磁盘分区。NTFS 权限不能用于在 FAT 或者 FAT32 文件系统中格式化的磁盘分区。

Windows Server 2008 只为用 NTFS 进行格式化的磁盘分区提供 NTFS 权限。为了保护 NTFS 磁盘分区上的文件和文件夹，要为需要访问该资源的每一个用户账号授予 NTFS 权限。用户必须获得明确的授权才能访问资源。用户账号如果没有被授予权限，它就不能访问相应的文件或者文件夹。不管用户是访问文件还是访问文件夹，也不管这些文件或文件夹是在计算机上，还是在网络上，NTFS 的安全性功能都有效。

对于 NTFS 磁盘分区上的每一个文件和文件夹，NTFS 都会存储一个远程访问控制列表（ACL）。ACL 中包含有那些被授权访问该文件或者文件夹的所有用户账号、组和计算机，还包含它们被授予的访问类型。为了让一个用户访问某个文件或者文件夹，针对用户账号、组或者该用户所属的计算机，ACL 中必须包含一个相对应的元素，这样的元素叫做访问控制元素（ACE）。为了让用户能够访问文件或者文件夹，访问控制元素必须具有用户所请求的访问类型。如果 ACL 中没有相应的 ACE 存在，Windows Server 2008 就拒绝该用户访问相应的资源。

1．NTFS 权限的类型

利用 NTFS 权限指定哪些用户、组和计算机能够访问文件和文件夹，还可指明哪些用户、组和计算机能够操作文件中或者文件夹中的内容。

（1）NTFS 文件夹权限

通过授予文件夹权限来控制对文件夹和包含在这些文件夹中的文件和子文件夹的访问。表 3-1 列出了可以授予的标准 NTFS 文件夹权限和各个权限提供的访问类型。

表 3-1　标准 NTFS 文件夹权限列表

NTFS 文件夹权限	允许访问类型
读取（Read）	查看文件夹中的文件和子文件夹，查看文件夹属性、拥有人和权限
写入（Write）	在文件夹内创建新的文件和子文件夹，修改文件夹属性，查看文件夹的拥有人和权限
列出文件夹内容（List Folder Contents）	查看文件夹中的文件和子文件夹的名
读取和运行（Read & Execute）	遍历文件夹，执行允许"读取"权限和"列出文件夹内容"权限的动作
修改（Modify）	删除文件夹，执行"写入"权限和"读取和运行"权限的动作
完全控制（Full Control）	改变权限，成为拥有人，删除子文件夹和文件，以及执行允许所有其他 NTFS 文件夹权限进行的动作

"只读""隐藏""归档"和"系统文件"等都是文件夹属性，不是 NTFS 权限。

（2）NTFS 文件权限

通过授予文件权限，控制对文件的访问。表 3-2 列出了可以授予的标准 NTFS 文件权限和各个权限提供给用户的访问类型。

表 3-2　标准 NTFS 文件权限列表

NTFS 文件权限	允许访问类型
读取（Read）	读文件，查看文件属性、拥有人和权限
写入（Write）	覆盖写入文件，修改文件属性，查看文件拥有人和权限
读取和运行（Read & Execute）	运行应用程序，执行由"读取"权限进行的动作
修改（Modify）	修改和删除文件，执行由"写入"权限和"读取和运行"权限进行的动作
完全控制（Full Control）	改变权限，成为拥有人，执行允许所有其他 NTFS 文件权限进行的动作

无论有什么权限保护文件，被准许对文件夹进行"完全控制"的组或用户都可以删除该文件夹内的任何文件。尽管"列出文件夹内容"和"读取和运行"看起来有相同的特殊权限，但这些权限在继承时却有所不同。"列出文件夹内容"可以被文件夹继承而不能被文件继承，并且它只在查看文件夹权限时才会显示。"读取和运行"可以被文件和文件夹继承，并且在查看文件和文件夹权限时始终出现。

2．多重 NTFS 权限

如果将针对某个文件或者文件夹的权限授予了个别用户账号，又授予了某个组，而该用户是该组的一个成员，那么该用户就对同样的资源有了多个权限。关于 NTFS 如何组合多个权限，存在一些规则和优先权。除此之外，在复制或者移动文件和文件夹时，对权限也会产生影响。

（1）权限是累积的

一个用户对某个资源的有效权限是授予这一用户账号的 NTFS 权限与授予该用户所属组的 NTFS 权限的组合。例如，如果某个用户 Long 对某个文件夹 Folder 有"读取"权限，该用户 Long 是某个组 Sales 的成员，而该组 Sales 对该文件夹 Folder 有"写入"权限，那么该用户 Long 对该文件夹 Folder 就有"读取"和"写入"两种权限。

（2）文件权限超越文件夹权限

NTFS 的文件权限超越 NTFS 的文件夹权限。例如，某个用户对某个文件有"修改"权限。那么即使他对于包含该文件的文件夹只有"读取"权限，他仍然能够修改该文件。

（3）拒绝权限超越其他权限

要拒绝某用户账号或者组对特定文件或者文件夹的访问，只要将"拒绝"权限授予该用户账号或者组即可。这样，即使某个用户作为某个组的成员具有访问该文件或文件夹的权限，但是因为将"拒绝"权限授予了该用户，所以该用户具有的任何其他权限也被阻止了。因此，对于权限的累积规则来说，"拒绝"权限是一个例外。应该避免使用"拒绝"权限，因为允许用户和组进行某种访问比明确拒绝他们进行某种访问更容易做到。应该巧妙地构造组和组织文件夹中的资源，使各种各样的"允许"权限就足以满足需要，从而可避免使用"拒绝"权限。

例如，用户 Long 同时属于 Sales 组和 Manager 组，文件 File1 和 File2 是文件夹 Folder 下面的两个文件。其中，Long 拥有对 Folder 的读取权限，Sales 拥有对 Folder 的读取和写入权限，Manager 则被禁止对 File2 的写操作。那么 Long 的最终权限是什么？

由于使用了"拒绝"权限，用户 Long 拥有对 Folder 和 File1 的读取和写入权限，但对 File2 只有读取权限。

注意　　在 Windows Server 2008 中，用户不具有某种访问权限和明确地拒绝用户的访问权限，这二者之间是有区别的。"拒绝"权限是通过在 ACL 中添加一个针对特定文件或者文件夹的拒绝元素而实现的。这就意味着管理员还有另一种拒绝访问的手段，而不仅仅是不允许某个用户访问文件或文件夹。

3．共享文件夹权限与 NTFS 文件系统权限的组合

如何快速有效地控制对 NTFS 磁盘分区上网络资源的访问呢？答案就是利用默认的共享文件夹权限共享文件夹，然后，通过授予 NTFS 权限控制对这些文件夹的访问。当共享的文件夹位于 NTFS 格式的磁盘分区上时，该共享文件夹的权限与 NTFS 权限进行组合，用以保护文件资源。

要为共享文件夹设置 NTFS 权限，可在共享文件夹的属性窗口中选择"共享"选项卡，单击"高级共享"→"权限"按钮，即可打开"共享权限"对话框，如图 3-57 所示。

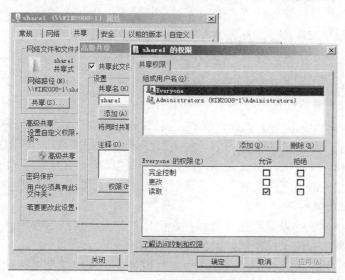

图 3-57　共享文件夹的权限

共享文件夹权限具有以下特点。

- 共享文件夹权限只适用于文件夹，而不适用于单独的文件，并且只能为整个共享文件夹设置共享权限，而不能对共享文件夹中的文件或子文件夹进行设置。所以，共享文件夹不如 NTFS 文件系统权限详细。
- 共享文件夹权限并不对直接登录到计算机上的用户起作用，它们只适用于通过网络连接该文件夹的用户。即共享权限对直接登录到服务器上的用户是无效的。
- 在 FAT/FAT32 系统卷上，共享文件夹权限是保证网络资源被安全访问的唯一方法。原因很简单，NTFS 权限不适用于 FAT/FAT32 卷。
- 默认的共享文件夹权限是读取，并被指定给 Everyone 组。

共享权限分为读取、修改和完全控制。不同权限对用户访问能力的控制如表 3-3 所示。

当管理员对 NTFS 权限和共享文件夹的权限进行组合时，结果是组合的 NTFS 权限，或者是组合的共享文件夹权限，哪个范围更窄取哪个。

表 3-3　共享文件夹权限列表

权　　限	允许用户完成的操作
读取	显示文件夹名称、文件名称、文件数据和属性，运行应用程序文件，以及改变共享文件夹内的文件夹
修改	创建文件夹，向文件夹中添加文件，修改文件中的数据，向文件中追加数据，修改文件属性，删除文件夹和文件，以及执行"读取"权限所允许的操作
完全控制	修改文件权限，获得文件的所有权执行"修改"和"读取"权限所允许的所有任务。默认情况下，Everyone 组具有该权限

当在 NTFS 卷上为共享文件夹授予权限时，应遵循如下规则。

- 可以对共享文件夹中的文件和子文件夹应用 NTFS 权限。可以对共享文件夹中包含的每个文件和子文件夹应用不同的 NTFS 权限。
- 除共享文件夹权限外，用户必须要有该共享文件夹包含的文件和子文件夹的 NTFS 权限，才能访问那些文件和子文件夹。
- 在 NTFS 卷上必须要求 NTFS 权限。默认 Everyone 组具有"完全控制"权限。

3.3.12　继承与阻止 NTFS 权限

1．使用权限的继承性

默认情况下，授予父文件夹的任何权限也将应用于包含在该文件夹中的子文件夹和文件。当授予访问某个文件夹的 NTFS 权限时，就将授予该文件夹的 NTFS 权限授予了该文件夹中任何现有的文件和子文件夹，以及在该文件夹中创建的任何新文件和新的子文件夹。

如果想让文件夹或者文件具有不同于它们父文件夹的权限，必须阻止权限的继承性。

2．阻止权限的继承性

阻止权限的继承，也就是阻止子文件夹和文件从父文件夹继承权限。为了阻止权限的继承，要删除继承来的权限，只保留被明确授予的权限。

被阻止从父文件夹继承权限的子文件夹现在就成为了新的父文件夹，包含在这一新的父文件夹中的子文件夹和文件将继承授予它们的父文件夹的权限。

若要禁止权限继承，以 test2 文件夹为例，打开该文件夹的"属性"对话框，单击"安全"选项卡，单击"高级"→"更改权限"按钮，出现图 3-58 所示的"test 2 的高级安全设置"对话框。选中某个要阻止继承的权限，清除"包括可以从读对象的父项继承的权限"复选框即可。

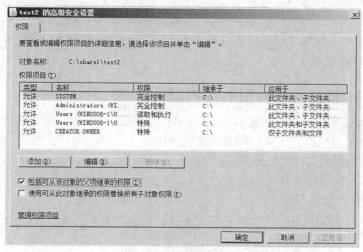

图 3-58　test2 的高级安全设置

3.3.13　复制和移动文件和文件夹

1．复制文件和文件夹

　　当从一个文件夹向另一个文件夹复制文件或者文件夹时，或者从一个磁盘分区向另一个磁盘分区复制文件或者文件夹时，这些文件或者文件夹具有的权限可能发生变化。复制文件或者文件夹对 NTFS 权限产生下述效果。

　　当在单个 NTFS 磁盘分区内或在不同的 NTFS 磁盘分区之间复制文件夹或者文件时，文件夹或者文件的复件将继承目的地文件夹的权限。

　　当将文件或者文件夹复制到非 NTFS 磁盘分区（例如文件分配表 FAT 格式的磁盘分区）时，因为非 NTFS 磁盘分区不支持 NTFS 权限，所以这些文件夹或文件就丢失了它们的 NTFS 权限。

注意

　　为了在单个 NTFS 磁盘分区之内或者在 NTFS 磁盘分区之间复制文件和文件夹，必须对源文件夹具有"读取"权限，并且对目的地文件夹具有"写入"权限。

2．移动文件和文件夹

　　当移动某个文件或者文件夹的位置时，针对这些文件或者文件夹的权限可能发生变化，这主要依赖于目的地文件夹的权限情况。移动文件或者文件夹对 NTFS 权限产生下述效果。

　　当在单个 NTFS 磁盘分区内移动文件夹或者文件时，该文件夹或者文件保留它原来的权限。

　　当在 NTFS 磁盘分区之间移动文件夹或者文件时，该文件夹或者文件将继承目的地文件夹的权限。当在 NTFS 磁盘分区之间移动文件夹或者文件时，实际是将文件夹或者文件复制到新的位置，然后从原来的位置删除它。

当将文件或者文件夹移动到非 NTFS 磁盘分区时，因为非 NTFS 磁盘分区不支持 NTFS 权限，所以这些文件夹和文件就丢失了它们的 NTFS 权限。

注意

为了在单个 NTFS 磁盘分区之内或者多个 NTFS 磁盘分区之间移动文件和文件夹，必须对目的地文件夹具有"写入"权限，并且对于源文件夹具有"修改"权限。之所以要求"修改"权限，是因为移动文件或者文件夹时，在将文件或者文件夹复制到目的地文件夹之后，Windows Server 2008 将从源文件夹中删除该文件。

3.3.14 利用 NTFS 权限管理数据

在 NTFS 磁盘中，系统会自动设置默认的权限值，并且这些权限会被其子文件夹和文件所继承。为了控制用户对某个文件夹及该文件夹中的文件和子文件夹的访问，就需指定文件夹权限。不过，要设置文件或文件夹的权限，必须是 Administrators 组的成员、文件或者文件夹的拥有者、具有完全控制权限的用户。

1. 授予标准 NTFS 权限

授予标准 NTFS 权限包括授予 NTFS 文件夹权限和 NTFS 文件权限。

（1）NTFS 文件夹权限

① 打开 Windows 资源管理器对话框，右击要设置权限的文件夹，如 Network，在弹出的快捷菜单中选择"属性"选项，打开"Network 属性"对话框，选择"安全"选项卡，如图 3-59 所示。

② 默认已经有一些权限设置，这些设置是从父文件夹（或磁盘）继承来的，如在 Administrators 用户的权限中，灰色阴影对勾的权限就是继承的权限。

③ 如果要给其他用户指派权限，可单击"编辑"按钮，出现图 3-60 所示的"network 的权限"对话框。

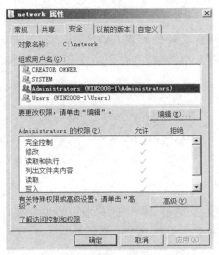

图 3-59　"network 属性"对话框

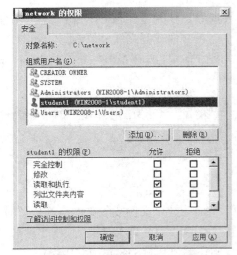

图 3-60　"network 的权限"对话框

④ 单击"添加"→"高级"→"立即查找"按钮，从本地计算机上添加拥有对该文件夹访问和控制权限的用户或用户组，如图 3-61 所示。

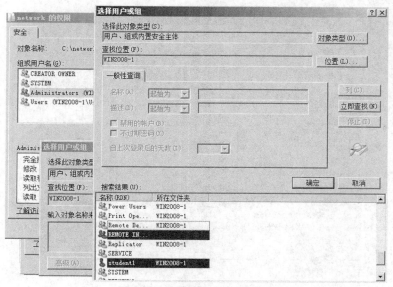

图 3-61 "选择用户或组"对话框

⑤ 选择后单击"确定"按钮，拥有对该文件夹访问和控制权限的用户或用户组就被添加到"组或用户名称"列表框中。如图 3-60 所示，由于新添加用户 student1 的权限不是从父项继承的，因此它们所有的权限都可以被修改。

⑥ 如果不想继承上一层的权限，可参照"继承和阻止 NTFS 权限"的内容进行修改，这里不再赘述。

（2）NTFS 文件权限

文件权限的设置与文件夹权限的设置类似。要想对 NTFS 文件指派权限，直接在文件上右击，在弹出的快捷菜单上选择"属性"选项，再选择"安全"选项卡，可为该文件设置相应权限。

2．授予特殊访问权限

标准的 NTFS 权限通常能提供足够的能力，用以控制对用户的资源的访问，以保护用户的资源。但是，如果需要更为特殊的访问级别就可以使用 NTFS 的特殊访问权限。

在文件或文件夹属性的"安全"选项卡中单击"高级"→"更改权限"按钮，打开"network 的高级安全设置"对话框，选中"student1"用户项，单击"编辑"按钮，打开图 3-62 所示的"Network 的权限项目"对话框，可以更精确地设置"student1"用户的权限。

13 项特殊访问权限组合在一起就构成了标准的 NTFS 权限。例如，标准的"读取"权限包含"读取数据""读取属性""读取权限"，以及"读取扩展属性"这些特殊访问权限。

这些特殊访问权限中两个对于管理文件和文件夹的访问来说特别有用。

（1）更改权限

将针对某个文件或者文件夹修改权限的能力授予其他管理员和用户，但是不授予他们对该文件或者文件夹的"完全控制"权限。通过这种方式，这些管理员或者用户不能删除或者写入该文件或者文件夹，但是可以为该文件或者文件夹授权。

为了将修改权限的能力授予管理员，将针对该文件或者文件夹的"更改权限"的权限授予 Administrators 组即可。

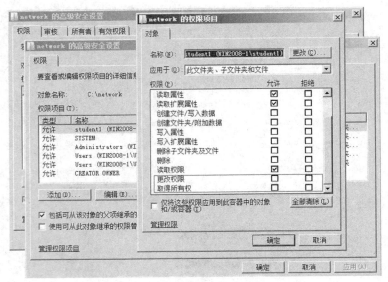

图 3-62 "权限项目"对话框

（2）取得所有权

可以将文件和文件夹的拥有权从一个用户账号或者组转移到另一个用户账号或者组，也可以将"所有者"权限给予某个人。而作为管理员，也可以取得某个文件或者文件夹的所有权。

对于取得某个文件或者文件夹的所有权来说，需要应用下述规则。

● 当前的拥有者或者具有"完全控制"权限的任何用户，可以将"完全控制"这一标准权限或者"取得所有权"这一特殊访问权限授予另一个用户账号或者组。这样，该用户账号或者该组的成员就能获得所有权。

● Administrators 组的成员可以取得某个文件或者文件夹的所有权，而不管为该文件夹或者文件授予了怎样的权限。如果某个管理员取得了所有权，则 Administrators 组也取得了所有权。因而该管理员组的任何成员都可以修改针对该文件或者文件夹的权限，并且可以将"取得所有权"这一权限授予另一个用户账号或者组。例如，如果某个雇员离开了原来的公司，某个管理员即可以取得该雇员的文件的所有权，将"取得所有权"这一权限授予另一个雇员，然后这一雇员就取得了前一雇员的文件的所有权。

提示

为了成为某个文件或者文件夹的拥有者，具有"取得所有权"这一权限的某个用户或者组的成员必须明确地取得该文件或者文件夹的所有权。不能自动将某个文件或者文件夹的所有权授予任何一个人。文件的拥有者、管理员组的成员，或者任何一个具有"完全控制"权限的人都可以将"取得所有权"权限授予某个用户账号或者组，这样就使他们取得了所有权。

3.3.15　使用加密文件系统

加密文件系统（EFS）内置于 Windows Server 2008 中的 NTFS 文件系统中。利用 EFS 可以启用基于公共密钥文件级的或者文件夹级的保护功能。

加密文件系统为 NTFS 文件提供文件级的加密。EFS 加密技术是基于公共密钥的系统，它作为一种集成式系统服务运行，并由指定的 EFS 恢复代理启用文件恢复功能。

EFS 很容易管理。当需要访问已经由用户加密的至关重要的数据时，如果该用户或者他的密钥不可用，EFS 恢复代理（通常就是一个管理员）即可以解密该文件。

了解 EFS 的优点将有助于在网络中高效率地利用这一技术。

1．加密文件系统概述

用户可以利用 EFS 按加密格式将他们的数据存储在硬盘上，以保证它们的机密性。

EFS 具有下面几个关键的功能特征。

- 它在后台运行，对用户和应用程序来说是透明的。
- 只有被授权的用户才能访问加密的文件。EFS 自动解密该文件，以供使用，然后在保存该文件时再次对它进行加密。管理员可以恢复被另一个用户加密的数据。这样，如果一时找不到对数据进行加密的用户，或者忘记了该用户的私有密钥，可以确保仍然能够访问这些数据。
- 它提供内置的数据恢复支持功能。Windows Server 2008 的安全性基础结构强化了数据恢复密钥的配置。只有在本地计算机利用一个或者多个恢复密钥进行配置的情况下，才能够使用文件加密功能。当不能访问该域时，EFS 即自动生成恢复密钥，并将它们保存在注册表中。
- 它要求至少有一个恢复代理，用以恢复加密的文件。可以指定多个恢复代理，各个恢复代理都需要有 EFS 恢复代理证书。

注意 加密操作和压缩操作是互斥的。因此，二者不能同时采用。

2．加密文件或文件夹

加密文件或文件夹的基本操作步骤如下。

① 右击要加密的文件或文件夹，以 test2 为例，在弹出的快捷菜单中选择"属性"选项。

② 在"常规"选项卡上，单击"高级"按钮。打开"高级属性"对话框，选择"加密内容以便保护数据"复选框，然后单击"确定"按钮，如图 3-63 所示。

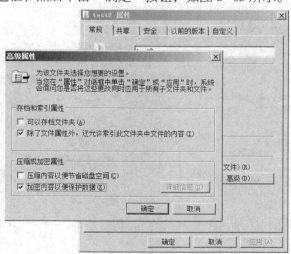

图 3-63 "高级属性"对话框

③ 返回"属性"对话框，单击"应用"按钮。如果是加密文件夹，且有未加密的子文件夹存在，此时会打开图 3-64 所示的提示信息；如果是加密文件，且父文件夹未经加密，则会出现图 3-65 所示的"加密警告"信息。根据需要选择单选按钮即可。

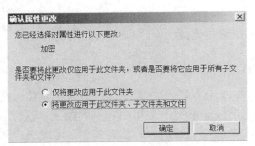
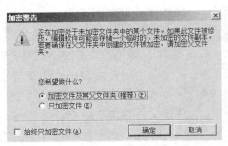

图 3-64 "确认属性更改"对话框   图 3-65 "加密警告"对话框

使用加密文件系统需要注意以下事项。

- 为确保最高安全性，在创建敏感文件以前将其所在的文件夹加密。因为这样所创建的文件将是加密文件，文件的数据就不会以纯文本的格式写到磁盘上。
- 加密文件夹而不是加密单独的文件，如果程序在编辑期间创建了临时文件，这些临时文件也会被加密。
- 指定的故障恢复代理应该将数据恢复证书和私钥导出到磁盘中，并确保它们处于安全的位置，同时将数据恢复私钥从系统中删除。这样，唯一可以为系统恢复数据的人就是可以物理访问数据恢复私钥的人。

3．备份密钥

为了防止密钥的丢失，可以备份用户的密钥。这样，当需要打开加密文件时，只要把备份的密钥导入系统即可。备份密钥的步骤如下。

① 以 student1 登录计算机 win2008-1，建立文件 C:\test1\file1.txt，并对该文件加密。

② 执行"开始"→"运行"命令，打开"运行"对话框，在"打开"文本框中输入"certmgr.msc"，然后按 Enter 键确定。打开证书控制台对话框，依次展开"当前用户"→"个人"→"证书"目录树，可以在右窗格中看到一个以当前用户名命名的证书（注意：需要运用 EFS 加密过文件才会出现该证书），如图 3-66 所示。

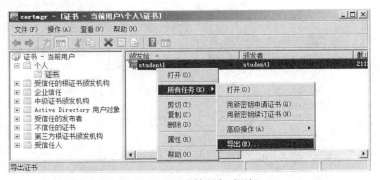

图 3-66 证书控制台对话框

③ 右击该证书，在弹出的快捷菜单中选择"所有任务"→"导出"选项打开"证书导出向导"对话框。

④ 单击"下一步"按钮，打开"导出私钥"对话框，如图 3-67 所示。单击"是，导出

私钥"单选项。

　　⑤　单击"下一步"按钮，打开"导出文件格式"对话框。单击"个人信息交换–PKCS #12（.PFX）"单选项，如图 3-68 所示。

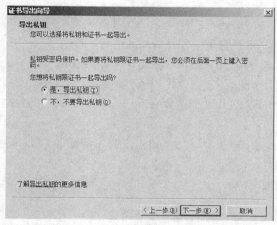

图 3-67 "导出私钥"对话框

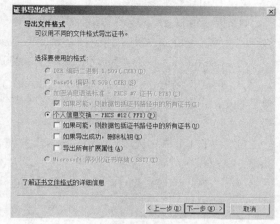

图 3-68 "导出文件格式"对话框

提示

　　　　如果选中"如果导出成功，删除私钥（K）"复选框，则私钥将从计算机删除，并且无法解密所有加密文件。

　　⑥　单击"下一步"按钮。指定在导入证书时要用到的密码，如果丢失，将无法打开加密的文件。

　　⑦　单击"下一步"按钮，指定要导出证书和私钥的文件名和位置，如图 3-69 所示。

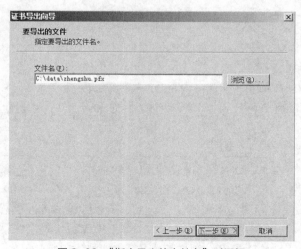

图 3-69 "指定导出的文件名"对话框

注意

　　　　建议将文件备份到磁盘或可移动媒体设备，并确保将磁盘或可移动媒体设备放置在安全的地方。

⑧ 单击 "下一步" 按钮继续安装。最后单击 "完成" 按钮, 将完成证书导出向导。

⑨ 返回到 "证书控制台" 对话框, 此时便可以看到在 C:\data 指定位置下有个后缀名为 "pfx" 的证书文件 zhengshu。

4. 利用备份密钥解密

① 以 administrator 身份登录 win2008-1, 赋予 student2 用户对 "C:\data" 文件夹的读取权限。否则, student2 无法用此证书解密 student1 加密的文件 file1.txt。

② 以 student2 身份登录 win2008-1, 打开 C:\test1\file1.txt 时, 出现 "拒绝访问" 警告。

③ 执行 "开始" → "运行" 命令, 打开 "运行" 对话框, 在 "打开" 文本框中输入 "certmgr.msc", 然后按 Enter 键确定。打开证书控制台对话框, 依次展开 "当前用户" → "个人" → "证书" 目录树。

④ 右击 "证书" 选项, 选择 "导入" 按钮, 按向导提示导入 student1 的加密证书 C:\data\ zhengshu.pfx。

⑤ 重新打开 C:\test1\file1.txt, 发现能正常使用了。

提示   如果重装系统后, 需要使用以上加密文件, 只需记住导出的证书文件及上述输入的保护密钥的密码即可。导入证书成功后, 就能顺利打开加密文件。

3.4 习题

一、填空题

（1）相对于以前的 FAT、FAT32 文件系统来说, NTFS 文件系统的优点包括可以对文件设置_____、_____、_____、_____。

（2）在网络中可共享的资源有_____和_____。

（3）要设置隐藏共享, 需要在共享名的后面加_____符号。

（4）共享权限分为_____、_____和_____ 3 种。

（5）从 Windows Server 2000 开始, Windows 系统将磁盘分为_____和_____。

（6）一个基本磁盘最多可分为_____个区, 即_____个主分区或_____个主分区和一个扩展分区。

（7）动态卷类型包括：_____、_____、_____、_____、_____。

（8）要将 E 盘转换为 NTFS 文件系统, 可以运行命令：_____。

（9）带区卷又称为_____技术, RAID 1 又称为_____卷, RAID-5 又称为_____卷。

（10）镜像卷的磁盘空间利用率只有_____, 所以镜像卷的花费相对较高。与镜像卷相比, RAID-5 卷的磁盘空间有效利用率为_____, 硬盘数量越多, 冗余数据带区的成本越低, 所以 RAID-5 卷的性价比较高, 被广泛应用于数据存储的领域。

二、判断题

（1）在 NTFS 文件系统下, 可以对文件设置权限, 而 FAT 和 FAT32 文件系统只能对文件夹设置共享权限, 不能对文件设置权限。　　　　　　　　　　　　　　　　（　　）

（2）通常在管理系统中的文件时, 要由管理员给不同用户设置访问权限, 普通用户不能设置或更改权限。   （   ）

（3）NTFS 文件压缩必须在 NTFS 文件系统下进行，离开 NTFS 文件系统时，文件将不再
压缩。   （   ）

（4）磁盘配额的设置不能限制管理员账号。   （   ）

（5）将已加密的文件复制到其他计算机后，以管理员账号登录就可以打开了。   （   ）

（6）文件加密后，除加密者本人和管理员账号外，其他用户无法打开此文件。   （   ）

（7）对于加密的文件不可执行压缩操作。   （   ）

三、简答题

（1）简述 FAT、FAT32 和 NTFS 文件系统的区别。

（2）重装 Windows Server 2008 后，原来加密的文件为什么无法打开？

（3）特殊权限与标准权限的区别是什么？

（4）如果一位用户拥有某文件夹的 Write 权限，而且还是该文件夹 Read 权限的成员，该
用户对该文件夹的最终权限是什么？

（5）如果某员工离开公司，应当做什么来将他或她的文件所有权转给其他员工？

（6）如果一位用户拥有某文件夹的 Write 权限和 Read 权限，但被拒绝对该文件夹内某文
件的 Write 权限，该用户对该文件的最终权限是什么？

3.5 项目实训 配置与管理文件系统实训

一、实训目的

● 掌握文件服务器的安装、配置与管理。

● 掌握资源共享的设置与使用。

● 掌握分布式文件系统的应用。

● 掌握基本磁盘的管理。

● 掌握动态磁盘的管理。

● 掌握磁盘配额的管理。

二、实训要求

根据拓扑图 3-1 完成以下各项任务。

① 安装文件服务器。

② 管理文件配额。

③ 组建分布式文件系统。

④ 使用分布式文件系统。

⑤ 管理基本磁盘。

⑥ 建立动态磁盘。

⑦ 维护动态磁盘。

⑧ 管理磁盘配额。

⑨ 整理磁盘碎片。

三、实训报告要求

参见项目 1 实训。

PART 4

项目 4
配置与管理打印服务器

本项目学习要点

公司组建了单位内部的办公网络，但办公设备（尤其是打印设备）不能每人配备一台，需要配置网络打印供公司员工使用。打印机的型号及所在楼层各异，人员使用打印机的优先级也不尽相同。为了提高效率，网络管理员有责任建立起该公司打印系统的良好组织与管理机制。

- 了解打印机的概念。
- 掌握安装打印服务器。
- 掌握打印服务器的管理。
- 掌握共享网络打印机。

4.1 项目基础知识

Windows Server 2008 家族中的产品支持多种高级打印功能。例如，无论运行 Windows Server 2008 家族操作系统的打印服务器计算机位于网络中的哪个位置，都可以对它进行管理；不必在 Windows XP 客户端计算机上安装打印机驱动程序就可以使用网络打印机，当客户端连接运行 Windows Server 2008 家族操作系统的打印服务器计算机时，驱动程序将自动下载。

4.1.1 基本概念

为了建立网络打印服务环境，首先需要理解清楚几个概念。

- 打印设备：实际执行打印的物理设备，可以分为本地打印设备和带有网络接口的打印设备。根据使用的打印技术，可以分为针式打印设备、喷墨打印设备和激光打印设备。
- 打印机：即逻辑打印机，打印服务器上的软件接口。当发出打印作业时，作业在发送到实际的打印设备之前先在逻辑打印机上进行后台打印。
- 打印服务器：连接本地打印机，并将打印机共享出来的计算机系统。网络中的打印客户端会将作业发送到打印服务器处理，因此打印服务器需要有较高的内存以处理作业，对于较频繁的或大尺寸文件的打印环境，还需要打印服务器上有足够的磁盘空间以保存打印假脱机文件。

4.1.2 共享打印机的连接

在网络中共享打印机时，主要有两种不同的连接模式，即"打印服务器+打印机"模式和"打印服务器+网络打印机"模式。

● "打印服务器+打印机"模式就是将一台普通打印机安装在打印服务器上，然后通过网络共享该打印机，供局域网中的授权用户使用。打印服务器既可以由通用计算机担任，也可以由专门的打印服务器担任。

如果网络规模较小，则可采用普通计算机担任服务器，操作系统可以采用 Windows 98/Me，或 Windows 2000/XP/7。如果网络规模较大，则应当采用专门的服务器，操作系统也应当采用 Windows Server 2008，从而便于对打印权限和打印队列的管理，适应繁重的打印任务。

● "打印服务器+网络打印机"模式是将一台带有网卡的网络打印设备通过网线联入局域网，给定网络打印设备的 IP 地址，使网络打印设备成为网络上的一个不依赖于其他计算机的独立节点，然后在打印服务器上对该网络打印设备进行管理，用户就可以使用网络打印机进行打印了。网络打印设备通过 EIO 插槽直接连接网络适配卡，能够以网络的速度实现高速打印输出。打印设备不再是计算机的外设，而成为一个独立的网络节点。

由于计算机的端口有限，因此，采用普通打印设备时，打印服务器所能管理的打印机数量也就较少。而由于网络打印设备采用以太网端口接入网络，因此一台打印服务器可以管理数量非常多的网络打印机，更适用于大型网络的打印服务。

4.2 项目设计及准备

本项目的所有实例都部署在图 4-1 网络拓扑图的环境中。

角色：Hyper-V服务器
计算机名：win2008-0
IP地址：10.10.1.100/24
操作系统：Windows Server 2008 R2

角色：虚拟机1，打印服务器
计算机名：win2008-1
IP地址：10.10.10.1/24
操作系统：Windows Server 2008

角色：虚拟机2，打印客户端
计算机名：win2008-2
IP地址：10.10.10.2/24
操作系统：Windows Server 2008

图4-1　配置与管理打印服务器网络拓扑图

（1）已安装好的 Windows Server 2008 R2，并且 Hyper-V 服务器进行了正确配置。

（2）利用"Hyper-V 管理器"已建立 2 台虚拟机。

（3）win2008-1 上安装打印服务器，win2008-2 安装客户端打印机。

4.3 项目实施

4.3.1 安装打印服务器

若要提供网络打印服务，必须先将计算机安装为打印服务器，安装并设置共享打印机，然后再为不同操作系统安装驱动程序，使得网络客户端在安装共享打印机时，不再需要单独安装驱动程序。

1. 安装 Windows Server 2008 打印服务器角色

在 Windows Server 2008 中，若要对打印机和打印服务器进行管理，必须安装"打印服务器角色"。而"LPD 服务"和"Internet 打印"这两个角色则是可选项。

选择"LPD 服务"角色服务之后，客户端需安装"LPR 端口监视器"功能才可以打印到已启动 LPD 服务共享的打印机，UNIX 打印服务器一般都会使用 LPD 服务。选择"Internet 打印"角色服务之后，客户端需安装"Internet 打印客户端"功能后才可以通过 Internet 打印协议（IPP）经由 Web 来连接并打印到网络上的打印机。

 提示　　"LPR 端口监视器"和"Internet 打印客户端"这两项功能请在"服务管理器"→"功能"中添加。

现在将 win2008-1 配置成打印服务器，步骤如下。

① 以管理员身份登录 win2008-1。在"服务器管理器"控制台窗口中，单击"角色"，然后在右边"角色摘要"栏中，单击"添加角色"选项进入到添加角色向导中。

② 在"选择服务器角色"对话框中，选择"打印和文件服务"选项，单击"下一步"按钮，再次单击"下一步"按钮，如图 4-2 所示。

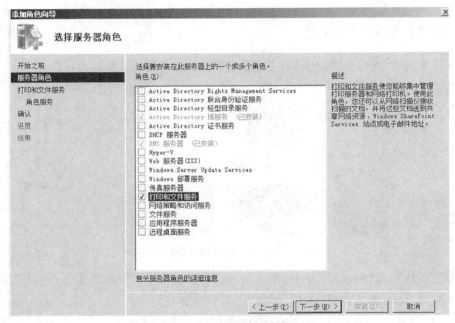

图 4-2　选择服务器角色

③ 在"选择角色"对话框中，选择"打印服务器""LPD 服务"及"Internet 打印"选项。在选择"Internet 打印"选项时，将会弹出安装 Web 服务器角色的提示框，单击"添加必需的角色服务"按钮，单击"下一步"按钮，如图 4-3 所示。

④ 再次单击"下一步"按钮，进入 Web 服务器的安装界面，本例我们采用默认设置，直接单击"下一步"按钮。

⑤ 在"确认安装选项"对话框中，单击"安装"按钮进行"打印服务"和"Web服务器"的安装。

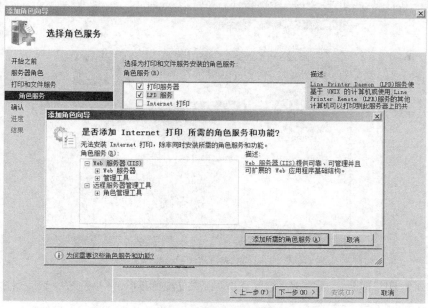

图 4-3　选择角色服务

2．安装本地打印机

Win2008-1 已成为网络中的打印管理服务器，在这台计算机上安装本地打印机，也可以管理其他打印服务器。设置过程如下。

① 确保打印设备已连接到 win2008-1 上，然后以管理员身份登录到系统中，依次单击"开始"→"管理工具"→"打印管理"菜单进入到"打印管理"控制台窗口。

② 在"打印管理"控制台窗口中，展开"打印"→"win2008-1（本地）"。单击"打印机"，在中间的详细窗格空白处右击，在弹出的菜单中选择"添加打印机"选项，如图 4-4 所示。

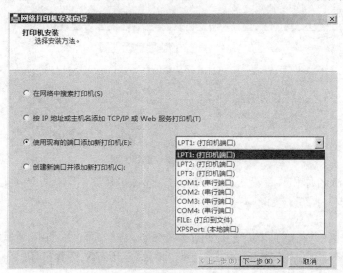

图 4-4　添加打印机

③ 在"打印机安装"对话框中，选择"使用现有的端口添加新打印机"选项，单击右边下拉列表按钮▼l，然后在下拉列表框中根据具体的连接端口进行选择，本例选择"LPT1：（打印机端口"选项，然后单击"下一步"按钮，如图4-5所示。

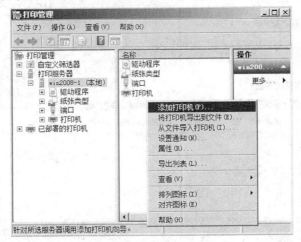

图4-5 "选择连接端口"对话框

④ 在"打印机驱动程序"对话框中，选择"安装新驱动程序"选项，然后单击"下一步"按钮。

⑤ 在打印机安装向导中，需要根据计算机具体连接的打印设备情况选择打印设备生产厂商和打印机型号，选择完毕后，按"下一步"按钮，如图4-6所示。

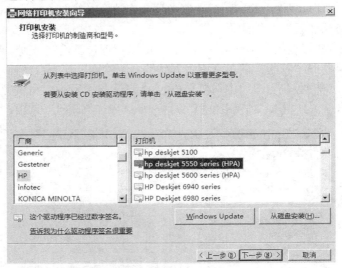

图4-6 选择厂商和型号

⑥ 在"打印机名称和共享设置"对话框中，选择"共享打印机"选项，并设置共享名称，然后单击"下一步"按钮，如图4-7所示。

技巧　　　　也可以在打印机建立后在其属性中设置共享，设置共享名为"hp1"。在共享了打印机后，Windows将在防火墙中启用"文件和打印共享"，以接受客户端的共享连接。

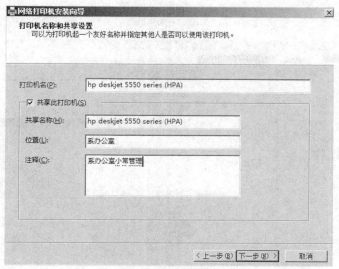

图 4-7　共享打印机

⑦ 在打印机安装向导中，确认前面步骤的设置无误后单击"下一步"按钮进行驱动程序和打印机的安装。安装完毕后单击"完成"按钮完成打印机的安装过程。

提示

　　读者还可以打开"打印管理器"→"打印服务器"，空白处单击，在弹出的菜单中选择"添加/删除服务器"选项，根据向导完成"管理其他服务器"的任务。

4.3.2　连接共享打印机

打印服务器设置成功后，即可在客户端安装共享打印机。共享打印机的安装与本地打印机的安装过程非常相似，都需要借助"添加打印机向导"来完成。在安装网络打印机时，在客户端不需要为要安装的打印机提供驱动程序。

1．添加网络打印机

客户端打印机的安装过程与服务器的设置有很多相似之处，但也不尽相同。其安装在"添加打印机向导"的引导下即可完成。

网络打印机的添加安装有如下两种方式。

● 在"服务器管理器"中单击"打印服务器"中的"添加打印机"超级链接，运行"添加打印机向导"（前提是在客户端安装了"打印服务器"角色）。
● 打开"控制面板"→"硬件"，在"硬件和打印机"选项下单击"添加打印机"按钮，运行"添加打印机向导"。

案例

　　打印服务器 win2008-1 已安装好，用户 print 需要通过网络服务器打印一份文档。

① 在 win2008-1 上利用"计算机管理"控制台新建用户"print"。
② 打开"开始"→"管理工具"→"打印管理"，右击刚刚完成安装的打印机，选择"属

性"菜单，然后单击"安全"选项卡，如图 4-8 所示。

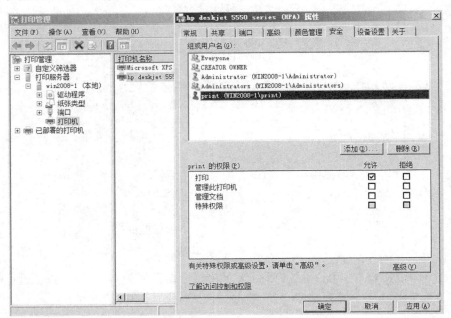

图 4-8　设置 print 用户允许打印

③ 删除"everyone"用户，添加"print"用户，允许有"打印"权限。

④ 以管理员身份登录 win2008-2，运行"添加打印机向导"。

⑤ 在"选择本地或网络打印机"对话框中单击"添加网络、无线或 Bluetooth 打印机"按钮，系统会自动搜索中的共享打印机。如果没有从网络中搜索到共享打印机，用户可以手动安装网络打印机，如图 4-9 所示。

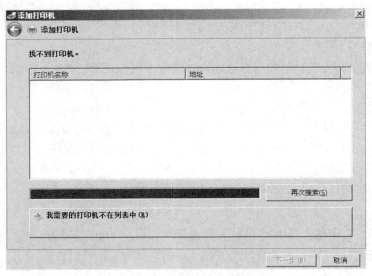

图 4-9　搜索网络中的共享打印机

⑥ 单击"我需要的打印机不在列表中"按钮，在出现的对话框中，选中"按名称选择共享打印机"单选项，单击"浏览"按钮查找共享打印机。出现在网络上存在的计算机列表，双击

"win2008-1"，弹出"输入网络密码"对话框。在此，输入 print 及密码，如图 4-10 所示。

图 4-10　选择共享打印机时的网络凭证

⑦ 单击"确定"按钮，显示 win2008-1 计算机上共享的打印机"hp1"，返回"添加打印机向导"对话框。

⑧ 单击"下一步"按钮，开始安装共享打印机。安装完成后单击"完成"按钮。在此，如果单击"打印测试页"按钮，可以进一步测试所安装的打印机是否正常工作。

特别提示　　　①一定保证开启两计算机的网络发现功能，参照项目 2 的相关内容；②本例在工作组方式下完成。如果在域环境下，也需要为共享打印机的用户创建用户，比如 domainprint，并赋予该用户允许打印的权限。在连接共享打印机时，以用户 domainprint 身份登录域，然后添加网络打印机。添加网络打印机的过程与工作组下基本一样，按向导完成即可，不再赘述。

⑨ 用户在客户端成功添加网络打印机后，就可以打印文档了。打印时，在出现的"打印"对话框中，选择添加的网络打印机就可以了。

2．使用"网络"或"查找"安装打印机

除了可以采用"打印机安装向导"安装网络打印机外，还可以使用"网络"或"查找"的方式安装打印机。

① 在 win2008-2 上，打开"开始"→"网络"，找到打印服务器 win2008-1，或者使用"查找"方式以 IP 地址或计算机名称找到打印服务器，如在运行中输入\\10.10.10.1。双击打开该计算机 win2008-1，根据系统提示输入有访问权限的用户名和密码，比如 print，然后显示其中所有的共享文档和"共享打印机"。

② 双击要安装的网络打印机，比如 hp1。该打印机的驱动程序将自动被安装到本地，并显示该打印机中当前的打印任务。或者右击共享打印机，在弹出的快捷菜单中单击"连接"，完成网络打印机的安装。

4.3.3　管理打印服务器

在打印服务器上安装共享打印机后，可通过设置打印机的属性来进一步管理打印机。

1．设置打印优先级

高优先级的用户发送来的文档可以越过等候打印的低优先级的文档队列。如果两个逻辑打印机都与同一打印设备相关联，则 Windows Server 2008 操作系统首先将优先级最高的文档发送到该打印设备。

要利用打印优先级系统，需为同一打印设备创建多个逻辑打印机。为每个逻辑打印机指派不同的优先等级，然后创建与每个逻辑打印机相关的用户组。例如，Group1 中的用户拥有访问优先级为 1 的打印机的权利，Group2 中的用户拥有访问优先级为 2 的打印机的权利，以此类推。1 代表最低优先级，99 代表最高优先级。设置打印机优先级的方法如下。

① 在 win2008-1 为 LPT1 的同一台设备安装两台打印机：hp1 已经安装，再安装一台 hp2。

② 在"打印管理器"中，展开"打印"→"win2008-1（本地）"→"打印机"。右击打印机列表中的打印机 hp1，在弹出的快捷菜单中选择"属性"选项，打开打印机属性对话框，选择"高级"选项卡，如图 4-11 所示。设置优先级为"1"。

③ 然后在打印属性对话框中选择"安全"选项卡，添加用户组"group1"允许打印。

④ 同理设置 hp2 的优先级为"2"，添加用户组"group2"允许在 hp2 上打印。

2．设置打印机池

"打印机池"就是将多个相同的或者特性相同的打印设备集合起来，然后创建一个（逻辑）打印机映射到这些打印设备，也就是利用一个打印机同时管理多台相同的打印设备。当用户将文档送到此打印机时，打印机会根据打印设备是否正在使用，决定将该文档送到"打印机池"中的哪一台打印设备打印。例如：当"A 打印机"和"B 打印机"忙碌时，有一个用户打印机文档，逻辑打印机就会直接转到"C 打印机"打印。

设置打印机池的步骤如下。

① 在图 4-11 "属性"对话框中，选择"端口"选项卡。

② 在"端口"选项卡对话框中选择"启用打印机池"复选框，再选中打印设备所连接的多个端口，如图 4-12 所示。必须选择一个以上的端口，否则打开"打印机属性提示"对话框。然后，单击"确定"按钮。

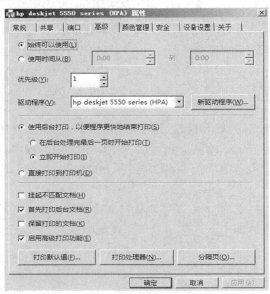

图 4-11　打印机属性"高级"选项卡

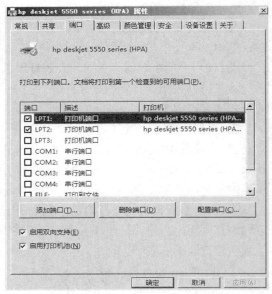

图 4-12　选择"启用打印机池"复选框

打印机池中的所有打印机必须是同一型号、使用相同的驱动程序。由于用户不知道指定的文档由池中的哪一台打印设备打印，因此应确保池中的所有打印设备位于同一位置。

3. 管理打印队列

打印队列是存放等待打印文件的地方。当应用程序选择了"打印"命令后，Windows 就创建一个打印工作且开始处理它。若打印机这时正在处理另一项打印作业，则在打印机文件夹中将形成一个打印队列，保存着所有等待打印的文件。

（1）查看打印队列中的文档

查看打印机打印队列中的文档不仅有利于用户和管理员确认打印文档的输出和打印状态，同时也有利于进行打印机的选择。

在"开始"→"设备和打印机"对话框中，双击要查看的打印机图标，单击"查看正在打印的内容"按钮，打开"打印机管理"对话框，如图 4-13 所示。窗口中列出了当前所有要打印的文件。

图 4-13 "打印机管理"对话框

（2）调整打印文档的顺序

用户可通过更改打印优先级来调整打印文档的打印次序，使急需的文档优先打印出来。

要调整打印文档的顺序，可采用以下步骤。

① 在"打印机管理"对话框，右击需要调整打印次序的文档，在弹出的快捷菜单中选择"属性"选项，打开"文档属性"对话框，单击"常规"按钮，如图 4-14 所示。

② 在"优先级"选项区域中，拖动滑块即可改变被选文档的优先级。对于需要提前打印的文档，应提高其优先级；对于不需要提前打印的文档，应降低其优先级。

（3）暂停和继续打印一个文档

① 在"打印管理器"对话框中，右击要暂停的打印文档，在弹出的快捷菜单中选择"暂停"选项，可以将该文档的打印工作暂停，状态栏中显示"已暂停"字样。

② 文档暂停之后，若想继续打印暂停的文档，只需在打印文档的快捷菜单中选择"继续"命令即可。不过如果用户暂停了打印队列中优先级别最高的打印作业，打印机将停止工作，直到继续打印。

（4）暂停和重新启动打印机的打印作业

① 在"打印管理器"对话框中，执行"打印机"→"暂停打印"命令，即可暂停打印机的作业，此时标题栏中显示"已暂停"字样，如图 4-15 所示。

② 当需要重新启动打印机打印作业时，再次执行"打印机"→"暂停打印"命令即可使打印机继续打印，标题栏中的"已暂停"字样消失。

127

项目 4　配置与管理打印服务器

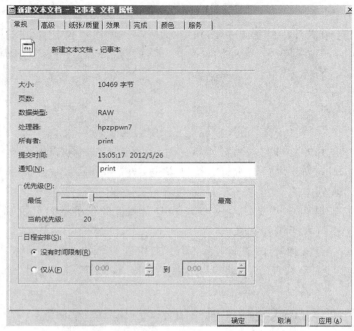

图 4-14 "文档属性"对话框

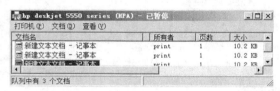

图 4-15 暂停打印队列

（5）删除打印文件

① 在打印队列中选择要取消打印的文档，然后执行"文档"→"取消"命令即可将文档消除。

② 如果管理员要清除所有的打印文档，可执行"打印机"→"取消所有文档"命令。打印机没有还原功能，打印作业被取消之后，不能再恢复，若要再次打印，则必须重新对打印队列的所有文档进行打印。

4．为不同用户设置不同的打印权限

打印机被安装在网络上之后，系统会为它指派默认的打印机权限。

该权限允许所有用户打印，并允许选择组来对打印机、发送给它的文档或这二者加以管理。

因为打印机可用于网络上的所有用户，所以可能就需要通过指派特定的打印机权限，来限制某些用户的访问权。

例如，可以给部门中所有无管理权的用户设置"打印"权限，而给所有管理人员设置"打印和管理文档"权限。这样，所有用户和管理人员都能打印文档，但管理人员还能更改发送给打印机的任何文档的打印状态。

① 在 win2008-1"打印管理器"中，展开"打印"→"win2008-1（本地）"→"打印机"。右击打印机列表中的打印机，在弹出的快捷菜单中选择"属性"选项，打开打印机属性对话

框。选择"安全"选项卡，如图 4-16 所示。Windows 提供了 3 种等级的打印安全权限：打印、管理打印机和管理文档。

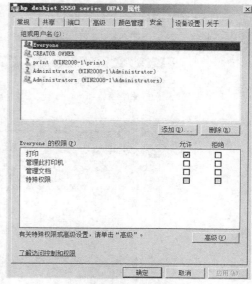

图 4-16 "安全"选项卡

② 当给一组用户指派了多个权限时，将应用限制性最少的权限。但是，应用了"拒绝"权限时，它将优先于其他任何权限。

③ 默认情况下，"打印"权限将指派给 Everyone 组中的所有成员。用户可以连接到打印机并将文档发送到打印机。

（1）管理打印机权限

用户可以执行与"打印"权限相关联的任务，并且具有对打印机的完全管理控制权。用户可以暂停和重新启动打印机、更改打印后台处理程序设置、共享打印机、调整打印机权限，还可以更改打印机属性。默认情况下，"管理打印机"权限将指派给服务器的 Administrators 组、域控制器上的 Print Operator 及 Server Operator。

（2）管理文档权限

用户可以暂停、继续、重新开始和取消由其他所有用户提交的文档，还可以重新安排这些文档的顺序。但用户无法将文档发送到打印机，或控制打印机状态。

默认情况下，"管理文档"权限指派给 Creator Owner 组的成员。当用户被指派给"管理文档"权限时，用户将无法访问当前等待打印的现有文档。此权限只应用于在该权限被指派给用户之后发送到打印机的文档。

（3）拒绝权限

在前面为打印机指派的所有权限都会被拒绝。如果访问被拒绝，用户将无法使用或管理打印机，或者更改任何权限。

如图 4-16 所示，在"组或用户名称"列表框中选择设置权限的用户，在"权限"列表框中可以选择要为用户设置的权限。

如果要设置新用户或组的权限，在图 4-16 中单击"添加"按钮，打开"选择用户或组"对话框，输入要为其设置权限的用户或组的名称即可。或者单击"高级"→"立即查找"按钮，在出现的用户或组列表中选择要为其设置权限的用户或用户组。

5．设置打印机的所有者

在默认情况下，打印机的所有者是安装打印机的用户。如果这个用户不再能够管理这台打印机，就应由其他用户获得所有权以管理这台打印机。

以下用户或组成员能够成为打印机的所有者。

● 由管理员定义的具有管理打印机权限的用户或组成员。
● 系统提供的 Administrators 组、Print Operators 组、Server Operators 组和 Power Users 组的成员。

如果要成为打印机的所有者，首先要使用户具有管理打印机的权限，或者加入上述的组。设置打印机的所有者的步骤如下。

① 在图 4-16 的"安全"选项卡中，单击"高级"按钮，打开"高级安全设置"对话框。选择"所有者"选项卡，如图 4-17 所示。

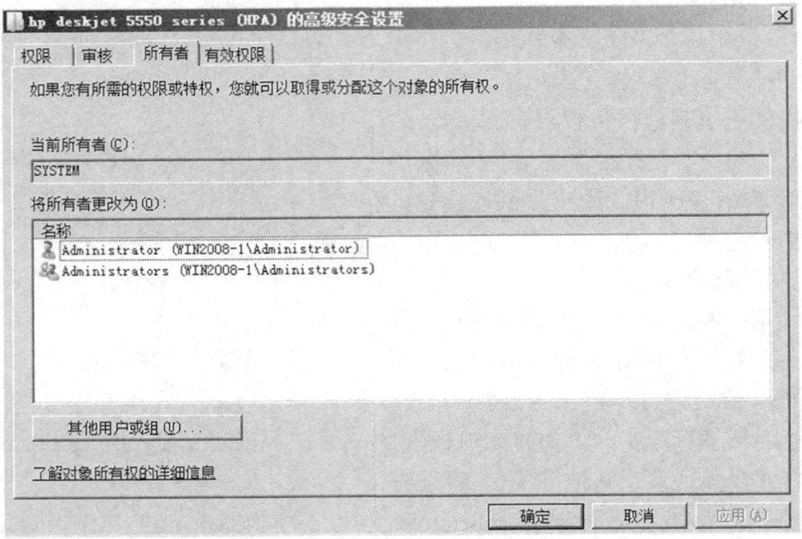

图 4-17 "所有者"选项卡

② "当前所有者"文本框中显示出当前成为打印机所有者的组。如果想更改打印机所有者的组或用户，可在"将所有者更改为"列表框中选择需要成为打印机所有者的组或用户即可。如果所在列表框中没有需要的用户或组，可单击"其他用户或组"按钮进行选择。

注意 打印机的所有权不能从一个用户指定到另一个用户，只有当原先具有所有权的用户无效时才能指定其他用户。不过，Administrator 可以把所有权指定给 Administrators 组。

4.4 习题

一、填空题

（1）在网络中共享打印机时，主要有两种不同的连接模式，即_____和_____。

（2）Windows Server 2008 系统支持两种类型的打印机：_____和_____。

（3）要利用打印优先级系统，需为同一打印设备创建_____个逻辑打印机。为每个逻辑打印机指派不同的优先等级，然后创建与每个逻辑打印机相关的用户组，_____代表最低优先级，_____代表最高优先级。

（4）_____就是用一台打印服务器管理多个物理特性相同的打印设备，以便同时打印大量文档。

（5）默认情况下，"管理打印机"权限将指派给_____、_____及_____。

（6）根据使用的打印技术，打印设备可以分为_____、_____和激光打印设备。

（7）默认情况下，添加打印机向导会_____并在 Active Directory 中发布，除非在向导的"打印机名称和共享设置中"对话框中不选择"共享打印机"复选框。

二、选择题

（1）下列权限（　　　）不是打印安全权限。

  A．打印　　　　　　B．浏览　　　　　　C．管理打印机　　　　D．管理文档

（2）Internet 打印服务系统是基于（　　　）方式工作的文件系统。

  A．B/S　　　　　　B．C/S　　　　　　C．B2B 32　　　　　D．C2C

（3）不能通过计算机的（　　　）端口与打印设备相连。

  A．串行口（COM）　　　　　　　　B．并行口（LPT）

  C．网络端口　　　　　　　　　　　D．RS232

（4）下列（　　　）不是 Windows Server 2008 支持的其他驱动程序类型。

  A．x86　　　　　　B．x64　　　　　　C．486　　　　　D．Itanium

三、简答题

（1）简述打印机、打印设备和打印服务器的区别。

（2）简述共享打印机的好处，并举例。

（3）为什么用多个打印机连接同一打印设备？

4.5　项目实训　配置与管理打印服务器

一、项目实训目的

● 掌握打印服务器的安装。

● 掌握网络打印机安装与配置。

● 掌握打印服务器的配置与管理。

二、项目环境

本项目根据图 4-1 所示的环境来部署打印服务器。

三、项目要求

完成以下 3 项任务。

① 安装打印服务器。

② 连接共享打印机。

③ 管理打印服务器。

PART 5

项目 5
配置与管理 DNS 服务器

本项目学习要点

众所周知，在网络中唯一能够用来标识计算机身份和定位计算机位置的方式就是 IP 地址，但当访问网络上的许多服务器，如邮件服务器、Web 服务器、FTP 服务器时，记忆这些纯数字的 IP 地址不仅特别枯燥而且容易出错。而如果借助于 DNS 服务，将 IP 地址与形象易记的域名一一对应起来，使用户在访问服务器或网站时不使用 IP 地址，而使用简单易记的域名，通过 DNS 服务器将域名自动解析成 IP 地址并定位服务器，就可以解决易记与寻址不能兼顾的问题了。

- 了解 DNS 服务器的作用及其在网络中的重要性。
- 理解 DNS 的域名空间结构及其工作过程。
- 理解并掌握主 DNS 服务器的部署。
- 理解并掌握辅助 DNS 服务器的部署。
- 理解并掌握 DNS 客户机的部署。
- 掌握 DNS 服务的测试及动态更新。

5.1 项目基础知识

在 TCP/IP 网络上，每个设备必须分配一个唯一的地址。计算机在网络上通信时只能识别如 202.97.135.160 之类的数字地址，而人们在使用网络资源的时候，为了便于记忆和理解，更倾向于使用有代表意义的名称，如域名 www.yahoo.com（雅虎网站）。

DNS（Domain Name System）服务器就承担了将域名转换成 IP 地址的功能。这就是为什么在浏览器地址栏中输入如 www.yahoo.com 的域名后，就能看到相应的页面的原因。输入域名后，有一台称为 DNS 服务器的计算机自动把域名"翻译"成了相应的 IP 地址。

DNS 实际上是域名系统的缩写，它的目的是为客户机对域名的查询（如 www.yahoo.com）提供该域名的 IP 地址，以便用户用易记的名字搜索和访问必须通过 IP 地址才能定位的本地网络或 Internet 上的资源。

通过 DNS 服务，使得网络服务的访问更加简单，对于一个网站的推广发布起到极其重要的作用，而且许多重要网络服务（如 E-mail 服务、Web 服务）的实现，也需要借助于 DNS 服务。因此，DNS 服务可视为网络服务的基础。另外在稍具规模的局域网中，DNS 服务也被大量采用，因为 DNS 服务不仅可以使网络服务的访问更加简单，而且可以完美地实现与 Internet 的融合。

5.1.1　域名空间结构

域名系统 DNS 的核心思想是分级的，是一种分布式的、分层次型的、客户机/服务器式的数据库管理系统。它主要用于将主机名或电子邮件地址映射成 IP 地址。一般来说，每个组织有其自己的 DNS 服务器，并维护域名称映射数据库记录或资源记录。每个登记的域都将自己的数据库列表提供给整个网络复制。

目前负责管理全世界 IP 地址的单位是 InterNIC（Internet Network Information Center），在 InterNIC 之下的 DNS 结构共分为若干个域（Domain）。图 5-1 所示的阶层式树状结构，就被称为域名空间（Domain Name Space）。

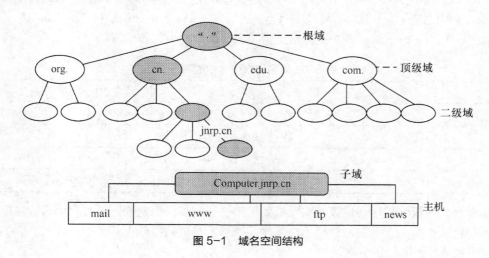

图 5-1　域名空间结构

 注意　域名和主机名只能用字母 a ~ z（在 Windows 服务器中大小写等效，而在 UNIX 中则不同）、数字 0 ~ 9 和连线 "–" 组成。其他公共字符如连接符 "&"、斜杠 "/"、句点和下划线 "_" 都不能用于表示域名和主机名。

1. 根域

图 5-1 中位于层次结构的最高端是域名树的根，提供根域名服务，以"."来表示。在 Internet 中，根域是默认的，一般都不需要表示出来。全世界共有 13 台根域服务器，这些根域服务器分布于世界各大洲，并由 InterNIC 管理。根域名服务器中并没有保存任何网址，只具有初始指针指向第一层域，也就是顶级域，如 com、edu、net 等。

2. 顶级域

顶级域位于根域之下，数目有限且不能轻易变动。顶级域也是由 InterNIC 统一管理的。在互联网中，顶级域大致分为两类：各种组织的顶级域（机构域）和各个国家地区的顶级域（地理域）。顶级域所包含的部分域名称如表 5-1 所示。

表 5-1　顶级域所包含的部分域名称

域名称	说　　明
com	商业机构
edu	教育、学术研究单位
gov	官方政府单位
net	网络服务机构
org	财团法人等非营利机构
mil	军事部门
其他的国家或地区代码	代表其他国家/地区的代码，如 cn 表示中国，jp 为日本

3．子域

在 DNS 域名空间中，除了根域和顶级域之外，其他的域都称为子域，子域是有上级域的域，一个域可以有许多子域。子域是相对而言的，如 www.jnrp.edu.cn 中，jnrp.edu 是 cn 的子域，jnrp 是 edu.cn 的子域。表 5-2 中给出了域名层次结构中的若干层。

表 5-2　域名层次结构中的若干层

域名	域名层次结构中的位置
.	根是唯一没有名称的域
.cn	顶级域名称，中国子域
.edu.cn	二级域名称，中国的教育部门
.jnrp.edu.cn	子域名称，教育部门中的山东职业学院

实际上，和根域相比，顶级域实际是处于第二层的域，但它们还是被称为顶级域。根域从技术的含义上是一个域，但常常不被当作一个域。根域只有很少几个根级成员，它们的存在只是为了支持域名树的存在。

第二层域（顶级域）是属于单位团体或地区的，用域名的最后一部分即域后缀来分类。例如，域名 edu.cn 代表中国的教育系统。多数域后缀可以反映使用这个域名所代表的组织的性质，但并不总是很容易通过域后缀来确定所代表的组织、单位的性质。

4．主机

在域名层次结构中，主机可以存在于根以下的各层上。因为域名树是层次型的而不是平面型的，因此只要求主机名在每一连续的域名空间中是唯一的，而在相同层中可以有相同的名字，如 www.163.com、www.263.com 和 www.sohu.com 都是有效的主机名。也就是说，即使这些主机有相同的名字 www，但都可以被正确地解析到唯一的主机，即只要是在不同的子域，就可以重名。

5.1.2　DNS 名称的解析方法

DNS 名称的解析方法主要有两种，一种是通过 hosts 文件进行解析，另一种是通过 DNS 服务器进行解析。

1．hosts 文件解析

hosts 文件解析只是 Internet 中最初使用的一种查询方式。采用 hosts 文件进行解析时，必须由人工输入、删除、修改所有 DNS 名称与 IP 地址的对应数据，即把全世界所有的 DNS 名称写在一个文件中，并将该文件存储到解析服务器上。客户端如果需要解析名称，就到解析服务器上查询 hosts 文件。全世界所有的解析服务器上的 hosts 文件都需保持一致。当网络规模较小时，hosts 文件解析还是可以采用的。然而，当网络越来越大时，为保持网络里所有服务器中 hosts 文件的一致性，就需要大量的管理和维护工作，在大型网络中这将是一项沉重的负担，此种方法显然是不适用的。

在 Windows Server 2008 中，hosts 文件位于%systemroot%\system32\drivers\etc 目录中。该文件是一个纯文本的文件，如图 5-2 所示。本例为 C:\windows\system32\drivers\etc。

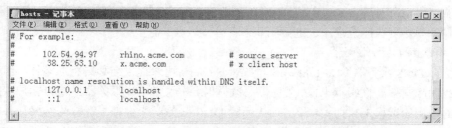

图 5-2　Windows Server 2008 中的 hosts 文件

2．DNS 服务器解析

DNS 服务器是目前 Internet 上最常用也是最便捷的名称解析方法。全世界有众多的 DNS 服务器各司其职，互相呼应，协同工作构成了一个分布式的 DNS 名称解析网络。例如，jnrp.cn 的 DNS 服务器只负责本域内数据的更新，而其他 DNS 服务器并不知道也无需知道 jnrp.cn 域中有哪些主机，但它们知道 jnrp.cn 的 DNS 服务器的位置。当需要解析 www.jnrp.cn 时，它们就会向 jnrp.cn 的 DNS 服务器请求帮助。采用这种分布式解析结构时，一台 DNS 服务器出现问题并不会影响整个体系，而数据的更新操作也只在其中的一台或几台 DNS 服务器上进行，使整体的解析效率大大提高。

5.1.3　DNS 服务器的类型

DNS 服务器用于实现 DNS 名称和 IP 地址的双向解析。在网络中，主要有 4 种类型的 DNS 服务器：主 DNS 服务器、辅助 DNS 服务器、转发 DNS 服务器和惟缓存 DNS 服务器。

1．主 DNS 服务器

主 DNS 服务器（Primary Name Server）是特定 DNS 域所有信息的权威性信息源。它从域管理员构造的本地数据库文件（即区域文件，Zone File）中加载域信息，该文件包含着该服务器具有管理权的 DNS 域的最精确信息。

主 DNS 服务器保存着自主生成的区域文件，该文件是可读可写的。当 DNS 域中的信息发生变化时（如添加或删除记录），这些变化都会保存到主 DNS 服务器的区域文件中。

2．辅助 DNS 服务器

辅助 DNS 服务器（Secondary Name Server）可以从主 DNS 服务器中复制一整套域信息。该服务器的区域文件是从主 DNS 服务器中复制生成的，并作为本地文件存储。这种复制称为"区域传输"。在辅助 DNS 服务器中存有一个域所有信息的完整只读副本，可以对该域的解析请求提供权威的回答。由于辅助 DNS 服务器的区域文件仅是只读副本，因此无法进行更改，所有针对区域文件的更改必须在主 DNS 服务器上进行。在实际应用中，辅助 DNS 服务器主要用于均衡负载和容错。如果主 DNS 服务器出现故障，可以根据需要将辅助 DNS 服务器转换为主 DNS 服务器。

3. 转发 DNS 服务器

转发 DNS 服务器（Forwarder Name Server）可以向其他 DNS 转发解析请求。当 DNS 服务器收到客户端的解析请求后，它首先会尝试从其本地数据库中查找，若未能找到，则需要向其他指定的 DNS 服务器转发解析请求；其他 DNS 服务器完成解析后会返回解析结果，转发 DNS 服务器将该解析结果缓存在自己的 DNS 缓存中，并向客户端返回解析结果。在缓存期内，如果客户端请求解析相同的名称，则转发 DNS 服务器会立即回应客户端，否则，将会再次发生转发解析的过程。

目前网络中所有的 DNS 服务器均被配置为转发 DNS 服务器，向指定的其他 DNS 服务器或根域服务器转发自己无法完成的解析请求。

4. 惟缓存 DNS 服务器

惟缓存 DNS 服务器（Caching-only Name Server）可以提供名称解析服务器，但其没有任何本地数据库文件。惟缓存 DNS 服务器必须同时是转发 DNS 服务器，它将客户端的解析请求转发给指定的远程 DNS 服务器，并从远程 DNS 服务器取得每次解析的结果，并将该结果存储在 DNS 缓存中，以后收到相同的解析请求时就用 DNS 缓存中的结果。所有的 DNS 服务器都按这种方式使用缓存中的信息，但惟缓存服务器则依赖于这一技术实现所有的名称解析。

当刚安装好 DNS 服务器时，它就是一台缓存 DNS 服务器。

惟缓存服务器并不是权威性的服务器，因为它提供的所有信息都是间接信息。

说明

① 所有的 DNS 服务器均可使用 DNS 缓存机制相应解析请求，以提供解析效率。

② 可以根据实际需要将上述几种 DNS 服务器结合，进行合理配置。

③ 一些域的主 DNS 服务器可以是另一些域的辅助 DNS 服务器。

④ 一个域只能部署一个主 DNS 服务器，它是该域的权威性信息源；另外至少应该部署一个辅助 DNS 服务器，将作为主 DNS 服务器的备份。

⑤ 配置惟缓存 DNS 服务器可以减轻主 DNS 服务器和辅助 DNS 服务器的负载，从而减少网络传输。

5.1.4 DNS 名称解析的查询模式

当 DNS 客户端向 DNS 服务器发送解析请求或 DNS 服务器向其他 DNS 服务器转发解析请求时，均需要使用请求其所需的解析结果。目前使用的查询模式主要有递归查询和迭代查询两种。

1. 递归查询

递归查询是最常见的查询方式，域名服务器将代替提出请求的客户机（下级 DNS 服务器）进行域名查询，若域名服务器不能直接回答，则域名服务器会在域各树中的各分支的上下进行递归查询，最终将返回查询结果给客户机。在域名服务器查询期间，客户机将完全处于等待状态。

2. 迭代查询（又称转寄查询）

当服务器收到 DNS 工作站的查询请求后，如果在 DNS 服务器中没有查到所需数据，该 DNS 服务器便会告诉 DNS 工作站另外一台 DNS 服务器的 IP 地址，然后，再由 DNS 工作站自行向此 DNS 服务器查询，依次类推一直到查到所需数据为止。如果到最后一台 DNS 服务器都没有查到所需数据，则通知 DNS 工作站查询失败。"转寄"的意思就是，若在某地查不到，该地就会告诉"你"其他地方的地址，让"你"转到其他地方去查。一般在 DNS 服务器之间的查询请求便属于转寄查询（DNS 服务器也可以充当 DNS 工作站的角色），在 DNS 客户端与本地 DNS 服务器之间的查询属于递归查询。

下面以查询 www.163.com 为例，介绍转寄查询的过程，如图 5-3 所示。

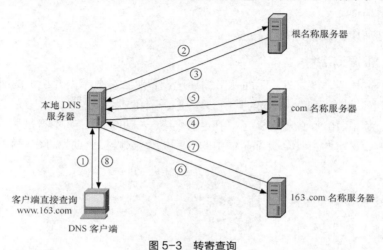

图 5-3　转寄查询

① 客户端向本地 DNS 服务器直接查询 www.163.com 的域名。

② 本地 DNS 无法解析此域名，它先向根域服务器发出请求，查询 .com 的 DNS 地址。

 说明　　　　a. 正确安装完 DNS 后，在 DNS 属性中的"根目录提示"选项卡中，系统显示了包含在解析名称中为要使用和参考的服务器所建议的根服务器的根提示列表，默认共有 13 个。

b. 目前全球共有 13 个域名根服务器。1 个为主根服务器，放置在美国。其余 12 个均为辅根服务器，其中 9 个放置在美国、欧洲 2 个（英国和瑞典各 1 个）、亚洲 1 个（日本）。所有的根服务器均由 ICANN（互联网名称与数字地址分配机构）统一管理。

③ 根域 DNS 管理着 .com，.net，.org 等顶级域名的地址解析，它收到请求后把解析结果（管理 .com 域的服务器地址）返回给本地的 DNS 服务器。

④ 本地 DNS 服务器得到查询结果后，接着向管理 .com 域的 DNS 服务器发出进一步的查询请求，要求得到 163.com 的 DNS 地址。

⑤ .com 域把解析结果（管理 163.com 域的服务器地址）返回给本地 DNS 服务器。

⑥ 本地 DNS 服务器得到查询结果后，接着向管理 163.com 域的 DNS 服务器发出查询具体主机 IP 地址的请求（www），要求得到满足要求的主机 IP 地址。

⑦ 163.com 把解析结果返回给本地 DNS 服务器。

⑧ 本地 DNS 服务器得到了最终的查询结果，它把这个结果返回给客户端，从而使客户端能够和远程主机通信。

5.2 项目设计与准备

5.2.1 部署需求

在部署 DNS 服务器前需满足以下要求。

- 设置 DNS 服务器的 TCP/IP 属性，手工指定 IP 地址、子网掩码、默认网关和 DNS 服务器地址等。
- 部署域环境，域名为 long.com。

5.2.2 部署环境

本项目的 5.3.1 至 5.3.7 节（后面章节的环境设置单独在分节内介绍）的所有实例部署在同一个域环境下，域名为 long.com。其中 DNS 服务器主机名为 win2008-1，其本身也是域控制器，IP 地址为 10.10.10.1。DNS 客户机主机名为 win2008-2，其本身是域成员服务器，IP 地址为 10.10.10.2。这两台计算机都是域中的计算机，具体网络拓扑如图 5-4 所示。

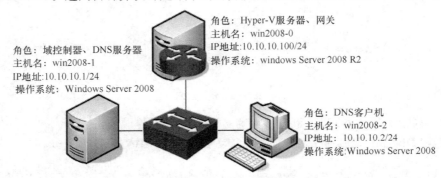

图 5-4　架设 DNS 服务器网络拓扑图

5.3 项目实施

5.3.1 安装 DNS 服务器角色

设置 DNS 服务器的首要任务就是建立 DNS 区域和域的树状结构。DNS 服务器以区域为单位来管理服务，区域是一个数据库，用来链接 DNS 名称和相关数据，如 IP 地址和网络服务，在 Internet 环境中一般用二级域名来命名，如 computer.com。而 DNS 区域分为两类：一类是正向搜索区域，即域名到 IP 地址的数据库，用于提供将域名转换为 IP 地址的服务；另一类是反向搜索区域，即 IP 地址到域名的数据库，用于提供将 IP 地址转换为域名的服务。

注意　　DNS 数据库由区域文件、缓存文件和反向搜索文件等组成，其中区域文件是最主要的，它保存着 DNS 服务器所管辖区域的主机的域名记录，默认的文件名是"区域名.dns"，在 Windows NT/2000/2003/2008 系统置于"windows\system32\dns"目录中；而缓存文件用于保存根域中的 DNS 服务器名称与 IP 地址的对应表，文件名为 Cache.dns。DNS 服务就是依赖于 DNS 数据库来实现的。

在架设 DNS 服务器之前，读者需要了解本实例部署的需求和实验环境。

在安装 Active Directory 域服务角色时，可以选择一起安装 DNS 服务器角色，如那时没有安装，那么可以在计算机"win2008-1"上通过"服务器管理器"安装 DNS 服务器角色，具体步骤如下。

① 以域管理员账户登录到 win2008-1。选择"开始"→"管理工具"→"服务器管理器"→"角色"选项，然后在控制台右侧中单击"添加角色"按钮，启动"添加角色向导"，单击"下一步"按钮，显示如图 5-5 所示的"选择服务器角色"对话框，在"角色"列表中，勾选"DNS 服务器"复选框。

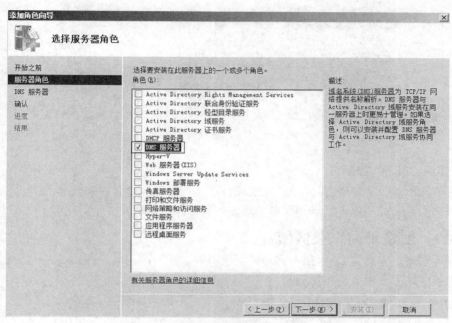

图 5-5　"选择服务器角色"对话框

② 单击"下一步"按钮，显示"DNS 服务器"对话框，简要介绍其功能和注意事项。

③ 单击"下一步"按钮，出现"确认安装选择"对话框，在域控制器上安装 DNS 服务器角色，区域将与 Active Directory 域服务集成在一起。

④ 单击"安装"按钮开始安装 DNS 服务器，安装完毕，最后单击"关闭"按钮，完成 DNS 服务器角色的安装。

5.3.2　DNS 服务的停止和启动

要启动或停止 DNS 服务，可以使用 net 命令、"DNS 管理器"控制台或"服务"控制台，具体步骤如下。

1．使用 net 命令

以域管理员账户登录到 win2008-1，单击左下角的 PowerShell 按钮，输入命令"net stop dns"停止 DNS 服务，输入命令"net start dns"启动 DNS 服务。

2．使用"DNS 管理器"控制台

单击"开始"→"管理工具"→"DNS"，打开 DNS 管理器控制台，在左侧控制台树中右击服务器 win2008-1，在弹出的菜单中选择"所有任务"→"停止"或"启动"或"重新启动"即可停止或启动 DNS 服务，如图 5-6 所示。

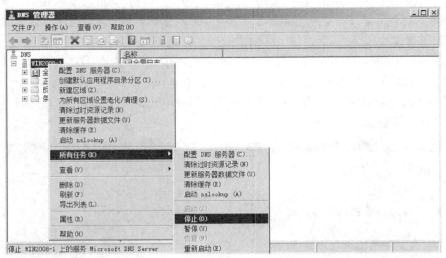

图 5-6 "DNS 管理器"窗口

3．使用"服务"控制台

单击"开始"→"管理工具"→"DNS"，打开"服务"控制台，找到"DNS Server"服务，选择"启动"或"停止"操作即可启动或停止 DNS 服务。

5.3.3 创建正向主要区域

在域控制器上安装完 DNS 服务器角色之后，将存在一个与 Active Directory 域服务集成的区域，为了实现本节任务，将其删除。

在 DNS 服务器上创建正向主要区域"long.com"，具体步骤如下。

① 在 win2008-1 上，单击"开始"→"管理工具"→"DNS" ，打开 DNS 管理器控制台，展开 DNS 服务器目录树，如图 5-7 所示。右击"正向查找区域"选项，在弹出的快捷菜单中选择"新建区域"选项，显示"新建区域向导"。

② 单击"下一步"，出现图 5-8 所示"区域类型"对话框，用来选择要创建的区域的类型，有"主要区域"、"辅助区域"和"存根区域"3 种。若要创建新的区域时，应当选中"主要区域"单选按钮。

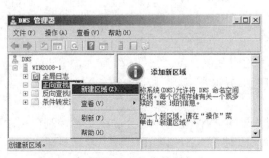

图 5-7 DNS 控制台

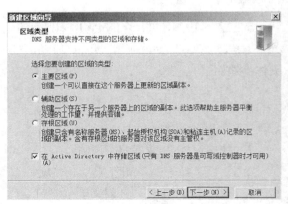

图 5-8 区域类型

注意 如果当前 DNS 服务器上安装了 Active Directory 服务，则"在 Active Directory 中存储区域"复选框将自动选中。

③ 单击"下一步"按钮，选择在网络上如何复制 DNS 数据，本例选择"至此域中域控制器上运行的所有 DNS 服务器（D）：long.com"选项，如图 5-9 所示。

④ 单击"下一步"按钮，在"区域名称"对话框（见图 5-10）中设置要创建的区域名称，如 long.com。区域名称用于指定 DNS 名称空间的部分，由此 DNS 服务器管理。

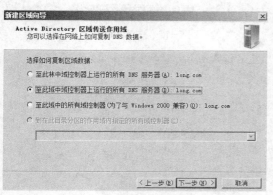

图 5-9　Active Directory 区域传送作用域

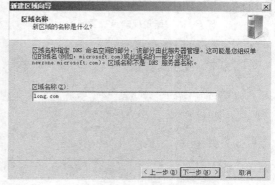

图 5-10　区域名称

⑤ 单击"下一步"按钮，选择"只允许安全的动态更新"选项。

⑥ 单击"下一步"按钮，显示新建区域摘要。单击"完成"按钮，完成区域创建。

注意 由于是活动目录集成的区域，不指定区域文件，否则指定区域文件 long.com.dns。

5.3.4　创建反向主要区域

反向查找区域用于通过 IP 地址来查询 DNS 名称。创建的具体过程如下。

① 在 DNS 控制台中，选择反向查找区域，右键单击，在弹出的快捷菜单中选择新建区域（见图 5-11），并在区域类型中选择"主要区域"（见图 5-12）。

② 在"反向查找区域名称"对话框，选择"IPv4 反向查找区域"选项，如图 5-13 所示。

③ 在图 5-14 所示的对话框中输入网络 ID 或者反向查找区域名称，本例中输入的是网络 ID，区域名称根据网络 ID 自动生成。例如，当输入了网络 ID 为 10.10.10.0，反向查找区域的名称自动为 10.10.10.in-addr.arpa。

④ 单击"下一步"按钮，选择"只允许安全的动态更新"选项。

⑤ 单击"下一步"按钮，显示新建区域摘要。单击"完成"按钮，完成区域创建。图 5-15 所示为创建后的效果。

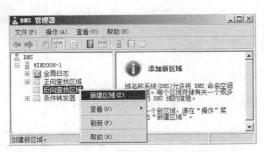

图 5-11 新疆反向查找区域

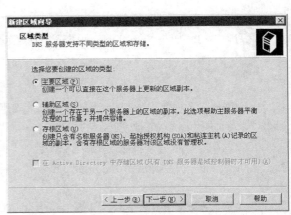

图 5-12 选择区域类型

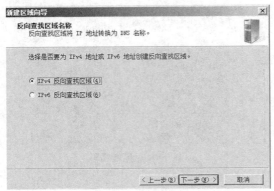

图 5-13 反向查找区域名称-IPv4

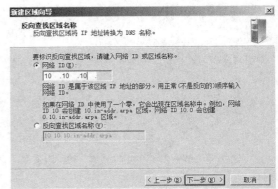

图 5-14 反向查找区域名称-网络 ID

图 5-15 创建正反向区域后的 DNS 管理器

5.3.5 创建资源记录

DNS 服务器需要根据区域中的资源记录提供该区域的名称解析。因此，在区域创建完成之后，需要在区域中创建所需的资源记录。

1. 创建主机记录

创建 win2008-2 对应的主机记录。

① 以域管理员账户登录 win2008-1，打开 DNS 管理控制台，在左侧控制台树中选择要创建资源记录的正向主要区域 long.com，然后在右侧控制台窗口空白处右击或右击要创建资源记录的正向主要区域，在弹出的菜单中选择相应功能项即可创建资源记录，如图 5-16 所示。

② 选择"新建主机（A）"，将打开"新建主机"对话框，通过此对话框可以创建 A 记录，如图 5-17 所示。

图 5-16　创建资源记录

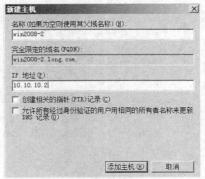

图 5-17　创建 A 记录

- 在"名称"文本框中输入 A 记录的名称，该名称即为主机名，本例为"win2008-2"。
- 在"IP 地址"文本框中输入该主机的 IP 地址，本例为 10.10.10.2。
- 若选中"创建相关的指针（PTR）记录"复选框则在创建 A 记录的同时可在已经存在的相对应的反向主要区域中创建 PTR 记录。若之前没有创建对应的反向主要区域，则不能成功创建 PTR 记录。本例不选中，后面单独建立 PTR 记录。

2. 创建别名记录

win2008-2 同时还是 Web 服务器，为其设置别名 www。步骤如下。

在图 5-16 中，选择"新建别名（CNAME）"，将打开"新建资源记录"对话框的"别名（CNAME）"选项卡，通过此选项卡可以创建 CNAME 记录，如图 5-18 所示。在"别名（CNAME）"文本框中输入一个规范的名称（本例为 www），单击"浏览"，选中起别名的目的服务器（本例 win2008-2.long.com），或者直接输入目的服务器的名字。在"目标主机的完全合格的域名（FQDN）"中输入需要定义别名的完整 DNS 域名。

3. 创建邮件交换器记录

在图 5-16 中，选择"新建邮件交换器（MX）"，将打开"新建资源记录"对话框的"邮件交换器（MX）选项卡，通过此选项卡可以创建 MX 记录，如图 5-19 所示。

- 在"主机或子域"文本框中输入 MX 记录的名称，该名称将与所在区域的名称一起构成邮件地址中"@"右面的后缀。例如邮件地址为 yy@long.com，则应将 MX 记录的名称设置为空（即使用其中所属域的名称 long.com）；如果邮件地址为 yy@mail.long.com，则应将输入 mail 为 MX 记录的名称记录。本例输入"mail"。
- 在"邮件服务器的完全合格的域名（FQDN）"文本框中输入该邮件服务器的名称（此名称必须是已经创建的对应于邮件服务器的 A 记录）。本例为"win2008-2.long.com"。
- 在"邮件服务器优先级"文本框中设置当前 MX 记录的优先级；如果存在两个或更多

的 MX 记录，则在解析时将首选优先级高的 MX 记录。

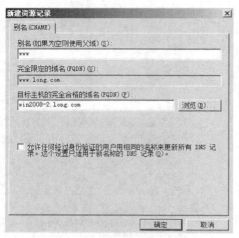

图 5-18　创建 CNAME 记录

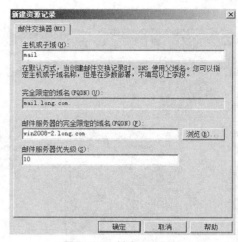

图 5-19　创建 MX 记录

4. 创建指针记录

① 以域管理员账户登录 win2008-1，打开 DNS 管理控制台。

② 在左侧控制台树中选择要创建资源记录的反向主要区域 10.10.10.in-addr.arpa，然后在右侧控制台窗口空白处右击或右击要创建资源记录的反向主要区域，在弹出的菜单中选择"新建指针（PTR）"（见图 5-20）命令，在打开的"新建资源记录"对话框的"指针（PTR）"选项卡中即可创建 PTR 记录（见图 5-21）。

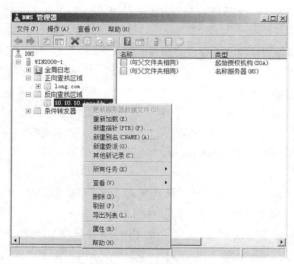

图 5-20　创建 PTR 记录（1）

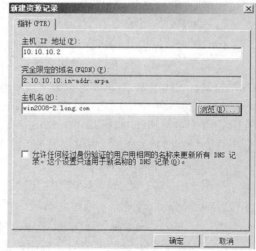

图 5-21　创建 PTR 记录（2）

③ 资源记录创建完成之后，在 DNS 管理控制台中和区域数据库文件中都可以看到这些资源记录，如图 5-22 所示。

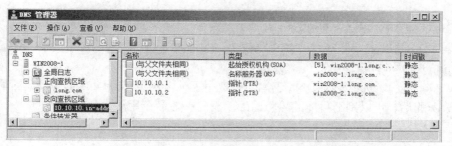

图 5-22　通过 DNS 管理控制台查看反向区域中的资源记录

如果区域是和 Active Directory 域服务集成，那么资源记录将保存到活动目录中；如果不是和 Active Directory 域服务集成，那么资源记录将保存到区域文件。默认 DNS 服务器的区域文件存储在"c:\windows\system32\dns"下。若不集成活动目录，则本例正向区域文件为 long.com.dns，反向区域文件为 10.10.10.in-addr.arpa.dns。这两个文件可以用记事本打开。

5.3.6　配置 DNS 客户端

可以通过手工方式来配置 DNS 客户端，也可以通过 DHCP 自动配置 DNS 客户端（要求 DNS 客户端是 DHCP 客户端）。

① 以管理员账户登录 DNS 客户端计算机 win2008-2，打开"Internet 协议版本 4（TCP/IPv4）属性"对话框，在"首选 DNS 服务器"编辑框中设置所部署的主 DNS 服务器 win2008-1 的 IP 地址"10.10.10.1"（见图 5-23），最后单击"确定"按钮即可。

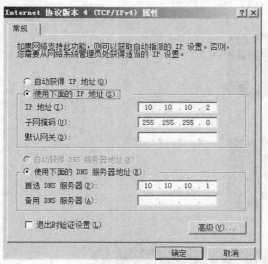

图 5-23　配置 DNS 客户端，指定 DNS 服务器的 IP 地址

思考

在 DNS 客户端的设置中，并没有设置受委派服务器 jwdns 的 IP 地址，那么从客户端上能不能查询到 jwdns 服务器上的资源？

② 通过 DHCP 自动配置 DNS 客户端：参考"项目 6 配置与管理 DHCP 服务器"。

5.3.7 测试 DNS 服务器

部署完主 DNS 服务器并启动 DNS 服务后，应该对 DNS 服务器进行测试，最常用的测试工具是 nslookup 和 ping 命令。

nslookup 是用来进行手动 DNS 查询的最常用工具，可以判断 DNS 服务器是否工作正常。如果有故障的话，可以判断可能的故障原因。它的一般命令用法为：

```
nslookup [-option…] [host to find] [sever]
```

这个工具可以用于两种模式：非交互模式和交互模式。

1. 非交互模式

非交互模式，要从命令行输入完整的命令，如：

```
C:\>nslookup www.jlong.com
```

2. 交互模式

键入 nslookup 并回车，不需要参数，就可以进入交互模式。在交互模式下直接输入 FQDN 进行查询。

任何一种模式都可以将参数传递给 nslookup，但在域名服务器出现故障时更多地使用交互模式。在交互模式下，可以在提示符 ">" 下输入 help 或 "?" 来获得帮助信息。

下面在客户端 Win2018-2 的交互模式下测试上面部署的 DNS 服务器。

① 进入 PowerShell 或者在 "运行" 中输入 "CMD"，进入 nslookup 测试环境。

```
PS C:\Users\Administrator> nslookup
默认服务器:  win2008-1.long.com
Address:  10.10.10.1
```

② 测试主机记录。

```
> win2008-2.long.com
服务器:  win2008-1.long.com
Address:  10.10.10.1

名称:    win2008-2.long.com
Address:  10.10.10.2
```

③ 测试正向解析的别名记录。

```
> www.long.com
服务器:  win2008-1.long.com
Address:  10.10.10.1

名称:    win2008-2.long.com
Address:  10.10.10.2
Aliases:  www.long.com
```

④ 测试 MX 记录。

```
> set type=mx
> long.com
服务器:  win2008-1.long.com
Address:  10.10.10.1

long.com
        primary name server = win2008-1.long.com
        responsible mail addr = hostmaster.long.com
        serial  = 30
        refresh = 900 (15 mins)
        retry   = 600 (10 mins)
        expire  = 86400 (1 day)
        default TTL = 3600 (1 hour)
```

说明

set type 表示设置查找的类型。

set type=MX，表示查找邮件服务器记录。

set type=cname，表示查找别名记录；set type=A，表示查找主机记录。

set type=PRT，表示查找指针记录；set type=NS，表示查找区域。

⑤ 测试指针记录。

```
> set type=ptr
> 10.10.10.1
服务器:  win2008-1.long.com
Address:  10.10.10.1

1.10.10.10.in-addr.arpa name = win2008-1.long.com
> 10.10.10.2
服务器:  win2008-1.long.com
Address:  10.10.10.1

2.10.10.10.in-addr.arpa name = win2008-2.long.com
```

⑥ 查找区域信息，结束退出 nslookup 环境。

```
> set type=ns
> long.com
服务器:  win2008-1.long.com
Address:  10.10.10.1

long.com            nameserver = win2008-1.long.com
win2008-1.long.com          internet address = 10.10.10.1
> exit
PS C:\Users\Administrator>
```

做一做

可以利用"ping 域名或 IP 地址"简单测试 DNS 服务器与客户端的配置。

5.3.8　管理 DNS 客户端缓存

① 进入 PowerShell 或者在"运行"中输入"CMD"，进入命令提示符。

② 查看 DNS 客户端缓存。

```
C:\>ipconfig/displaydns
```

③ 清空 DNS 客户端缓存。

```
C:\>ipconfig/flushdns
```

5.3.9　部署惟缓存 DNS 服务器

尽管所有的 DNS 服务器都会缓存其已解析的结果，但惟缓存 DNS 服务器是仅执行查询、缓存解析结果的 DNS 服务器，不存储任何区域数据库。惟缓存 DNS 服务器对于任何域来说都不是权威的，并且它所包含的信息限于解析查询时已缓存的内容。

当惟缓存 DNS 服务器初次启动时，并没有缓存任何信息，只有在响应客户端请求时才会缓存。如果 DNS 客户端位于远程网络且该远程网络与主 DNS 服务器（或辅助 DNS 服务器）所在的网络通过慢速广域网链路进行通信，则在远程网络中部署惟缓存 DNS 服务器是一种合理的解决方案。因此一旦惟缓存 DNS 服务器（或辅助 DNS 服务器）建立了缓存，其与主 DNS 服务器的通信量便会减少。此外，由于惟缓存 DNS 服务器不需执行区域传输，因此不会出现因区域传输而导致网络通信量的增大。

1. 部署惟缓存 DNS 服务器的需求和环境

5.3.8 节的所有实例按图 5-24 部署网络环境。在原有网络环境下增加主机名为 win2008-3 的 DNS 转发器，其 IP 地址为 10.10.10.3，首选 DNS 服务器是 10.10.10.1，该计算机是域 long.com 的成员服务器。

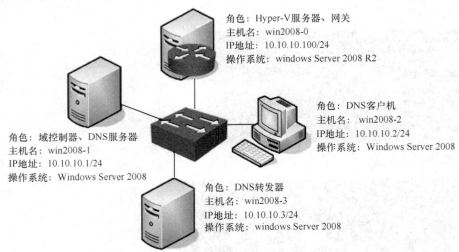

角色：Hyper-V服务器、网关
主机名：win2008-0
IP地址：10.10.10.100/24
操作系统：windows Server 2008 R2

角色：DNS客户机
主机名：win2008-2
IP地址：10.10.10.2/24
操作系统：Windows Server 2008

角色：域控制器、DNS服务器
主机名：win2008-1
IP地址：10.10.10.1/24
操作系统：Windows Server 2008

角色：DNS转发器
主机名：win2008-3
IP地址：10.10.10.3/24
操作系统：windows Server 2008

图 5-24　配置 DNS 转发器网络拓扑图

2. 配置 DNS 转发器

（1）更改客户端 DNS 服务器 IP 地址指向

① 登录到 DNS 客户端计算机 win2008-2，将其首选 DNS 服务器指向 10.10.10.3，备用 DNS 服务器设置为空。

② 打开命令提示符，输入 "ipconfig/flushdns" 命令清空客户端计算机 win2008-2 上的缓存。输入 "ping win2008-2.long.com" 命令发现不能解析，因为该记录存在于服务器 win2008-1 上，不存在于服务器 10.10.10.3 上。

（2）在惟缓存 DNS 服务器上安装 DNS 服务并配置 DNS 转发器

① 以具有管理员权限的用户账户登录将要部署惟缓存 DNS 服务器的计算机 win2008-3。

② 参考 5.2 节安装 DNS 服务（不配置 DNS 服务器区域）。

③ 打开 DNS 管理控制台，在左侧的控制台树中右击 DNS 服务器 win2008-3，在弹出的菜单中选择 "属性" 命令。

④ 在打开的 DNS 服务器 "属性" 对话框中单击 "转发器"，将打开 "转发器" 选项卡，如图 5-25 所示。

⑤ 单击 "编辑" 按钮，将打开 "编辑转发器" 对话框，在 "转发服务器的 IP 地址" 选项区域中，添加需要转发到的 DNS 服务器地址为 "10.10.10.1"，该计算机能解析到相应服务器 FQDN，如图 5-26 所示。最后单击 "确定" 按钮即可。

⑥ 采用同样的方法，根据需要配置其他区域的转发。

（3）测试惟缓存 DNS 服务器

在 win2008-2 上，打开命令提示符窗口，使用 nslookup 命令测试惟缓存 DNS 服务器，如图 5-27 所示。

图 5-25 "转发器"选项卡

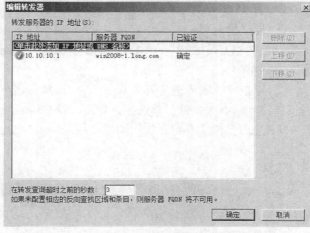

图 5-26 添加解析转达请求的 DNS 服务器的 IP 地址

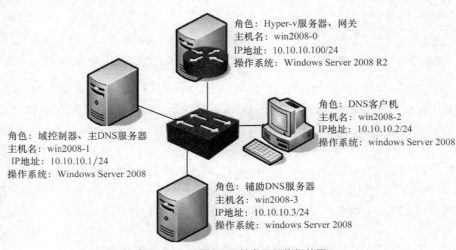

图 5-27 在 win2008-2 上测试惟缓存 DNS 服务器

5.3.10 部署辅助 DNS 服务器

如果在一个 DNS 服务器上创建了某个 DNS 区域的辅助区域,则该 DNS 服务器将成为该 DNS 区域的辅助 DNS 服务器。辅助 DNS 服务器通过区域传输从主 DNS 服务器获得区域数据库信息,并响应名称解析请求,从而实现均衡主 DNS 服务器的解析负载和为主 DNS 服务器提供容错。

1．部署辅助 DNS 服务器的需求和环境

5.3.9 节的所有实例按图 5-28 所示部署网络环境。在原有网络环境下增加主机名为 win2008-3 的辅助 DNS 服务器,其 IP 地址为 10.10.10.3,首选 DNS 服务器是 10.10.10.1,该计算机是域 long.com 的成员服务器。

角色:Hyper-v服务器、网关
主机名:win2008-0
IP地址:10.10.10.100/24
操作系统:Windows Server 2008 R2

角色:DNS客户机
主机名:win2008-2
IP地址:10.10.10.2/24
操作系统:windows Server 2008

角色:域控制器、主DNS服务器
主机名:win2008-1
IP地址:10.10.10.1/24
操作系统:Windows Server 2008

角色:辅助DNS服务器
主机名:win2008-3
IP地址:10.10.10.3/24
操作系统:windows Server 2008

图 5-28 配置 DNS 转发器网络拓扑图

2．在主 DNS 服务器上设置区域传送功能

① 以域管理员用户账户登录主 DNS 服务器 win2008-1，打开 DNS 管理控制台，在左侧的控制台树中右击区域"long.com"，在弹出的菜单中选择"属性"命令，打开 DNS 服务器"属性"对话框中。

② 单击"区域传送"选项卡，打开"区域传送"选项卡，选择"允许区域传送"复选框，并选择"到所有服务器"单选框，如图 5-29 的所示。

③ 最后单击"确定"按钮即可完成区域传送功能设置。

思考　　如何利用图 5-29 中的"名称服务器"选项卡限制特定服务器的复制？

3．在辅助 DNS 服务器上安装 DNS 服务和创建辅助区域

① 以具有管理员权限的用户账户登录将要部署为辅助 DNS 服务器的计算机 win2008-3。

② 安装 DNS 服务（已在惟缓存 DNS 服务器中安装）。

③ 参考"5.3.3 创建正向主要区域"，在"新建区域向导-区域类型"对话框中选择"辅助区域"单选按钮，如图 5-30 所示。

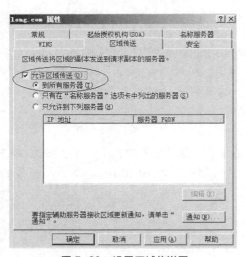

图 5-29　设置区域传送图

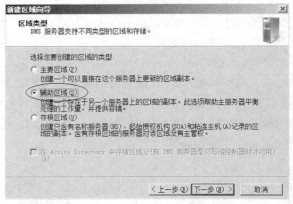

图 5-30 "新建区域向导-区域类型"对话框

④ 单击"下一步"按钮，将打开图 5-31 所示的"新建区域向导-区域名称"对话框。在此对话框中输入区域名称，该名称应与该 DNS 区域的主 DNS 服务器 win2008-1 上的主要区域名称完全相同（例如 long.com）。

⑤ 单击"下一步"按钮，将打开"新建区域向导-主 DNS 服务器"对话框。在此对话框中指定主 DNS 服务器的 IP 地址（例如 10.10.10.1），如图 5-32 所示。

⑥ 单击"下一步"按钮，出现"新建区域向导-完成"对话框；单击"完成"按钮，将返回 DNS 管理控制台，此时能够看到从主 DNS 服务器复制而来的区域数据，如图 5-33 所示。

⑦ 双击某个记录，比如 win2008-2，打开"win2008-2 属性"对话框，从中可以看到其属性内容是灰色的（见图 5-34），说明是辅助区域，只能读取不能修改。

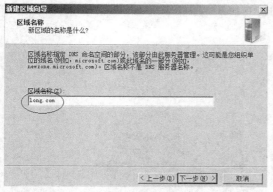

图 5-31 "新建区域类型-区域名称"对话框

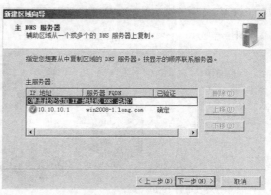

图 5-32 "新建区域向导-主 DNS 服务器"对话框

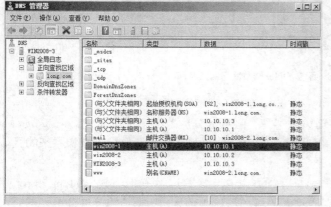

图 5-33 DNS 控制台

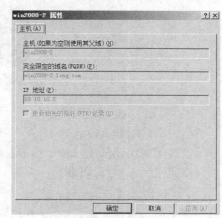

图 5-34 查看资源记录

⑧ 采用同样的方法，创建反向辅助区域。

注意

部署辅助 DNS 服务器时，必须首先根据本书 "2.在主 DNS 服务器上设置区域传送功能"中描述的步骤在主 DNS 服务器设置区域传送功能，允许辅助 DNS 服务器传送主 DNS 服务器的区域数据，否则在辅助 DNS 服务器创建辅助区域后，将会不能正常加载，出现错误提示。

4．配置 DNS 客户端测试辅助 DNS 服务器

① 使用具有管理员权限的用户账户登录要配置的 DNS 客户端 win2008-2。配置其首选 DNS 服务器为 10.10.10.3，备用 DNS 服务器为空。

② 打开命令提示符窗口，使用 nslookup 命令测试辅助 DNS 服务器。返回结果。

思考并实践

如果主 DNS 服务器解析出现故障,如何将辅助 DNS 服务器提升为主 DNS 服务器？可以先停止主 DNS 服务器，然后在辅助 DNS 服务器上的区域属性中将"辅助区域"修改为"主要区域"。请做一下。

5.3.11 部署子域和委派

1．部署子域和委派的需求和环境

5.3.10 小节的所有实例按图 5-35 所示的部署网络环境。在原有网络环境下增加主机名为

win2008-3 的辅助 DNS 服务器，其 IP 地址为 10.10.10.3，首选 DNS 服务器是 10.10.10.1，该计算机是域 long.com 的成员服务器。

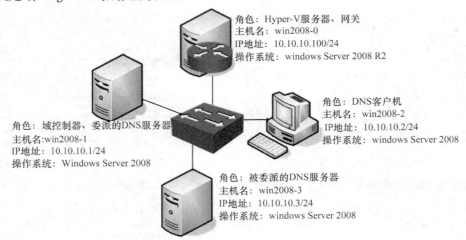

图 5-35　配置 DNS 转发器网络拓扑图

2．创建子域及其资源记录

当一个区域较大时，为了便于管理可以把一个区域划分成若干个子域，如，在 long.com 下可以按照部门划分出 sales、market 等子域。使用这种方式时，实际上是子域和原来的区域都共享原来的 DNS 服务器。

添加一个区域的子域时，在 win2008-1 的 DNS 控制台中先选中一个区域，如 long.com，然后右键单击，选择"新建域"，在出现的输入子域的窗口中输入"sales"并单击确定，然后可以在该子域下创建资源记录。请读者动手做一做。

3．区域委派

DNS 名称解析是通过分布式结构来管理和实现的，它允许将 DNS 名称空间根据层次结构分割成一个或多个区域，并将这些区域委派给不同的 DNS 服务器进行管理。例如，某区域的 DNS 服务器（以下称"委派服务器"）可以将其子域委派给另一台 DNS 服务器（以下称"受委派服务器"）全权管理，由受委派服务器维护该子域的数据库，并负责响应针对该子域的名称解析请求。而委派服务器则无需进行任何针对该子域的管理工作，也无需保存该子域的数据库，只需保留到达受委派服务器的指向，即当 DNS 客户端请求解析该子域的名称时，委派服务器将无法直接响应该请求，但其明确知道应由哪个 DNS 服务器（即受委派服务器）来响应该请求。

采用区域委派可有效地均衡负载。将子域的管理和解析任务分配到各个受委派服务器，可以大幅度降低父级或顶级域名服务器的负载，提高解析效率。同时，通过这种分布式结构，使得真正提供解析的受委派服务器更接近于客户端，从而减少了带宽资源的浪费。

部署区域委派需要在委派服务器和受委派服务器中都进行必要的配置。

在图 5-28 中，在委派的 DNS 服务器上创建委派区域"china"，然后在被委派的 DNS 服务器上创建主区域"china.long.com"，并且在该区域中创建资源记录。具体步骤如下。

（1）配置委派服务器

本任务中委派服务器是 win2008-1，需要将区域 long.com 中的 china 域委派给 win2008-3（IP 地址是 10.10.10.3）。

① 使用具有管理员权限的用户账户登录委派服务器 win2008-1。

② 打开 DNS 管理控制台，在区域"long.com"下创建 win2008-3 的主机记录，该主机记录是被委派 DNS 服务器的主机记录（win2008-3.long.com 对应 10.10.10.3）。

③ 右击域"long.com"，在弹出的菜单中选择"新建委派"，打开"新建委派向导"页面。

④ 单击"下一步"按钮，将打开"新建委派向导-受委派域名"对话框，在此对话框中指定要委派给受委派服务器进行管理的域名 china，如图 5-36 所示。

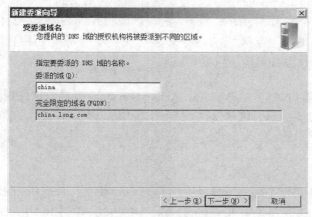

图 5-36　指定受委派域名

⑤ 单击"下一步"按钮，将打开"新建委派向导-名称服务器"对话框，在此对话框中指定受委派服务器，单击"添加"按钮，将打开"新建名称服务器记录"对话框，在"服务器完全合格的域名（FQDN）"文本框中输入被委派计算机的主机记录的完全合格域名"win2008-3.long.com"，在"IP 地址"文本框中输入被委派 DNS 服务器的 IP 地址"10.10.10.3"（见图 5-37），然后单击"确定"按钮。

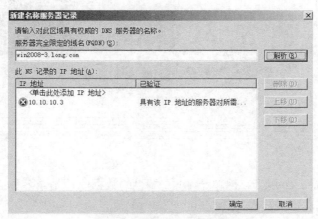

图 5-37　添加受委派服务器

⑥ 单击"确定"按钮，将返回"新建委派向导-名称服务器"对话框，从中可以看到受委派服务器。

⑦ 单击"下一步"按钮，将打开"新建委派向导-完成"对话框，单击"完成"按钮，将返回 DNS 管理控制台。在 DNS 控制台可以看到已经添加的委派子域"china"。委派服务器配置完成，如图 5-38 所示。

受委派服务器必须在委派服务器中有一个对应的 A 记录，以便委派服务器指向受委派服务器。该 A 记录可以在新建委派之前创建，否则在新建委派时会自动创建。

（2）配置受委派服务器

① 使用具有管理员权限的用户账户登录受委派服务器 win2008-3。

② 在受委派服务器上安装 DNS 服务。在受委派服务器 win2008-3 上创建区域 china.long.com 和资源记录（正向主要区域的名称必须与受委派区域的名称相同），比如建立主机 test.china.long.com，对应 IP 地址是 10.10.10.4。

创建区域的过程中，在"Active Directory 区域传送作用域"对话框中选择"至此域中的所有域控制器（为了与 Windows 2000 兼容）（O）: long.com"，否则无法创建。

（3）测试委派

① 使用具有管理员权限的用户账户登录客户端 win2008-2。首选 DNS 服务器设为 10.10.10.1。

② 使用 nslookup，测试 test.china.long.com。如果成功，说明 10.10.10.1 服务器到 10.10.10.3 服务器的委派成功，如图 5-39 所示。

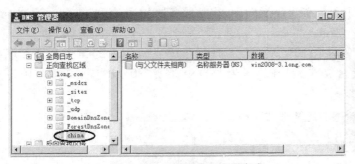
图 5-38　委派服务器配置完成

图 5-39　测试委派成功

5.4　习题

一、填空

（1）_____是一个用于存储单个 DNS 域名的数据库，是域名称空间树状结构的一部分，它将域名空间分区为较小的区段。

（2）DNS 顶级域名中表示官方政府单位的是_____。

（3）_____表示邮件交换的资源记录。

（4）可以用来检测 DNS 资源创建的是否正确的两个工具是_____、_____。

（5）DNS 服务器的查询方式有_____、_____。

二、选择题

（1）某企业的网络工程师安装了一台基本的 DNS 服务器，用来提供域名解析，网络中的其他计算机都作为这台 DNS 服务器的客户机。他在服务器创建了一个标准主要区域，在一台客户机上使用 nslookup 工具查询一个主机名称，DNS 服务器能够正确地将其 IP 地址解析出来。可是当使用 nslookup 工具查询该 IP 地址时，DNS 服务器却无法将其主机名称解析出来。请问，应如何解决这个问题？（　　　）

    A. 在 DNS 服务器反向解析区域中为这条主机记录创建相应的 PTR 指针记录

    B. 在 DNS 服务器区域属性上设置允许动态更新

    C. 在要查询的这台客户机上运行命令 Ipconfig /registerdns

    D. 重新启动 DNS 服务器

（2）在 Windows Server 2008 的 DNS 服务器上不可以新建的区域类型有（　　　）。

    A. 转发区域　　　　B. 辅助区域　　　　C. 存根区域　　　　D. 主要区域

（3）DNS 提供了一个（　　　）命名方案。

    A. 分级　　　　　　B. 分层　　　　　　C. 多级　　　　　　D. 多层

（4）DNS 顶级域名中表示商业组织的是（　　　）。

    A. COM　　　　　　B. GOV　　　　　　C. MIL　　　　　　D. ORG

（5）（　　　）表示别名的资源记录。

    A. MX　　　　　　　B. SOA　　　　　　C. CNAME　　　　　D. PTR

三、简答题

（1）DNS 的查询模式有哪几种？

（2）DNS 的常见的资源记录有哪些？

（3）DNS 的管理与配置流程是什么？

（4）DNS 服务器的属性中的"转发器"的作用是什么？

（5）什么是 DNS 服务器的动态更新？

四、案例分析

某企业安装有自己的 DNS 服务器，为企业内部客户端计算机提供主机名称解析，然而企业内部的客户除了访问内部的网络资源外，还想访问 Internet 上的资源。你作为企业的网络管理员，应该怎样配置 DNS 服务器？

5.5　项目实训　配置与管理 DNS 服务器

一、项目实训目的

掌握 DNS 的安装与配置。

掌握两个以上的 DNS 服务器的建立与管理。

掌握 DNS 正向查询和反向查询的功能及配置方法。

掌握各种 DNS 服务器的配置方法。

掌握 DNS 资源记录的规划和创建方法。

二、项目环境

本次实训项目所依据的网络拓扑图分别为图 5-4、图 5-23、图 5-28 和图 5-35。

三、项目要求

1. 依据图 5-4，请完成以下任务。

添加 DNS 服务器。

部署主 DNS 服务器。

配置 DNS 客户端并测试主 DNS 服务器的配置。

2. 依据图 5-23，请完成以下任务。

部署惟缓存 DNS 服务器。

配置转发器。

测试惟缓存 DNS 服务器。

3. 依据图 5-28，请完成以下任务。

设置区域传送功能。

配置辅助 DNS 服务器。

测试辅助 DNS 服务器。

4. 依据图 5-35，请完成以下任务。

部署子域 sales。

配置委派服务器。

配置受委派服务器。

测试委派是否成功。

本项目学习要点

　　IP 地址已是每台计算机必定配置的参数了，手动设置每一台计算机的 IP 地址成为管理员最不愿意做的一件事，于是出现了自动配置 IP 地址的方法，这就是 DHCP。DHCP 全称是 Dynamic Host Configuration Protocol（动态主机配置协议），该协议可以自动为局域网中的每一台计算机自动分配 IP 地址，并完成每台计算机的 TCP/IP 配置，包括 IP 地址、子网掩码、网关，以及 DNS 服务器等。DHCP 服务器能够从预先设置的 IP 地址池中自动给主机分配 IP 地址，它不仅能够解决 IP 地址冲突的问题，也能及时回收 IP 地址以提高 IP 地址的利用率。

- 了解 DHCP 服务器在网络中的作用。
- 理解 DHCP 的工作过程。
- 掌握 DHCP 服务器的基本配置。
- 掌握 DHCP 客户端的配置和测试。
- 掌握常用 DHCP 选项的配置。
- 理解在网络中部署 DHCP 服务器的解决方案。
- 掌握常见 DHCP 服务器的维护。

6.1　项目基础知识

6.1.1　何时使用 DHCP 服务

　　网络中每一台主机的 IP 地址与相关配置，可以采用两种方式获得：手工配置和自动获得（自动向 DHCP 服务器获取）。

　　在网络主机数目少的情况下，可以手工为网络中的主机分配静态的 IP 地址，但有时工作量很大，这就需要动态 IP 地址方案。在该方案中，每台计算机并不设定固定的 IP 地址，而是在计算机开机时才被分配一个 IP 地址，这台计算机被称为 DHCP 客户端（DHCP Client）。在网络中提供 DHCP 服务的计算机称为 DHCP 服务器。DHCP 服务器利用 DHCP（动态主机配置协议）为网络中的主机分配动态 IP 地址，并提供子网掩码、默认网关、路由器的 IP 地址，以及一个 DNS 服务器的 IP 地址等。

动态 IP 地址方案可以减少管理员的工作量，只要 DHCP 服务器正常工作，IP 地址就不会发生冲突。要大批量更改计算机的所在子网或其他 IP 参数，只要在 DHCP 服务器上进行即可，管理员不必设置每一台计算机。

需要动态分配 IP 地址的情况包括以下 3 种。

① 网络的规模较大，网络中需要分配 IP 地址的主机很多，特别是要在网络中增加和删除网络主机或者要重新配置网络时，使用手工分配工作量很大，而且常常会因为用户不遵守规则而出现错误，如导致 IP 地址的冲突等。

② 网络中的主机多，而 IP 地址不够用，这时也可以使用 DHCP 服务器来解决这一问题。例如某个网络上有 200 台计算机，采用静态 IP 地址时，每台计算机都需要预留一个 IP 地址，即共需要 200 个 IP 地址。然而这 200 台计算机并不同时开机，甚至可能只有 20 台同时开机，这样就浪费了 180 个 IP 地址。这种情况对 ISP（Internet Service Provider，互联网服务供应商）来说是一个十分严重的问题，如果 ISP 有 100 000 个用户，是否需要 100 000 个 IP 地址？解决这个问题的方法就是使用 DHCP 服务。

③ DHCP 服务使得移动客户可以在不同的子网中移动，并在他们连接到网络时自动获得网络中的 IP 地址。随着笔记本电脑的普及，移动办公成为习以为常的事情，当计算机从一个网络移动到另一个网络时，每次移动也需要改变 IP 地址，并且移动的计算机在每个网络都需要占用一个 IP 地址。

利用拨号上网实际上就是从 ISP 那里动态获得了一个共有的 IP 地址。

6.1.2 DHCP 地址分配类型

DHCP 允许有 3 种类型的地址分配。

① 自动分配方式：当 DHCP 客户端第一次成功地从 DHCP 服务器端租用到 IP 地址之后，就永远使用这个地址。

② 动态分配方式：当 DHCP 客户端第一次从 DHCP 服务器端租用到 IP 地址之后，并非永久地使用该地址，只要租约到期，客户端就得释放这个 IP 地址，以给其他工作站使用。当然，客户端可以比其他主机更优先地更新租约，或是租用其他的 IP 地址。

③ 手工分配方式：DHCP 客户端的 IP 地址是由网络管理员指定的，DHCP 服务器只是把指定的 IP 地址告诉客户端。

6.1.3 DHCP 服务的工作过程

1．DHCP 工作站第一次登录网络

当 DHCP 客户机启动登录网络时通过以下步骤从 DHCP 服务器获得租约。

① DHCP 客户机在本地子网中先发送 DHCP Discover 报文，此报文以广播的形式发送，因为客户机现在不知道 DHCP 服务器的 IP 地址。

② 在 DHCP 服务器收到 DHCP 客户机广播的 DHCP Discover 报文后，它向 DHCP 客户机发送 DHCP Offer 报文，其中包括一个可租用的 IP 地址。

如果没有 DHCP 服务器对客户机的请求作出反应，可能发生以下 2 种情况。

① 如果客户使用的是 Windows 2000 及后续版本 Windows 操作系统，且自动设置 IP 地址的功能处于激活状态，那么客户端将自动从 Microsoft 保留 IP 地址段中选择一个自动私有地址（APIPA，Automatic Private IP Address）作为自己的 IP 地址。自动私有 IP 地址的范围是 169.254.0.1 ~ 169.254.255.254。使用自动私有 IP 地址可以在 DHCP 服务器不可用时，DHCP

客户端之间仍然可以利用私有 IP 地址进行通信。所以，即使在网络中没有 DHCP 服务器，计算机之间仍能通过网上邻居发现彼此。

② 如果使用其他的操作系统或自动设置 IP 地址的功能被禁止，则客户机无法获得 IP 地址，初始化失败，但客户机在后台每隔 5 分钟发送 4 次 DHCP Discover 报文直到它收到 DHCP Offer 报文。

一旦客户机收到 DHCP Offer 报文，它发送 DHCP Request 报文到服务器，表示它将使用服务器所提供的 IP 地址。

DHCP 服务器在收到 DHCP Request 报文后，立即发送 DHCP YACK 确认报文，以确定此租约成立，且此报文中还包含其他 DHCP 选项信息。

客户机收到确认信息后，利用其中的信息，配置它的 TCP/IP 并加入到网络中。上述过程如图 6-1 所示。

图 6-1　DHCP 租约生成过程

2．DHCP 工作站第 2 次登录网络

DHCP 客户机获得 IP 地址后再次登陆网络时，就不需要再发送 DHCP Discover 报文了，而是直接发送包含前一次所分配的 IP 地址的 DHCP Request 报文。当 DHCP 服务器收到 DHCP Request 报文，会尝试让客户机继续使用原来的 IP 地址，并回答一个 DHCP YACK（确认信息）报文。

如果 DHCP 服务器无法分配给客户机原来的 IP 地址，则回答一个 DHCP NACK（不确认信息）报文。当客户机接收到 DHCP NACK 报文后，就必须重新发送 DHCP Discover 报文来请求新的 IP 地址。

3．DHCP 租约的更新

DHCP 服务器将 IP 地址分配给 DHCP 客户机后，有租用时间的限制，DHCP 客户机必须在该次租用过期前对它进行更新。客户机在 50%租借时间过去以后，每隔一段时间就开始请求 DHCP 服务器更新当前租约，如果 DHCP 服务器应答则租用延期。如果 DHCP 服务器始终没有应答，在有效租借期的 87.5%时，客户机应该与任何一个其他的 DHCP 服务器通信，并请求更新它的配置信息。如果客户机不能和所有的 DHCP 服务器取得联系，租借时间到期后，它必须放弃当前的 IP 地址，并重新发送一个 DHCP Discover 报文开始上述的 IP 地址获得过程。

客户端可以主动向服务器发出 DHCP Release 报文，将当前的 IP 地址释放。

6.2　项目设计与准备

部署 DHCP 之前应该先进行规划，明确哪些 IP 地址用于自动分配给客户端（即作用域中应包含的 IP 地址），哪些 IP 地址用于手工指定给特定的服务器。例如，在项目中，将 IP 地址 10.10.10.1~200/24 用于自动分配，将 IP 地址 10.10.10.100/24、10.10.10.1/24 排除，预留给需要手工指定 TCP/IP 参数的服务器，将 10.10.10.200/24 用作保留地址等。

本节根据图 6-2 所示的环境来部署 DHCP 服务。

注意　　用于手工配置的 IP 地址，一定要排除掉地址池之外的地址（图 6-2 中的 10.10.10.100/24 和 10.10.10.1/24），否则会造成 IP 地址冲突。请思考，为什么？

160

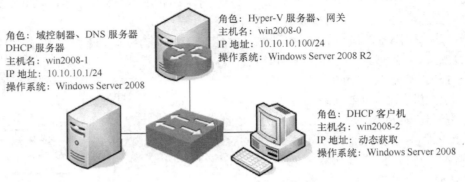

角色：Hyper-V 服务器、网关
主机名：win2008-0
IP 地址：10.10.10.100/24
操作系统：Windows Server 2008 R2

角色：域控制器、DNS 服务器
DHCP 服务器
主机名：win2008-1
IP 地址：10.10.10.1/24
操作系统：Windows Server 2008

角色：DHCP 客户机
主机名：win2008-2
IP 地址：动态获取
操作系统：Windows Server 2008

图 6-2　架设 DHCP 服务器的网络拓扑图

6.3　项目实施

6.3.1　安装 DHCP 服务器角色

① 以域管理员账户登录 win2008-1。单击"开始"→"管理工具"→"服务器管理器"，打开"服务器管理器"窗口，在"角色摘要"区域中单击"添加角色"超级链接，启动"添扣角色向导"。

② 单击"下一步"按钮，显示图 6-3 所示的"选择服务器角色"对话框，选择"DHCP 服务器"选项。

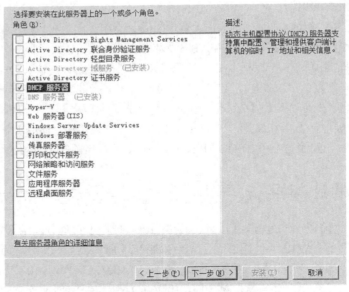

图 6-3　"选择服务器角色"对话框

③ 单击"下一步"按钮，显示图 6-4 所示的"DHCP 服务器简介"对话框，可以查看 DHCP 服务器概述及安装时相关的注意事项。

④ 单击"下一步"按钮，显示"选择网络连接绑定"对话框，选择向客户端提供服务的网络连接，如图 6-5 所示。

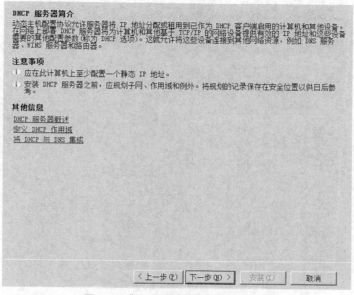

图 6-4 "DHCP 服务器简介"对话框

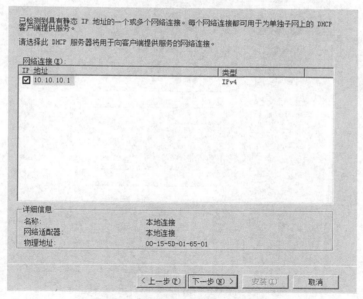

图 6-5 "选择网络连接绑定"对话框

⑤ 单击"下一步"按钮，显示"指定 IPv4 DNS 服务器设置"对话框，输入父域名及本地网络中所使用的 DNS 服务器的 IPv4 地址，如图 6-6 所示。

⑥ 单击"下一步"按钮，显示"指定 IPv4 WJNS 服务器设置"对话框，选择是否要使用 WINS 服务，按默认值，选择不需要。

⑦ 单击"下一步"按钮，显示图 6-7 所示的"添加或编辑 DHCP 作用域"对话框，可添加 DHCP 作用域，用来向客户端分配口地址。

⑧ 单击"添加"按钮，设置该作用域的名称、起始和结束 IP 地址、子网掩码，默认网关及子网类型。勾选"激活此作用域"复选框，也可在作用域创建完成后自动激活。

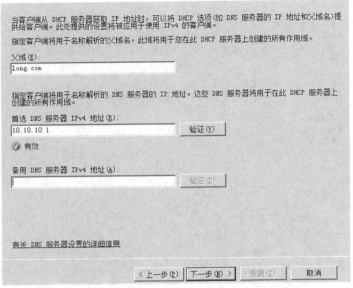

图 6-6 "指定 Wv4 DNS 服务器设置"对话框

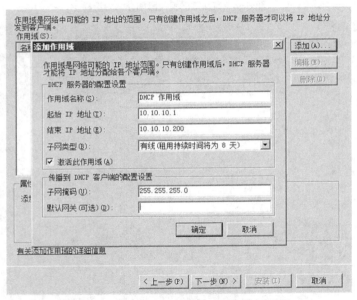

图 6-7 "添加或编辑 DHCP 作用域"对话框

⑨ 单击"确定"按钮后单击"下一步"按钮，在"配置 DHCPv6 无状态模式"对话框中选择"对此服务器禁用 DHCPv6 无状态模式"单选按钮（本书暂不涉及 DHCPv6 协议），如图 6-8 所示。

⑩ 单击"下一步"按钮，显示"确认安装选择"对话框，列出了已做的配置。如果需要更改，可单击"上一步"按钮返回。

⑪ 单击"安装"按钮，开始安装 DHCP 服务器。安装完成后，显示"安装结果"对话框，提示 DHCP 服务器已经安装成功。

⑫ 单击"关闭"按钮关闭向导，DHCP 服务器安装完成。单击"开始"→"管理工具"→"DHCP"，打开 DHCP 控制台，如图 6-9 所示，可以在此配置和管理 DHCP 服务器。

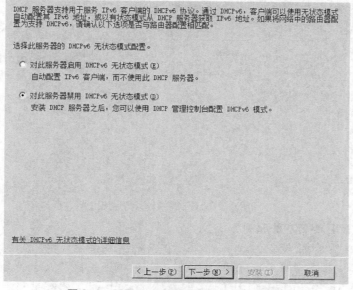

图 6-8　配置 DHCPv6 无状态模式"对话框

图 6-9　DHCP 控制台

6.3.2　授权 DHCP 服务器

Windows Server 2008 为使用活动目录的网络提供了集成的安全性支持。针对 DHCP 服务器，它提供了授权的功能。通过这一功能可以对网络中配置正确的合法 DHCP 服务器进行授权，允许它们对客户端自动分配 IP 地址。同时，还能够检测未授权的非法 DHCP 服务器及防止这些服务器在网络中启动或运行，从而提高了网络的安全性。

1. 对域中的 DHCP 服务器进行授权

如果 DHCP 服务器是域的成员，并且在安装 DHCP 服务过程没有选择授权，那么在安装完成后就必须先进行授权，才能为客户端计算机提供 IP 地址，独立服务器不需要授权。步骤如下。

在图 6-9 中，右键单击 DHCP 服务器 win2008-1.long.com，选择快捷菜单中的"授权"选项，即可为 DHCP 服务器授权，重新打开 DHCP 控制台，显示 DHCP 服务器已授权，如图 6-10 所示。

图 6-10 DHCP 服务器已授权

2. 授权 DHCP 服务器的原因

由于 DHCP 服务器为客户端自动分配 IP 地址时均采用广播机制，而且客户端在发送 DHCP Request 消息进行 IP 租用选择时也只是简单地选择第一个收到的 DHCP Offer，这意味着在整个 IP 租用过程中，网络中所有的 DHCP 服务器都是平等的。如果网络中的 DHCP 服务器都是正确配置的，则网络将能够正常运行。如果在网络中出现了错误配置的 DHCP 服务器，则可能会引发网络故障。例如，错误配置的 DHCP 服务器可能会为客户端分配不正确的 IP 地址而导致该客户端无法进行正常的网络通信。在图 6-11 所示的网络环境中，配置正确的 DHCP 服务器 dhcp 可以为客户端提供的是符合网络规划的 IP 地址 10.10.10.1~200/24，而配置错误的非法 DHCP 服务器 bad_dhcp 为客户端提供的却是不符合网络规划的 IP 地址 10.0.0.11~100/24。对于网络中的 DHCP 客户端 client 来说，由于在自动获得 IP 地址的过程中，两台 DHCP 服务器具有平等的被选择权，因此 client 将有 50% 的可能获得一个由 bad_dhcp 提供的 IP 地址，这意味着网络出现故障的可能性将高达 50%。

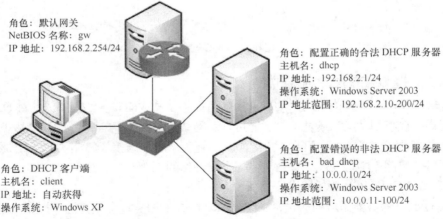

图 6-11 网络中出现非法的 DHCP 服务器

为了解决这一问题，Windows Server 2008 引入了 DHCP 服务器的授权机制。通过授权机制，DHCP 服务器在服务于客户端之前，需要验证是否已在 AD 中被授权。如果未经授权，将不能为客户端分配 IP 地址。这样就避免了由于网络中出现错误配置的 DHCP 服务器而导致的大多数意外网络故障。

①工作组环境中，DHCP 服务器肯定是独立的服务器，无需授权（也不能授权）即能向客户端提供 IP 地址；②域环境中，域控制器或域成员身份的 DHCP 服务器，能够被授权，为客户端提供 IP 地址；③域环境中，独立服务器身份的 DHCP 服务器不能被授权，若域中有被授权的 DHCP 服务器则该服务器不能为客户端提供 IP 地址，若域中没有被授权的 DHCP 服务则该服务器可以为客户端提供 IP 地址。

6.3.3 创建 DHCP 作用域

在 Windows Server 2008 中，作用域可以在安装 DHCP 服务的过程中创建，也可以在安装完成后在 DHCP 控制台中创建。一台 DHCP 服务器可以创建多个不同的作用域。如果在安装时没有建立作用域，也可以单独建立 DHCP 作用域。具体步骤如下。

① 在 win2008-1 上，打开 DHCP 控制台，展开服务器名，选择 "IPv4"，右键单击并选择快捷菜单中的 "新建作用域" 选项，运行新建作用域向导。

② 单击 "下一步" 按钮，显示 "作用域名" 对话框，在 "名称" 文本框中键入新作用域的名称，用来与其他作用域相区分。

③ 单击 "下一步" 按钮，显示图 6-12 所示的 "IP 地址范围" 对话框。在 "起始 IP 地址" 和 "结束 IP 地址" 框中键入欲分配的 IP 地址范围。

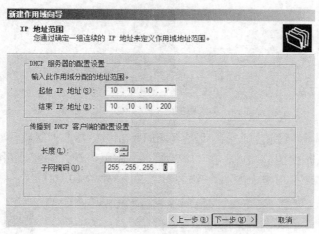

图 6-12 "IP 地址范围" 对话框

④ 单击 "下一步" 按钮，显示图 6-13 所示的 "添加排除和延迟" 对话框，设置客户端的排除地址。在 "起始口地址" 和 "结束 IP 地址" 文本框中键入欲排除的 IP 地址或 IP 地址段，单击 "添加" 按钮，添加到 "排除的地址范围" 列表框中。

⑤ 单击 "下一步" 按钮，显示 "租用期限" 对话框，设置客户端租用 IP 地址的时间。

⑥ 单击 "下一步" 按钮，显示 "配置 DHCP 选项" 对话框，提示是否配置 DHCP 选项，选择默认的 "是，我想现在配置这些选项" 单选按钮。

⑦ 单击 "下一步" 按钮，显示图 6-14 所示的 "路由器（默认网关）" 对话框，在 "IP 地址" 文本框中键入要分配的网关，单击 "添加" 按钮添加到列表框中。本例为 10.10.10.100。

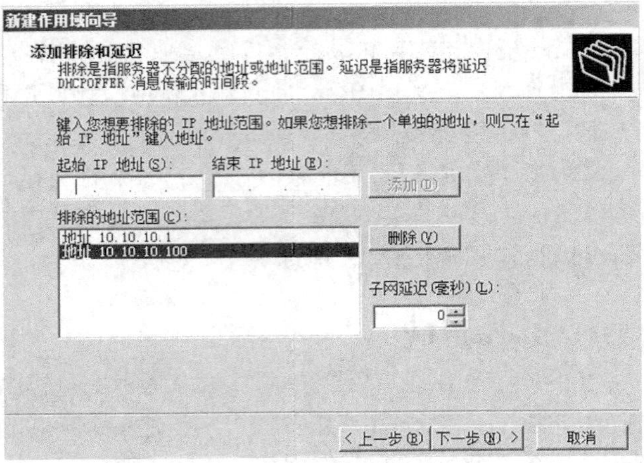

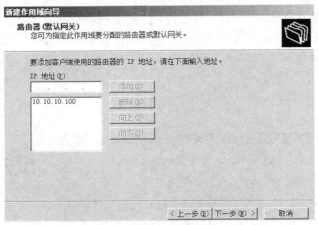

图 6-13　"添加排除"对话框

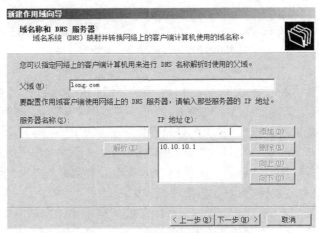

图 6-14　"路由器（默认网关）"对话框

⑧ 单击"下一步"按钮，显示"域名称和 DNS 服务器"对话框。在"父域"文本框中键入进行 DNS 解析时使用的父域，在"IP 地址"文本框中键入 DNS 服务器的 IP 地址，单击"添加"按钮添加到列表框中，如图 6-15 所示。本例为 10.10.10.1。

图 6-15　"域名称和 DNS 服务器"对话框

⑨ 单击"下一步"按钮，显示"WINS 服务器"对话框，设置 WINS 服务器。如果网络中没有配置 WINS 服务器则不必设置。

⑩ 单击"下一步"按钮，显示"激活作用域"对话框，提示是否要激活作用域。建议使用默认的"是，我想现在激活此作用域"。

⑪ 单击"下一步"按钮，显示 "正在完成新建作用域向导"对话框。

⑫ 单击"完成"按钮，作用域创建完成并自动激活。

6.3.4 保留特定的 IP 地址

如果用户想保留特定的 IP 地址给指定的客户机，以便 DHCP 客户机在每次启动时都获得相同的 IP 地址，就需要将该 IP 地址与客户机的 MAC 地址绑定。设置步骤如下所示。

① 打开"DHCP"控制台，在左窗格中选择作用域中的"保留"项。

② 执行"操作"→"添加"命令，打开"添加保留"对话框，如图 6-16 所示。

③ 在"IP 地址"文本框中输入要保留的 IP 地址。本例为 10.10.10.200。

④ 在"MAC 地址"文本框中输入 IP 地址要保留给哪一个网卡。

⑤ 在"保留名称"文本框中输入客户名称。注意此名称只是一般的说明文字，并不是用户账号的名称，但此处不能为空白。

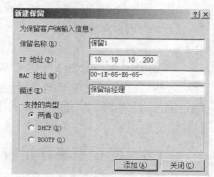

图 6-16 新建保留

如果有需要，可以在"描述"文本框内输入一些描述此客户的说明性文字。

添加完成后，用户可利用作用域中的"地址租约"选项进行查看。大部分情况下，客户机使用的仍然是以前的 IP 地址。也可用以下方法进行更新。

① ipconfig/release：释放现有 IP。

② ipconfig/renew：更新 IP。

注意

如果在设置保留地址时，网络上有多台 DHCP 服务器存在，用户需要在其他服务器中将此保留地址排除，以便客户机可以获得正确的保留地址。

6.3.5 配置 DHCP 选项

DHCP 服务器除了可以为 DHCP 客户机提供 IP 地址外，还可以设置 DHCP 客户机启动时的工作环境，如可以设置客户机登录的域名称、DNS 服务器、WINS 服务器、路由器、默认网关等。在客户机启动或更新租约时，DHCP 服务器可以自动设置客户机启动后的 TCP/IP 环境。

DHCP 服务器提供了许多选项，如默认网关、域名、DNS、WINS、路由器等。选项包括 4 种类型。

① 默认服务器选项：这些选项的设置，影响 DHCP 控制台窗口下该服务器下所有的作用域中的客户和类选项。

② 作用域选项：这些选项的设置，只影响该作用域下的地址租约。

③ 类选项：这些选项的设置，只影响被指定使用该 DHCP 类 ID 的客户机。

④ 保留客户选项：这些选项的设置只影响指定的保留客户。

如果在服务器选项与作用域选项中设置了不同的选项，则作用域的选项起作用，即在应用时作用域选项将覆盖服务器选项，同理，类选项会覆盖作用域选项、保留客户选项覆盖以上 3 种选项，它们的优先级表示如下。

保留客户选项>类选项>作用域的选项>服务器选项

为了进一步了解选项设置，以在作用域中添加 DNS 选项为例，说明 DHCP 的选项设置。

① 打开"DHCP"对话框，在左窗格中展开服务器，选择"作用域选项"，执行"操作"→"配置选项"命令。

② 打开"配置 DHCP 选项"对话框，如图 6-17 所示，在"常规"选项卡的"可用选项"列表中选择"006 DNS 服务器"复选框，输入 IP 地址。单击"确定"按钮结束。

图 6-17 设置作用域选项

6.3.6 配置超级作用域

超级作用域是运行 Windows Server 2003 的 DHCP 服务器的一种管理功能，当 DHCP 服务器上有多个作用域时，就可组成超级作用域，作为单个实体来管理。超级作用域常用于多网配置。多网是指在同一物理网段上使用两个或多个 DHCP 服务器以管理分离的逻辑 IP 网络。在多网配置中，可以使用 DHCP 超级作用域来组合多个作用域，为网络中的客户机提供来自多个作用域的租约。其网络拓扑如图 6-18 所示。

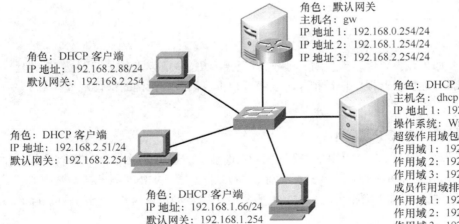

图 6-18 超级作用域应用实例

超级作用域设置方法如下。

① 在"DHCP"控制台中，右击 DHCP 服务器下的"IPv4"，在弹出的快捷菜单中选择"新建超级作用域"选项，打开"新建超级作用域向导"对话框。在"选择作用域"对话框中，

可选择要加入超级作用域管理的作用域。

② 当超级作用域创建完成以后，会显示在"DHCP"控制台中，而且还可以将其他作用域也添加到该超级作用域中。

超级作用域可以解决多网结构中的某些 DHCP 部署问题，比较典型的情况就是当前活动作用域的可用地址池几乎已耗尽，而又要向网络添加更多的计算机，可使用另一个 IP 网络地址范围以扩展同一物理网段的地址空间。

> 超级作用域只是一个简单的容器，删除超级作用域时并不会删除其中的子作用域。

6.3.7　配置 DHCP 客户端和测试

1. 配置 DHCP 客户端

目前常用的操作系统均可作为 DHCP 客户端，本任务仅以 Windows 平台为客户端进行配置。在 Windows 平台中配置 DHCP 客户端非常简单。

① 在客户端 win2008-2 上，打开"Internet 协议版本 4（TCP/IPv4）属性"对话框。

② 在对话框选中"自动获得 IP 地址"和"自动获得 DNS 服务器地址"两项即可。

> 由于 DHCP 客户机是在开机的时候自动获得 IP 地址的，因此并不能保证每次获得的 IP 地址是相同的。

2. 测试 DHCP 客户端

在 DHCP 客户端上打开命令提示符窗口，通过 ipconfig /all 和 ping 命令对 DHCP 客户端进行测试，如图 6-19 所示。

```
PS C:\Users\Administrator> ipconfig /all

Windows IP 配置

    主机名 . . . . . . . . . . . . . : win2008-2
    主 DNS 后缀 . . . . . . . . . . . : long.com
    节点类型 . . . . . . . . . . . . : 混合
    IP 路由已启用 . . . . . . . . . . : 否
    WINS 代理已启用 . . . . . . . . . : 否
    DNS 后缀搜索列表 . . . . . . . . . : long.com

以太网适配器 本地连接:

    连接特定的 DNS 后缀 . . . . . . . : long.com
    描述. . . . . . . . . . . . . . . : Microsoft 虚拟机总线网络适配器
    物理地址. . . . . . . . . . . . . : 00-15-5D-01-65-00
    DHCP 已启用 . . . . . . . . . . . : 是
    自动配置已启用. . . . . . . . . . : 是
    本地链接 IPv6 地址 . . . . . . . . : fe80::e12e:cbfc:fc86:7ac7%11(首选)
    IPv4 地址 . . . . . . . . . . . . : 10.10.10.2(首选)
    子网掩码 . . . . . . . . . . . . . : 255.255.255.0
    获得租约的时间 . . . . . . . . . . : 2012年5月27日 23:26:46
    租约过期的时间 . . . . . . . . . . : 2012年6月4日 23:26:46
    默认网关. . . . . . . . . . . . . : 10.10.10.100
    DHCP 服务器 . . . . . . . . . . . : 10.10.10.1
    DHCPv6 IAID . . . . . . . . . . . : 234886493
    DHCPv6 客户端 DUID . . . . . . . . : 00-01-00-01-17-4A-B2-46-00-15-5D-01-65-00
    DNS 服务器 . . . . . . . . . . . . : 10.10.10.1
    TCPIP 上的 NetBIOS . . . . . . . . : 已启用
```

图 6-19　测试 DHCP 客户端

3．手动释放 DHCP 客户端 IP 地址租约

在 DHCP 客户端上打开命令提示符窗口，使用 ipconfig /release 命令手动释放 DHCP 客户端 IP 地址租约。请读者试着做一下。

4．手动更新 DHCP 客户端 IP 地址租约

在 DHCP 客户端上打开命令提示符窗口，使用 ipconfig /renew 命令手动更新 DHCP 客户端 IP 地址租约。请读者试着做一下。

5．在 DHCP 服务器上验证租约

使用具有管理员权限的用户账户登录 DHCP 服务器，打开 DHCP 管理控制台。在左侧控制台树中双击 DHCP 服务器，在展开的树中双击作用域，然后单击"地址租约"选项，将能够看到从当前 DHCP 服务器的当前作用域中租用 IP 地址的租约，如图 6-20 所示。

图 6-20　IP 地址租约

6.4　习题

一、填空题

（1）DHCP 工作过程包括_____、_____、_____、_____ 4 种报文。

（2）如果 Windows 的 DHCP 客户端无法获得 IP 地址，将自动从 Microsoft 保留地址段_____中选择一个作为自己的地址。

（3）在 Windows Server 2008 的 DHCP 服务器中，根据不同的应用范围划分的不同级别的 DHCP 选项，包括_____、_____、_____、_____。

（4）在 Windows Server 2008 环境下，使用_____命令可以查看 IP 地址配置，释放 IP 地址使用_____命令，续订 IP 地址使用_____命令。

二、选择题

（1）在一个局域网中利用 DHCP 服务器为网络中的所有主机提供动态 IP 地址分配，DHCP 服务器的 IP 地址为 192.168.2.1/24，在服务器上创建一个作用域为 192.168.2.11/24-192.168.2.200/24 并激活。在 DHCP 服务器选项中设置 003 为 192.168.2.254，在作用域选项中设置 003 为 192.168.2.253，则网络中租用到 IP 地址 192.168.2.20 的 DHCP 客户端所获得的默认网关地址应为多少？（　　　）

        A．192.168.2.1　　　　　　　　　　　B．192.168.2.254

        C．192.168.2.253　　　　　　　　　　D．192.168.2.20

（2）DHCP 选项的设置中不可以设置的是（　　）。

  A．DNS 服务器　　　　　　　　　　B．DNS 域名

  C．WINS 服务器　　　　　　　　　　D．计算机名

（3）我们在使用 Windows Server 2008 的 DHCP 服务时，当客户机租约使用时间超过租约的 50%时，客户机会向服务器发送（　　）数据包，以更新现有的地址租约。

  A．DHCP Discover　　　　　　　　　B．DHCP Offer

  C．DHCP Request　　　　　　　　　　D．DHCPiack

（4）下列哪个命令是用来显示网络适配器的 DHCP 类别信息的？（　　）

  A．ipconfig /all　　　　　　　　　　　B．ipconfig /release

  C．ipconfig /renew　　　　　　　　　　D．ipconfig /showclassid

三、简答题

（1）动态 IP 地址方案有什么优点和缺点？简述 DHCP 服务器的工作过程。

（2）如何配置 DHCP 作用域选项？如何备份与还原 DHCP 数据库？

四、案例分析

（1）某企业用户反映，他的一台计算机从人事部搬到财务部后，就不能连接到 Internet 了，问是什么原因？应该怎么处理？

（2）学校因为计算机数量的增加，需要在 DHCP 服务器上添加一个新的作用域，可用户反映客户端计算机并不能从服务器获得新的作用域中的 IP 地址，可能是什么原因？如何处理？

6.5　项目实训　配置与管理 DHCP 服务器

一、项目实训目的

- 掌握 DHCP 服务器的配置方法。
- 掌握 DHCP 的用户类别的配置。
- 掌握测试 DHCP 服务器的方法。

二、项目环境

本项目根据图 6-2 所示的环境来部署 DHCP 服务。

三、项目要求

① 将 DHCP 服务器的 IP 地址池设为 192.168.2.10/24～192.168.2.200/24；

② 将 IP 地址 192.168.2.104/24 预留给需要手工指定 TCP/IP 参数的服务器；

③ 将 192.168.2.100 用作保留地址；

④ 增加一台客户端 client2,要使客户端 client1 与客户端 client2 自动获取的路由器和 DNS 服务器地址不同。

PART 7

项目 7
配置与管理 Web 服务器和 FTP 服务器

环球信息网（World Wide Web，WWW，Web，W3'），也称为万维网，环球网，分为 Web 客户端和 Web 服务器程序。WWW 可以让 Web 客户端（常用浏览器）访问浏览 Web 服务器上的页面。是一个由许多互相链接的超文本组成的系统，通过互联网访问。在这个系统中，每个有用的事物，称为一样"资源"；并且由一个全局"统一资源标识符"（URI）标识；这些资源通过超文本传输协议（Hypertext Transfer Protocol）传送给用户，而后者通过点击链接来获得资源。利用 IIS 建立 Web 服务器、FTP 服务器是目前世界上使用最广泛的手段之一。

- 学会 IIS 的安装与配置。
- 学会 Web 网站的配置与管理。
- 学会创建 Web 网站和虚拟主机。
- 学会 Web 网站的目录管理。
- 学会实现安全的 Web 网站。
- 学会创建与管理 FTP 服务器。

7.1 项目基础知识

（互联网信息服务）IIS 提供了基本服务，包括发布信息、传输文件、支持用户通信和更新这些服务所依赖的数据存储。

1. 万维网发布服务

通过将客户端 HTTP 请求连接到在 IIS 中运行的网站上，万维网发布服务向 IIS 最终用户提供 Web 发布。WWW 服务管理 IIS 的核心组件，这些组件处理 HTTP 请求并配置和管理 Web 应用程序。

2. 文件传输协议服务

通过文件传输协议（FTP）服务，IIS 提供对管理和处理文件的完全支持。该服务使用传输控制协议（TCP），这就确保了文件传输的完成和数据传输的准确。该版本的 FTP 支持在站点级别上隔离用户以帮助管理员保护其 Internet 站点的安全并使之商业化。

3．简单邮件传输协议服务

通过使用简单邮件传输协议（SMTP）服务，IIS 能够发送和接收电子邮件。例如，为确认用户提交表格成功，可以对服务器进行编程以自动发送邮件来响应事件，也可以使用 SMTP 服务以接收来自网站客户反馈的消息。SMTP 不支持完整的电子邮件服务，要提供完整的电子邮件服务，可使用 Microsoft Exchange Server。

4．网络新闻传输协议服务

可以使用网络新闻传输协议（NNTP）服务主控单个计算机上的 NNTP 本地讨论组。因为该功能完全符合 NNTP 协议，所以用户可以使用任何新闻阅读客户端程序加入新闻组进行讨论。

5．管理服务

该项功能管理 IIS 配置数据库，并为 WWW 服务、FTP 服务、SMTP 服务和 NNTP 服务更新 Microsoft Windows 操作系统注册表。配置数据库用来保存 IIS 的各种配置参数。IIS 管理服务对其他应用程序公开配置数据库，这些应用程序包括 IIS 核心组件、在 IIS 上建立的应用程序及独立于 IIS 的第三方应用程序（如管理或监视工具）。

7.2　项目设计与准备

7.2.1　部署架设 Web 服务器的需求和环境

在架设 Web 服务器之前，读者需要了解本任务实例部署的需求和实验环境。

1．部署需求

在部署 Web 服务前需满足以下要求。

- 设置 Web 服务器的 TCP/IP 属性，手工指定 IP 地址、子网掩码、默认网关和 DNS 服务器 IP 地址等。
- 部署域环境，域名为 long.com。

2．部署环境

7.3.1-7.3.6 节任务所有实例被部署在一个域环境下，域名为 long.com。其中 Web 服务器主机名为 win2008-1，其本身也是域控制器和 DNS 服务器，IP 地址为 10.10.10.1。Web 客户机主机名为 win2008-2，其本身是域成员服务器，IP 地址为 10.10.10.2。网络拓扑如图 7-1 所示。

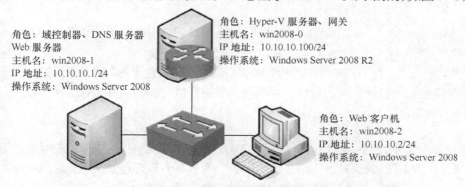

图 7-1　架设 Web 服务器网络拓扑图

7.2.2 部署架设 FTP 服务器的需求和环境

在架设 Web 服务器之前，读者需要了解本任务实例部署的需求和实验环境。

1. 部署需求

在部署 FTP 服务前需满足以下要求。

● 设置 FTP 服务器的 TCP/IP 属性，手工指定 IP 地址、子网掩码、默认网关和 DNS 服务器 IP 地址等；

● 部署域环境，域名为 long.com。

2. 部署环境

本节任务所有实例被部署在一个域环境下，域名为 long.com。其中 FTP 服务器主机名为 win2008-1，其本身也是域控制器和 DNS 服务器，IP 地址为 10.10.10.1。FTP 客户机主机名为 win2008-2，其本身是域成员服务器，IP 地址为 10.10.10.2。网络拓扑如图 7-2 所示。

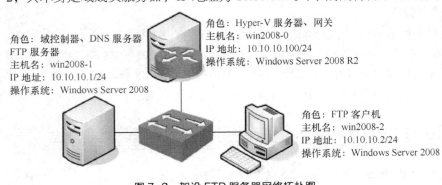

角色：域控制器、DNS 服务器
FTP 服务器
主机名：win2008-1
IP 地址：10.10.10.1/24
操作系统：Windows Server 2008

角色：Hyper-V 服务器、网关
主机名：win2008-0
IP 地址：10.10.10.100/24
操作系统：Windows Server 2008 R2

角色：FTP 客户机
主机名：win2008-2
IP 地址：10.10.10.2/24
操作系统：Windows Server 2008

图 7-2　架设 FTP 服务器网络拓扑图

7.3　项目实施

7.3.1　安装 Web 服务器（IIS）角色

在计算机 win2008-1 上通过"服务器管理器"安装 Web 服务器（IIS）角色，具体步骤如下。

① 在"服务器管理器"窗口中单击"添加角色"链接，启动"添加角色向导"。

② 单击"下一步"按钮，显示如图 7-3 所示的"选择服务器角色"对话框，在该对话框中显示了当前系统所有可以安装的网络服务。在角色列表框中勾选"Web 服务器（IIS）"复选项。

③ 单击"下一步"按钮，显示"Web 服务器（IIS）"对话框，显示了 Web 服务器的简介、注意事项和其他信息。

④ 单击"下一步"按钮，显示图 7-4 所示的"选择角色服务"对话框，默认只选择安装 Web 服务所必需的组件，用户可以根据实际需要选择欲安装的组件（例如应用程序开发、运行状况和诊断等）。

提示

在此将"FTP 服务器"复选框选中，在安装 Web 服务器的同时，也安装了 FTP 服务器。建议"角色服务"各选项全部进行安装，特别是身份验证方式，如果安装不全，后面做网站安全时，会有部分功能不能使用。

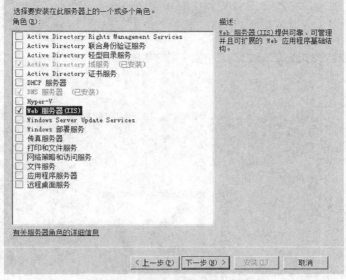

图 7-3 "选择服务器角色"对话框

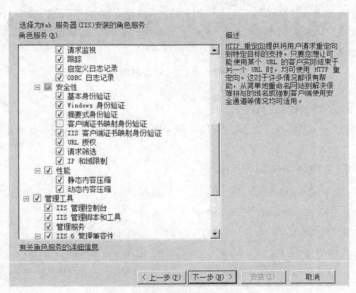

图 7-4 "选择角色服务"对话框

⑤ 选择好要安装的组件后,单击"下一步"按钮,显示"确认安装选择"对话框,显示了前面所进行的设置,检查设置是否正确。

⑥ 单击"安装"按钮开始安装 Web 服务器。安装完成后,显示"安装结果"对话框,单击"关闭"按钮完成安装。

安装完 IIS 以后还应对该 Web 服务器进行测试,以检测网站是否正确安装并运行。在局域网中的一台计算机上(本例 win2008-2),通过浏览器打开以下 3 种地址格式进行测试。

● DNS 域名地址:http://win2008-1.long.com/。

● IP 地址:http://10.10.10.1/。

● 计算机名:http://win2008-1/。

如果 IIS 安装成功，则会在 IE 浏览器中显示图 7-5 所示的网页。如果没有显示出该网页，请检查 IIS 是否出现了问题或重新启动 IIS 服务，也可以删除 IIS 重新安装。

图 7-5　IIS 安装成功

7.3.2　创建 Web 网站

在 Web 服务器上创建一个新网站"web"，使用户在客户端计算机上能通过 IP 地址和域名进行访问。

1．创建使用 IP 地址访问的 Web 网站

创建使用 IP 地址访问的 Web 网站的具体步骤如下。

（1）停止默认网站（Default Web Site）

以域管理员账户登录到 Web 服务器上，打开"Internet 信息服务（IIS）管理器"控制台。在控制台树中依次展开服务器和"网站"节点。右键单击"Default Web Site"，在弹出菜单中选择"管理网站"→"停止"，即可停止正在运行的默认网站，如图 7-6 所示。停止后默认网站的状态显示为"已停止"。

（2）准备 Web 网站内容

在 C 盘上创建文件夹"c:\web"作为网站的主目录，并在其文件夹同存放网页"index.htm"作为网站的首页，网站首页可以用记事本或 Dreamweaver 软件编写。

（3）创建 Web 网站

① 在"Internet 信息服务（IIS）管理器"控制台树中，展开服务器节点，右键单击"网站"，在弹出菜单中选择"添加网站"，打开"添加网站"对话框。在该对话框中可以指定网站名称、应用程序池、网站内容目录、传递身份验证、网站类型、IP 地址、端口号、主机名及是否启动网站。在此设置网站名称为"web"，物理路径为"C:\web"，类型为"http"，IP 地址为"10.10.10.1"，默认端口号为"80"，如图 7-7 所示。单击"确定"按钮完成 Web 网站的创建。

图 7-6　停止默认网站（Default Web Site）

② 返回"Internet 信息服务（IIS）管理器"控制台，可以看到刚才所创建的网站已经启动，如图 7-8 所示。

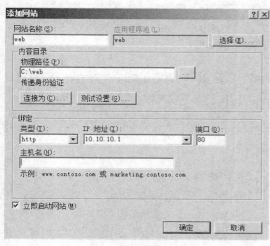

图 7-7　"添加网站"对话框

图 7-8　"Internet 信息服务（IIS）管理器"控制台

③ 用户在客户端计算机 win2008-2 上，打开浏览器，输入 http://10.10.10.1 就可以访问刚才建立的网站了。

　　在图 7-8 中，双击右侧视图中的"默认文档"，打开图 7-9 所示的"默认文档"对话框。可以对默认文档进行添加、删除及更改顺序的操作。

特别注意

所谓默认文档，是指在 Web 浏览器中键入 Web 网站的 IP 地址或域名即显示出来的 Web 页面，也就是通常所说的主页（HomePage）。IIS 7.0 默认文档的文件名有 6 种，分别为 Default.htm、

177

项目 7　配置与管理 Web 服务器和 FTP 服务器

Default.asp、Index.htm、index.html、IISstar.htm 和 Default.aspx。这也是一般网站中最常用的主页名。如果 Web 网站无法找到这 6 种文件中的任何一种，那么，将在 Web 浏览器上显示"该页无法显示"的提示。默认文档既可以是一个，也可以是多个。当设置多个默认文档时，IIS 将按照排列的前后顺序依次调用这些文档。当第一个文档存在时，将直接把它显示在用户的浏览器上，而不再调用后面的文档；当第一个文档不存在时，则将第二个文件显示给用户，依次类推。

图 7-9 "设置默认文档"对话框

思考与实践

由于本例首页文件名为"index.htm"，所以在客户端直接输入 IP 地址即可浏览网站。如果网站首页的文件名不在列出的 6 种默认文档中，该如何处理？请试着做一下。

2．创建使用域名访问的 Web 网站

创建用域名 www.long.com 访问的 Web 网站，具体步骤如下。

① 打开"DNS 管理器"控制台，依次展开服务器和"正向查找区域"节点，单击区域"long.com"。

② 创建别名记录。右击区域"long.com"，在弹出的菜单中选择"新建别名"，出现"新建资源记录"对话框。在"别名"文本框中输入"www"，在"目标主机的完全合格的域名（FQDN）"文本框中输入"win2008-1.long.com"。

③ 单击"确定"按钮，别名创建完成。

④ 用户在客户端计算机 win2008-2 上，打开浏览器，输入 http://www.long.com 就可以访问刚才建立的网站了。

注意

保证客户端计算机 win2008-2 的 DNS 服务器的地址是 10.10.10.1。

7.3.3 管理 Web 网站的目录

在 Web 网站中，Web 内容文件都会保存在一个或多个目录树下，包括 HTML 内容文件、Web 应用程序和数据库等，甚至有的会保存在多个计算机上的多个目录中。因此，为了使其他目录中的内容和信息也能够通过 Web 网站发布，可通过创建虚拟目录来实现。当然，也可以在物理目录下直接创建目录来管理内容。

1．虚拟目录与物理目录

在 Internet 上浏览网页时，经常会看到一个网站下面有许多子目录，这就是虚拟目录。虚拟目录只是一个文件夹，并不一定包含于主目录内，但在浏览 Web 站点的用户看来，就像位于主目录中一样。

对于任何一个网站，都需要使用目录来保存文件。即可以将所有的网页及相关文件都存放到网站的主目录之下，也就是在主目录之下建立文件夹，然后将文件放到这些子文件夹内，这些文件夹也称物理目录。也可以将文件保存到其他物理文件夹内，如本地计算机或其他计算机内，然后通过虚拟目录映射到这个文件夹，每个虚拟目录都有一个别名。虚拟目录的好处是在不需要改变别名的情况下，可以随时改变其对应的文件夹。

在 Web 网站中，默认发布主目录中的内容。但如果要发布其他物理目录中的内容，就需要创建虚拟目录。虚拟目录也就是网站的子目录，每个网站都可能会有多个子目录，不同的子目录内容不同，在磁盘中会用不同的文件夹来存放不同的文件。例如，使用 BBS 文件夹来存放论坛程序，用 image 文件夹来存放网站图片等。

2．创建虚拟目录

在 www.long.com 对应的网站上创建一个名为 BBS 的虚拟目录，其路径为本地磁盘中的 "C:\MY_BBS" 文件夹，该文件夹下有个文档 index.htm。具体创建过程如下。

① 以域管理员身份登录 win2008-1。在 IIS 管理器中，展开左侧的 "网站" 目录树，选择要创建虚拟目录的网站 "web"，右击鼠标，在弹出的快捷菜单中选择 "添加虚拟目录" 选项，显示虚拟目录创建向导，利用该向导便可为该虚拟网站创建不同的虚拟目录。

② 在 "别名" 文本框中设置该虚拟目录的别名，本例为 "BBS"，用户用该别名来连接虚拟目录，该别名必须唯一，不能与其他网站或虚拟目录重名。在 "物理路径" 文本框中键入该虚拟目录的文件夹路径，或单击 "浏览" 按钮进行选择，本例为 "C:\MY_BBS"。这里既可使用本地计算机上的路径，也可以使用网络中的文件夹路径。设置完成如图 7-10 所示。

③ 用户在客户端计算机 win2008-2 上，打开浏览器，输入 http://www.long.com/bbs 就可以访问 C:\MY_BBS 里的默认网站了。

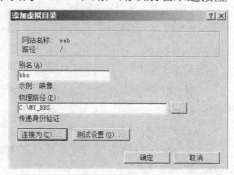

图 7-10 "添加虚拟目录" 对话框

7.3.4 管理 Web 网站的安全

Web 网站安全的重要性是由 Web 应用的广泛性和 Web 在网络信息系统中的重要地位决定的，尤其是当 Web 网站中的信息非常敏感，只允许特殊用户才能浏览时，数据的加密传输和用户的授权就成为网络安全的重要组成部分。

1．Web 网站身份验证简介

身份验证是验证客户端访问 Web 网站身份的行为。一般情况下，客户端必须提供某些证据（一般称为凭据）来证明其身份。

通常，凭据包括用户名和密码，Internet 信息服务（IIS）和 ASP.NET 都提供如下几种身份验证方案。

- 匿名身份验证。允许网络中的任意用户进行访问，不需要使用用户名和密码登录。
- ASP.NET 模拟。如果要在非默认安全上下文中运行 ASP.NET 应用程序，请使用 ASP.NET 模拟身份验证。如果对某个 ASP.NET 应用程序启用了模拟，那么该应用程序可以运行在以下两种不同的上下文中：作为通过 IIS 身份验证的用户或作为管理员设置的任意账户。例如，如果要使用的是匿名身份验证，并选择作为已通过身份验证的用户运行 ASP.NET 应用程序，那么该应用程序将在为匿名用户设置的账户（通常为 IUSR）下运行。同样，如果选择在任意账户下运行应用程序，则它将运行在为该账户设置的任意安全上下文中。
- 基本身份验证。需要用户输入用户名和密码，然后以明文方式通过网络将这些信息传送到服务器，经过验证后方可允许用户访问。
- Forms 身份验证。使用客户端重定向来将未经过身份验证的用户重定向至一个 HTML 表单，用户可在该表单中输入凭据，通常是用户名和密码。确认凭据有效后，系统将用户重定向至它们最初请求的页面。
- Windows 身份验证。使用哈希技术来标识用户，而不通过网络实际发送密码。
- 摘要式身份验证。与"基本身份验证"非常类似，所不同的是将密码作为"哈希"值发送。摘要式身份验证仅用于 Windows 域控制器的域。

使用这些方法可以确认任何请求访问网站的用户的身份，以及授予访问站点公共区域的权限，同时又可防止未经授权的用户访问专用文件和目录。

2．禁止使用匿名账户访问 Web 网站

设置 Web 网站安全，使得所有用户不能匿名访问 Web 网站，而只能以 Windows 身份验证访问。具体步骤如下。

（1）禁用匿名身份验证

① 以域管理员身份登录 win2008-1。在 IIS 管理器中，展开左侧的"网站"目录树，单击网站"web"，在"功能视图"界面中找到"身份验证"，并双击打开，可以看到"Web"网站默认启用的是"匿名身份验证"，也就是说任何人都能访问 Web 网站，如图 7-11 所示。

② 选择"匿名身份验证"，然后单击"操作"界面中的"禁用"按钮即可禁用 Web 网站的匿名访问。

（2）启用 Windows 身份验证

在图 7-11"身份验证"窗口中，选择"Windows 身份验证"，然后单击"操作"界面中的"启用"按钮即可启用该身份验证方法。

（3）在客户端计算机 win2008-2 上测试

用户在客户端计算机 win2008-2 上，打开浏览器，输入 http://www.long.com/访问网站，弹出图 7-12 所示的"Windows 安全"对话框，输入能被 Web 网站进行身份验证的用户账户和密码，在此输入"administrator"账户进行访问，然后单击"确定"按钮即可访问 Web 网站。

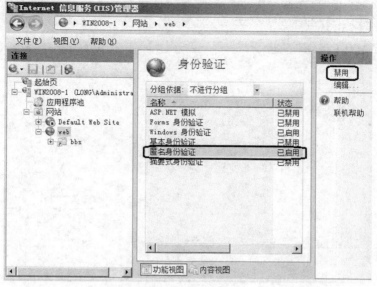

图 7-11 "身份验证"窗口

图 7-12 "Windows 安全"对话框

提示

为方便后面的网站设置工作，请将网站访问改为匿名后继续进行。

3. 限制访问 Web 网站的客户端数量

设置"限制连接数"限制访问 Web 网站的用户数量为 1，具体步骤如下。

（1）设置 Web 网站限制连接数

① 以域管理员账户登录到 Web 服务器上，打开"Internet 信息服务（IIS）管理器"控制台，依次展开服务器和"网站"节点，单击网站"web"，然后在"操作"界面中单击"配置"区域的"限制"按钮，如图 7-13 所示。

② 在打开的"编辑网站限制"对话框中，选择"限制连接数"复选框，并设置要限制的连接数为"1"，最后单击"确定"按钮即可完成限制连接数的设置，如图 7-14 所示。

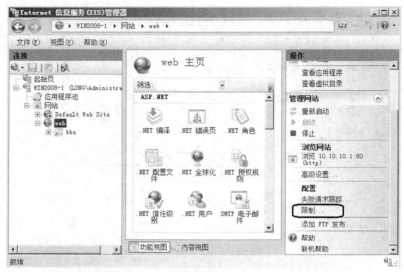

图 7-13　"Internet 信息服务（IIS）管理器"控制台

（2）在 Web 客户端计算机上测试限制连接数

① 在客户端计算机 win2008-2 上，打开浏览器，输入 http://www.long.com/ 访问网站，访问正常。

② 在"虚拟服务管理器"中创建一台虚拟机，计算机名为 win2008-3，IP 地址为"10.10.10.3/24"，DNS 服务器为"10.10.10.1"。

③ 在客户端计算机 win2008-3 上，打开浏览器，输入 http://www.long.com/ 访问网站，显示图 7-15 所示页面，表示超过网站限制连接数。

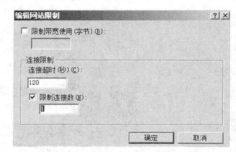

图 7-14　设置"限制连接数"

图 7-15　访问 Web 网站时超过连接数

4. 使用"限制带宽使用"限制客户端访问 Web 网站

① 参照"限制访问 Web 网站的客户端数量"。在图 7-14 中，选择"限制带宽使用（字节）"复选框，并设置要限制的带宽数为"1024"，最后单击"确定"按钮即可完成限制带宽使用的设置。

② 在 win2008-2 上，打开 IE 浏览器，输入 http://www.long.com，发现网速非常慢，这是因为设置了带宽限制的原因。

5．使用"IPv4 地址限制"限制客户端计算机访问 Web 网站

使用用户验证的方式，每次访问该 Web 站点都需要键入用户名和密码，对于授权用户而言比较麻烦。由于 IIS 会检查每个来访者的 IP 地址，因此可以通过限制 IP 地址的访问来防止或允许某些特定的计算机、计算机组、域甚至整个网络访问 Web 站点。

使用"IPv4 地址限制"限制客户端计算机"10.10.10.2"访问 Web 网站，具体步骤如下。

① 以域管理员账户登录到 Web 服务器 win2008-1 上，打开"Internet 信息服务（IIS）管理器"控制台，依次展开服务器和"网站"节点，然后在"功能视图"界面中找到"IPv4 地址和域限制"，如图 7-16 所示。

图 7-16　IPv4 地址和域限制

② 双击"功能视图"界面中的"IPv4 地址和域限制"，打开"IPv4 地址和域限制"设置界面，单击"操作"界面中的"添加拒绝条目"按钮，如图 7-17 所示。

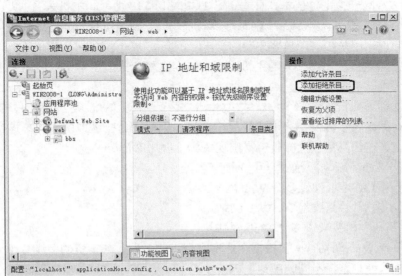

图 7-17　"IPv4 地址和域限制"设置界面

③ 在打开的"添加拒绝限制规则"对话框中，单击"特定 IPv4 地址"单选框，并设置要拒绝的 IP 地址为"10.10.10.2"，如图 7-18 所示。最后单击"确定"按钮完成 IPv4 地址的限制。

④ 在 win2008-2 上，打开 IE 浏览器，输入 http://www.long.com，这时客户机不能访问，显示错误号为"404-禁止访问：访问被拒绝"。说明客户端计算机的 IP 地址在被拒绝访问 Web 网站的范围内。

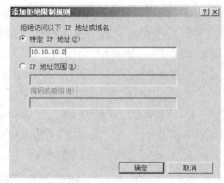

图 7-18　添加拒绝限制规则

7.3.5　管理 Web 网站日志

每个网站的用户和服务器活动时都会生成相应的日志，这些日志中记录了用户和服务器的活动情况。IIS 日志数据可以记录用户对内容的访问，确定哪些内容比较受欢迎，还可以记录有哪些用户非法入侵网站来确定计划安全要求和排除潜在的网站问题等。

7.3.6　架设多个 Web 网站

Web 服务的实现采用客户/服务器模型，信息提供者称为服务器，信息的需要者或获取者称为客户。作为服务器的计算机中安装有 Web 服务器端程序（如 Netscape iplanet Web Server、Microsoft Internet Information Server 等），并且保存有大量的公用信息，随时等待用户的访问。作为客户的计算机中则安装 Web 客户端程序，即 Web 浏览器，可通过局域网络或 Internet 从 Web 服务器中浏览或获取信息。

使用 IIS 7.0 可以很方便地架设 Web 网站。虽然在安装 IIS 时系统已经建立了一个现成的默认 Web 网站，直接将网站内容放到其主目录或虚拟目录中即可直接浏览，但最好还是要重新设置，以保证网站的安全。如果需要，还可在一台服务器上建立多个虚拟主机来实现多个 Web 网站，这样可以节约硬件资源、节省空间、降低能源成本。

使用 IIS 7.0 的虚拟主机技术，通过分配 TCP 端口、IP 地址和主机头名，可以在一台服务器上建立多个虚拟 Web 网站，每个网站都具有唯一的，由端口号、IP 地址和主机头名 3 部分组成的网站标识，用来接收来自客户端的请求，不同的 Web 网站可以提供不同的 Web 服务，而且每一个虚拟主机和一台独立的主机完全一样。这种方式适用于企业或组织需要创建多个网站的情况，可以节省成本。

不过，这种虚拟技术将一个物理主机分割成多个逻辑上的虚拟主机使用，虽然能够节省经费，对于访问量较小的网站来说比较经济实惠，但由于这些虚拟主机共享这台服务器的硬件资源和带宽，在访问量较大时就容易出现资源不够用的情况。

架设多个 Web 网站可以通过以下 3 种方式。
● 使用不同 IP 地址架设多个 Web 网站。
● 使用不同端口号架设多个 Web 网站。
● 使用不同主机头架设多个 Web 网站。

在创建一个 Web 网站时，要根据企业本身现有的条件，如投资的多少、IP 地址的多少、网站性能的要求等，选择不同的虚拟主机技术。

1．使用不同端口号架设多个 Web 网站

如今 IP 地址资源越来越紧张，有时需要在 Web 服务器上架设多个网站，但计算机却只有一个 IP 地址，这时该怎么办呢？此时，利用这一个 IP 地址，使用不同的端口号也可以达到架设多个网站的目的。

其实，用户访问所有的网站都需要使用相应的 TCP 端口。不过，Web 服务器默认的 TCP 端口为 80，在用户访问时不需要输入。但如果网站的 TCP 端口不为 80，在输入网址时就必须添加上端口号了，而且用户在上网时也会经常遇到必须使用端口号才能访问网站的情况。利用 Web 服务的这个特点，可以架设多个网站，每个网站均使用不同的端口号，这种方式创建的网站，其域名或 IP 地址部分完全相同，仅端口号不同。只是，用户在使用网址访问时，必须添加上相应的端口号。

在同一台 Web 服务器上使用同一个 IP 地址、两个不同的端口号（80、8080）创建两个网站，具体步骤如下。

（1）新建第 2 个 Web 网站

① 以域管理员账户登录到 Web 服务器 win2008-1 上。

② 在 "Internet 信息服务（IIS）管理器" 控制台中，创建第 2 个 Web 网站，网站名称为 "Web2"，内容目录物理路径为 "C:\web2"，使用 IP 地址为 "10.10.10.1"，端口号是 "8080"，如图 7-19 所示。

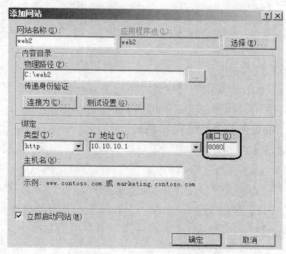

图 7-19 "添加网站" 对话框

（2）在客户端上访问两个网站

在 win2008-2 上，打开 IE 浏览器，分别输入 http://10.10.10.1 和 http://10.10.10.1:8080，这时会发现打开了两个不同的网站 "web" 和 "web2"。

2．使用不同的主机头名架设多个 Web 网站

使用 www.long.com 访问第 1 个 Web 网站，使用 www2.long.com 访问第 2 个 Web 网站。具体步骤如下。

（1）在区域 "long.com" 上创建别名记录

① 以域管理员账户登录到 Web 服务器 win2008-1 上。

② 打开 "DNS 管理器" 控制台，依次展开服务器和 "正向查找区域" 节点，单击区域

"long.com"。

③ 创建别名记录。右击区域"long.com"，在弹出的菜单中选择"新建别名"，出现"新建资源记录"对话框。在"别名"文本框中输入"www2"，在"目标主机的完全合格的域名（FQDN）"文本框中输入"win2008-1.long.com"。

④ 单击"确定"按钮，别名创建完成。

（2）设置 Web 网站的主机名

① 以域管理员账户登录到 Web 服务器上，打开第 1 个 Web 网站"web"的"编辑网站绑定"对话框，在"主机名"文本框中输入 www.long.com，端口为"80"，IP 地址为"10.10.10.1"，如图 7-20 所示。最后单击"确定"按钮即可。

② 打开第 2 个 Web 网站"web2"的"编辑网站绑定"对话框，在"主机名"文本框中输入 www2.long.com，端口为"80"，IP 地址为"10.10.10.1"，如图 7-21 所示。最后单击"确定"按钮即可。

图 7-20　设置第 1 个 Web 网站的主机名

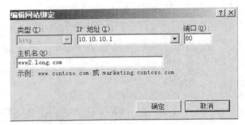

图 7-21　设置第 2 个 Web 网站的主机名

（3）在客户端上访问两个网站

在 win2008-2 上，打开 IE 浏览器，分别输入 http://www.long.com 和 http://www2.long.com，这时会发现打开了两个不同的网站"web"和"web2"。

3．使用不同的 IP 地址架设多个 Web 网站

如果要在一台 Web 服务器上创建多个网站，为了使每个网站域名都能对应于独立的 IP 地址，一般都使用多 IP 地址来实现，这种方案称为 IP 虚拟主机技术，也是比较传统的解决方案。当然，为了使用户在浏览器中可使用不同的域名来访问不同的 Web 网站，必须将主机名及其对应的 IP 地址添加到域名解析系统（DNS）。如果使用此方法在 Internet 上维护多个网站，也需要通过 InterNIC 注册域名。

要使用多个 IP 地址架设多个网站，首先需要在一台服务器上绑定多个 IP 地址。而 Windows 2003、Windows Server 2008 系统均支持一台服务器上安装多块网卡，一块网卡可以绑定多个 IP 地址。再将这些 IP 地址分配给不同的虚拟网站，就可以达到一台服务器利用多个 IP 地址来架设多个 Web 网站的目的。例如，要在一台服务器上创建两个网站：Linux.long.com 和 Windows.long.com，所对应的 IP 地址分别为 10.10.10.2 和 10.10.10.4。需要在服务器网卡中添加这两个地址。具体步骤如下。

（1）在 win2008-1 上添加两个 IP 地址

① 以域管理员账户登录到 Web 服务器上，右键单击桌面右下角任务托盘区域的网络连接图标，选择快捷菜单中的"网络和共享中心"选项，打开"网络和共享中心"窗口。

② 单击"本地连接"，打开"本地连接状态"对话框。

③ 单击"属性"按钮，显示"本地连接属性"对话框。Windows Server 2008 中包含 IPv6

和 IPv4 两个版本的 Internet 协议，并且默认都已启用。

④ 在"此连接使用下列项目"选项框中选择"Internet 协议版本 4（TCP/IP）"，单击"属性"按钮，显示"Internet 协议版本 4（TCP/IPv4）属性"对话框。单击"高级"按钮，打开"高级 TCP/IP 设置"对话框，如图 7-22 所示。

⑤ 单击"添加"按钮，出现"TCP/IP"对话框，在该对话框中输入 IP 地址为"10.10.10.4"，子网掩码为"255.255.255.0"。单击"确定"按钮，完成设置。

（2）更改第 2 个网站的 IP 地址和端口号

以域管理员账户登录到 Web 服务器上，打开第 2 个 Web 网站"web"的"编辑网站绑定"对话框，在"主机名"文本框中不输入内容，端口为"80"，IP 地址为"10.10.10.4"，如图 7-23 所示。最后单击"确定"按钮即可。

图 7-22　高级 TCP/IP 设置

图 7-23　"编辑网站绑定"对话框

（3）在客户端上进行测试

在 win2008-2 上，打开 IE 浏览器，分别输入 http://10.10.10.1 和 http://10.10.10.4，这时会发现打开了两个不同的网站"web"和"web2"。

7.3.7　安装 FTP 发布服务角色服务

在计算机"win2008-1"上通过"服务器管理器"安装 Web 服务器（IIS）角色，具体步骤如下。

① 在"服务器管理器"窗口中单击"添加角色"链接，启动"添加角色向导"。

② 单击"下一步"按钮，显示"选择服务器角色"对话框，在该对话框中显示了当前系统所有可以安装的网络服务。在角色列表框中勾选"Web 服务器（IIS）"复选项。

③ 单击"下一步"按钮，显示"Web 服务器（IIS）"对话框，显示了 Web 服务器的简介、注意事项和其他信息。

④ 单击"下一步"按钮，显示"选择角色服务"对话框，在该对话框中只需选择"IIS 6 元数据库兼容"和"FTP 服务器"角色服务即可，而"FTP 服务器"包含了"FTP Service"和"FTP 扩展"，如图 7-24 所示。

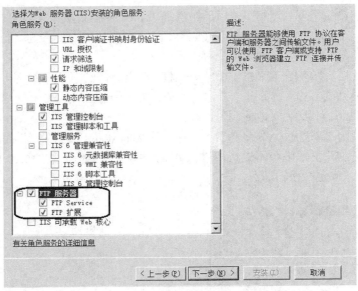

图 7-24 "选择角色服务"对话框

⑤ 后面的安装过程，与 7.3.2 小节内容相似，不再赘述。

> FTP 7.0 是微软最新的 FTP 服务器，在 Windows Server 2008 R2 中包含该版本。Windows Server 2008 稍前的版本不包含 FTP 7.0 服务器版本。如果服务器中不含 FTP 7.0 服务器最新版本，强烈建议在微软件官方网站上下载。

7.3.8 创建和访问 FTP 站点

在 FTP 服务器上创建一个新网站"ftp"，使用户在客户端计算机上能通过 IP 地址和域名进行访问。

1．创建使用 IP 地址访问的 FTP 站点

创建使用 IP 地址访问的 FTP 站点的具体步骤如下。

（1）准备 FTP 主目录

在 C 盘上创建文件夹"c:\ftp"作为 FTP 主目录，并在其文件夹同存放一个文件"ftile1.txt"供用户在客户端计算机上下载和上传测试。

> 请添加"Network Service"用户，使其对 FTP 主目录有完全控制的权限。

（2）创建 FTP 站点

① 在"Internet 信息服务（IIS）管理器"控制台树中，右键单击服务器 win2008-1，在弹出菜单中选择"添加 FTP 站点"，如图 7-25 所示，打开"FTP 站点信息"对话框。

② 在"FTP 站点名称"文本框输入"ftp"，物理路径为"C.:\ftp"，如图 7-26 所示。

图 7-25　Internet 信息服务（IIS）管理器-添加 FTP 站点

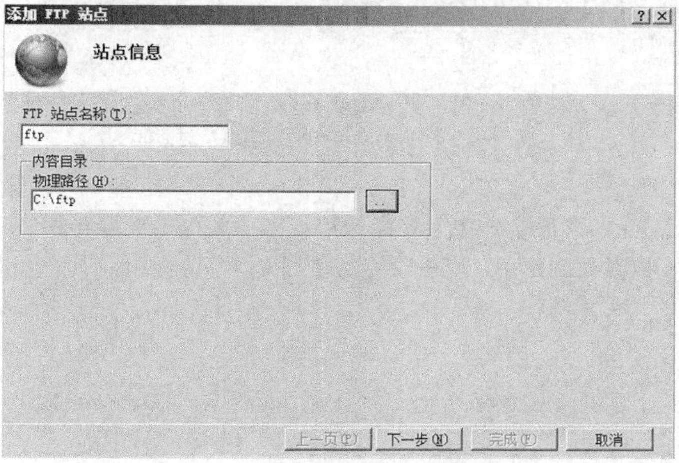

图 7-26　"添加 FTP 站点"对话框

③ 单击"下一步"按钮，打开图 7-27 所示的"站点信息"对话框，在"IP 地址"文本框中输入"10.10.10.1"，端口为"21"，在"SSL"选项下面选中"无"单选按钮。

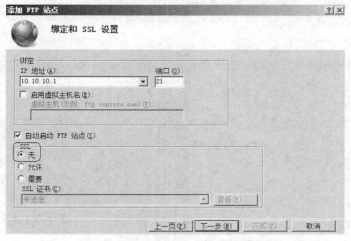

图 7-27　"站点信息"对话框

④ 单击"下一步"按钮，打开图 7-28 所示的"身份验证和授权信息"对话框，输入相应信息。本例允许匿名访问，并且也允许特定用户访问。

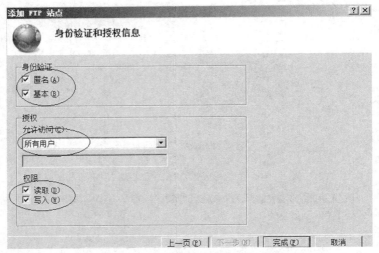

图 7-28 "身份验证和授权信息"对话框

访问 FTP 服务器主目录的最终权限由此处的权限与用户对 FTP 主目录的 NTFS 权限共同作用，哪一个严格取哪一个。

（3）测试 FTP 站点

用户在客户端计算机 win2008-2 上，打开浏览器，输入 ftp://10.10.10.1 就可以访问刚才建立的 FTP 站点了。

2. 创建使用域名访问的 FTP 站点

创建使用 IP 地址访问的 FTP 站点的具体步骤如下。

（1）在 DNS 区域中创建别名

① 以管理员账户登录到 DNS 服务器 win2008-1 上，打开"DNS 管理器"控制台，在控制台树中依次展开服务器和"正向查找区域"节点，然后右击区域"long.com"，在弹出的菜单中选择"新建别名"，打开"新建资源记录"对话框。

② 在该对话框"别名"文本框中输入别名"ftp"，在"目标主机的完全合格的域名（FQDN）"文本框中输入 FTP 服务器的完全合格域名，在此输入"win2008-1.long.com"，如图 7-29 所示。

③ 单击"确定"按钮，完成别名记录的创建。

（2）测试 FTP 站点

用户在客户端计算机 win2008-2 上，打开浏览

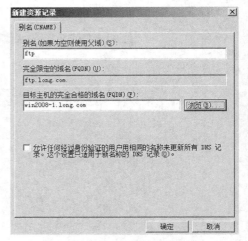

图 7-29 新建别名记录

器，输入 ftp://ftp.long.com 就可以访问刚才建立的 FTP 站点了，如图 7-30 所示。

图 7-30　使用完全合格域名（FQDN）访问 FTP 站点

7.3.9　创建虚拟目录

使用虚拟目录可以在服务器硬盘上创建多个物理目录，或者引用其他计算机上的主目录，从而为不同上传或下载服务的用户提供不同的目录，并且可以为不同的目录分别设置不同的权限，如读取、写入等。使用 FTP 虚拟目录时，由于用户不知道文件的具体储存位置，从而使得文件存储更加安全。

在 FTP 站点上创建虚拟目录"xunimulu"的具体步骤如下。

（1）准备虚拟目录内容

以管理员账户登录到 DNS 服务器 win2008-1 上，创建文件夹"C:\xuni"，作为 FTP 虚拟目录的主目录，在该文件夹下存入一个文件"test.txt"供用户在客户端计算机上下载。

（2）创建虚拟目录

① 在"Internet 信息服务（IIS）管理器"控制台树中，依次展开 FTP 服务器和"FTP 站点"，右键单击刚才创建的站点"ftp"，在弹出的菜单中选择"添加虚拟目录"，打开"添加虚拟目录"对话框。

② 在"别名"处输入"xunimulu"，在"物理路径"处输入"C:\xuni"，如图 7-31 所示。

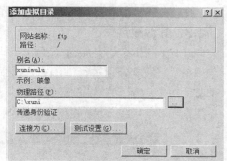

图 7-31　"添加虚拟目录"对话框

（3）测试 FTP 站点的虚拟目录

用户在客户端计算机 win2008-2 上，打开浏览器，输入 ftp://ftp.long.com/xunimulu 或者 ftp://10.10.10.1/xunimulu 就可以访问刚才建立的 FTP 站点的虚拟目录了。

特别提示　在各种服务器的配置中，要时刻注意账户的 NTFS 权限，避免由于 NTFS 权限设置不当而无法完成相关配置。

7.3.10　安全设置 FTP 服务器

FTP 服务的配置和 Web 服务相比要简单得多，主要是站点的安全性设置，包括指定不同的授权用户，如允许不同权限的用户访问，允许来自不同 IP 地址的用户访问，或限制不同 IP 地址的不同用户的访问等。再就是和 Web 站点一样，FTP 服务器也要设置 FTP 站点的主目录和性能等。

1. 设置 IP 地址和端口

① 在"Internet 信息服务（IIS）管理器"控制台树中，依次展开 FTP 服务器，选择 FTP 站点"ftp"。然后单击操作列的"绑定"按钮，弹出"网站绑定"对话框，如图 7-32 所示。

图 7-32 "网站绑定"对话框

② 选择"ftp"条目后，单击"编辑"按钮，完成 IP 地址和端口号的更改。

2. 其他配置

在"Internet 信息服务（IIS）管理器"控制台树中，依次展开 FTP 服务器，选择 FTP 站点"ftp"，可以分别进行"FTP SSL 设置""FTP 当前会话""FTP 防火墙支持""FTP 目录树浏览""FTP 请求筛选""FTP 日志""FTP 身份验证""FTP 授权规则""FTP 消息""FTP 用户隔离"等内容的设置或浏览，如图 7-33 所示。

图 7-33 "ftp 主页"对话框

在"操作"列，可以进行"浏览""编辑权限""绑定""基本设置""查看应用程序""查看虚拟目录""重新启动 FTP 站点""启动或停止 FTP 站点"和"高级设置"等操作。

7.3.11　创建虚拟主机

1．虚拟主机简介

一个 FTP 站点是由一个 IP 地址和一个端口号唯一标识，改变其中的任意一项均标识不同的 FTP 站点，但是在 FTP 服务器上，通过"Internet 信息服务（IIS）管理器控制台只能创建一个 FTP 站点。在实际的应用环境中有时需要在一台服务器上创建两个不同的 FTP 站点，这就涉及虚拟主机的问题。

在一台服务器上创建的两个 FTP 站点默认只能启动其中一个站点，那么我们可以更改 IP 地址或是端口号两种方法来解决这个问题。

可以使用多个 IP 地址和多个端口来创建多个 FTP 站点。尽管使用多个 IP 地址来创建多个站点是常见并且推荐的操作，但由于在默认情况下，当使用 FTP 协议时，客户端会调用端口 21，这样情况会变得非常复杂。因此，如果要使用多个端口来创建多个 FTP 站点，需要将新端口号通知用户，以便他们的 FTP 客户能够找到并连接到该端口。

2．使用相同 IP 地址、不同端口号创建 2 个 FTP 站点

在同一台服务器上使用相同的 IP 地址、不同的端口号（21、2121）同时创建 2 个 FIP 站点，具体步骤如下。

① 以域管理员账户登录到 FTP 服务器 win2008-1 上，创建"C:\ftp2"文件夹作为第 2 个 FTP 站点的主目录，并在其文件夹内放入一些文件。

② 接着创建第 2 个 FTP 站点，站点的创建请参见"7.3.8 创建和访问 FTP 站点"的相关内容，只是在设置端口号时一定设为"2121"。

③ 测试 FTP 站点。用户在客户端计算机 win2008-2 上，打开浏览器，输入 ftp://10.10.10.1：2121 就可以访问刚才建立的第 2 个 FTP 站点了。

3．使用 2 个不同的 IP 地址创建 2 个 FTP 站点

在同一台服务器上用相同的端口号、不同的 IP 地址（10.10.10.1、10.10.10.100）同时创建两个 FTP 站点，具体步骤如下。

（1）设置 FTP 服务器网卡 2 个 IP 地址

① 以域管理员账号登录到 FTP 服务器 win2008-1 上，打开"Internet 协议版本 4（TCP/IPv4）属性"对话框，单击"高级"按钮，出现"高级 TCP/IP 设置"对话框。

② 在该对话框中选择"IP 设置"选项卡，在"IP 地址"选项区域中通过"添加"按钮将 IP 地址"10.10.10.100"添加进去即可，如图 7-34 所示。此时 FTP 服务器上的这块网卡具有两个 IP 地址，即"10.10.10.1"和"10.10.10.100"。

（2）更改第 2 个 FTP 站点的 IP 地址

① 在"Internet 信息服务（IIS）管理器"控制台树中，依次展开 FTP 服务器，选择 FTP 站点"ftp2"。然后单击操作列的"绑定"按钮。弹出"网站绑定"对话框。

② 选择"ftp"条目后，单击"编辑"按钮，将 IP 地址改为"10.10.10.100",端口号改为"21"，如图 7-35 所示。

③ 按"确定"按钮完成更改。

图 7-34 在网卡上添加第 2 个 IP 地址   图 7-35 "网站绑定"对话框

（3）测试 FTP 的第 2 个站点

用户在客户端计算机 win2008-2 上，打开浏览器，输入 ftp://10.10.10.100 就可以访问刚才建立的第 2 个 FTP 站点了。

7.3.12 配置与使用客户端

任何一种服务器的搭建，其目的都是为了应用。FTP 服务也一样，搭建 FTP 服务器的目的就是为了方便用户上传和下载文件。当 FTP 服务器建立成功并提供 FTP 服务后，用户就可以访问了，一般主要使用两种方式访问 FTP 站点，一是利用标准的 Web 浏览器，二是利用专门的 FTP 客户端软件，以实现 FTP 站点的浏览、下载和上传文件。

1．FTP 站点的访问

根据 FTP 服务器所赋予的权限，用户可以浏览、上传或下载文件，但使用不同的访问方式，其操作方法也不相同。

（1）Web 浏览器访问

Web 浏览器除了可以访问 Web 网站外，还可以用来登录 FTP 服务器。

匿名访问时的格式为：

```
ftp://FTP 服务器地址
```

非匿名访问 FTP 服务器的格式为：

```
ftp://用户名:密码@FTP 服务器地址
```

登录到 FTP 站点以后，就可以像访问本地文件夹一样使用了，如果要下载文件，可以先复制一个文件，然后粘贴到本地文件夹中即可；若要上传文件，可以先从本地文件夹中复制一个文件，然后在 FTP 站点文件夹中粘贴，即可自动上传到 FTP 服务器。如果具有"写入"权限，还可以重命名、新建或删除文件或文件夹。

（2）FTP 软件访问

大多数访问 FTP 站点的用户都会使用 FTP 软件，因为 FTP 软件不仅方便，而且和 Web 浏览器相比，它的功能更加强大。比较常用的 FTP 客户端软件有 CuteFTP、FlashFXP、LeapFTP 等。

2．虚拟目录的访问

当利用 FTP 客户端软件连接至 FTP 站点时，所列出的文件夹中并不会显示虚拟目录，因此，如果想显示虚拟目录，必须切换到虚拟目录。

如果使用 Web 浏览器方式访问 FTP 服务器，可在"地址"栏中输入地址的时候，直接在后面添加上虚拟目录的名称。格式为：

```
ftp://FTP 服务器地址/虚拟目录名称
```

这样就可以直接连接到 FTP 服务器的虚拟目录中。

如果使用 FlashFXP 等 FTP 软件连接 FTP 站点，可以在建立连接时，在"远程路径"文本框中键入虚拟目录的名称；如果已经连接到了 FTP 站点，要切换到 FTP 虚拟目录，可以在文件列表框中右击，在弹出的快捷菜单中选择"更改文件夹"选项，在"文件夹名称"文本框中键入要切换到的虚拟目录名称。

7.3.13 设置 AD 隔离用户 FTP 服务器

FTP 用户隔离相当于专业 FTP 服务器的用户目录锁定功能，实际上是将用户限制在自己的目录中，防止用户查看或覆盖其他用户的内容。

有 3 种隔离模式可供选择，其含义如下。

- 不隔离用户：这是 FTP 的默认模式。该模式不启用 FTP 用户隔离。在使用这种模式时，FTP 客户端用户可以访问其他用户的 FTP 主目录。这种模式最适合于只提供共享内容下载功能的站点，或者不需要在用户间进行数据保护的站点。

- 隔离用户：当使用这种模式时，所有用户的主目录都在单一 FTP 主目录下，每个用户均被限制在自己的主目录中，用户名必须与相应的主目录相匹配，不允许用户浏览除自己主目录之外的其他内容。如果用户需要访问特定的共享文件夹，需要为该用户再创建一个虚拟根目录。如果 FTP 是独立的服务器，并且用户数据需要相互隔离，那么，应当选择该方式。需要注意的是，当使用该模式创建了上百个主目录时，服务器性能会大幅下降。

- 用 Active Directory 隔离用户：使用这种模式时，服务器中必须安装 Active Directory。这种模式根据相应的 Active Directory 验证用户凭据，为每个客户指定特定的 FTP 服务器实例，以确保数据完整性及隔离性。当用户对象在活动目录中时，可以将 FTPRoot 和 FTPDir 属性提取出来，为用户主目录提供完整路径。如果 FTP 服务能成功地访问该路径，则用户被放在代表 FTP 根位置的该主目录中，用户只能看见自己的 FTP 根位置，因此，受限制而无法向上浏览目录树。如果 FTPRoot 或 FTPDir 属性不存在，或它们无法共同构成有效、可访问的路径，用户将无法访问。如果 FTP 服务器已经加入域，并且用户数据需要相互隔离，则应当选择该方式。

创建基于 Active Directory 隔离用户的 FTP 服务器的具体步骤如下。

1．建立主 FTP 目录与用户 FTP 目录

以域管理员账户登录到 FTP 服务器 win2008-1 上，创建"C:\ftproot"文件夹、"C:\ftproot\user1"和"C:\ftproot\user2"子文件夹。

2．建立组织单位及用户账户

打开"Active Directory 用户和计算机"管理工具，建立组织单位 ftpuser，建立用户账户，user1和 user2，再创建一个让 FTP 站点可以读取用户属性的域用户账户 FTPuser，如图 7-36 所示。

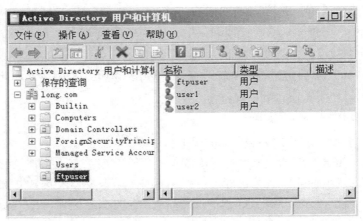

图 7-36　创建组织单位和用户

3．创建有权限读取 FTProot 与 FTPdir 两个属性的账户

① FTP 站点必须能够读取位于 AD 内的域用户账户的 FTProot 与 FTPdir 两个属性，才能够得知该用户主目录的位置，因此我们先要为 FTP 站点创建一个有权限读取这两个属性的用户账户。通过委派控制来实现。右键单击 long.com 的 "Domain Controllers"，选择 "委派控制"，根据向导添加用户 "ftpuser"，如图 7-37 所示。

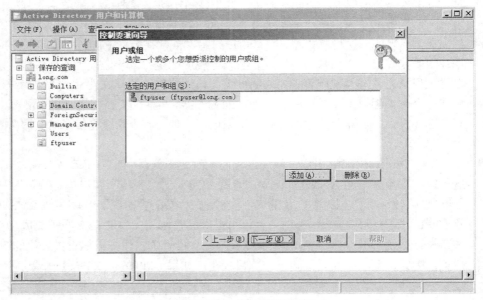

图 7-37　控制委派向导

② 单击 "下一步" 按钮，设置委派任务，如图 7-38 所示。

4．新建 FTP 站点

① 参照 7.3.8 节内容创建 FTP 站点 "ADFTP"，如图 7-39 所示。

② 在图 7-40 中，双击 "FTP 用户隔离" 按钮，打开 "FTP 用户隔离" 对话框。选中 "在 Active Directory 中配置的 FTP 主目录（A）" 单选按钮。

③ 单击 "设置" 按钮，弹出 "Active Directory 凭据"，指定用来访问 Acticve Directory 域的用户名和密码，如图 7-40 所示。

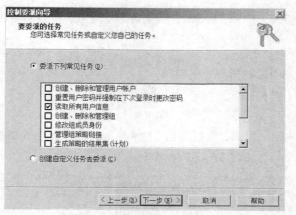

图 7-38 控制委派向导-委派任务

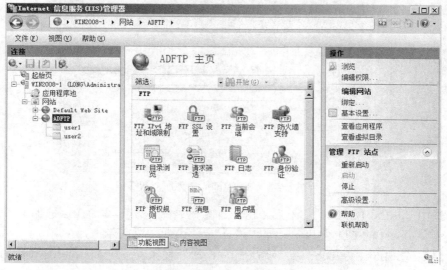

图 7-39 ADFTP 主页

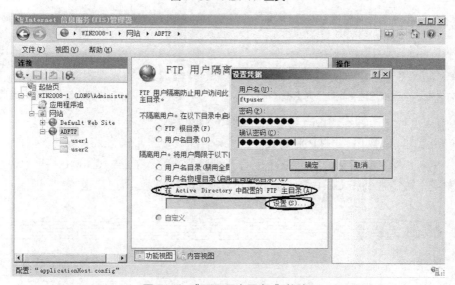

图 7-40 "FTP 用户隔离"对话框

④ 单击"确定"按钮，返回 FTP 站点主页。单击"操作"列的"应用"按钮保存并应用更改。

⑤ 根据访问需要设置 ftpuser、user1 和 user2 对文件夹 "c:\ftproot" 及其子文件夹的 NTFS 权限。至此成功建立 AD 隔离用户 FTP 服务器，站点名称为 "ADFTP"。

5．在 AD 数据库中设置用户的主目录

① 在 win2008-1 服务器上，在运行文本框中输入 "adsiedit.msc"，打开 "ADSI 编辑器" 窗口。单击"操作"→"连接到"菜单，连接到当前服务器。

② 依次展开左侧的目录树，右键单击 "CN=user1"，在弹出的菜单中选择"属性"，打开 "CN=user1" 属性对话框，如图 7-41 所示。

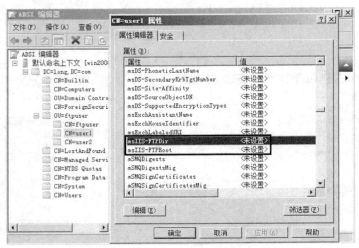

图 7-41 "CN=user1 属性"对话框

③ 选中 "msIIS-FTPDir"，然后单击"编辑"按钮，出现"字符串属性编辑器"对话框。在此输入用户 user1 的 FTP 主目录，即 "user1"，如图 7-42 所示。

④ 选中 "msIIS-FTPRoot"，然后单击"编辑"按钮，出现"字符串属性编辑器"对话框。在此输入用户 user1 的 FTP 根目录，即 "C:\ftproot"，如图 7-43 所示。

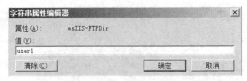

图 7-42 "字符串属性编辑器"对话框（1）

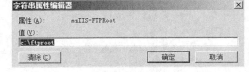

图 7-43 "字符串属性编辑器"对话框（2）

⑤ 同理设置用户 user2 的 FTP 主目录和 FTP 根目录。

6．测试 AD 隔离用户 FTP 服务器

用户在客户端计算机 win2008-2 上，打开浏览器，输入 ftp://10.10.10.1，然后以 "user1" 登录，发现直接定位到了 user1 主目录下。同理测试 "user2" 用户，也得到相同结论。

7.4 习题

一、填空题

（1）微软 Windows Server 2008 家族的 Internet Information Server（IIS）在＿＿＿＿＿＿、

_____或_____上提供了集成、可靠、可伸缩、安全和可管理的 Web 服务器功能，为动态网络应用程序创建强大的通信平台的工具。

（2）Web 中的目录分为两种类型：物理目录和_____。

（3）打开 FTP 服务器_____的命令是_____，浏览其下目录列表的命令是_____。如果匿名登录，在 User (ftp.long.com:(none))处输入匿名账户_____，Password 处输入_____或直接按回车键即可登录 FTP 站点。

（4）比较著名的 FTP 客户端软件有_____、_____、_____等。

（5）FTP 身份验证方法有两种：_____和_____。

二、选择题

（1）虚拟主机技术，不能通过（　　）来架设网站。

　　A．计算机名　　　　　　　　　B．TCP 端口

　　C．IP 地址　　　　　　　　　　D．主机头名

（2）虚拟目录不具备的特点是（　　）。

　　A．便于扩展　　　　　　　　　B．增删灵活

　　C．易于配置　　　　　　　　　D．动态分配空间

（3）FTP 服务使用的端口是（　　）。

　　A．21　　　　　　　　　　　　B．23

　　C．25　　　　　　　　　　　　D．53

（4）从 Internet 上获得软件最常采用（　　）。

　　A．www　　　　　　　　　　　B．Telnet

　　C．FTP　　　　　　　　　　　D．DNS

三、判断题

（1）若 Web 网站中的信息非常敏感，为防中途被人截获，就可采用 SSL 加密方式。（　　）

（2）IIS 提供了基本服务，包括发布信息、传输文件、支持用户通信和更新这些服务所依赖的数据存储。（　　）

（3）虚拟目录是一个文件夹，一定包含于主目录内。（　　）

（4）FTP 的全称是 File Transfer Protocol（文件传输协议），是用于传输文件的协议。（　　）

（5）当使用"用户隔离"模式时，所有用户的主目录都在单一 FTP 主目录下，每个用户均被限制在自己的主目录中，且用户名必须与相应的主目录相匹配，不允许用户浏览除自己主目录之外的其他内容。（　　）

四、简答题

1．简述架设多个 Web 网站的方法。

2．IIS 7.0 提供的服务有哪些？

3．什么是虚拟主机？

4．简述创建 AD 用户隔离 FTP 服务器的步骤。

7.5　项目实训　配置与管理 Web 和 FTP 服务器

一、项目实训目的

● 掌握 Web 服务器的配置方法。

- 掌握 FTP 的配置方法。
- 掌握 AD 隔离用户 FTP 服务器的配置方法。

二、项目环境

本项目根据如图 7-1、7-2 所示的环境来部署 Web 服务器和 FTP 服务器。

三、项目要求

1. 根据网络拓扑图 7-1，完成如下任务。

① 安装 Web 服务器。

② 创建 Web 网站。

③ 管理 Web 网站目录。

④ 管理 Web 网站的安全。

⑤ 管理 Web 网站的日志。

⑥ 架设多个 Web 网站。

2. 根据网络拓扑图 7-2，完成如下任务。

① 安装 FTP 发布服务角色服务。

② 创建和访问 FTP 站点。

③ 创建虚拟目录。

④ 安全设置 FTP 服务器。

⑤ 创建虚拟主机。

⑥ 配置与使用客户端。

⑦ 设置 AD 隔离用户 FTP 服务器。

PART 8

项目 8
配置与管理远程桌面服务器

本项目学习要点

对于网络管理员来说，管理网络中的服务器既是重点，也是难点。远程操作可以给管理员维护整个网络带来极大的便利，可以在服务器上启用远程桌面来远程管理服务器，但方式仅能并发连接两个会话。如果想让更多用户连接到服务器，使用安装在服务器上的程序，则必须在服务器上安装远程桌面服务（以前称为终端服务）。

Windows 远程桌面服务允许用户以 Windows 界面的客户端访问服务器，运行服务器中的应用程序像使用本地计算机一样。借助于 Windows 远程桌面服务，可以在低配置计算机上运行 Windows 远程桌面服务器上的应用程序。

● 理解远程桌面服务的功能特点。
● 掌握如何安装远程桌面服务。
● 掌握配置与管理远程桌面服务器。
● 掌握如何连接远程桌面。

8.1 项目基础知识

Windows 远程桌面服务（Windows Server 2008 Terminal Services）在功能方面、性能方面及用户体验方面都做了很大的改进。

8.1.1 了解远程桌面服务的功能

借助远程桌面服务，管理员可以实现如下操作。

● 部署与用户的本地桌面集成的应用程序。
● 提供对集中式管理的 Windows 桌面的访问。
● 支持应用程序的远程访问。
● 保证数据中心内的应用程序和数据的安全。

8.1.2 理解远程桌面服务的基本组成

通过部署远程桌面服务，使多台客户机可以同时登录到远程桌面服务器上，运行服务器中的应用程序，就如同用户使用自己的计算机一样方便。

远程桌面服务的基本组成如下。

● 远程桌面服务服务器：用户开启了远程桌面服务功能并且能够管理终端客户端连接的服务器。远程桌面服务器的性能直接影响到客户端的访问，因此服务器的硬件配置要比较高，一般使用多 CPU、大内存、高速硬盘及千兆网卡。

● 远程桌面协议（Remote Desktop Protocol，RDP）：RDP 是一项基于国际电信联盟制定的国际标准 T.120 的多通道协议，其主要是用来负责客户端与服务器之间的通信，而且将操作界面在客户端显示出来。这项协议以 TCP/IP 为基础，用户不需要手动安装。在 Windows Server 2008 中，RDP 为 6.0 版本。RDP 默认使用 TCP 协议端口 3389。

● 远程桌面服务客户机：安装了远程桌面服务客户端程序的计算机，自从 Windows XP 开始，这种客户端程序这被内置在计算机的操作系统中，用户不需要手动安装。

8.1.3　了解远程桌面服务的改进

与早期版本相比，Windows Server 2008 远程桌面服务主要有以下几个方面的改进。

1．Terminal Services RemoteApp

Terminal Services RemoteApp 程序通过远程桌面服务，就像在本地计算机上运行一样，并且可以与本地程序一起运行 TS RemoteApp。如果用户在同一个远程桌面服务器上运行多个 RemoteApp，则 RemoteApp 将共享同一个远程桌面服务会话。另外，用户可以使用如下方法访问 TS RemoteApp。

● 使用管理员创建和分发的"开始"菜单或桌面上的程序图标。

● 运行与 TS RemoteApp 关联的文件。

● 使用 TS Web Access 网站上的 TS RemoteApp 链接。

2．远程桌面服务网关

远程桌面服务网关的作用是使得到授权的用户能够使用 Remote Desktop Connection（RDC）6.0 连接到公司网络的远程桌面服务器和远程桌面。TS 网关使用的是可以越过 HTTPS 的远程桌面协议（RDP），从而形成一条经过加密的安全连接。使用 TS 网关，不需要配置虚拟专用网（VPN）连接，即可使远程用户通过 Internet 连接到公司网络，从而提供一个全面安全的配置模型，通过该模型可以控制对特定资源的访问。TS 网关管理单元控制台采用的是一站式管理工具，使用该功能可以配置相应的用户策略，即配置用户连接到网络资源所需满足的条件。

3．远程桌面服务 Web 访问

使用 TS Web 访问，能够使用户从 Web 浏览器使用远程桌面服务 RemoteApp。TS Web 包含一个默认的网页，用户可以在 Web 上部署 TS RemoteApp。借助于 TS Web 访问，用户可以直接访问 Internet 或 Intranet 上的网站，访问可用的 TS RemoteApp 程序列表。当用户启动 TS RemoteApp 程序时，即可在该应用程序所在的远程桌面服务器上启动一个远程桌面服务会话。

4．远程桌面服务会话代理

TS 会话代理是 Windows Server 2008 Release Candidate 的一个新功能，它提供一个比用于远程桌面服务的 Microsoft 网络负载平衡更简单的方案。借助 TS 会话代理功能，可以将新的会话分发到网络内负载最少的服务器，从而保证网络及服务器的性能，用户可以重新连接到现有会话，而无需知道有关建立会话的服务器的特定信息。使用该功能，管理员可以将每个远程桌面服务器的 Internet 协议（IP）地址添加一条 DNS 条目。

5．远程桌面服务轻松打印

远程桌面服务轻松打印是 Windows Server 2008 Release Candidate 的一个新功能，它使用户能够从 TS RemoteApp 程序或远程桌面会话，安全可靠地使用客户端计算机上的本地或网络打印机。当用户想从 TS RemoteApp 程序或远程桌面会话中进行打印时，会从本地客户端看到打印机用户界面，可以使用所有打印机功能。

8.2　项目设计与准备

在架设远程桌面服务器之前，读者需要了解项目实例部署的需求和实验环境。

1．部署需求

在部署远程桌面服务前需满足以下要求。

设置远程桌面服务器的 TCP/IP 属性，手工指定 IP 地址、子网掩码、默认网关和 DNS 服务器 IP 地址等。

2．部署环境

远程桌面服务器主机名为 win2008-2，IP 地址为 10.10.10.2。远程桌面服务客户机主机名为 win2008-3，其本身是域成员服务器，IP 地址为 10.10.10.3。网络拓扑如图 8-1 所示。

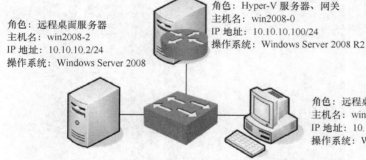

图 8-1　架设远程桌面服务器网络拓扑图

8.3　项目实施

8.3.1　安装远程桌面服务器

以管理员身份登录独立服务器"win2008-2"，通过"服务器管理器"安装远程桌面服务器角色，具体步骤如下。

① 运行"添加角色向导"，在"选择服务器角色"对话框中勾选"远程桌面服务"复选框，如图 8-2 所示。

② 单击"下一步"按钮，显示 "远程桌面服务"对话框，显示了终端服务的简介及其注意事项，单击"远程桌面服务概述"链接可以查看远程桌面服务的概述信息。

③ 单击"下一步"按钮，显示图 8-3 所示的"选择角色服务"对话框。根据需要选中所要安装的组件即可，这里勾选"远程桌面会话主机"复选框。

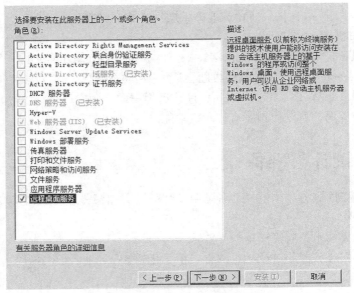

图 8-2 "选择服务器角色"对话框

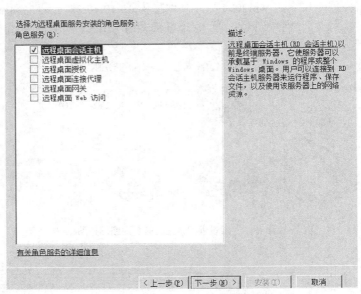

图 8-3 "选择角色服务"对话框

远程桌面会话主机即以前的终端服务器，用户可以连接到远程桌面服务器来运行程序、保存文件及使用该服务器上的网络资源。

④ 单击"下一步"按钮，显示"卸载并重新安装兼容的应用程序"对话框，提示用户最好在安装远程桌面服务器后，再将希望用户使用的应用程序安装到远程桌面服务器中。

注意

如果在安装远程桌面服务器之前安装了应用程序，在用户使用时可能会无法正常运行。

⑤ 单击"下一步"按钮，显示图 8-4 所示的"指定远程桌面服务器的身份验证方法"对话框。根据需要选择终端服务器的身份验证方法，出于安全考虑，建议用户选择要求使用网络级身份验证。

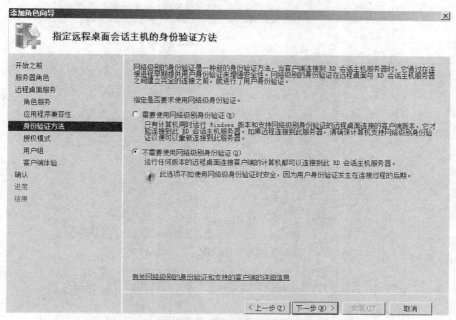

图 8-4　"指定远程桌面会话主机的身份验证方法"对话框

- 要求使用网络级身份验证。只有计算机同时运行 Windows 版本和支持网络级身份验证的远程桌面连接的客户端版本，才能连接到 RD 会话主机服务器。
- 不需要网络级身份验证。任何版本的远程桌面连接客户端都可以连接到该 RD 会话主机服务器。

提示　　网络级别的身份验证是种新的身份验证方法，当客户端连接到 RD 会话主机服务器时，它通过在连接进程早期提供用户身份验证来增强安全性。在建立完全远程桌面与 RD 主机会话服务器之间的连接之前，使用网络级别的身份验证进行用户身份验证。

⑥ 单击"下一步"按钮，显示图 8-5 所示的"指定授权模式"对话框。根据实际需要选择 RD 主机会话服务器客户端访问许可证的类型，这里选择"每用户"选项。如果选择"以后配置"单选按钮，则在接下来的 120 天以内必须配置授权模式。

⑦ 单击"下一步"按钮，显示图 8-6 所示的"选择允许访问此 RD 会话主机服务器的用户组"对话框。可以连接到该 RD 会话主机服务器的用户被添加到本地"Remote Desktop Users"用户组中。默认情况已添加 administrators 组。

⑧ 单击"添加"按钮，添加允许使用 RD 主机会话服务的用户，本例添加"user1"用户。然后单击"确定"按钮。

⑨ 单击"下一步"按钮，显示"客户端体验"对话框。

⑩ 单击"下一步"按钮，显示"确认安装选择"对话框，列出了前面所做的配置。单击

"安装"按钮开始进行安装，完成后显示"安装结果"对话框。

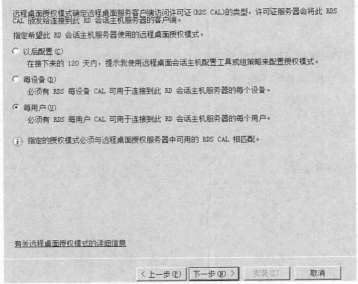

图 8-5 "指定授权模式"对话框

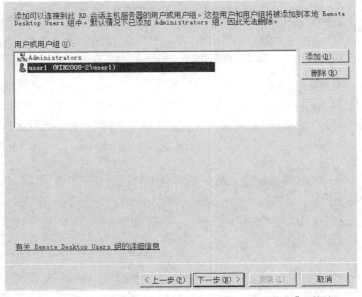

图 8-6 "选择允许访问此 RD 会话主机服务器的用户组"对话框

⑪ 单击"关闭"按钮，显示"是否希望立即重新启动"对话框，提示必须重新启动计算机才能完成安装过程。如果不重新启动服务器，就无法添加或删除其他角色、角色服务或功能。

⑫ 单击"是"按钮，立即重新启动计算机，重启后再次显示"安装结果"对话框，单击"关闭"按钮，完成 Windows SeIver 2008 终端服务的安装。

⑬ 打开"开始"→"管理工具"→"远程桌面服务"→"远程桌面服务管理器"，显示图 8-7所示的"终端服务管理器"窗口，网络管理员可查看当前服务器连接用户、会话及进程。

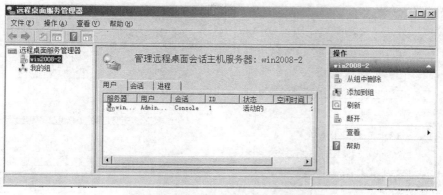

图 8-7 "远程桌面服务管理器"窗口

8.3.2　配置与管理远程桌面服务器

在使用终端服务之前，还需要对终端服务进行些设置，才能使其正常安全的运行，尤其是要对客户端访问所使用的用户权限进行设置，使不同用户具有不同的访问权限。

1．用户权限的设置

① 单击"开始"→"管理工具"→"远程桌面服务"→"远程桌面会话主机配置"选项，显示图 8-8 所示的"远程桌面会话主机配置"窗口。

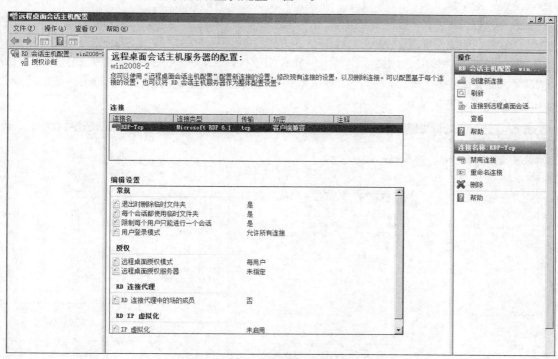

图 8-8 "远程桌面会话主机配置"窗口

② 在中间列表栏中右键单击"RDP-Tcp"选项，在弹出的快捷菜单中选择"属性"选项，显示图 8-9 所示的"RDP-Tcp 属性-常规"对话框。

③ 单击"安全"选项卡，显示图 8-10 所示的"RDP-Tcp 属性-安全"对话框。选择"Remote Desktop Users"用户组，在"Remote Desktop Users 的权限"列表框中可修改该用户组的权限。

需要注意的是，只有位于该用户组内的用户才能使用远程桌面服务访问该服务器。

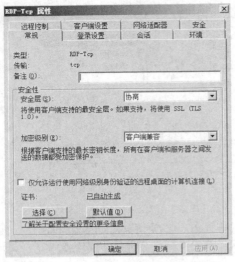

图 8-9 "RDP-Tcp 属性-常规"对话框

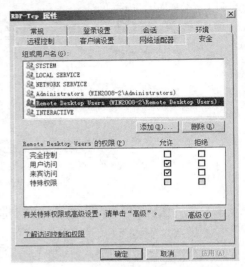

图 8-10 "RDP-Tcp 属性-安全"对话框

④ 单击"高级"按钮，可以进行更详细的配置，显示图 8-11 所示的"RDP-Tcp 的高级安全设置"对话框，在"权限项目"列表框中显示了所有的用户。

⑤ 在该对话框中可以添加或删除用户，也可以查看/编辑用户的权限。选中要操作的用户名，单击"编辑"按钮，显示"RDP-Tcp 的权限项目"对话框。在"权限"列表框中列出了该用户所拥有的权限，如果欲使该用户拥有相应权限，勾选该权限所对应的"允许"复选框即可，如果勾选该权限的"拒绝"复选框，则该用户将不能使用该权限。单击"全部清除"按钮，会将所有选项清除，如图 8-12 所示。

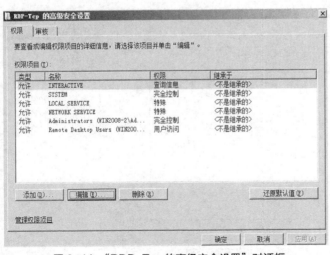

图 8-11 "RDP-Tcp 的高级安全设置"对话框

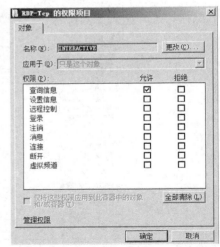

图 8-12 "RDP-Tcp 的权限项目"对话框

⑥ 单击"更改"按钮，显示图 8-13 所示的"选择用户或组"对话框，在该对话框中可以自定义用户的权限。具体操作请参见本书的相关内容。

⑦ 在图 8-11 所示的"RDP-Tcp 的高级安全设置"对话框中单击"删除"按钮，可以删除选定的用户，单击"添加"按钮，可以添加允许使用终端服务的用户或组。具体操作请参

见相关内容。

⑧ 设置完成后，单击"确定"按钮，保存设置即可。

至此完成了为用户设置权限的操作，用户可以使用远程桌面服务了。

2．终端服务高级设置

（1）更改加密级别

① 在"RDP-Tcp 属性"对话框中切换到

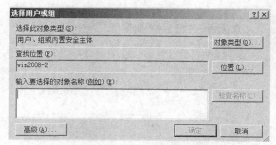

图 8-13 "选择用户和组"对话框

图 8-9 所示的"常规"选项卡。在"安全"栏的"安全层"下拉列表中选择欲使用的安全层设置。

- 协商。使用客户端支持的最安全层。
- SSL（TLS 1.0）。将用于服务器身份验证，并用于加密服务器和客户端之间传输的所有数据。
- RDP 安全层。服务器和客户端之间的通信将使用本地 RDP 加密。

② 在"加密级别"下拉列表中选择合适的级别。

- 客户端兼容。根据客户端支持的最长密钥长度，所有从客户端和服务器之间发送的数据都受加密保护。
- 低。所有从客户端和服务器之间发送的数据都受加密保护，加密基于客户端所支持的最大密钥强度。
- 高。根据服务器支持的最长密钥长度，所有从客户端和服务器之间发送的数据都受加密保护。不支持这个加密级别的客户端无法连接。
- 符合 FIPS 标准。所有从客户端和服务器之间发送的数据都受联邦信息处理标准（FIPS）140-1 验证加密算法的保护。

③ 单击"选择"按钮，可以选择当前服务器所安装的证书，默认情况下将使用远程桌面服务器的自生成证书。最后，单击"应用"或"确定"按钮保存设置。

（2）登录设置

① 切换到图 8-14 所示的"登录设置"选项卡，选择"总是使用下列登录信息（L）:"单选项，设置允许用户登录的信息。在"用户名"文本框中键入允许自动登录到服务器的用户名称；在"域"文本框中键入用户计算机所属域的名称；在"密码"和"确认密码"文本框中键入该用户登录时的密码。需要注意的是，当所有的用户以相同的账户登录时，要跟踪可能导致问题的用户会比较困难。如果勾选"始终提示密码"复选框，则该用户在登录到服务器之前始终要被提示输入密码。

② 最后，单击"应用"或"确定"按钮保存设置。

（3）配置远程桌面会话主机服务超时和重新连接

① 切换到图 8-15 所示的"会话"选项卡。勾选"改写用户设置"复选框，允许用户配置此连接的超时设置。

- 在"结束已断开的会话"中选择断开连接的会话留在服务器上的最长时间，最长时间为 5 天。当到达时间限制时，就结束断开连接的会话，会话结束后会永久地从服务器中删除该会话。选择"从不"选项，允许断开连接的会话永久地留在服务器上。

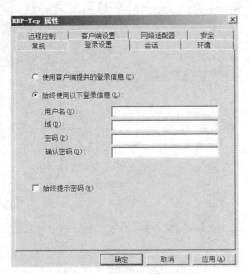

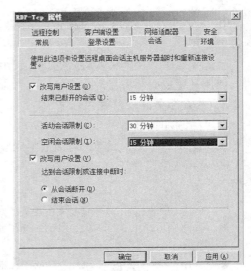

图 8-14 "登录设置"选项卡　　　　　　图 8-15 "会话"选项卡

- 在"活动会话限制"中选择用户的会话在服务器上继续活动的最长时间。当到达时间限制时，用户会话会断开连接或结束，会话结束后会永久地从服务器中删除。选择"从不"选项，允许会话永久地继续下去。
- 在"空闲会话限制"中选择空闲的会话（没有客户端活动的会话）继续留在服务器上的最长时间。当到达时间限制时，会将用户从会话断开连接或结束会话，会话结束后会永久地从服务器中删除。选择"从不"选项，允许空闲会话永久地留在服务器上。

② 勾选"改写用户设置"复选框，设置达到会话限制或者连接被中断时进行的操作。

"从会话断开"单选项，从会话中断开连接，允许该会话重新连接。

"结束会话"单选项，达到会话限制或者连接被中断时用户结束会话，会话结束后会永久地从服务器中删除该会话。需要注意的是，任何运行的应用程序都会被强制关闭，这可能导致客户端的数据丢失。

③ 最后，单击"应用"或"确定"按钮保存设置。

（4）管理远程控制

① 切换到图 8-16 所示的"远程控制"选项卡，可以远程控制或观察用户会话。

② 选中"使用具有下列设置的远程控制"单选项，可使用默认用户设置的远程控制；如果选中"不允许远程控制"单选项，则不允许任何形式的远程控制；要在客户端上显示询问是否有查看或加入该会话权限的消息，则应选择"使用具有下列设置的远程控制"单选项，并勾选"需要用户许可"复选框；在"控制级别"栏中选择"查看会话"单选项，则用户的会话只能查看；选择"与会话互动"单选项，用户的会话可以随时使用键盘和鼠标进行控制。

③ 最后，单击"应用"或"确定"按钮保存设置。

（5）管理客户端设置

① 切换到图 8-17 所示的"客户端设置"选项卡，勾选"限制最大颜色深度"复选框限制颜色深度最大值，从下拉列表中选择想要的颜色深度最大值。

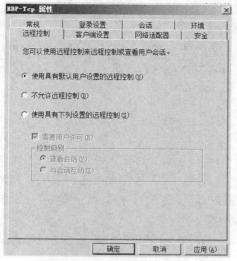

图 8-16 "远程控制"选项卡

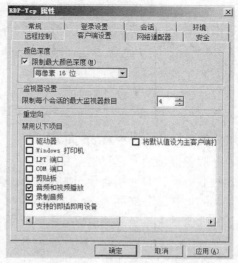

图 8-17 "客户端设置"对话框

② 在"禁用以下项目"列表中勾选相应的复选框，配置用于映射客户端的设备。

● 驱动器。禁用客户端驱动器映射，默认情况下，"驱动器映射"启用（未勾选）。

● Windows 打印机。禁用客户端的 Windows 打印机映射。默认情况下，"Windows 打印机"启用（未勾选）。此项启用时，客户端可以映射 Windows 打印机，同时所有的客户端打印机队列在登录时重新连接。当 LPT 和 COM 端口映射都被禁用时，将无法手动添加打印机。

● LPT 端口。禁用客户端 LPT 端口映射，默认情况下，"LPT 端口"启用（未勾选）。启用时，客户端 LPT 端口将映射为打印端口，并且出现在"添加打印机"向导的端口列表中；禁用时，客户端 LPT 端口不会自动映射，用户无法手动创建使用 LPT 端口的打印机。

● COM 端口。禁用客户端的 COM 端口映射，默认情况下，"COM 端口"启用（未勾选）。启用时，客户端 COM 端口将映射为打印端口，并出现在"添加打印机"向导的端口列表中；禁用时，客户端 COM 端口不会自动映射，用户无法手动创建使用 COM 端口的打印机。

● 剪贴板。禁用客户端剪贴板映射，默认情况下，"剪贴板"启用。

● 音频。禁用客户端音频映射，默认情况下，"音频和视频播放"禁用。

● 支持的即插即用设备。禁用使用服务器的即插即用设备（如 U 盘等）。

● 默认为主客户端打印机。禁用默认的主客户端打印机。

③ 最后，单击"应用"或"确定"按钮保存设置。

（6）配置网络适配器

① 切换到图 8-18 所示的"网络适配器"选项

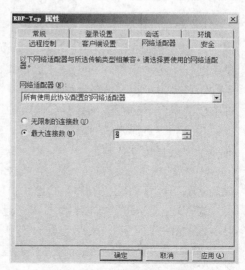

图 8-18 "网络适配器"选项卡

卡。目前基本上所有的服务器都会在主板上集成两块网卡，因此需要在"网络适配器"下拉列表中选择欲设置为允许使用终端服务的服务器网卡。

② 另外，为了保证远程桌面会话主机服务器的性能不受影响，还应设置同时连接到服务器的客户端数量。选择"最大连接数"单选项，并在文本框中键入所允许的最大连接数量即可。

③ 最后，单击"应用"或"确定"按钮保存设置。

8.3.3 配置远程桌面用户

当服务器启用了远程连接功能以后，在网络中的客户端计算机使用"远程桌面连接"连接远程服务器，并使用有权限的用户账户登录，可登录到远程服务器桌面进行管理，操作起来就如同坐在服务器面前一样。默认情况下，远程服务器最多只允许两个远程连接，安装了远程桌面会话主机服务并授权以后，将不具有连接限制。

默认情况下，Windows Server 2008 只允许 Administrators 组中的成员具有远程桌面连接权限，如果想要允许其他用户使用远程连接功能，应赋予远程连接权限。

① 根据实际需要创建用户，准备赋予远程桌面会话主机服务访问权限，如图 8-19 所示。

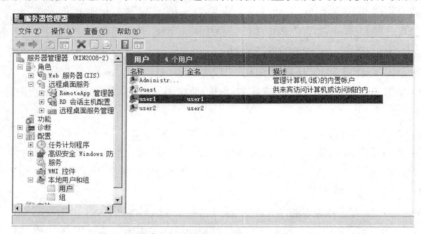

图 8-19 "服务器管理器-创建 user1"选项卡

② 打开"开始"菜单，右键单击"计算机"并选择快捷菜单中的"属性"选项，打开"系统"窗口。在"任务"栏中单击"远程设置"链接，显示图 8-20 所示的"系统属性"对话框。在"远程"选项卡中，可以在"远程桌面"选项区域中选择远程连接方式，通常选择"允许运行任意版本远程桌面的计算机连接（较不安全）"单选按钮即可。如果想使用户安全连接，可选择"只允许运行带网络身份验证的远程桌面的计算机连接（更安全）"单选按钮。

③ 单击"选择用户"按钮，显示图 8-21 所示的"远程桌面用户"对话框，默认只有 Administrator 用户账户具有访问权限。

④ 单击"添加"按钮，显示"选择用户"对话框，在"输入对象名称来选择"文本框中键入欲赋予远程访问权限的用户账户。

⑤ 单击"确定"按钮，添加到"远程桌面用户"对话框中，该用户便具有了远程访问权限。如图 8-21 所示，"user1"用户有了访问权限。

⑥ 单击"确定"按钮保存，在远程计算机上就可以使用该用户账户利用远程桌面访问服务器了。

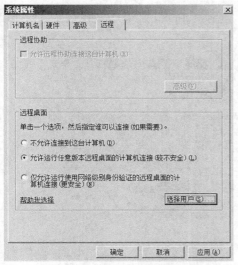

图 8-20 "系统属性"对话框

图 8-21 "远程桌面用户"对话框

8.3.4　使用远程桌面连接

　　Windows XP Professional 和 Windows 2003/Vista/2008 都内置有远程桌面功能，不需另行安装，即可直接用来远程连接远程桌面会话主机服务器的桌面并进行管理。这里以 Windows Server 2008 为例。

　　① 以管理员身份登录计算机 "win2008-3"。单击 "开始" → "所有程序" → "附件" → "远程桌面连接"，显示图 8-22 所示的 "远程桌面连接"对话框，在 "计算机"文本框中键入远程桌面会话主机服务器的 IP 地址。本例是 10.10.10.2。

　　② 单击 "选项"按钮，如图 8-23 所示，可以详细地配置远程桌面连接。

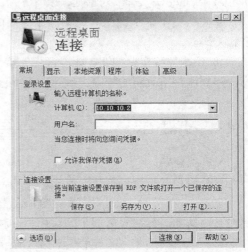

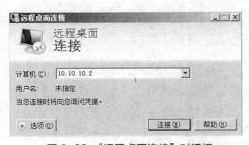

图 8-22 "远程桌面连接"对话框　　　　　　图 8-23 "远程桌面连接-选项"对话框

　　③ 选择 "显示"选项卡，可以设置远程桌面的大小及颜色质量，通常应根据自己的显示器及分辨率的大小来选择。

　　④ 选择 "本地资源"选项卡，如图 8-24 所示，可以设置要使用的本地资源。单击 "本地设备和资源"下面的 "详细信息"按钮，打开图 8-25 所示的 "本地设备和资源"对话框。

比如，选中"本地磁盘（C:）"则可在远程会话中使用该计算机上的"磁盘 C"，便于与远程主机进行数据交换。

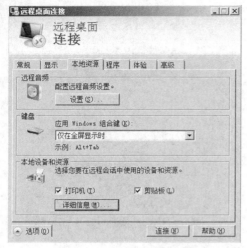

图 8-24 "远程桌面连接－本地资源"对话框

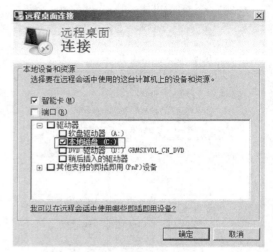

图 8-25 "远程桌面连接－本地设备和资源"对话框

⑤ 选择"程序"选项卡，可以配置在使用远程桌面连接时启动的程序。

⑥ 选择"体验"选项卡，根据自己的网络状况，可以选择连接速度以优化性能。

⑦ 选择"高级"选项卡，可以设置服务器身份验证的使用方式。

⑧ 设置完成后单击"连接"按钮，显示图 8-26 所示的"Windows 安全"对话框，分别在"用户名"和"密码"文本框中键入具有访问服务器的用户名和密码。

图 8-26 "Windows 安全"对话框

⑨ 单击"确定"按钮，即可远程连接到服务器的桌面。此时就可以像使用本地计算机一样，根据用户所具有的权限，利用键盘和鼠标对服务器进行操作了。

8.4 习题

一、填空题

（1）用户要进行远程桌面连接，要加入到_____组中。

（2）_____是远程桌面和终端服务器进行通信的协议，该协议基于 TCP/IP 进行工作，允许用户访问运行在服务器上的应用程序和服务，无需本地执行这些程序。

（3）远程桌面是用来远程管理服务器的，最多只能连接_____，如果想让更多的用户连接到服务器，使用安装在服务器上的程序，必须在服务器上安装_____。

（4）远程桌面服务由_____、_____、_____组成。

（5）远程桌面协议 RDP 默认使用 TCP 协议端口是_____。

二、简答题

（1）远程桌面服务的优点是什么？

（2）远程桌面连接，断开和注销有什么区别？

（3）如何设置使得用户在远程桌面中可以看到本地的磁盘？

8.5　项目实训　配置与管理远程桌面服务器

一、项目实训目的

- 掌握远程桌面服务的安装。
- 掌握配置与管理远程桌面服务器。
- 掌握连接到远程桌面的方法。

二、项目环境

本项目根据图 8-1 所示的环境来部署远程桌面服务器。

三、项目要求

根据网络拓扑图 8-1，完成如下任务。

① 安装远程桌面服务。

② 配置与管理远程桌面服务器。

③ 连接远程桌面。

PART 9

项目 9
配置与管理数字证书服务器

本项目学习要点

对于大型的计算机网络，数据的安全和管理的自动化历来都是人们追求的目标，特别是随着 Internet 的迅猛发展，在 Internet 上处理事务、交流信息和交易等方式越来越广泛，越来越多的重要数据要在网上传输，网络安全问题也更加被重视，尤其是在电子商务活动中，必须保证交易双方能够互相确认身份，安全地传输敏感信息，同时还要防止被人截获、篡改，或者假冒交易等。因此，如何保证重要数据不受到恶意的损坏，成为网络管理最关键的问题之一。而通过部署公钥基础机构（PKI），利用 PKI 提供的密钥体系来实现数字证书签发、身份认证、数据加密和数字签名等功能，可以为网络业务的开展提供安全保证。

- 理解数字证书的概念和 CA 的层次结构。
- 掌握企业 CA 的安装与证书申请。
- 掌握数字证书的管理。
- 掌握基于 SSL 的网络安全应用。

9.1　项目基础知识

数字证书是一段包含用户身份信息、用户公钥信息和身份验证机构数字签名的数据。

身份验证机构的数字签名可以确保证书信息的真实性，用户公钥信息可以保证数字信息传输的完整性，用户的数字签名可以保证数字信息的不可否认性。

9.1.1　数字证书

数字证书是各类终端实体和最终用户在网上进行信息交流和商务活动的身份证明，在电子交易的各个环节，交易的各方都需验证对方数字证书的有效性，从而解决相互间的信任问题。

数字证书是一个经证书认证中心（CA）数字签名的，包含公开密钥拥有者信息和公开密钥的文件。CA 作为权威的、可信赖的、公正的第三方机构，专门负责为各种认证需求提供数字证书服务。认证中心颁发的数字证书均遵循 X.509 V3 标准。X.509 标准在编排公共密钥密码格式方面已被广为接受。X.509 证书已应用于许多网络安全，其中包括 IPSec（IP 安全）、SSL、SET、S/MIME。

数字信息安全主要包括以下几个方面。

- 身份验证（Authentication）。
- 信息传输安全。
- 信息保密性（存储与交易）（Confidentiality）。
- 信息完整性（Integrity）。
- 交易的不可否认性（Non-repudiation）。

对于数字信息的安全需求，可以通过如下方法来实现。

- 数据保密性——加密。
- 数据的完整性——数字签名。
- 身份鉴别——数字证书与数字签名。
- 不可否认性——数字签名。

为了保证网上信息传输双方的身份验证和信息传输安全，目前采用数字证书技术来实现，从而实现对传输信息的机密性、真实性、完整性和不可否认性。

9.1.2　PKI

公钥基础结构（Public Key Infrastructure，PKI）是通过使用公钥加密对参与电子交易的每一方的有效性进行验证和身份验证的数字证书、证书颁发机构（CA）和其他注册机构（RA）。尽管 PKI 的各种标准正被作为电子商务的必需元素来广泛实现，但它们仍在发展。

一个单位选择使用 Windows 来部署 PKI 的原因有很多。

- 安全性强。可以通过智能卡获得强大的身份验证，也可以通过使用 Internet 协议安全性来维护在公用网络上传输的数据保密性和完整性，并使用 EFS（加密文件系统）维护已存储数据的保密性。
- 简化管理。可以颁发证书并与其他技术一起使用，这样，就没有必要使用密码了。必要时可以吊销证书并发布证书吊销列表（CRL）。可以使用证书来跨整个企业地建立信任关系；还可以利用"证书服务"与 Active Directory 目录服务和策略的集成；还可以将证书映射到用户账户。
- 其他机会。可以在 Internet 这样的公用网络上安全地交换文件和数据；可以通过使用安全/多用途 Intemet 邮件扩展（S/MIME）实现安全的电子邮件传输，使用安全套接字层（SSL）或传输层安全性（TLS）实现安全的 Web 连接；还可以对无线网络实现安全增强功能。

9.1.3　内部 CA 和外部 CA

微软认证服务（Microsoft Certificate Services），使企业内部可以很容易地建立满足商业需要的认证权威机构（CA）。认证服务包括一套向企业内部用户、计算机或服务器发布认证的策略模型。其中包括对请求者的鉴定，以及确认所请求的认证是否满足域中的公用密钥安全策略。这种服务可以很容易地进行改进和提高以满足其他的策略要求。

同时，还有一些大型的外部商用 CA 为成千上万的用户提供认证服务。通过 PKI，可以很容易地实现对企业内部 CA 和外部 CA 的支持。

每个 CA 都有一个由自己或其他 CA 颁发的证书来确认自己的身份。对某个 CA 的信任意味着信任该 CA 的策略和颁发的所有证书。

9.1.4 颁发证书的过程

CA 颁发证书涉及如下 4 个步骤。

① CA 收到证书请求信息，包括个人资料和公钥等。

② CA 对用户提供的信息进行核实。

③ CA 用自己的私钥对证书进行数字签名。

④ CA 将证书发给用户。

9.1.5 证书吊销

证书的吊销使得证书在自然过期之前便宣告作废。作为安全凭据的证书在其过期之前变得不可信任，其中的原因很多，可能的原因包括：

- 证书拥有者的私钥泄露或被怀疑泄露；
- 发现证书是用欺骗手段获得的；
- 证书拥有者的情况发生了改变。

9.1.6 CA 的层次结构

Windows Server 2008 PKI 采用了分层 CA 模型。这种模型具备可伸缩性，易于管理，并且能够对不断增长的商业性第三方 CA 产品提供良好的支持。在最简单的情况下，认证体系可以只包含一个 CA。但是就一般情况而言，这个体系是由相互信任的多重 CA 构成的，如图 9-1 所示。

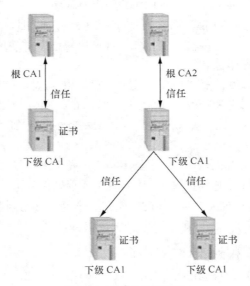

图 9-1 CA 的分层体系

可以存在彼此没有从属关系的不同分层体系，而并不需要使所有的 CA 共享一个公共的顶级父 CA（或根 CA）。

在这种模型中，子 CA 由父 CA 进行认证，父 CA 发布认证书，以确定子 CA 公用密钥与它的身份和其他策略属性之间的关系。分层体系最高级的 CA 一般称为根 CA。下级的 CA 一般称为中间 CA 或发布 CA。发布最终认证给用户的 CA 被称为发布 CA。中间 CA 指的是那些不是根 CA，而对其他 CA 进行认证的 CA 级。

9.2 项目设计及准备

计算机 2 台，一台安装 Windows Server 2008 R2 企业版，用作 CA 服务器和 Web 服务器，IP 地址为 192.168.0.223。一台安装 Windows 7 作为客户端进行测试，IP 地址为 192.168.0.200。或者用一台计算机安装多个虚拟机。

Windows Server 2008 R2 安装光盘或其镜像，Windows 7 安装光盘或其镜像文件。

9.3 项目实施

若要使用证书服务，必须在服务器上安装并部署企业 CA，然后由用户向该企业 CA 申请证书，使用公开密钥和私有密钥来对要传送的信息进行加密和身份验证。用户在发送信息时，要使用接收人的公开密钥将信息加密，接收人收到后再利用自己的私有密钥将信息解密，这样就保证了信息的安全。

9.3.1 了解企业证书的意义与应用

要保证信息在网络中的安全，就要对信息进行加密。PKI 根据公开密钥密码学（Public Key Cryptography）来提供信息加密与身份验证功能，用户需要使用公开密钥与私有密钥来支持这些功能，并且还必须申请证书或数字识别码，才可执行信息加密与身份验证。

数字证书是各实体在网上进行信息交流及商务交易活动中的身份证明，具有唯一性和权威性。为满足这一需求，需要建立一个各方都信任的机构，专门负责数字证书的发放和管理，以保证数字证书的真实可靠，这个机构就被称为"证书颁发机构（CA）"，也称"证书认证机构"。CA 作为 PKI 的核心，主要用于证书颁发、证书更新、证书吊销、证书和证书吊销列表的公布、证书状态的在线查询和证书认证等。

PKI 是一套基于公钥加密技术，为电子商务、电子政务等提供安全服务的技术和规范。作为一种基础设施，PKI 由公钥技术、数字证书、证书发放机构和关于公钥的安全策略等几部分共同组成，用于保证网络通信和网上交易的安全。

从广义上讲，所有提供公钥加密和数字签名服务的系统都称为 PKI 系统。PKI 的主要目的是通过自动管理密钥和数字证书为用户建立一个安全的网络运行环境，使用户可以在多种应用环境下方便地使用加密和数字签名技术。

PKI 包括以下几部分。

- 认证机构。简称 CA，即数字证书的颁发机构，是 PKI 的核心，必须具备权威性，为用户所信任。
- 数字证书库。存储已颁发的数字证书及公钥，供公众查询。
- 密钥备份及恢复系统。对用户密钥进行备份，便于丢失时恢复。
- 证书吊销系统。与各种身份证件一样，在证件有效期内也可能需要将证书作废。

- PKI 应用接口系统。便于各种各样的应用能够以安全可信的方式与 PKI 交互，确保所建立的网络环境安全可信。

PKI 广泛应用于电子商务、网上金融业务、电子政务和企业网络安全等领域。从技术角度看，以 PKI 为基础的安全应用非常多，许多应用程序依赖于 PKI。比较典型的例子有如下几个。

- 基于 SSL/TLS 的 Web 安全服务。利用 PKI 技术，SSL/TLS 协议允许在浏览器与服务器之间进行加密通信，还可以利用数字证书保证通信安全，便于交易双方确认对方的身份。结合 SSL 协议和数字证书，PKI 技术可以保证 Web 交易多方面的安全需求，使 Web 上的交易和面对面的交易一样安全。
- 基于 SET 的电子交易系统。这是比 SSL 更为专业的电子商务安全技术。
- 基于 S/MIME 的安全电子邮件。电子邮件的安全需求，如机密、完整、认证和不可否认等都可以利用 PKI 技术来实现。
- 用于认证的智能卡。
- VPN 的安全认证。目前广泛使用的 IPSec VPN 需要部署 PKI 用于 VPN 路由器和 VPN 客户机的身份认证。

9.3.2 认识 CA 模式

Windows Server 2008 支持两类认证中心：企业级 CA 和独立 CA，每类 CA 中都包含根 CA 和从属 CA。如果打算为 Windows 网络中的用户或计算机颁发证书，需要部署一个企业级的 CA，并且企业级的 CA 只对活动目录中的计算机和用户颁发证书。

独立 CA 可向 Windows 网络外部的用户颁发证书，并且不需要活动目录的支持。

在建立认证服务之前，选择一种适应需要的认证模式是非常关键的，安装认证服务时可选择 4 种 CA 模式，每种模式都有各自的性能和特性。

1．企业根 CA

企业 CA 是认证体系中最高级别的证书颁发机构。它通过活动目录来识别申请者，并确定该申请者是否对特定证书有访问权限。如果只对组织中的用户和计算机颁发证书，则需建立一个企业的根 CA。一般来讲，企业的根 CA 只对其下级的 CA 颁发证书，而下级 CA 再颁发证书给用户和计算机。安装企业根 CA 需要如下支持。

- 活动目录：证书服务的企业策略信息存放在活动目录中。
- DNS 名称解析服务：在 Windows 中活动目录与 DNS 紧密集成。
- 对 DNS、活动目录和 CA 服务器的管理权限。

2．企业从属 CA

企业从属 CA 是组织中直接向用户和计算机颁发证书的 CA。企业从属 CA 在组织中不是最受信任的 CA，它还要有上一级 CA 来确定自己的身份。

3．独立根 CA

独立根 CA 是认证体系中最高级别的证书颁发机构。独立根 CA 不需活动目录，因此即使是域中的成员也可不加入到域中。独立根 CA 可从网络中断开放置到安全的地方。独立根 CA 可用于向组织外部的实体颁发证书。同企业根 CA 一样，独立根 CA 通常只向其下一级的独立 CA 颁发证书。

4．独立从属 CA

独立从属 CA 将直接对组织外部的实体颁发证书。建立独立从属 CA 需要以下支持。

- 上一级 CA：比如组织外部的第三方商业性的认证机构。
- 因为独立 CA 不需加入到域中，因此要有对本机操作的管理员权限。

9.3.3　安装证书服务并架设独立根 CA

安装证书服务器并架设独立根 CA 的步骤如下。

① 登录 Windows Server 2008 服务器，打开"服务器管理器"，如图 9-2 所示。

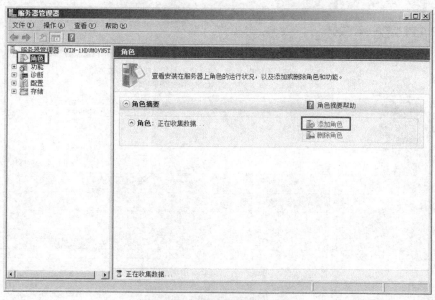

图 9-2　"服务器管理器"窗口

② 单击"添加角色"按钮，然后单击"下一步"按钮。至少需要两种角色：Active Directory 证书服务和 Web 服务（IIS），如图 9-3 所示。

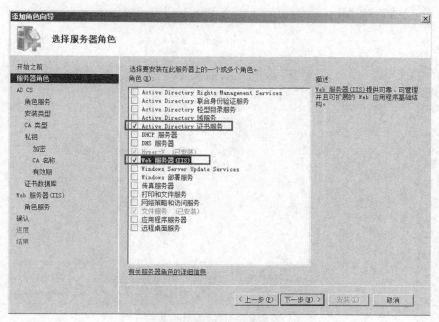

图 9-3　选择服务器角色

③ 单击"下一步"按钮，进入证书服务简介界面，单击"下一步"按钮,勾选"证书颁发机构"、"证书颁发机构 WEB 注册"，如图 9-4 所示。

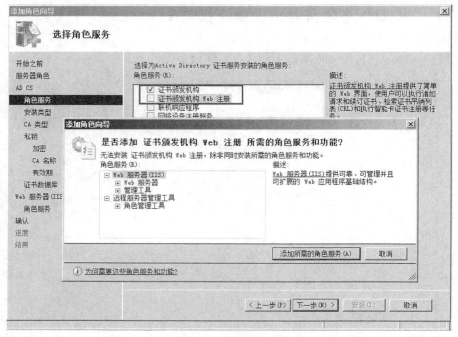

图 9-4　选择角色服务

④ 单击"下一步"按钮，勾选"独立"选项，如图 9-5 所示（由于不在域管理中创建，直接默认为："独立"）。

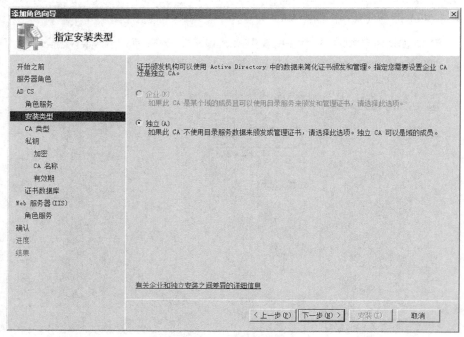

图 9-5　指定安装类型

⑤ 单击 "下一步" 按钮，由于是首次创建，勾选 "根 CA"，如图 9-6 所示。

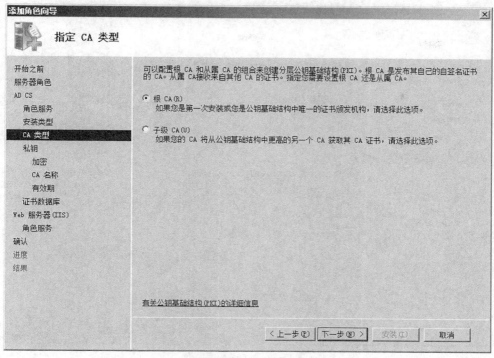

图 9-6 指定 CA 类型

⑥ 单击 "下一步" 按钮，首次创建勾选 "新建私钥"，如图 9-7 所示。

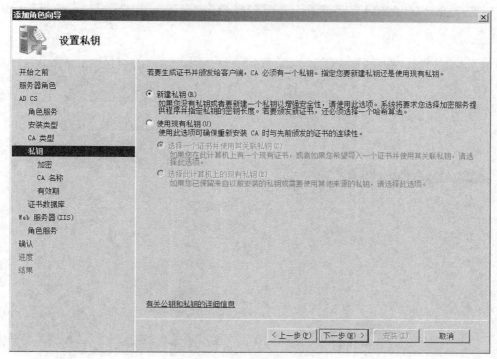

图 9-7 设置私钥

⑦ 单击"下一步"按钮，为 CA 配置加密，如图 9-8 所示。

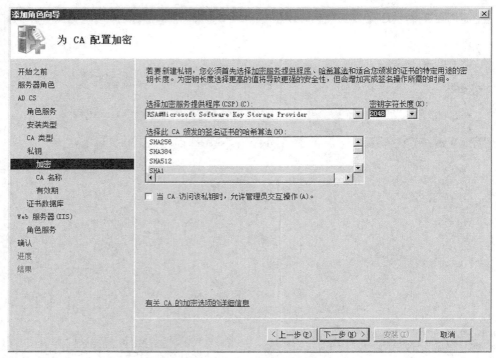

图 9-8　为 CA 配置加密

⑧ 单击"下一步"按钮，配置 CA 名称，如图 9-9 所示。本例 CA 名称设为 NTKO-ZS。

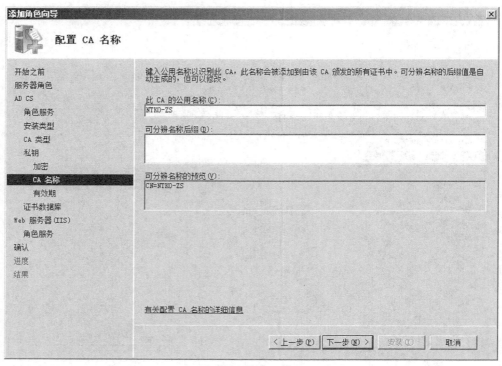

图 9-9　配置 CA 名称

⑨ 单击"下一步"按钮，接下来设置有效期、配置证书数据库，采用默认值即可，然后设置安装 IIS 角色的各选项，请勾选"ASP.NET"".NET 扩展件""CGI"和"在服务器端的包含文件"，如图 9-10 所示。

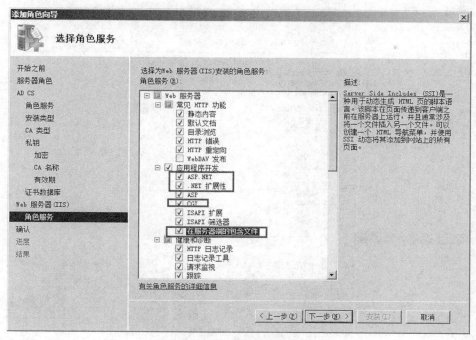

图 9-10　选择角色服务

⑩ 单击"安装"按钮开始安装角色，如图 9-11 所示。

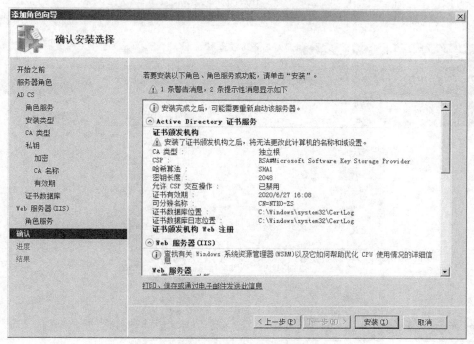

图 9-11　确认安装选择

⑪ 安装完毕，单击"关闭"按钮，显示安装结果，如图 9-12 所示。

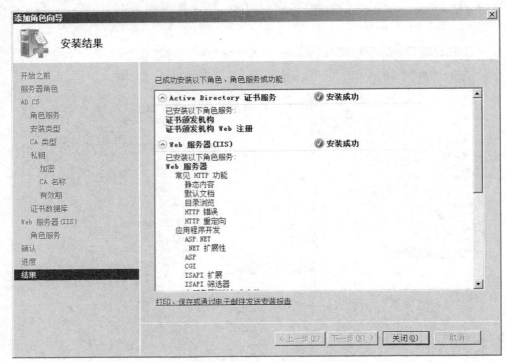

图 9-12　安装结果

9.3.4　创建服务器证书

① 打开"开始"→"管理工具"→"Internet 信息服务（IIS）管理器"，选择左侧连接栏中的计算机名称根节点，如图 9-13 所示，在"主页"框中选择"服务器证书"并双击。

图 9-13　服务器证书

② 单击操作栏里的"创建证书申请"按钮，如图 9-14 所示。

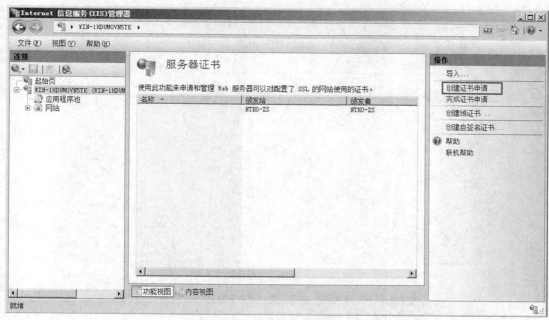

图 9-14　创建证书申请

③ 填写证书申请的相关信息，如图 9-15 所示。

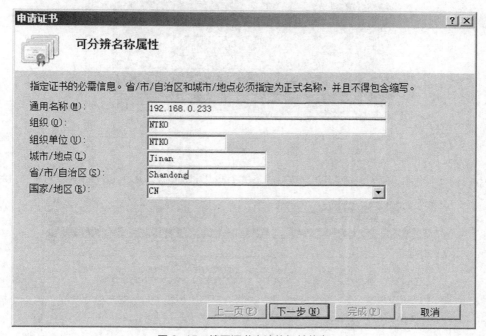

图 9-15　填写证书申请的相关信息

④ 指定一个证书申请信息文本文件存储路径和文件名，如图 9-16 所示。

⑤ 单击"完成"按钮后，即在指定目录下生成一个文本文件，双击打开该文本文件后后，复制里面的全部内容，如图 9-17 所示。

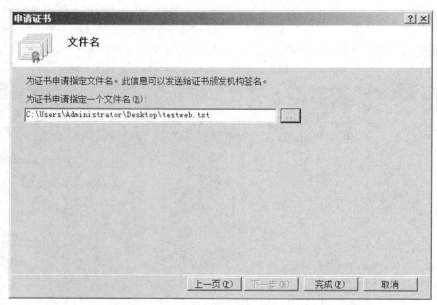

图 9-16 指定存储路径和文件名

图 9-17 文本文件内容

⑥ 打开浏览器，在地址栏中输入证书服务的管理地址 http://localhost/certsrv，如图 9-18 所示。

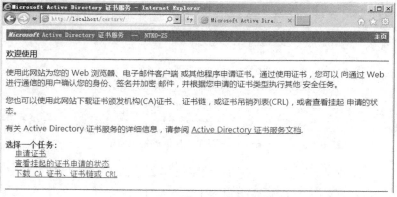

图 9-18 申请证书

⑦ 单击"申请证书"按钮，出现如图 9-19 所示的高级证书申请界面。

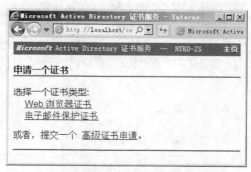

图 9-19　高级证书申请

⑧ 单击"高级证书申请"按钮，出现如图 9-20 所示的界面。把从文本文件里复制的内容粘贴到"Base-64 编码的证书申请(CMC 或 PKCS #10 或 PKCS #7):"下面的文本框中，单击"提交"按钮。

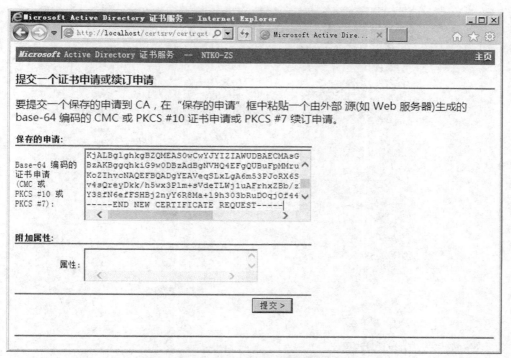

图 9-20　提交一个证书申请或续订

⑨ 此时可以看到提交信息，申请已经提交给证书服务器，如图 9-21 所示。关闭当前 IE。

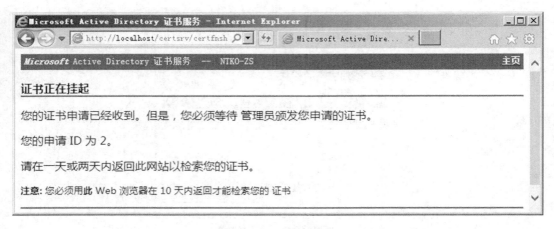

图 9-21　证书申请信息

⑩ 在开始菜单（或者管理工具）里找到证书颁发管理工具，如图 9-22 所示，或者依次单击回到 Windows "桌面" → "开始" → "运行"，输入 certsrv.msc 命令。

图 9-22　证书颁发管理工具

⑪ 在左侧列表中点击挂起的申请。在右侧的证书申请列表中选中申请记录，右键选择所有任务下的 "颁发"，如图 9-23 所示。

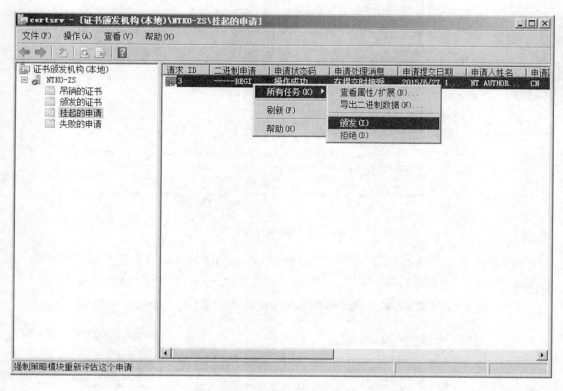

图 9-23 颁发挂起的证书申请

⑫ 打开浏览器，在地址栏中输入证书服务的管理地址 http://localhost/certsrv。打开页面后，可单击"查看挂起的证书申请的状态"，之后会进入"查看挂起的证书申请的状态"页面，单击"保存的申请证书"，如图 9-24 所示。

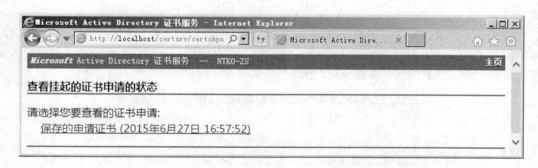

图 9-24 查看挂起的证书申请的状态

⑬ 右键单击"下载证书"按钮，在弹出的对话框中，单击"保存"按钮右侧的向下箭头，选择"另存为"命令，将证书下载到本地，如图 9-25 所示。

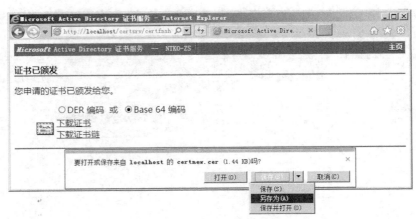

图 9-25　将证书下载到本地

⑭　打开"开始"→"管理工具"→"Internet 信息服务(IIS)管理器",双击"主页"框中的"服务器证书"按钮,在弹出的对话框中,选择右侧操作栏中的完成证书申请,如图 9-26 所示。

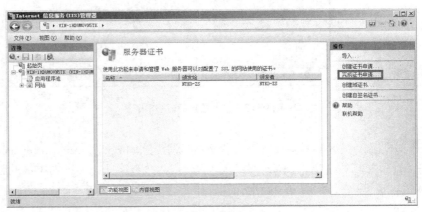

图 9-26　完成证书申请（1）

⑮　在"包含证书颁发机构响应的文件名（R）:"下面选择前面下载到桌面上的证书文件,本例中为"certnew.cer",并给证书设置一个好记名称,例如:mytest。然后单击"确定"按钮后完成整个证书申请流程,如图 9-27 所示。

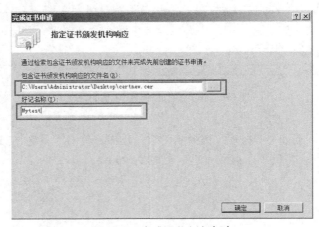

图 9-27　完成证书申请（2）

⑯ 上述操作完后，可在"服务器证书"界面下看到申请的证书，如图 9–28 所示。

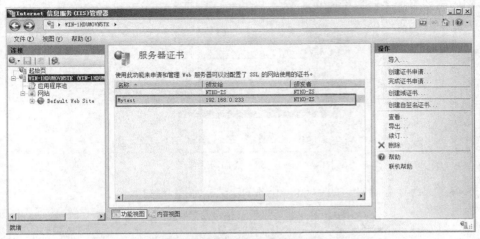

图 9–28 IIS 服务器申请到的证书

9.3.5 给网站绑定 HTTPS

① 在 IIS 里添加好网站后，在左侧连接栏里右键选择添加的网站，选择编辑绑定，如图 9–29 和图 9–30 所示。

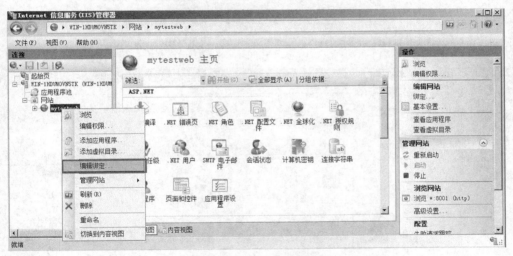

图 9–29 选择"编辑绑定"

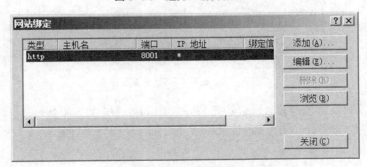

图 9–30 网站绑定

② 单击"添加"按钮。类型选择 HTTPS，以及绑定的服务器的 IP 地址，端口是默认的443，然后需要选择上一步申请的证书，如图 9-31 所示。

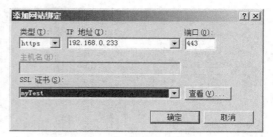

图 9-31　添加网站绑定

③ 确定之后，删除默认的 HTTP 的绑定记录，如图 9-32 所示。

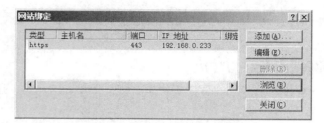

图 9-32　删除默认的 HTTP 的绑定记录

④ 选中添加的网站，在窗口中间选择 SSL 设置，如图 9-33 所示。

图 9-33　选择"SSL 设置"选项

⑤ 双击"SSL 设置"按钮，在弹出的对话框中勾选"要求 SSL 和需要 128 位 SSL"选项。点击右侧操作栏的应用后，服务端配置就此完成，如图 9-34 所示。

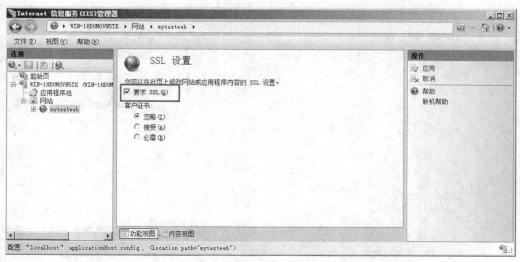

图 9-34　SSL 设置

9.3.6　导出根证书

服务器端配置完成后，需要将根证书导出在每台客户端上安装后，客户端才能正常访问网站。

① 登录证书和 Web 服务器，打开"Internet 选项"，单击"内容"选项卡，如图 9-35 所示。

② 单击"证书"按钮，在受信任的根证书颁发机构选项卡里选择之前创建的根证书，并单击"导出"按钮，如图 9-36 所示。

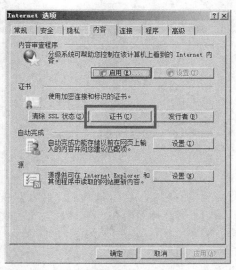

图 9-35　"Internet 选项"-"内容"-"证书"

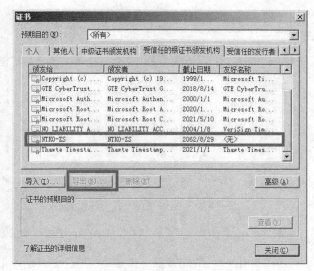

图 9-36　证书

③ 按向导完成证书的导出。请记住文件名和位置，如图 9-37 所示。导出成功的界面如图 9-38 所示。

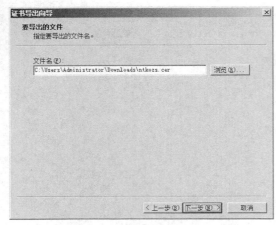

图 9-37　证书文件名及位置

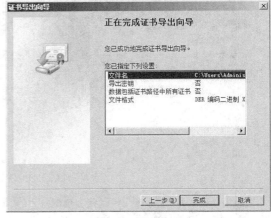

图 9-38　完成证书导出

9.3.7　客户端安装根证书

① 在客户端鼠标右键单击从服务器端导出的根证书文件，选择"安装证书"，如图 9-39 所示。

图 9-39　选择"安装证书"命令

② 弹出"安全性警告"信息，如图 9-40 所示。

③ 选择"是"按钮继续，选择"将所有的证书放入下列存储项"选项，并单击浏览选择受信任的根证书颁发机构，如图 9-41 所示。

④ 单击"下一步"按钮，按向导完成证书导入，如图 9-42 所示。

⑤ 根证书安装完毕后，就可以打开浏览器，在地址栏里输入 https://192.168.0.223。通过以上设置现在就能够成功访问该网站了。

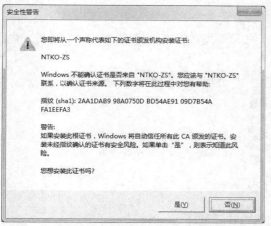

图 9-40 "安全性警告"信息

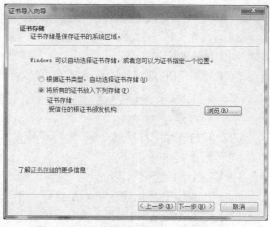

图 9-41 将所有的证书放入下列存储项

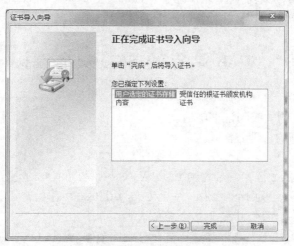

图 9-42 完成证书导入

9.4 习题

一、填空题

（1）数字签名通常利用公钥加密方法实现，其中发送者签名使用的密钥为发送者的_____。

（2）身份验证机构的_____可以确保证书信息的真实性，用户的_____可以保证数字信息传输的完整性，用户的_____可以保证数字信息的不可否认性。

（3）认证中心颁发的数字证书均遵循_____标准。

（4）PKI 的中文名称是_____，英文全称是_____。

（5）_____专门负责数字证书的发放和管理，以保证数字证书的真实可靠，也称_____。

（6）Windows Server 2008 支持两类认证中心：_____和_____，每类 CA 中都包含根 CA 和从属 CA。

（7）申请独立 CA 证书时，只能通过_____方式。

（8）独立 CA 在收到申请信息后，不能自动核准与发放证书，需要_____证书，然后客户端才能安装证书。

（9）并不是所有被吊销的证书都可以解除吊销，只有在吊销时选择的"理由码"为_____的证书才可以被解除吊销。

二、简答题

（1）对称密钥和非对称密钥的特点各是什么？

（2）什么是电子证书？

（3）证书的用途是什么？

（4）企业根 CA 和独立根 CA 有什么不同？

（5）安装 Windows Server 2008 认证服务的核心步骤是什么？

（6）证书与 IIS 结合实现 Web 站点的安全性的核心步骤是什么？

（7）简述证书的颁发过程和吊销过程。

9.5 项目实训 Web 站点的 SSL 安全连接

一、项目实训目的

● 掌握企业 CA 的安装与证书申请。

● 掌握数字证书的管理方法及技巧。

二、项目环境

本项目需要计算机 2 台，一台安装 Windows Server 2008 R2 企业版，用作 CA 服务器和 Web 服务器，IP 地址为 192.168.0.223；一台安装 Windows 7 作为客户端进行测试，IP 地址为 192.168.0.200。或者一台计算机安装多个虚拟机。

另外需要 Windows Server 2008 R2 安装光盘或其镜像，Windows 7 安装光盘或其镜像文件。

三、项目要求

在默认情况下，IIS 使用 HTTP 协议以明文形式传输数据，没有采取任何加密措施，用户的重要数据很容易被窃取，如何才能保护局域网中的这些重要数据呢？我们可以利用 CA 证书使用 SSL 增强 IIS 服务器的通信安全。

SSL 网站不同于一般的 Web 站点，它使用的是"HTTPS"协议，而不是普通的"HTTP"协议，因此它的 URL（统一资源定位器）格式为"https://网站域名"。具体实现方法如下。

1．在网络中安装证书服务

安装独立根 CA，设置证书的有效期限为 5 年，指定证书数据库和证书数据库日志采用默认位置。

2．利用 IIS 创建 Web 站点

利用 IIS 创建一个 Web 站点。具体方法详见"项目 7 配置与管理 Web 服务器和 FTP 服务器"相关内容，在此不再赘述。

3．服务端（Web 站点）安装证书

选择"开始/程序/管理工具/Internet 信息服务"，打开 Web 站点的"属性"对话框，转到"目录安全性"选项卡，选择"服务器证书"，从 CA 安装证书，设置参数如下。

① 此网站使用的方法是"新建证书"，并且立即请求证书。

② 新证书的名称是"smile"，加密密钥的位长是 512。

③ 单位信息：组织名 jn（济南）和部门名称×××（信息系）。

④ 站点的公用名称：top。

⑤ 证书的地理信息：中国，山东省，济南市。

⑥ SSL 端口采用默认的 443。

⑦ 选择证书颁发机构为前面安装的机构。

4．服务器端（Web 站点）设置 SSL

在 Web 站点的"目录安全性"选项卡中单击"编辑"，选中"要求安全通道（SSL）"和"接受客户端证书"。

5．客户端（IE 浏览器）的设置

在客户端通过 Web 方式向证书颁发机构申请证书并安装。

6．进行安全通信（即验证实验结果）

① 利用普通的 HTTP 进行浏览，将会得到错误信息"该网页必须通过安全频道查看"。

② 利用 HTTPS 进行浏览，系统将通过 IE 浏览器提示客户 Web 站点的安全证书问题，单击"确定"，可以浏览到站点。

提示

　　客户端将向 Web 站点提供自己从 CA 申请的证书给 Web 站点，此后客户端（IE 浏览器）和 Web 站点之间的通信就被加密了。

PART 10

项目 10
配置与管理 VPN 和 NAT 服务器

本项目学习要点

　　某高校组建了学校的校园网，并且已经架设了文件服务、Web、FTP、DNS、DHCP、Mail 等功能的服务器来为校园网用户提供服务，现有如下问题需要解决：

　　（1）需要将子网连接在一起构成整个校园网；

　　（2）由于校园网使用的是私有地址，需要进行网络地址转换，是校园网中的用户能够访问互联网；

　　（3）为满足家住校外的师生对校园网内部资源和应用服务的访问需求，需要在校园网内开通远程接入功能。

　　该项目实际上是由 Windows Server 2008 操作系统的"路由和远程访问"角色完成的，通过该角色部署软路由、NAT 和 VPN，能够实现上述问题。本项目重点内容如下。

- 理解 NAT、VPN 的基本概念和基本原理。
- 理解远程访问 VPN 的构成和连接过程。
- 掌握配置并测试远程访问 VPN 的方法。
- 理解 NAT 网络地址转换的工作过程。
- 掌握配置并测试网络地址转换 NAT 的方法。

10.1　项目基础知识

　　为满足校外师生对校园网内部资源和应用服务的访问需求，需要开通校园网远程访问功能。只要能够访问互联网，不论是在家中、还是出差在外，都可以通过该功能轻松访问未对外开放的校园网内部资源（文件和打印共享、Web 服务、FTP 服务、OA 系统等）。

　　远程访问（Remote Access）也称为远程接入，通过这种技术，可以将远程或移动用户连接到组织内部网络上，远程用户就可以像他们的计算机物理地连接到内部网络上一样工作。实现远程访问最常用的连接方式就是 VPN 技术。目前，互联网中的多个企业网络常常选择

VPN 技术（通过加密技术、验证技术、数据确认技术的共同应用）连接起来，就可以轻易地在 Internet 上建立一个专用网络,让远程用户通过 Internet 来安全地访问网络内部的网络资源。

VPN（Virtual Private Network，VPN）即虚拟专用网，是指在公共网络（通常为 Internet 中）建立一个虚拟的、专用的网络，是 Internet 与 Intranet 之间的专用通道，为企业提供一个高安全、高性能、简便易用的环境。当远程的 VPN 客户端通过 Internet 连接到 VPN 服务器时，它们之间所传送的信息会被加密，所以即使信息在 Internet 传送的过程中被拦截，也会因为信息已被加密而无法识别，因此可以确保信息的安全性。

1．VPN 的构成

① 远程访问 VPN 服务器：用于接收并响应 VPN 客户端的连接请求，并建立 VPN 连接。它可以是专用的 VPN 服务器设备，也可以是运行 VPN 服务的主机。

② VPN 客户端：用于发起连接 VPN 连接请求，通常为 VPN 连接组件的主机。

③ 隧道协议：VPN 的实现依赖于隧道协议，通过隧道协议，可以将一种协议用另一种协议或相同协议封装，同时还可以提供加密、认证等安全服务。VPN 服务器和客户端必须支持相同的隧道协议，以便建立 VPN 连接。目前最常用的隧道协议有 PPTP 和 L2TP。

- PPTP（Point-to-Point Tunneling Protocol，点对点隧道协议）。PPTP 是点对点协议（PPP）的扩展，并协调使用 PPP 的身份验证、压缩和加密机制。PPTP 客户端支持内置于 Windows XP 远程访问客户端。只有 IP 网络（如 Internet）才可以建立 PPTP 的 VPN。两个局域网之间若通过 PPTP 来连接，则两端直接连接到 Internet 的 VPN 服务器必须要执行 TCP/IP 通信协议，但网络内的其他计算机不一定需要支持 TCP/IP 协议，它们可执行 TCP/IP、IPX 或 NetBEUI 通信协议，因为当它们通过 VPN 服务器与远程计算机通信时，这些不同通信协议的数据包会被封装到 PPP 的数据包内，然后经过 Internet 传送，信息到达目的地后，再由远程的 VPN 服务器将其还原为 TCP/IP、IPX 或 NetBEUI 的数据包。PPTP 是利用 MPPE（Microsoft Point-to-Point Encryption）加密法来将信息加密。PPTP 的 VPN 服务器支持内置于 Windows Server 2003 家族的成员。PPTP 与 TCP/IP 协议一同安装，根据运行"路由和远程访问服务器安装向导"时所做的选择，PPTP 可以配置为 5 个或 128 个 PPTP 端口。

- L2TP（Layer Two Tunneling Protocol，第二层隧道协议）。L2TP 是基于 RFC 的隧道协议，该协议是一种业内标准。L2TP 同时具有身份验证、加密与数据压缩的功能。L2TP 的验证与加密方法都是采用 IPSec。与 PPTP 类似，L2TP 也可以将 IP、IPX 或 NetBEUI 的数据包封装到 PPP 的数据包内。与 PPTP 不同，运行在 Windows Server 2003 服务器上的 L2TP 不利用 Microsoft 点对点加密（MPPE）来加密点对点协议（PPP）数据报。L2TP 依赖于加密服务的 Internet 协议安全性（IPSec）。L2TP 和 IPSec 的组合被称为 L2TP/IPSec。L2TP/IPSec 提供专用数据的封装和加密的主要虚拟专用网（VPN）服务。VPN 客户端和 VPN 服务器必须支持 L2TP 和 IPSec。L2TP 的客户端支持内置于 Windows XP 远程访问客户端，而 L2TP 的 VPN 服务器支持内置于 Windows Server 2003 家族的成员。L2TP 与 TCP/IP 协议一同安装，根据运行"路由和远程访问服务器安装向导"时所做的选择，L2TP 可以配置为 5 个或 128 个 L2TP 端口。

④ Internet 连接：VPN 服务器和客户端必须都接入 Internet，并且能够通过 Internet 进行正常的通信。

2. VPN 应用场合

VPN 的实现可以分为软件和硬件两种方式。Windows 服务器版的操作系统以完全基于软件的方式实现了虚拟专用网，成本非常低廉。无论身处何地，只要能连接到 Internet，就可以与企业网在 Internet 上的虚拟专用网相关联，登录到内部网络浏览或交换信息。

一般来说，VPN 使用在以下两种场合。

① 远程客户端通过 VPN 连接到局域网。

总公司（局域网）的网络已经连接到 Internet，而用户在远程拨号连接 ISP 连上 Internet后，就可以通过 Internet 来与总公司（局域网）的 VPN 服务器建立 PPTP 或 L2TP 的 VPN，并通过 VPN 来安全地传送信息。

② 两个局域网通过 VPN 互联。

两个局域网的 VPN 服务器都连接到 Internet，并且通过 Internet 建立 PPTP 或 L2TP 的VPN，它可以让两个网络之间安全地传送信息，不用担心在 Internet 上传送时泄密。

除了使用软件方式实现外，VPN 的实现需要建立在交换机、路由器等硬件设备上。目前，在 VPN 技术和产品方面，最具有代表性的当数 Cisco 和华为 3Com。

3. VPN 的连接过程

① 客户端向服务器连接 Internet 的接口发送建立 VPN 连接的请求。

② 服务器接收到客户端建立连接的请求之后，将对客户端的身份进行验证。

③ 如果身份验证未通过，则拒绝客户端的连接请求。

④ 如果身份验证通过，则允许客户端建立 VPN 连接，并为客户端分配一个内部网络的IP 地址。

⑤ 客户端将获得的 IP 地址与 VPN 连接组件绑定，并使用该地址与内部网络进行通信。

10.2 项目设计与准备

10.2.1 部署架设 VPN 服务器的需求和环境

1. 任务设计

本节任务将根据图 10-1 所示的环境部署远程访问 VPN 服务器。

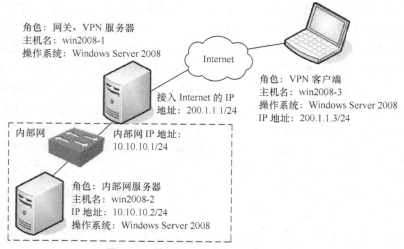

图 10-1 架设 VPN 服务器网络拓扑图

2．任务准备

部署远程访问 VPN 服务之前，应做如下准备。

① 使用提供远程访问 VPN 服务的 Windows Server 2008 操作系统。

② VPN 服务器至少要有两个网络连接。IP 地址如图 10-1 所示。

③ VPN 服务器必须与内部网络相连，因此需要配置与内部网络连接所需要的 TCP/IP 参数（私有 IP 地址），该参数可以手工指定，也可以通过内部网络中的 DHCP 服务器自动分配。本例 IP 地址为 10.10.10.1/24。

④ VPN 服务器必须同时与 Internet 相连，因此需要建立和配置与 Internet 的连接。VPN 服务器与 Internet 的连接通常采用较快的连接方式，如专线连接。本例 IP 地址为 200.1.1.1/24。

⑤ 合理规划分配给 VPN 客户端的 IP 地址。VPN 客户端在请求建立 VPN 连接时，VPN 服务器需要为其分配内部网络的 IP 地址。配置的 IP 地址也必须是内部网络中不使用的 IP 地址，地址的数量根据同时建立 VPN 连接的客户端数量来确定。在本任务中部署远程访问 VPN 时，使用静态 IP 地址池为远程访问客户端分配 IP 地址，地址范围采用 10.10.10.11～20。

⑥ 客户端在请求 VPN 连接时，服务器要对其进行身份验证，因此应合理规划需要建立 VPN 连接的用户账户。

10.2.2　部署架设 NAT 服务器的需求和环境

在架设 NAT 服务器之前，读者需要了解 NAT 服务器配置实例部署的需求和实训环境。

1．部署需求

在部署 NAT 服务前需：设置 NAT 服务器的 TCP/IP 属性，手工指定 IP 地址、子网掩码、默认网关和 DNS 服务器、IP 地址等；部署域环境，域名为 long.com。

2．部署环境

10.3.3 节所有实例都被部署如图 10-2 所示的网络环境下。其中 NAT 服务器主机名为 win2008-1，该服务器连接内部局域网网卡（LAN）的 IP 地址为 10.10.10.1/24，连接外部网络网卡（WAN）的 IP 地址为 200.1.1.1/24；NAT 客户端主机名为 win2008-2，其 IP 地址为 10.10.10.2/24；内部 Web 服务器主机名为 win2008-4，IP 地址为 10.10.10.4/24；Internet 上的 Web 服务器主机名为 win2008-3，IP 地址为 200.1.1.3/24。

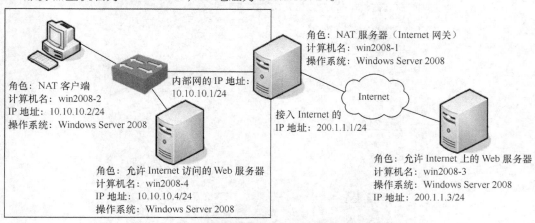

图 10-2　架设 NAT 服务器网络拓扑图

10.3 项目实施

10.3.1 架设 VPN 服务器

在架设 VPN 服务器之前，读者需要了解本节实例部署的需求和实验环境。

1．为 VPN 服务器添加第二块网卡

① 在"服务器管理器"窗口的"虚拟机"面板中，选择目标虚拟机（本例 win2008-1），在右侧的"操作"面板中，单击"设置"超链接，打开"win2008-1 的设置"对话框。

② 单击"硬件"→"添加硬件"选项，打开"添加硬件"对话框。在右侧的允许添加的硬件列表中，显示允许添加的硬件设备，本例为"网络适配器"。选中要添加的硬件，单击"添加"按钮，并选择网络连接方式为"专用网络"。

③ 启动 win2008-1，更改两块网络连接的名称分别为："局域网连接"和"Internet 连接"，并按图 10-1 所示分别设置两个连接的网络参数。

④ 同理启动 win2008-2 和 win2008-3，并按图 10-1 所示设置这两台服务器的 IP 地址等信息。

2．安装"路由和远程访问服务"角色

要配置 VPN 服务器，必须安装"路由和远程访问"服务。Windows Server 2008 中的路由和远程访问是包括在"网络策略和访问服务"角色中的，并且默认没有安装。用户可以根据自己的需要选择同时安装网络策略和访问服务中的所有服务组件或者只安装路由和远程访问服务。

路由和远程访问服务的安装步骤如下。

① 以管理员身份登录服务器"win2008-1"，打开"服务器管理器"窗口并展开"角色"。

② 单击"添加角色"链接，打开图 10-3 所示的"选择服务器角色"对话框，选择"网络策略和访问服务"角色。

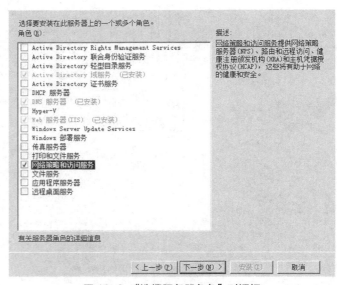

图 10-3 "选择服务器角色"对话框

③ 单击"下一步"按钮，显示"网络策略和访问服务"对话框，提示该角色可以提供的

网络功能，单击相关链接可以查看详细帮助文件。

④ 单击"下一步"按钮，显示图 10-4 所示的"选择角色服务"对话框。网络策略和访问服务中包括"网络策略服务器、路由和远程访问服务、健康注册机构和主机凭据授权协议"角色服务，只选择其中的"路由和远程访问服务"即可满足搭建 VPN 服务器的需求，本例同时选择"网络策略服务器"角色。

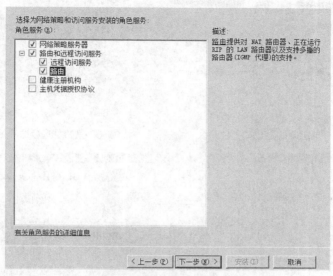

图 10-4 "选择角色服务"对话框

⑤ 单击"下一步"按钮，显示"确认安装选择"对话框，列表中显示的是将要安装的角色服务或功能，单击"上一步"按钮可返回修改。需要注意的是，如果选择了"网络策略服务器"和"健康注册机构"等角色，则同时还需要安装 IIS 服务和 Active Directory 证书服务。

⑥ 单击"安装"按钮即可开始安装，完成后显示"安装结果"对话框。

⑦ 单击"关闭"按钮，退出安装向导。

3. 配置并启用 VPN 服务

在已经安装"路由和远程访问"角色服务的计算机"win2008-1"上通过"路由和远程访问"控制台配置并启用路由和远程访问，具体步骤如下。

（1）打开"路由和远程访问服务器安装向导"页面

① 以域管理员账户登录到需要配置 VPN 服务的计算机 win2008-1 上，单击"开始"→"管理工具"→"路由和远程访问"，打开图 10-5 所示的"路由和远程访问"控制台。

② 在该控制台树上右击服务器"win2008-1（本地）"，在弹出的菜单中选择"配置并启用路由和远程访问"，打开"路由和远程访问服务器安装向导"对话框。

（2）选择 VPN 连接

① 单击"下一步"按钮，出现"配置"对话框，在该对话框中可以配置 NAT、VPN 及路由服务，在此选择"远程访问（拨号或 VPN）"复选框，如图 10-6 所示。

② 单击"下一步"按钮，出现"远程访问"对话框，在该对话框中可以选择创建拨号或 VPN 远程访问连接，在此选择"VPN"复选框，如图 10-7 所示。

（3）选择连接到 Internet 的网络接口

单击"下一步"按钮，出现"VPN 连接"对话框，在该对话框中选择连接到 Internet 的网络接口，在此选择"Internet 连接"接口，如图 10-8 所示。

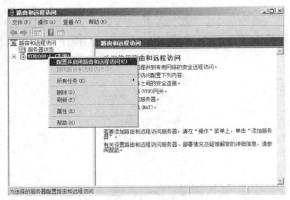

图 10-5　"路由和远程访问"控制台

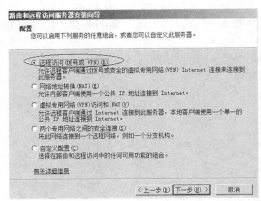

图 10-6　选择"远程访问（拨号或 VPN）对话框

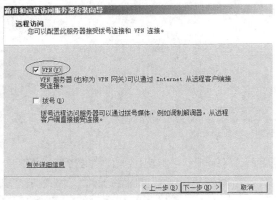

图 10-7　选择 VPN

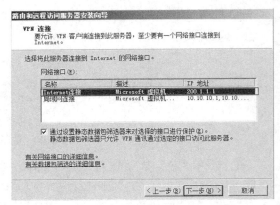

图 10-8　选择连接到 Internet 的网络接口

（4）设置 IP 地址分配

① 单击"下一步"按钮，出现"IP 地址分配"对话框，在该对话框中可以设置分配给 VPN 客户端计算机的 IP 地址，在此选择"来自一个指定的地址范围"选项，如图 10-9 所示。

② 单击"下一步"按钮，出现 "地址范围分配"对话框，在该对话框中指定 VPN 客户端计算机的 IP 地址范围。

③ 单击"新建"按钮，出现"新建 IPv4 地址范围"对话框，在"起始 IP 地址"文本框中输入"10.10.10.11"，在"结束 IP 地址"文本框中输入"10.10.10.20"，如图 10-10 所示，然后单击"确定"按钮即可。

④ 返回到"地址范围分配"对话框，可以看到已经指定了一段 IP 地址范围。

（5）结束 VPN 配置

① 单击"下一步"按钮，出现"管理多个远程访问服务器"对话框。在该对话框中可以指定身份验证的方法是路由和远程访问服务器还是 RADIUS 服务器，在此选择"否，使用路由和远程访问来对连接请求进行身份验证"单选框，如图 10-11 所示。

② 单击"下一步"按钮，出现"摘要"对话框. 在该对话框中显示了之前步骤所设置的信息。

③ 单击"完成"按钮，出现图 10-12 所示对话框，表示需要配置 DHCP 中继代理程序，最后单击"确定"按钮即可。

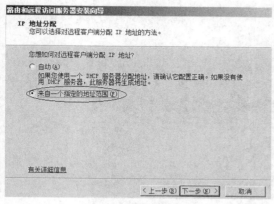

图 10-9 IP 地址分配

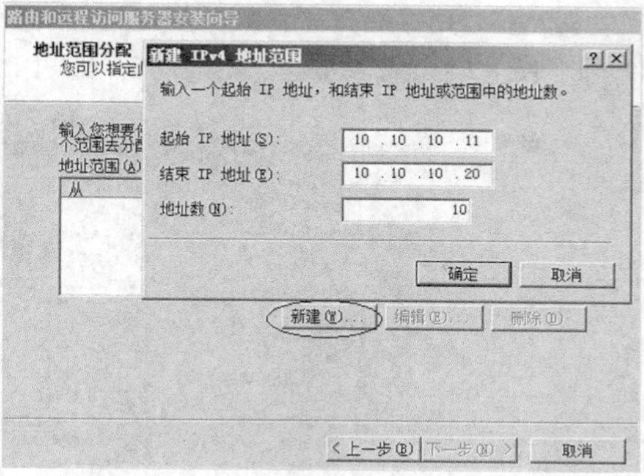

图 10-10 输入 VPN 客户端 IP 地址范围

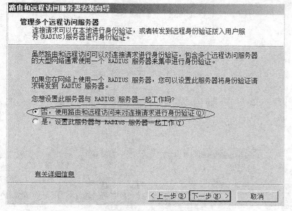

图 10-11 管理多个远程访问服务器

图 10-12 DHCP 中继代理信息

（6）查看 VPN 服务器状态

① 完成 VPN 服务器的创建，返回到图 10-13 所示的"路由和远程访问"对话框。由于目前已经启用了 VPN 服务，所以显示绿色向上的标识箭头。

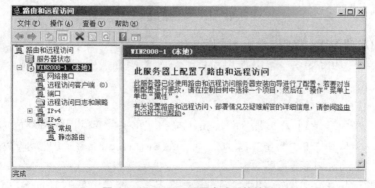

图 10-13 VPN 配置完成后的效果

② 在"路由和远程访问"控制台树中，展开服务器，单击"端口"，在控制台右侧界面中显示所有端口的状态为"不活动"，如图 10-14 所示。

图 10-14　查看端口状态

③ 在"路由和远程访问"控制台树中，展开服务器，单击"网络接口"，在控制台右侧界面中显示 VPN 服务器上的所有网络接口，如图 10-15 所示。

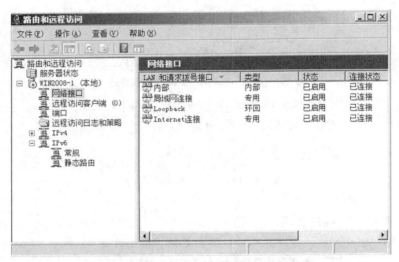

图 10-15　查看网络接口

4. 停止和启动 VPN 服务

要启动或停止 VPN 服务，可以使用 net 命令、"路由和远程访问"控制台或"服务"控制台，具体步骤如下。

（1）使用 net 命令

以域管理员账户登录到 VPN 服务器 win2008-1 上，在命令行提示符界面中，输入命令"net stop remoteaccsee"停止 VPN 服务，输入命令"net sart remoteaccess"启动 VPN 服务。

（2）使用"路由和远程访问"控制台

在"路由和远程访问"控制台树中，右键单击服务器，在弹出菜单中选择"所有任务"→"停止"或"启动"即可停止或启动 VPN 服务。

VPN 服务停止以后,"路由和远程访问"控制台界面如图 10-16 所示显示红色向下标识箭头。

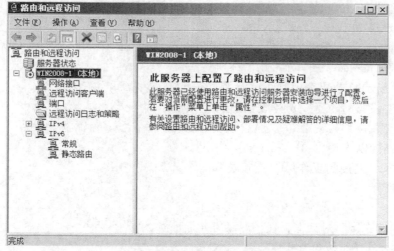

图 10-16 VPN 服务停止后和效果

(3)使用"服务"控制台

单击"开始"→"管理工具"→"服务",打开"服务"控制台。找到服务"Rouing and Remote Access",单击"启动"或"停止"即可启动或停止 VPN 服务,如图 10-17 所示。

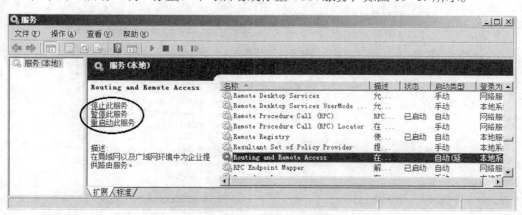

图 10-17 使用"服务"控制台启动或停止 VPN 服务

5.配置域用户账户允许 VPN 连接

在域控制器 win2008-1 上设置允许用户"Administrator@long.com"使用 VPN 连接到 VPN 服务器的具体步骤如下。

① 以域管理员账户登录到域控制器上 win2008-1,打开"Active Directoy 用户和计算机"控制台。依次打开"long.com"和"Users"节点,右键单击用户"Administrator",在弹出菜单中选择"属性"打开"Administrator 属性"对话框。

② 在"Administrator 属性"对话框中选择"拨入"选项卡。在"网络访问权限"选项区域中选择"允许访问"单选框,如图 10-18 所示,最后单击"确定"按钮即可。

6．在 VPN 端建立并测试 VPN 连接

在 VPN 端计算机 win2008-3 上建立 VPN 连接并连接到 VPN 服务器上，具体步骤如下。

（1）在客户端计算机上新建 VPN 连接

① 以本地管理员账户登录到 VPN 客户端计算机 win2008-3 上，单击"开始"→"控制面板"→"网络和 Internet"→"网络和共享中心"，打开图 10-19 所示的"网络和共享中心"界面。

② 单击"设置新的连接或网络"按钮，打开"设置连接或网络"对话框，通过该对话框可以建立连接以连接到 Internet 或专用网络，在此选择"连接到工作区"连接选项，如图 10-20 所示。

③ 单击"下一步"按钮，出现"连接到工作区-您想如何连接"对话框，在该对话框中指定使用 Internet 还是拨号方式连接到 VPN 服务器，在此单击"使用我的 Internet 连接（VPN）"选项，如图 10-21 所示。

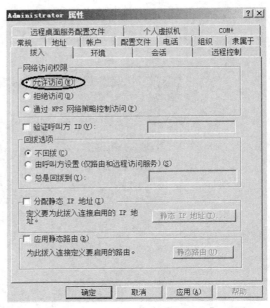

图 10-18　"Administrator 属性-拨入"对话框

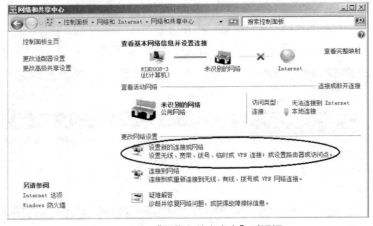

图 10-19　"网络和共享中心"对话框

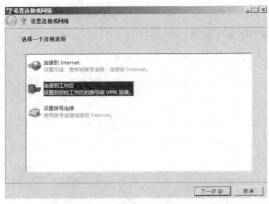

图 10-20　选择"连接到工作区"

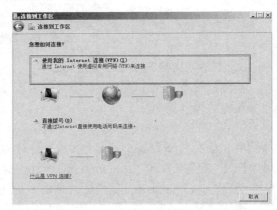

图 10-21　选择"使用我的 Internet 连接"

④ 接着出现"连接到工作区－您想在继续之前设置 Internet 连接吗？"对话框，在该对话框中设置 Internet 连接，由于本实例 VPN 服务器和 VPN 客户机是物理直接连接在一起的，所以单击"我将稍后设置 Internet 连接"，如图 10-22 所示。

⑤ 接着出现图 10-23 所示的"连接到工作区－键入要连接的 Internet 地址"对话框，在"Internet 地址"文本框中输入 VPN 服务器的外网网卡 IP 地址为"200.1.1.1"，并设置目标名称为"VPN 连接"。

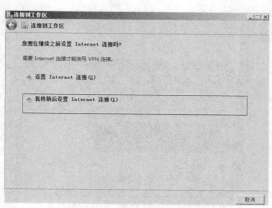

图 10-22 设置 Internet 连接

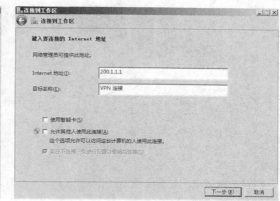

图 10-23 键入要连接的 Internet 地址

⑥ 单击"下一步"按钮，出现"连接到工作区－键入您的用户名和密码"对话框，在此输入希望连接的用户名、密码及域，如图 10-24 所示。

⑦ 单击"创建"按钮创建 VPN 连接，接着出现"连接到工作区－连接已经使用"对话框。创建 VPN 连接完成。

（2）未连接到 VPN 服务器时的测试

① 以管理员身份登录服务器"win2008-3"，打开 Windows powershell 或者在"运行"处输入"cmd"。

② 在 win2008-3 上使用 ping 命令分别测试与 win2008-1 和 win2008-2 的连通性，如图 10-25 所示。

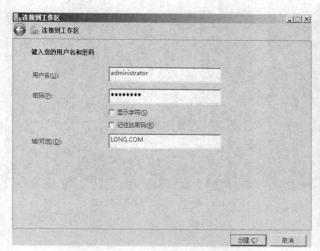

图 10-24 键入用户名和密码址

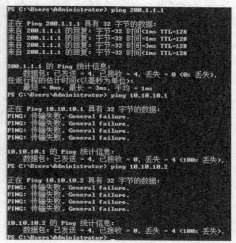

图 10-25 未连接 VPN 服务器时的测试结果

（3）连接到 VPN 服务器

① 双击"网络连接"界面中的"VPN 连接"，打开图 10-26 所示对话框。在该对话框中输入允许 VPN 连接的账户和密码，在此使用账户"administrator@long.com"建立连接。

② 单击"连接"按钮，经过身份验证后即可连接到 VPN 服务器，在图 10-27 所示的"网络连接"界面中可以看到"VPN 连接"的状态是连接的。

图 10-26　连接 VPN

图 10-27　已经连接到 VPN 服务器效果

7．验证 VPN 连接

当 VPN 客户端计算机 win2008-3 连接到 VPN 服务器 win2008-1 上之后，可以访问公司内部局域网络中的共享资源，具体步骤如下。

（1）查看 VPN 客户机获取到的 IP 地址

① 在 VPN 客户端计算机 win2008-3 上，打开命令提示符界面，使用命令"ipconfig /all"查看 IP 地址信息，如图 10-28 所示，可以看到 VPN 连接获得的 IP 地址为"10.10.10.13"。

② 先后输入命令"ping 10.10.10.1"和"ping 10.10.10.2"测试 VPN 客户端计算机和 VPN 服务器及内网计算机的连通性，如图 10-29 所示，显示能连通。

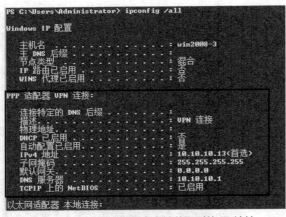

图 10-28　查看 VPN 客户机获取到的 IP 地址

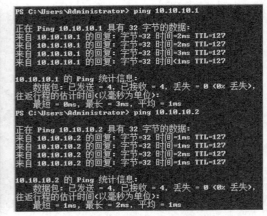

图 10-29　测试 vpn 连接

（2）在 VPN 服务器上的验证

① 以域管理员账户登录到 VPN 服务器上，在"路由和远程访问"控制台树中，展开服

务器节点，单击"远程访问客户端"，在控制台右侧界面中显示连接时间及连接的账户，这表明已经有一个客户端建立了 VPN 连接，如图 10-30 所示。

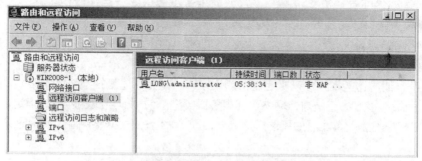

图 10-30　查看远程访问客户端

② 单击"端口"，在控制台右侧界面中可以看到其中一个端口的状态是"活动"，表明有客户端连接到 VPN 服务器。

③ 右键单击该活动端口，在弹出菜单中选择"属性"，打开"端口状态"对话框，在该对话框中显示连接时间、用户及分配给 VPN 客户端计算机的 IP 地址。

（3）访问内部局域网的共享文件

① 以管理员账户登录到内部网服务器 win2008-2 上，在"计算机"管理器中创建文件夹"C:\share"作为测试目录，在该文件夹内存入一些文件，并将该文件夹共享。

② 以本地管理员账户登录到 VPN 客户端计算机 win2008-3 上，单击"开始"→"运行"，输入内部网服务器 win2008-2 上共享文件夹的 UNC 路径为"\\10.10.10.2"。由于已经连接到 VPN 服务器上，所以可以访问内部局域网络中的共享资源。

（4）断开 VPN 连接

以域管理员账户登录到 VPN 服务器上，在"路由和远程访问"控制台树中依次展开服务器和"远程访问客户端（1）"节点，在控制台右侧界面中右键单击连接的远程客户端，在弹出菜单中选择"断开"即可断开客户端计算机的 VPN 连接。

10.3.2　配置 VPN 服务器的网络策略

1．认识网络策略

（1）网络策略的含义

部署网络访问保护（NAP）时，将向网络策略配置中添加健康策略，以便在授权的过程中使用 NPS（网络策略服务器）执行客户端健康检查。

当处理作为 RADIUS 服务器的连接请求时，网络策略服务器对此连接请求既执行身份验证，又执行授权。在身份验证过程中，NPS 验证连接到网络的用户或计算机的身份。在授权过程中，NPS 确定是否允许用户或计算机访问网络。

若要进行此决定，NPS 使用在 NPS Microsoft 管理控制台（MMC）管理单元中配置的网络策略。NPS 还检查 Active Directory 域服务（AD DS）中账户的拨入属性以执行授权。

可以将网络策略视为规则。每个规则都具有一组条件和设置。NPS 将规则的条件与连接请求的属性进行对比。如果规则和连接请求之间出现匹配，则规则中定义的设置会应用于连接。

当在 NPS 中配置了多个网络策略时，它们是一组有序规则。NPS 根据列表中的第一个规则检查每个连接请求，然后根据第二个规则进行检查，依次类推，直到找到匹配项为止。

每个网络策略都有"策略状态"设置，使用该设置可以启用或禁用策略。如果禁用网络策略，则授权连接请求时，NPS 不评估策略。

（2）网络策略属性

每个网络策略中都有以下 4 种类别的属性。

① 概述。使用这些属性可以指定是否启用策略、是允许还是拒绝访问策略，以及连接请求是需要特定网络连接方法还是需要网络访问服务器类型。使用概述属性还可以指定是否忽略 AD DS 中的用户账户的拨入属性。如果选择该选项，则 NPS 只使用网络策略中的设置来确定是否授权连接。

② 条件。使用这些属性，可以指定为了匹配网络策略，连接请求所必须具有的条件；如果策略中配置的条件与连接请求匹配，则 NPS 将把网络策略中指定的设置应用于连接。例如，如果将网络访问服务器 IPv4 地址（NAS IPv4 地址）指定为网络策略的条件，并且 NPS 从具有指定 IP 地址的 NAS 接收连接请求，则策略中的条件与连接请求相匹配。

③ 约束。约束是匹配连接请求所需的网络策略的附加参数。如果连接请求与约束不匹配，则 NPS 自动拒绝该请求。与 NPS 对网络策略中不匹配条件的响应不同，如果约束不匹配，则 NPS 不评估附加网络策略，只拒绝连接请求。

④ 设置。使用这些属性，可以指定在策略的所有网络策略条件都匹配时，NPS 应用于连接请求的设置。

2．配置网络策略

任务要求如下：如图 10-1 所示，在 VPN 服务器 win2008-1 上创建网络策略"VPN 网络策略"，使得用户在进行 VPN 连接时使用该网络策略。具体步骤如下。

（1）新建网络策略

① 以域管理员账户登录到 VPN 服务器 win2008-1 上，打开"路由和远程访问"控制台，展开服务器节点，右键单击"远程访问日志和策略"，在弹出菜单中选择"启动 NPS"，打开图 10-31 所示的"网络策略服务器"控制台。

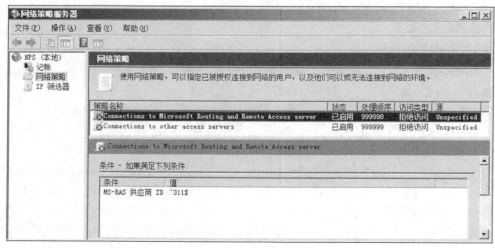

图 10-31 "网络策略服务器"控制台

② 右键单击"网络策略",在弹出菜单中选择"新建",打开"新建网络策略"页面,在"指定网络策略名称和连接类型"对话框中指定网络策略的名称为"VPN策略",指定"网络访问服务器的类型(S)"为"Remote Access Server(VPN–Dial up)",如图 10-32 所示。

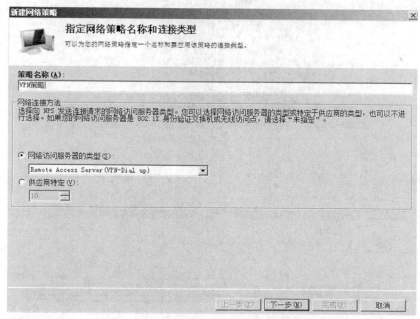

图 10-32　设置网络策略名称和连接类型

(2)指定网络策略条件–日期和时间限制

① 单击"下一步"按钮,出现"指定条件"对话框,在该对话框中设置网络策略的条件,如日期和时间、用户组等。

② 单击"添加"按钮,出现"选择条件"对话框。在该对话框中选择要配置的条件属性,选择–日期和时间"选项,如图 10-33 所示,该选项表示每周允许和不允许用户连接的时间和日期。

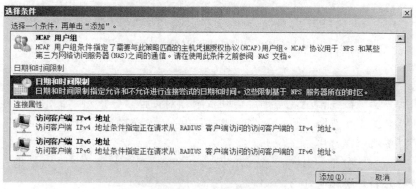

图 10-33　选择条件

③ 单击"添加"按钮,出现"日期和时间限制"对话框,在该对话框中设置允许建立VPN 连接的时间和日期,如图 10-34 所示如时间为允许所有时间可以访问,然后单击"确定"按钮。

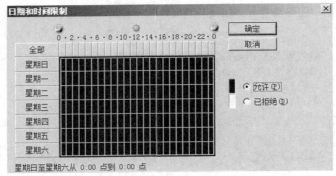

图 10-34　设置日期和时间限制

④ 返回图 10-35 所示的"指定条件"对话框，从中可以看到已经添加了一条网络条件。

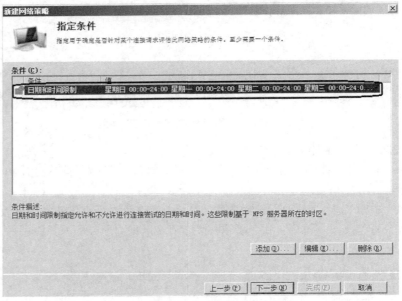

图 10-35　设置日期和时间限制后的效果

（3）授予远程访问权限

单击"下一步"按钮，出现"指定访问权限"对话框，在该对话框中指定连接访问权限是允许还是拒绝，在此选择"已授予访问权限"单选框，如图 10-36 所示。

（4）配置身份验证方法

单击"下一步"按钮，出现图 10-37 所示的"配置身份验证方法"对话框，在该对话框中指定身份验证的方法和 EAP 类型。

（5）配置约束

单击"下一步"按钮，出现图 10-38 所示的"配置约束"对话框，在该对话框中配置网络策略的约束，如身份验证方法、空闲超时、会话超时、被叫站 ID、日期和时间限制、NAS端口类型。

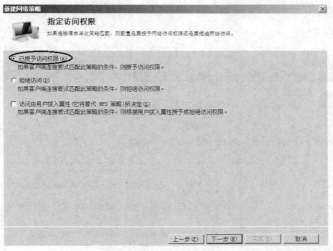

图 10-36　已授予访问权限

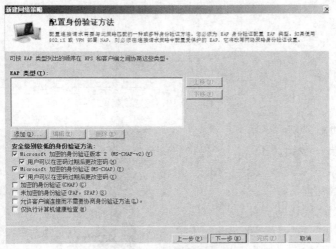

图 10-37　配置身份验证方法

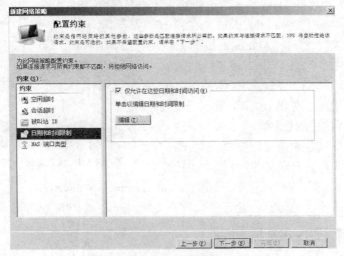

图 10-38　配置约束

（6）配置设置

单击"下一步"按钮，出现图 10-39 所示的"配置设置"对话框，在该对话框中配置此网络策略的设置，如 RADIUS 属性、多链路和带宽分配协议（BAP）、IP 筛选器、加密、IP 设置。

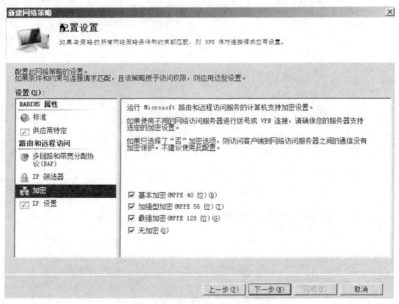

图 10-39　配置设置

（7）正在完成新建网络策略

单击"下一步"按钮，出现"正在完成新建网络策略"对话框，最后单击"完成"按钮即可完成网络策略的创建。

（8）设置用户远程访问权限

以域管理员账户登录到域控制器上 win2008-1 上，打开"Active Directory 用户和计算机"控制台，依次展开"long.com"和"Users"节点，右键单击用户"Administrator"，在弹出菜单中选择"属性"，打开"Administrator 属性"对话框。选择"拨入"选项卡，在"网络访问权限"选项区域中选择"通过 NPS 网络策略控制访问（P）"单选框，如图 10-40 所示，设置完毕后单击"确定"按钮即可。

（9）客户端测试能否连接到 VPN 服务器

以本地管理员账户登录到 VPN 客户端计算

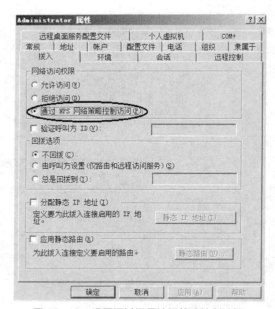

图 10-40　设置通过远程访问策略控制访问

机 win2008-3 上，打开 VPN 连接，以用户"administrator@long.com"账户连接到 VPN 服务器，此时是按网络策略进行身份验证的，验证成功，连接到 VPN 服务器。

10.3.3　架设 NAT 服务器

网络地址转换器 NAT（Network Address Translator）位于使用专用地址的 Intranet 和使用

公用地址的 Internet 之间。从 Intranet 传出的数据包由 NAT 将它们的专用地址转换为公用地址。从 Internet 传入的数据包由 NAT 将它们的公用地址转换为专用地址。这样在内网中计算机使用未注册的专用 IP 地址,而在与外部网络通信时使用注册的公用 IP 地址,大大降低了连接成本。同时 NAT 也起到将内部网络隐藏起来,保护内部网络的作用,因为对外部用户来说只有使用公用 IP 地址的 NAT 是可见的。

1. 认识 NAT 的工作过程

NAT 地址转换协议的工作过程主要有以下 4 个步骤。

① 客户机将数据包发给运行 NAT 的计算机。

② NAT 将数据包中的端口号和专用的 IP 地址换成它自己的端口号和公用的 IP 地址,然后将数据包发给外部网络的目的主机,同时记录一个跟踪信息在映像表中,以便向客户机发送回答信息。

③ 外部网络发送回答信息给 NAT。

④ NAT 将所收到的数据包的端口号和公用 IP 地址转换为客户机的端口号和内部网络使用的专用 IP 地址并转发给客户机。

以上步骤对于网络内部的主机和网络外部的主机都是透明的,对它们来讲就如同直接通信一样,如图 10-41 所示。担当 NAT 的计算机有两块网卡,两个 IP 地址。IP1 为 192.168.0.1,IP2 为 202.162.4.1。

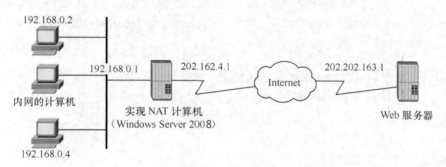

图 10-41 NAT 的工作过程

下面举例来说明。

① 192.168.0.2 用户使用 Web 浏览器连接到位于 202.202.163.1 的 Web 服务器,则用户计算机将创建带有下列信息的 IP 数据包。

● 目标 IP 地址:202.202.163.1。
● 源 IP 地址:192.168.0.2。
● 目标端口:TCP 端口 80。
● 源端口:TCP 端口 1350。

② IP 数据包转发到运行 NAT 的计算机上,它将传出的数据包地址转换成下面的形式,用自己的 IP 地址新打包后转发。

● 目标 IP 地址:202.202.163.1。
● 源 IP 地址:202.162.4.1。
● 目标端口:TCP 端口 80。
● 源端口:TCP 端口 2500。

③ NAT 协议在表中保留了{192.168.0.2,TCP 1350}到 {202.162.4.1,TCP 2500}的映射,以便回传。

④ 转发的 IP 数据包是通过 Internet 发送的。Web 服务器响应通过 NAT 协议发回和接收。当接收时,数据包包含下面的公用地址信息。

- 目标 IP 地址:202.162.4.1。
- 源 IP 地址:202.202.163.1。
- 目标端口:TCP 端口 2500。
- 源端口:TCP 端口 80。

⑤ NAT 协议检查转换表,将公用地址映射到专用地址,并将数据包转发给位于 192.168.0.2 的计算机。转发的数据包包含以下地址信息。

- 目标 IP 地址:192.168.0.2。
- 源 IP 地址:202.202.163.1。
- 目标端口:TCP 端口 1350。
- 源端口:TCP 端口 80。

> 对于来自 NAT 协议的传出数据包,源 IP 地址(专用地址)被映射到 ISP 分配的地址(公用地址),并且 TCP/IP 端口号也会被映射到不同的 TCP/IP 端口号。对于到 NAT 协议的传入数据包,目标 IP 地址(公用地址)被映射到源 Internet 地址(专用地址),并且 TCP/UDP 端口号被重新映射回源 TCP/UDP 端口号。

2.安装"路由和远程访问服务"角色服务

① 首先按照图 10-41 所示的网络拓扑图配置各计算机的 IP 地址等参数。

② 在计算机 win2008-1 上通过"服务器管理器"安装"路由和远程访问服务"角色服务,具体步骤参见 10.3.1。

3.配置并启用 NAT 服务

在计算机"win2008-1"上通过"路由和远程访问"控制台配置并启用 NAT 服务,具体步骤如下。

(1)打开"路由和远程访问服务器安装向导"页面

以管理员账户登录到需要添加 NAT 服务的计算机 win2008-1 上,单击"开始"→"管理工具"→"路由和远程访问",打开"路由和远程访问"控制台。右键单击服务器 win2008-1,在弹出菜单中选择"配置启用路由和远程访问",打开"路由和远程访问服务器安装向导"页面。

(2)选择网络地址转换(NAT)

单击"下一步"按钮,出现"配置"对话框,在该对话框中可以配置 NAT、VPN 及路由服务,在此选择"网络地址转换(NAT)"单选框,如图 10-42 所示。

(3)选择连接到 Internet 的网络接口

单击"下一步"按钮,出现"NAT Internet 连接"对话框,在该对话框中指定连接到 Internet 的网络接口,即 NAT 服务器连接到外部网络的网卡,选择"使用此公共接口连接到 Internet"单选框,并选择接口为"WAN",如图 10-43 所示。

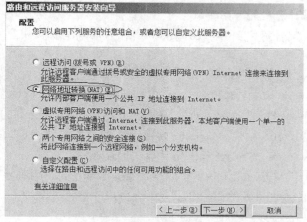

图 10-42　选择网络地址转换（NAT）

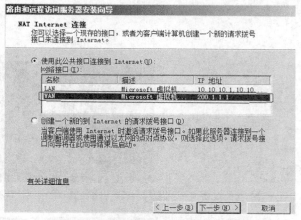

图 10-43　选择连接到 Internet 的网络接口

（4）结束 NAT 配置

单击"下一步"按钮，出现"正在完成路由和远程访问服务器安装向导"对话框，最后单击"完成"按钮即可完成 NAT 服务的配置和启用。

4．停止 NAT 服务

可以使用"路由和远程访问"控制台停止 NAT 服务，具体步骤如下。

① 以管理员账户登录到 NAT 服务器上，打开"路由和远程访问"控制台，NAT 服务启用后显示绿色向上标识箭头。

② 右键单击服务器，在弹出菜单中选择"所有任务"→"停止"，停止 NAT 服务。

③ NAT 服务停止以后，显示红色向下标识箭头，表示 NAT 服务已停止。

5．禁用 NAT 服务

要禁用 NAT 服务，可以使用"路由和远程访问"控制台，具体步骤如下。

① 以管理员登录到 NAT 服务器上，打开"路由和远程访问"控制台，右键单击服务器，在弹出菜单中选择"禁用路由和远程访问"。

② 接着弹出"禁用 NAT 服务警告信息"界面。该信息表示禁用路由和远程访问服务后，要重新启用路由器，需要重新配置。

③ 禁用路由和远程访问后的控制台界面，显示红色向下标识箭头。

6．NAT 客户端计算机配置和测试

配置 NAT 客户端计算机，并测试内部网络和外部网络计算机之间的连通性，具体步骤如下。

（1）设置 NAT 客户端计算机网关地址

以管理员账户登录 NAT 客户端计算机 win2008-2 上，打开"Internet 协议版本 4（TCP/IPv4）"对话框。设置其"默认网关"的 IP 地址为 NAT 服务器的内网网卡（LAN）的 IP 地址，在此输入"10.10.10.1"，如图 10-44 所示。最后单击"确定"按钮即可。

（2）测试内部 NAT 客户端与外部网络计算机的连通性

在 NAT 客户端计算机 win2008-2 上打开命令提示符界面，测试与 Internet 上的 Web 服务器（win2008-3）的连通性，输入命令"ping　200.1.1.3"，如图 10-45 所示，显示能连通。

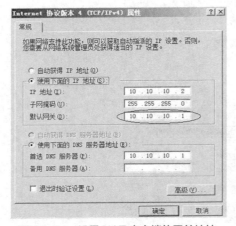

图 10-44　设置 NAT 客户端的网关地址

图 10-45　测试 NAT 客户端计算机与外部计算机的连通性

（3）测试外部网络计算机与 NAT 服务器、内部 NAT 客户端的连通性

以本地管理员账户登录到外部网络计算机（win2008-3）上，打开命令提示符界面，依次使用命令"ping 200.1.1.1"、"ping 10.10.10.1"、"ping　10.10.10.2"、"ping 10.10.10.4"，测试外部计算机 win2008-3 与 NAT 服务器外网卡和内网卡及内部网络计算机的连通性，如图 10-46 所示，除 NAT 服务器外网卡外均不能连通。

7．外部网络主机访问内部 Web 服务器

要让外部网络的计算机"win2008-3"能够访问内部 Web 服务器"win2008-4"，具体步骤如下。

（1）在内部网络计算机"win2008-4"上安装 Web 服务器

如何在 win2008-4 上安装 Web 服务器，

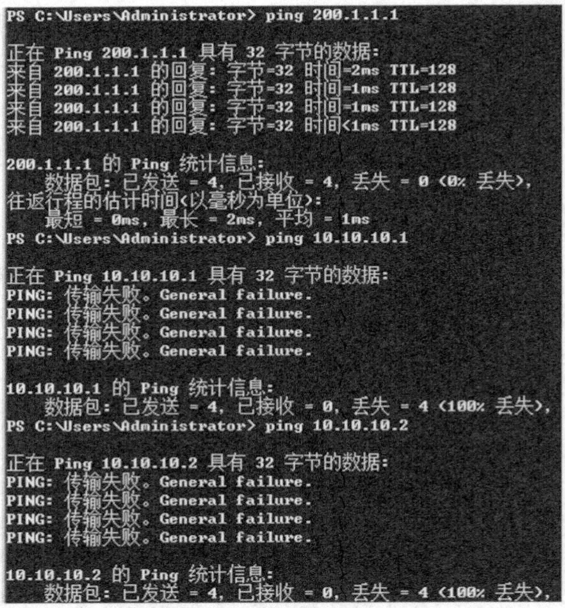

图 10-46 测试外部网络计算机与 NAT 服务器、
内部 NAT 客户端的连通性

请参考"项目 7 配置与管理 Web 和 FTP 服务器"。

（2）将内部网络计算机"win2008-4"配置成 NAT 客户端

以管理员账户登录 NAT 客户端计算机 win2008-4 上，打开"Internet 协议版本 4（TCP/IPv4）"对话框。设置其"默认网关"的 IP 地址为 NAT 服务器的内网网卡（LAN）的 IP 地址，在此输入"10.10.10.1"。最后单击"确定"按钮即可。

特别注意　　使用端口映射等功能时，内部网络计算机一定要配置成 NAT 客户端。

（3）设置端口地址转换

① 以管理员账户登录到 NAT 服务器上，打开"路由和远程访问"控制台，依次展开服务器"win2008-1"和"IPv4"节点，单击"NAT"，在控制台右侧界面中，右键单击 NAT 服务器的外网网卡"WAN"，在弹出菜单中选择"属性"，如图 10-47 所示，打开"WAN 属性"对话框。

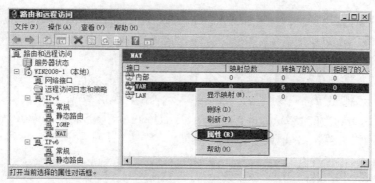

图 10-47　打开 WAN 网卡属性对话框

② 在打开的"WAN 属性"对话框中，选择图 10-48 所示的"服务和端口"选项卡，在此可以设置将 Internet 用户重定向到内部网络上的服务。

③ 选择"服务"列表中的"Web 服务器（HTTP）"复选框，会打开"编辑服务"对话框，在"专用地址"文本框中输入安装 Web 服务器的内部网络计算机 IP 地址，在此输入"10.10.10.10.4"，如图 10-49 所示。最后单击"确定"按钮即可。

④ 返回"服务和端口"选项卡，可以看到已经选择了"Web 服务器（HTTP）"复选框，然后单击"确定"按钮可完成端口地址转换的设置。

（4）从外部网络访问内部 Web 服务器

① 以管理员账户登录到外部网络的计算机 win2008-3 上。

② 打开 IE 浏览器，输入 http://200.1.1.1，会打开内部计算机 win2008-4 上的 Web 网站。请读者试一试。

注意　　"200.1.1.1"是 NAT 服务器外部网卡的 IP 地址。

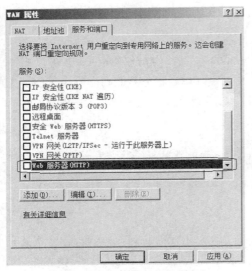

图 10-48 "服务和端口"选项卡

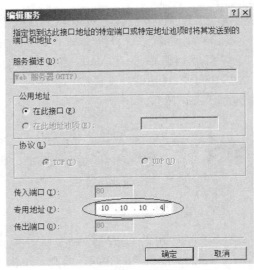

图 10-49 编辑服务

（5）在 NAT 服务器上查看地址转换信息

① 以管理员账户登录到 NAT 服务器 win2008-1 上，打开"路由和远程访问"控制台，依次展开服务器"win2008-1"和"IPv4"节点，单击"NAT"，在控制台右侧界面中显示 NAT 服务器正在使用的连接内部网络的网络接口。

② 右键单击"WAN"，在弹出菜单中选择"显示映射"，打开图 10-50 所示的"win2008-1-网络地址转换会话映射表格"对话框。该信息表示外部网络计算机"200.1.1.3"访问到内部网络计算机"10.10.10.4"的 Web 服务，NAT 服务器将 NAT 服务器外网卡 IP 地址"200.1.1.1"转换成了内部网络计算机 IP 地址"10.10.10.4"。

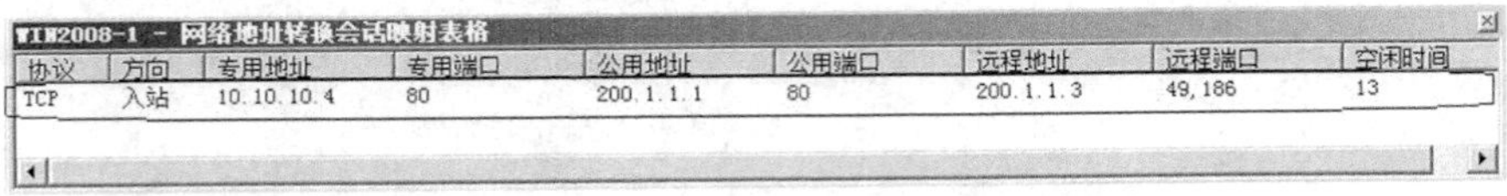

协议	方向	专用地址	专用端口	公用地址	公用端口	远程地址	远程端口	空闲时间
TCP	入站	10.10.10.4	80	200.1.1.1	80	200.1.1.3	49,186	13

图 10-50 网络地址转换会话映射表格

8. 配置筛选器

数据包筛选器用于 IP 数据包的过滤。数据包筛选器分为入站筛选器和出站筛选器，分别对应接收到的数据包和发出去的数据包。对于某一个接口而言，入站数据包指的是从此接口接收到的数据包，而不论此数据包的源 IP 地址和目的 IP 地址；出站数据包指的是从此接口发出的数据包，而不论此数据包的源 IP 地址和目的 IP 地址。

可以在入站筛选器和出站筛选器中定义 NAT 服务器只是允许筛选器中所定义的 IP 数据包或者允许除了筛选器中定义的 IP 数据包外的所有数据包，对于没有允许的数据包，NAT 服务器默认将会丢弃此数据包。

9. 设置 NAT 客户端

前面已经实践过设置 NAT 客户端了，在这里总结一下。局域网 NAT 客户端只要修改 TCP/IP 的设置即可，可以选择以下两种设置方式。

（1）自动获得 TCP/IP

此时客户端会自动向 NAT 服务器或 DHCP 服务器来索取 IP 地址、默认网关、DNS 服务器的 IP 地址等设置。

（2）手工设置 TCP/IP

手工设置 IP 地址要求客户端的 IP 地址必须与 NAT 局域网接口的 IP 地址在相同的网段内，也就是 Network ID 必须相同。默认网关必须设置为 NAT 局域网接口的 IP 地址，本例中为 10.10.10.1。首选 DNS 服务器可以设置为 NAT 局域网接口的 IP 地址，或是任何一台合法的 DNS 服务器的 IP 地址。

完成后，客户端的用户只要上网、收发电子邮件、连接 FTP 服务器等，NAT 就会自动通过 PPPoE 请求拨号来连接 Internet。

10. 配置 DHCP 分配器与 DNS 代理

NAT 服务器另外还具备以下两个功能。

● DHCP 分配器（DHCP Allocator）：用来分配 IP 地址给内部的局域网客户端计算机。

● DNS 代理（DNS proxy）：可以替局域网内的计算机来查询 IP 地址。

10.4 习题

一、填空题

（1）VPN 是＿＿＿＿＿的简称，中文是＿＿＿＿＿；NAT 是＿＿＿＿＿的简称，中文是＿＿＿＿＿。

（2）一般来说，VPN 使用在以下两种场合：＿＿＿＿＿、＿＿＿＿＿。

（3）VPN 使用的两种隧道协议是＿＿＿＿＿和＿＿＿＿＿。

（4）在 Windows Server 的命令提示符下，可以使用＿＿＿＿＿命令查看本机的路由表信息。

二、简答题

（1）什么是专用地址和公用地址？

（2）网络地址转换 NAT 的功能是什么？

（3）简述地址转换的原理，即 NAT 的工作过程。

（4）下列不同技术有何异同（可参考课程网站上的补充资料）？

① NAT 与路由的比较；② NAT 与代理服务器；③ NAT 与 Internet 共享。

10.5 项目实训 配置与管理 VPN 和 NAT 服务器

一、项目实训目的

● 了解掌握使局域网内部的计算机连接到 Internet 的方法。

● 掌握使用 NAT 实现网络互联的方法。

● 掌握远程访问服务的实现方法。

● 掌握 VPN 的实现。

二、项目环境

本项目根据图 10-1 所示的环境来部署 VPN 服务器，根据图 10-41 所示的环境来部署 NAT 服务器。

三、项目要求

1. 根据网络拓扑图 10-1，完成如下任务。

① 部署架设 VPN 服务器的需求和环境。

② 为 VPN 服务器添加第 2 块网卡。

③ 安装"路由和远程访问服务"角色。

④ 配置并启用 VPN 服务。

⑤ 停止和启动 VPN 服务。

⑥ 配置域用户账户允许 VPN 连接。

⑦ 在 VPN 端建立并测试 VPN 连接。

⑧ 验证 VPN 连接。

2. 根据网络拓扑图 10-41，完成如下任务。

① 部署架设 NAT 服务器的需求和环境。

② 安装"路由和远程访问服务"角色服务。

③ 配置并启用 NAT 服务。

④ 停止 NAT 服务。

⑤ 禁用 NAT 服务。

⑥ NAT 客户端计算机配置和测试。

⑦ 外部网络主机访问内部 Web 服务器。

⑧ 配置筛选器。

⑨ 设置 NAT 客户端。

⑩ 配置 DHCP 分配器与 DNS 代理。

综合实训一

一、实训场景

假如你是某公司的系统管理员，公司购买了一台某品牌的服务器，在这台服务器内插有 3 块硬盘。

公司有三个部门——销售、财务、技术。每个部门有 3 个员工，其中一名是其部门经理（另两名是副经理）。

二、实训要求

1. 在 3 块硬盘上共创建 3 个分区（盘符），并要求在创建分区的时候，使磁盘实现容错的功能。

2. 在服务器上创建相应的用户账号和组。

命名规范，如用户名：sales-1，sales-2……组名：sale，tech……

要求用户账号只能从网络访问服务器上登录，不能从服务器本地登录。

3. 在文件服务器上创建 3 个文件夹分别存放各部门的文件，并要求只有本部门的用户能访问其部门的文件夹（完全控制的权限），每个部门的经理和公司总经理可以访问所有文件夹（读取），另创建一个公共文件夹，使得所有用户都能在里面查看和存放公共的文件。

4. 每个部门的用户可以在服务器上存放最多 100M 的文件。

5. 做好文件服务器的备份工作及灾难恢复的备份工作。

三、实训前的准备

进行实训之前，完成以下任务。

1. 画出拓扑图。

2. 写出具体的实施方案。

四、实训后的总结

完成实训后，进行以下工作。

1. 完善拓扑图。

2. 修改方案。

3. 写出实训心得和体会。

综合实训二

一、实训场景

假定你是某公司的系统管理员，公司内有 500 台计算机，现在公司的网络要进行规划和实施，现有条件如下：公司已租借了一个公网的 IP 地址 100.100.100.10 和 ISP 提供的一个公网 DNS 服务器的 IP 地址 100.100.100.200。

二、实训基本要求

1. 搭建一台 NAT 服务器，使公司的 Intranet 能够通过租借的公网地址访问 Internet。

2. 搭建一台 VPN 服务器，使公司的移动员工可以从 Internet 访问内部网络资源（访问时间：09:00~17:00）。

3. 在公司内部搭建一台 DHCP 服务器，使网络中的计算机可以自动获得 IP 地址访问 Internet。

4. 在内部网中搭建一台 Web 服务器，并通过 NAT 服务器将 Web 服务发布出去。

5. 公司内部用户访问此 Web 服务器时，使用 HTTPS，在内部搭建一台 DNS 服务器使 DNS 能够解析此主机名称，并使内部用户能够通过此 DNS 服务器解析 Internet 主机名称。

6. 在 Web 服务器上搭建 FTP 服务器，使用户可以远程更新 Web 站点。

三、实训前的准备

进行实训之前，完成以下任务。

1. 画出拓扑图。

2. 写出具体的实施方案。

注意　　　在拓扑图和方案中，要求公网和私网部分都要模拟实现。

四、实训后的总结

完成实训后，进行以下工作。

1. 完善拓扑图。

2. 修改方案。

3. 写出实训心得和体会。